셀프트래블

발리

상상출판

셀프트래블

발 리

개정 1판 1쇄 | 2024년 5월 27일
개정 1판 2쇄 | 2025년 1월 2일

글과 사진 | 한혜원, 김은하, 황성현

발행인 | 유철상
편집 | 허윤
디자인 | 노세희, 주인지
마케팅 | 조종삼, 김소희
콘텐츠 | 강한나

펴낸 곳 | 상상출판
주소 | 서울특별시 성동구 뚝섬로17가길 48, 성수에이원센터 1205호(성수동 2가)
구입 · 내용 문의 | **전화** 02-963-9891(편집), 070-7727-6853(마케팅)
팩스 02-963-9892 **이메일** sangsang9892@gmail.com
등록 | 2009년 9월 22일(제305-2010-02호)
찍은 곳 | 다라니
종이 | ㈜월드페이퍼

※ 가격은 뒤표지에 있습니다.

ISBN 979-11-6782-198-0(14980)
ISBN 979-11-86517-10-9(set)

www.esangsang.co.kr

셀프트래블

발리

Bali

한혜원 · 김은하 · 황성현 지음

상상출판

바다 바다 바다

발리의 바다는 여러 개의 얼굴을 가졌다. 장엄한 남부의 바다는 강한 아버지 같고,
친근한 서부의 바다는 너그러운 어머니, 그리고 투명한 동부와 북부의 바다는 어린아이처럼 맑다.

들과 정글

발리 중부로 가면 푸른빛, 황금빛으로 출렁대는 들판과 원시적인 정글이 기다리고 있다.
손때 묻지 않은 대자연 속을 거닐다보면 초록빛으로 물들어가는 평화로운 나를 만난다.

나를 위한 쉼표

장기 여행자들이 늘어나면서 발리만의 특별한 힐링 스폿과 프로그램이 많아졌다.
일상에 지친 나를 위로하는 특별한 시공간 속에서 온전한 휴식을 만끽해보자.

신들의 섬

인도네시아인 대부분이 이슬람교를 믿지만 발리 사람들은 힌두교를 믿는다.
토착 신앙과 결합한 힌두교는 밝은 성품을 가진 이곳 사람들의 밑바탕이자 생활이다.

서 핑

일 년 내내 밀려오는 서핑하기 좋은 파도와 저렴한 물가는 전 세계 서퍼들을 불러 모은다.
푸른 바다에 몸을 맡기고 거친 파도를 힘차게 가르며 외쳐본다. 오, 나의 자유여!

로맨스
사랑의 섬, 발리. 세계 1위 허니문 여행지의 명성은 변함없다.
세계 각국에서 모여든 연인들은 오늘도 핑크빛 추억을 만들고 있다.

Prologue

Long Says

발리는 저에게 정말 특별한 의미가 있는 곳입니다. 제가 여행기자로서의 길을 처음 선택할 수 있게 한 계기가 바로 발리거든요. 영어도 못하고 사진도 못 찍고 더구나 '글발'이라곤 찾아볼 수 없었던 제가 무슨 용기로 그런 생각을 했는지 지금 생각하면 웃음이 날 정도이지만, 처음 여행기자 일을 시작하면서 이 사랑스러운 발리의 완벽한 가이드북을 내 손으로 만들어 보이겠다는 당찬 결심을 하고 있었던 거지요. 연이 닿지 않아 번번이 기회가 날아갈 때마다 많이 속상했는데 드디어 제 손으로 발리 가이드북을 완성하고 나니 가슴이 벅차고 감회가 새롭습니다. 한편으로는 그리도 고대하던 책인데 좀 더 욕심을 내고 고생을 해서 더 완벽하게 만들지 못해 아쉽기도 하고요.

사설이 길었습니다만, 발리를 패키지로 다녀온 제 주변인들이 항상 묻더군요. 발리 뭐 좋은 것도 없고 볼 것도 없더니만 왜 그리 좋아하느냐고. 그 이유를 이 책 속에서 조금이나마 사람들이 찾아낼 수 있었으면 하고 바라봅니다.

Aura Says

저는 여행이 한 편의 소설과 같다고 생각합니다. 모든 게 생경하게 다가오는 낯선 공간과, 시작과 끝이 있는 시간 속에서 예상하지 못했던 일이 벌어집니다. 같은 장소에 가더라도 사람마다 느끼는 게 다르고 만나는 사람들도 다릅니다. 어떤 누구는 발리를 로맨틱한 허니문 여행지로 기억하지만 어떤 누구는 발리를 그냥 시골 동네라고 말합니다(시골 동네 같은 게 또 발리의 매력이기도 하니까요). 제가 바라는 건 이 책을 읽는 사람들이 발리를 그저 맛집이나 럭셔리 호텔로만 기억하기보다는, 발리의 여유를 충분히 느끼면서 자신만의 이야기를 만들었으면 합니다. 가이드북 너머에 새로운 이야기가 생겨나길, 그리고 이야기 속에 이 책이 한몫할 수 있길 기대합니다.

Sung Says

코로나19 팬데믹으로 해외 여행이 중단되었을 때, 발리는 국경을 가장 빨리 연 국가 중 하나입니다. 세계 여행자들이 발리로 몰려들었고, 발리의 여행 트렌드도 많이 바뀌었죠. 개정판 작업을 하며 느낀 가장 큰 변화는 장기 여행자가 많아짐에 따라 새로운 관광 스폿이 빠르게 생겨나고 있다는 사실이에요. 특히 장기 여행자들이 자주 가는 자연주의 콘셉트의 피트니스 클럽과 정글 속에 지어진 스파들이 입소문을 타면서 단기 여행자들의 머스트고 플레이스가 되었답니다. 각국에서 모여든

건축가들이 지은 발리의 빌라들은 브랜드 리조트보다 훌륭한 서비스를 제공해 인기가 높아졌고요. 이 책은 발리의 기본적인 생활정보와 큼직큼직한 명소를 대부분 다루고 있습니다. 어디를 가든, 어떠한 방식으로 여행하든, 사랑할 수밖에 없는 이 섬의 문화와 발리인의 삶의 방식을 몸으로 느낄 수 있으면 좋겠습니다.

Mission in Bali 발리에서 놓칠 수 없는 것들! 따끈하고 쿨한 미션 제시

발리에서 놓칠 수 없는 서핑, 힐링, 파인다이닝, 리조트, 빌라, 마사지, 전통 공연 등 다양한 여행 미션을 제시합니다. 발리의 매력을 한눈에 살펴볼 수 있을 뿐 아니라, 여행자 본인의 취향에 맞춰 선택할 수 있도록 한데 모아 정리했고, 베스트도 꼽아 보았습니다.

Try Bali 발리 여행 걱정하지 마세요! 알찬 일정 제시

한국인의 짧은 휴가 기간에 맞춘 여행 일정을 제시합니다. 초보 발리 여행자, 허니무너, 가족 여행객, 나홀로 배낭여행자를 위한 일정! 본인의 여행 목적과 취향에 맞춰 참고해볼 수 있겠죠. 대중교통이 거의 없어 한 번쯤은 섭외하게 되는 가이드 차량을 이용한 일일 차량 투어 일정도 함께 살펴보세요.

Enjoy Bali 구석구석 여행하세요! 지역별 상세 정보 제시

꾸따, 스미냑 & 짱구, 짐바란 & 울루와뚜, 누사두아, 사누르, 우붓 등 발리의 각 지역과 발리에서 가볼 수 있는 롬복, 길리까지 상세한 지역 정보를 담았습니다. 각 지역의 교통을 비롯한 전반적인 지역 정보, 1일 추천 코스, 액티비티, 관광, 식당, 스파, 쇼핑, 숙소 등의 정보가 보기 좋게 정리되어 있습니다.

본문 업소명 옆에는 '🚐' 이 마크가 표시되어 있습니다. 이는 무료 차량 서비스의 여부를 알려주는 마크인데 업소에 따라서 제공되는 기준이 다르다는 것을 기억하세요. 차량 서비스도 인원, 금액, 지역 등에 따라 다양한 변수가 있으니 서비스 이용 전에 반드시 업체에 확인해야 합니다.

Step to Bali 떠나기 전 두근두근한 마음 꾹꾹 눌러 담아~

여행 준비부터 입출국, 현지 교통 정보, 알아두면 유용한 여행 회화 등 해외여행이 처음인 초보 여행자도 무리 없이 발리로 떠날 수 있도록 기본적인 여행 정보를 단계별로 꼼꼼히 제시했습니다.

한 달이 멀다 하고 새롭게 진화하고 변화하는 발리. 취재 당시의 정보와 맞지 않는 부분이 있을 수도 있고 부족함이 눈에 띌 수도 있지만 열심히 공들여 만들었습니다. 틀린 정보는 이메일을 통해 귀띔해주시길 부탁드립니다.

Contents
목차

Mission in Bali

Food

Feel

Relax

Buy

Stay

Enjoy
Bali

Enjoy Bali • 88

Step to Bali • 424

Step to Bali

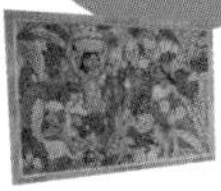

Self Travel Bali
일러두기

❶ 주요 지역 소개

『발리 셀프트래블』은 발리 섬의 주요 지역과 주변 섬들을 함께 소개하고 있습니다. 꾸따, 스미냑 & 짱구, 짐바란 & 울루와뚜, 우붓부터 롬복, 길리까지 다양한 지역을 나누어 담았으며, 각 지역을 효과적으로 돌아볼 수 있도록 '추천 1일 코스'를 수록했습니다.

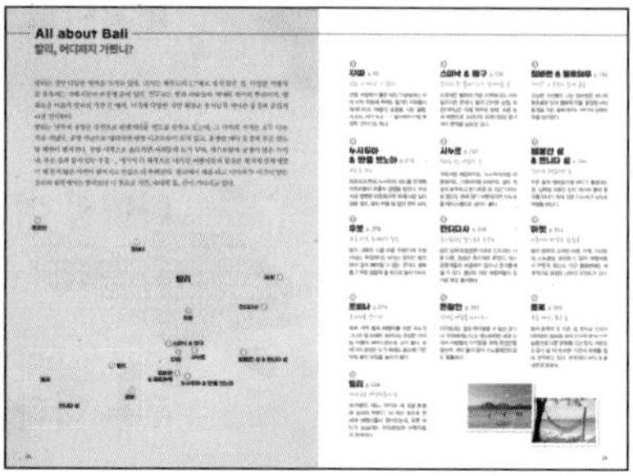

❷ 철저한 여행 준비

책의 앞부분에는 추천 일정과 발리에서 꼭 해봐야 할 것을 정리한 미션 페이지가 있습니다. 추천 일정에서는 '생애 첫 발리 여행', '달콤한 신혼여행' 등과 같은 테마별 일정을 제시하고, 미션에서는 '내 멋대로 워터 액티비티', '알고 먹으면 더 맛있는 발리 푸드', '핫한 비치 클럽' 등 흥미로운 내용을 다루고 있습니다.
책 뒷부분 스텝에서는 발리의 일반 정보와 함께 출입국 수속, 교통수단, 짐 꾸리기, 알아두면 유용한 영어, 인도네시아어를 실어 초보 여행자들도 큰 어려움 없이 발리를 여행할 수 있도록 했습니다.

❸ 알차디알찬 여행 핵심 정보

본격적인 스폿 소개에 앞서 각 지역의 교통을 비롯한 전반적인 지역 정보를 제시하고, 액티비티, 관광, 식당, 나이트 라이프, 마사지, 쇼핑, 숙소의 카테고리로 나눈 명소를 차례차례 안내합니다. 관광명소의 경우 중요도에 따라 별점(1~3개)을 표기했으며, 기타 추가 정보는 Tip으로 정리했습니다.

❹ 원어 표기 및 화폐 단위

최대한 외래어 표기법을 기준으로 표기했으나 관광명소와 업소의 경우 현지에서 사용 중인 한국어 안내와 여행자들에게 익숙한 명칭을 택했습니다. 또한, 화폐 단위는 Rp50,000일 경우 50K로 표기하였습니다.

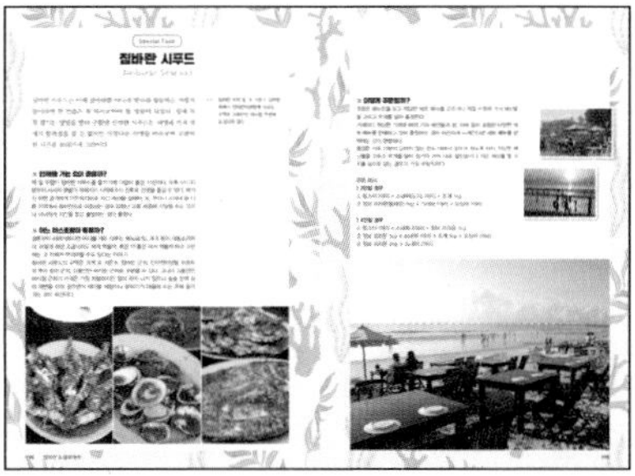

❺ 정보 업데이트

이 책에 실린 모든 정보는 2024년 3월까지 취재한 내용을 기준으로 하고 있습니다. 현지 사정에 따라 요금과 운영시간 등이 변동될 수 있으니 여행 전 한 번 더 확인하시길 바랍니다. 잘못되거나 바뀐 정보는 계속 업데이트하겠습니다.

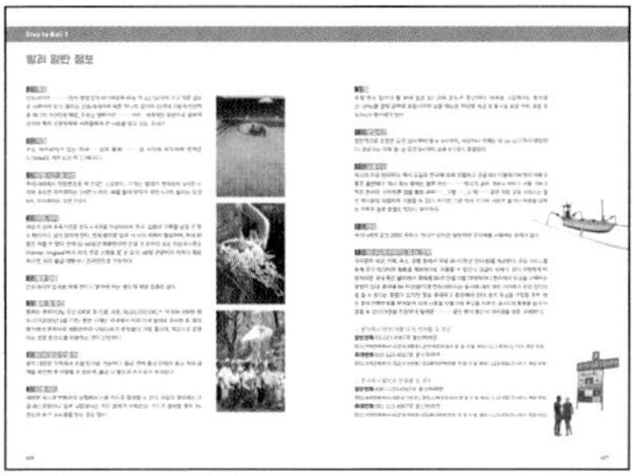

❻ 지도 활용법

이 책의 지도에는 아래와 같은 부호를 사용하고 있습니다.

주요 아이콘

- 관광명소, 로컬명소

Ⓡ 레스토랑, 카페 등 음식을 먹을 수 있는 모든 곳
Ⓢ 쇼핑몰, 기념품점, 각종 상점 등 쇼핑 장소
Ⓝ 바, 클럽 등 나이트 라이프 명소
Ⓗ 호텔, 빌라, 게스트 하우스 등 숙소
Ⓜ 스파, 마사지 숍
Ⓐ 요가, 다이빙 등 액티비티를 체험할 수 있는 곳

기타 아이콘

힌두교 사원	이슬람 예배당	뷰포인트
스노클링	다이빙	서핑

발리 전도

N
문장안 Menjangan
발리 해
Bali Sea
발리 서부 국립공원
Taman Nasional Bali Barat
쁘무트란
Pemuteran
뿔라키 사원(p.385)
Pura Pulaki
길리마눅 Gillimanuk
로비나 Lovina
스리릿
Seririt
문둑 폭포(p.347)
Munduk Waterfall
문둑
Munduk
발리
Bali
네가라 Negara
발리 해협
Bali Strait
인도양
Indian Ocean
스미냑 & 짱구
짐바란 & 울루와뚜 Jimbaran & Uluwat

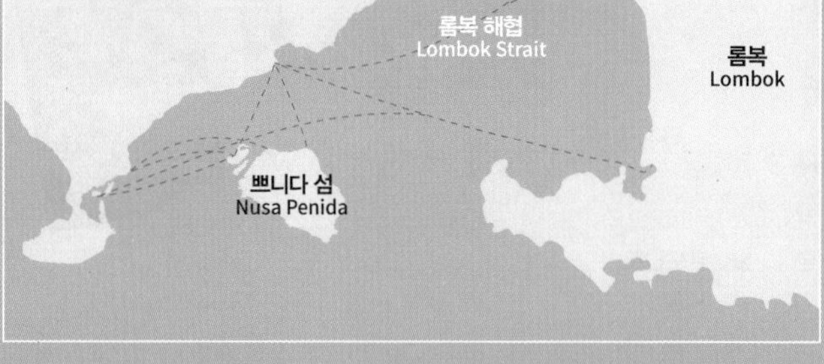
발리
Bali
길리
Gili
롬복 해협
Lombok Strait
롬복
Lombok
쁘니다 섬
Nusa Penida

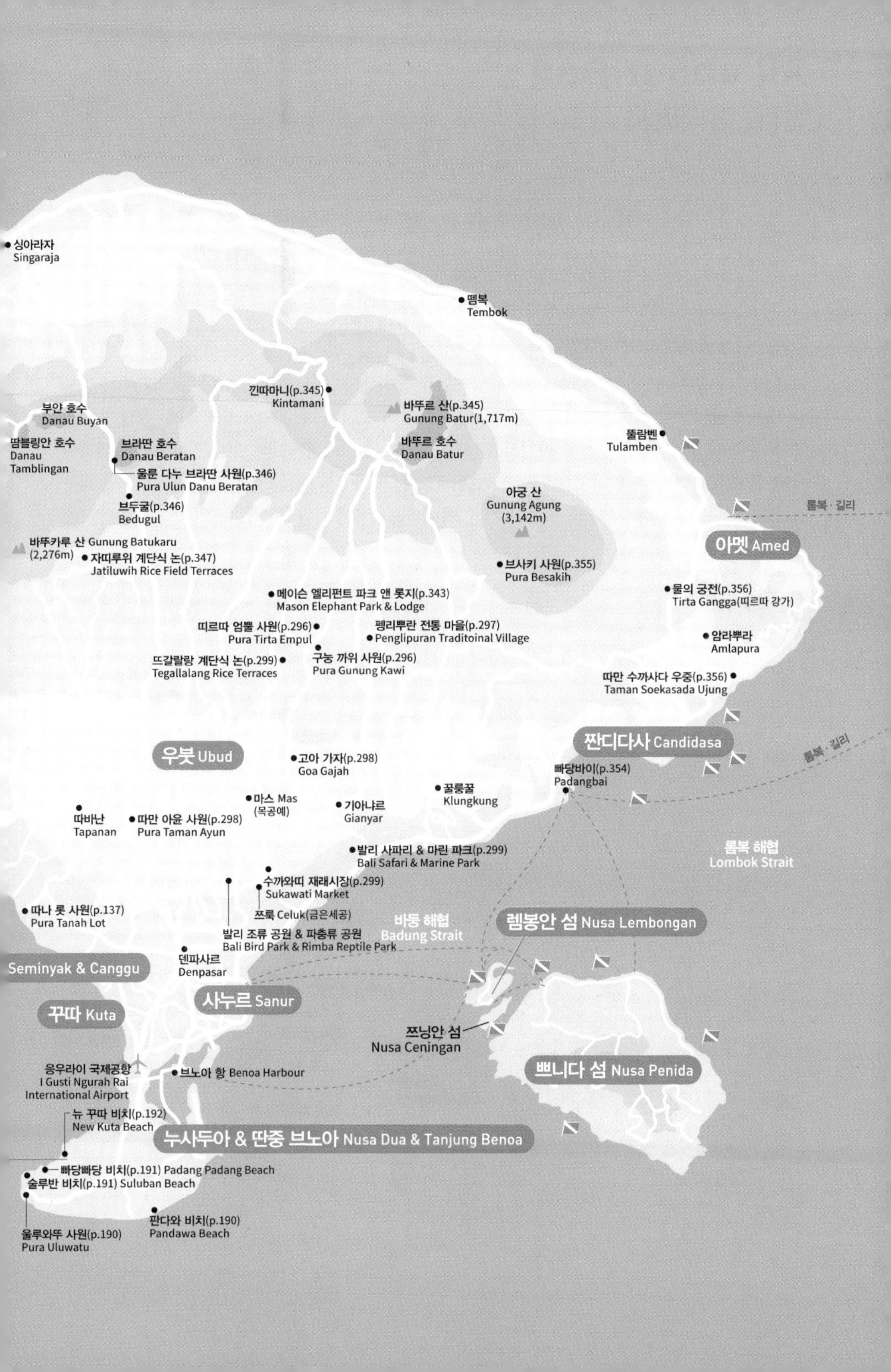

싱아라자
Singaraja
뗌복
Tembok
낀따마니(p.345)
Kintamani
바뚜르 산(p.345)
Gunung Batur(1,717m)
부얀 호수
Danau Buyan
땀블링안 호수
Danau
Tamblingan
브라딴 호수
Danau Beratan
울룬 다누 브라딴 사원(p.346)
Pura Ulun Danu Beratan
바뚜르 호수
Danau Batur
뚤람벤
Tulamben
브두굴(p.346)
Bedugul
아궁 산
Gunung Agung
(3,142m)
롬복 · 길리
바뚜카루 산 Gunung Batukaru
(2,276m)
자띠루위 계단식 논(p.347)
Jatiluwih Rice Field Terraces
아멧 Amed
브사키 사원(p.355)
Pura Besakih
메이슨 엘리펀트 파크 앤 롯지(p.343)
Mason Elephant Park & Lodge
물의 궁전(p.356)
Tirta Gangga(띠르따 강가)
띠르따 엄뿔 사원(p.296)
Pura Tirta Empul
뻥리뿌란 전통 마을(p.297)
Penglipuran Traditoinal Village
암라뿌라
Amlapura
뜨갈랄랑 계단식 논(p.299)
Tegallalang Rice Terraces
구눙 까위 사원(p.296)
Pura Gunung Kawi
따만 수까사다 우중(p.356)
Taman Soekasada Ujung
짠디다사 Candidasa
롬복 · 길리
우붓 Ubud
고아 가자(p.298)
Goa Gajah
빠당바이(p.354)
Padangbai
꿀룽꿍
Klungkung
마스 Mas
(목공예)
기아냐르
Gianyar
따바난
Tapanan
따만 아윤 사원(p.298)
Pura Taman Ayun
롬복 해협
Lombok Strait
발리 사파리 & 마린 파크(p.299)
Bali Safari & Marine Park
수까와띠 재래시장(p.299)
Sukawati Market
따나 롯 사원(p.137)
Pura Tanah Lot
쯔룩 Celuk(금은세공)
바동 해협
Badung Strait
렘봉안 섬 Nusa Lembongan
발리 조류 공원 & 파충류 공원
Bali Bird Park & Rimba Reptile Park
덴파사르
Denpasar
Seminyak & Canggu
사누르 Sanur
꾸따 Kuta
쯔닝안 섬
Nusa Ceningan
응우라이 국제공항
I Gusti Ngurah Rai
International Airport
브노아 항 Benoa Harbour
쁘니다 섬 Nusa Penida
뉴 꾸따 비치(p.192)
New Kuta Beach
누사두아 & 딴중 브노아 Nusa Dua & Tanjung Benoa
빠당빠당 비치(p.191) Padang Padang Beach
술루반 비치(p.191) Suluban Beach
판다와 비치(p.190)
Pandawa Beach
울루와뚜 사원(p.190)
Pura Uluwatu

All about Bali
발리, 어디까지 가봤니?

발리는 정말 다양한 매력을 가지고 있다. 크기는 제주도의 2.7배로 작지 않은 섬. 다양한 여행자를 유혹하는 여행지들이 곳곳에 숨어 있다. 힌두교는 발리 사람들의 역사와 정서의 뿌리이며, 평화로운 미소가 발리의 가장 큰 매력. 여기에 다양한 자연 환경은 동서남북 색다른 풍경과 즐길거리를 선사한다.

발리는 남부의 공항을 중심으로 관광지다운 면모를 갖추고 있는데, 그 각각의 지역은 모두 다른 색을 지녔다. 공항 이남으로 내려가면 대형 리조트들이 모여 있고, 웅장한 바다 풍경과 푸른 인도양 해변이 펼쳐진다. 공항 이북으로 올라가면 서퍼들의 도시 꾸따, 레스토랑과 상점이 많은 스미냑, 푸른 숲과 들이 있는 우붓…. 여기서 더 외곽으로 나가면 여행자들의 발길은 현저히 뜸해지면서 때 묻지 않은 자연이 펼쳐지고 인심은 더 후해진다. 발리에서 배를 타고 넉넉히 두 시간이 닿는 길리와 롬복에서는 발리보다 더 푸르고 거친, 바다와 들, 산이 기다리고 있다.

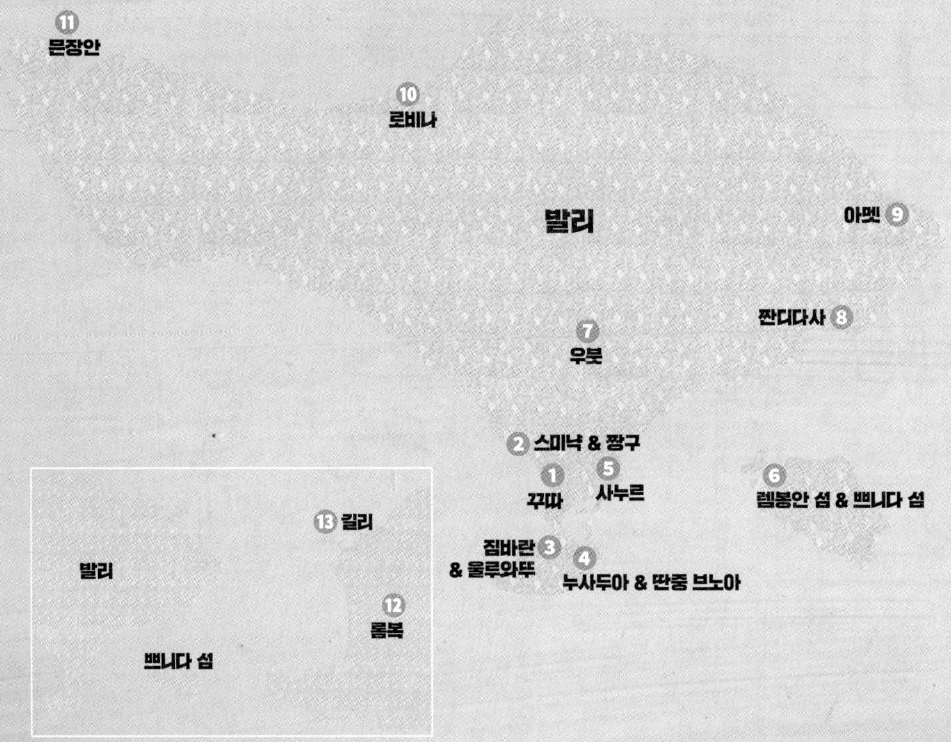

❶
꾸따 p.90
없는 거 빼고 다 있다!

연중 서핑하기 좋은 파도가 넘실대는 꾸따 비치 덕분에 꾸따는 활기찬 서퍼들의 파라다이스. 여행사, 쇼핑몰, 식당, 클럽, 리조트, 저가 숙소…… 발리에서 가장 복잡한 곳이기도 하다.

❷
스미냑 & 짱구 p.130
발리의 핫 플레이스가 생겨나는 곳

스미냑은 발리의 어떤 지역보다도 스타일리시한 곳이다. 빌라 단지와 상점, 파인다이닝은 이제 과부하 상태. 푸른 논과 해변으로 스미냑의 외곽이었던 짱구까지 영역을 넓히고 있다.

❸
짐바란 & 울루와뚜 p.184
'바다' 그 본연의 맛에 충실

싱싱한 수산물이 나는 짐바란은 바다의 풍요로운 맛과 행복한 멋을, 웅장한 바다 풍경을 가진 울루와뚜는 바다의 장대한 맛을 선사한다.

❹
누사두아 & 딴중 브노아 p.210
리조트 천국

리조트의 천국, 누사두아. 바다를 낀 대형 리조트들이 조용히 경쟁을 벌인다. 부대시설 빵빵한 리조트라면 밖에 나갈 일이 없을 정도. 골치 아플 일 없이 편히 쉬자.

❺
사누르 p.240
현지인 반, 여행자 반

꾸따처럼 복잡하지도, 누사두아처럼 따분하지도, 스미냑처럼 비싸지도 않다. 적당히 분주하고 한가로운 곳. 인근 지역으로 접근도 편해 장기 여행자라면 사누르를 베이스캠프로 삼아도 좋다.

❻
렘봉안 섬 & 쁘니다 섬 p.264
만타와 헤엄치는 섬

푸른 숲과 에메랄드빛 바다가 출렁대는 섬. 심해성 어종인 만타 레이와 몰라 몰라를 만나기 위해 많은 다이버가 섬으로 여행을 떠난다.

❼
우붓 p.278
푸른 자연 속에서의 힐링

발리 내륙의 시골 마을 우붓(이제 우붓 시내는 복잡하다). 바다는 없지만 발리에서 결코 빠뜨릴 수 없는 곳이다. 평화롭고 푸른 정글과 들 속으로 들어가보자.

❽
짠디다사 p.348
촌스럽지만 한가로운 휴양지

발리 남부의 말끔한 리조트 단지와는 사뭇 다른, 조금은 촌스러운 휴양지. 대신 관광객들이 바글대지 않으니 한가롭게 쉴 수 있다. 중년의 서양 여행자들이 장기로 묵길 좋아한다.

❾
아멧 p.364
어촌에서 바닷속 탐험을

발리 동부의 소박한 어촌, 아멧. 다이빙과 스노클링 포인트가 많아 여행자들이 꾸준히 찾는다. 인근 뚤람벤에는 세계적으로 유명한 난파선 포인트가 있다.

❿
로비나 p.378
돌고래를 찾아서

북부 지역 중에 여행자를 위한 숙소가 그나마 잘 갖춰진 로비나는 믄장안 다이빙 여행의 베이스캠프로 삼기 좋다. 로비나의 상징은 누가 뭐래도 돌고래! 이른 아침 돌핀 와칭을 놓치지 말자.

⓫
믄장안 p.382
다이빙 여행을 떠나요~

다이빙과는 결코 떼어놓을 수 없는 곳이다. 우리에게는 다소 생소하지만 세계 각국의 사람들이 다이빙을 위해 믄장안을 찾는다. 워낙 물이 맑아 스노클링만으로도 황홀하다.

⓬
롬복 p.388
푸른 바다, 푸른 숲

발리 동쪽의 또 다른 섬, 힌두교 신자가 대부분인 발리와 달리 인구의 90%가 무슬림으로 다른 문화를 갖고 있다. 자본의 손길이 덜 타 순수한 자연과 문화를 많이 간직하고 있다. 무엇보다 바다가 끝내주게 푸르다.

⓭
길리 p.406
자유로운 여행자들의 섬

트라왕안, 메노, 아이르 세 섬을 통칭해 길리라 부른다. 이 작은 섬으로 전 세계 여행자들이 찾아오는데, 푸른 바다가 넘실대는 자유분방한 여행자들의 천국이다.

Inside Bali 01

발리 여행 전 자주 묻는 질문 10가지

1 발리, 뭐 볼 거 있나요?

발리 하면 대부분 고급 리조트 즐비한 심심한 휴양지로만 알고 있습니다. 하지만 배낭여행자와 서퍼가 넘쳐나는 생기 가득한 꾸따, 차분하고 고급스러운 휴양단지 누사두아, 조용하고 평화로운 어촌마을 짠디다사, 스쿠버다이빙의 성지 믄장안, 울창한 밀림이 둘러싼 예술인의 마을 우붓까지 다양한 얼굴을 가진 흥미진진한 여행지입니다.

2 얼마나 머물면 좋을까요?

비행시간이 짧은 편이 아니기에 최소 4박 6일 일정을 추천합니다. 4박 6일인 경우 보통 바닷가 쪽에서 2박, 우붓에서 2박 정도로 일정을 잡는다면 서로 다른 느낌의 발리를 체험할 수 있습니다.

3 언제 떠나면 가장 좋을까요?

발리는 7월부터 9월까지가 날씨가 가장 청명하고 기온도 높지 않은 편으로 이 기간이 성수기에 해당합니다. 하지만 우기라 해도 종일 비가 오는 날은 드물기 때문에 중국인 관광객으로 혼잡스러운 설 연휴나 크리스마스, 연말을 살짝 피한다면 1년 내내 여행하기 좋습니다.

4 한국에서 발리까지 직항이 있나요? 공항에서 숙소까지는 어떻게 가죠?

한국에서 발리까지 가는 직항이 있으며 약 7시간 정도가 소요됩니다. 공항에서 시내까지는 보통 택시를 이용하는 것이 일반적입니다(p.433 참조).

5 현지에서의 이동은 어떻게 하나요?

현지의 교통수단으로는 택시, 오토바이, 버스, 일일 드라이버 등 많지만 워낙 택시가 넘쳐나고 가격도 비싸지 않으므로 택시를 이용하는 것이 좋습니다.

6 신용카드, 사용해도 괜찮을까요?

가끔 신용카드 복제 등 문제가 일어나는 경우도 있으니 호텔이나 고급 레스토랑, 쇼핑몰 등지를 제외한 작은 상점이나 식당에서는 현금을 사용할 것을 권합니다.

7 환전을 얼마나, 어떻게 해야 할까요?

인도네시아는 루피아(Rp.)를 사용하는데 루피아로 직접 환전하고 싶은 경우, 규모가 작은 은행에서는 취급하지 않는 경우가 많아 미리 문의하거나 시내의 큰 은행에서 해야 합니다. 사실 루피아로 직접 환전하는 것보다 미국 달러로 환전해 발리 현지 환전소에서 그때그때 필요한 만큼 환전하는 것이 환율상 유리합니다. 달러 단위가 작을수록 환전율은 낮아지므로 USD100 단위로 환전할 것을 추천합니다.

8 현지 음식은 어떤가요?

나시 고렝, 미 고렝, 사테 등 누구나 무난하게 먹을 수 있는 음식이 대부분이지만 일부 전통음식에서는 향신료가 강하게 느껴지는 경우도 있습니다. 하지만 워낙 관광지로 유명한 곳인 만큼 다양한 나라의 요리들을 쉽게 맛볼 수 있으므로 걱정할 필요는 없습니다.

9 현지에서 와이파이 사용은 원활한 편인가요?

현지 유심이나 로밍을 사용하지 않는 경우에도 대부분의 호텔, 식당, 쇼핑몰 등에서 와이파이 사용이 가능합니다.

10 발리의 팁 문화는 어떤가요?

가방 운반을 도와주거나 숙소의 청소 팁은 보통 USD1 선이면 무난하며 식당의 경우는 팁을 주지 않아도 무방합니다. 마사지를 받는 경우 마사지 가격의 10% 정도면 적절합니다.

Inside Bali 02

발리 날씨와 여행 옷차림

우리나라와 다른 기후를 가진 곳을 여행하기 전, 항상 궁금해지는 것은 바로 현지의 날씨와 어떤 옷들을 준비해야 하는가이다. 아무리 연중 더운 날씨를 가진 열대 휴양지 발리라도 7~8월이면 날씨가 꽤 선선해지며 물놀이를 즐기기에 서늘할 정도로 기온이 내려가기도 한다.

발리의 경우 6월 중순부터 9월 초순까지는 비교적 시원하고 건조하다. 특히 7~8월은 완벽한 건기이며 최고기온도 30도 미만으로 이 기간은 초성수기에 해당된다. 또한, 11월 말부터 3월까지는 기온이 높고 습하며 비가 오는 날이 많은 우기이므로 크리스마스, 연말, 설 명절을 제외한 날은 비수기가 된다. 특히 12~1월은 1년 중 가장 강수량이 많은 달이다.

발리를 여행할 시에는 여행 기간이 언제이건 상관없이 우리나라의 여름옷을 준비하면 무난하다. 여기에 에어컨이 가동되는 실내용으로 얇은 카디건을 준비하거나 사원 방문용의 긴 하의 등을 준비하면 좋겠다. 일정 중 럭셔리한 정찬을 즐길 예정이라면 여자라면 간소한 원피스, 남자라면 긴 면바지와 깔끔한 상의에 슬리퍼가 아닌 말끔한 신발 정도를 준비해 가는 센스는 필수.

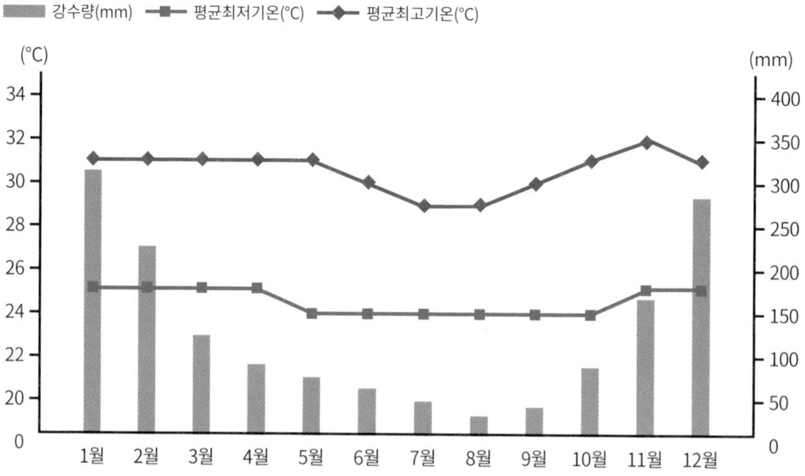

Inside Bali 03

발리에서 유용한 필수 앱

트립어드바이저 Trip Advisor

전 세계적으로 높은 인지도를 가지고 있는 여행정보 앱이다. 지역별 숙소의 인기도를 살펴보고, 예약까지 진행할 수 있으며 액티비티, 관광지, 식당 등의 정보를 일목요연하게 정리해 열람할 수 있다.

그랩 Grab

현지에서 이동 시 편리하게 사설 택시를 부르는 앱이다. 고 젝과 함께 널리 쓰이고 있다. 온라인으로 운영되는 택시 영업 차량에 대한 반감은 많이 사라졌지만, 아직도 발리에서는 이들 온라인 택시의 운영을 제지하는 표지판들이 종종 보이곤 한다.

원거리 이동 시 기존 택시보다 저렴한 가격에 이동할 수 있고, 신용카드 결제도 가능해 많이 이용하는 편이다. 카카오 택시 앱과 유사한 방법으로 출발지와 목적지를 입력하면 현지 기사와 연결된다. 연결 후에는 기사 프로필, 차량 번호, 대기 시간, 요금, 예상 시간을 확인할 수 있다.

구글 맵 Google Maps

200여 개 나라의 지도를 제공하는 글로벌 지도 앱이다. 지도가 상당히 정확하며 상호명만 입력해도 해당 위치를 바로 알려주고, 출발지와 목적지를 설정하면 경로까지 표시해준다. 발리 여행을 준비할 때부터 설치·이용하면 더욱 유용한데, 업소나 명소의 리뷰, 영업시간, 전화번호 등 기본 정보도 함께 제공한다.

무엇보다 가고자 하는 장소들을 저장해둘 수 있고, 특히 인터넷을 사용할 수 없는 곳에서도 지도를 이용할 수 있어 실제 여행 중에 굉장히 유용하게 쓰인다(해당 지역 지도를 내려받는 오프라인 지도 기능을 이용. 단, 몇 가지 기능은 제한된다).

왓츠앱 WhatsApp

현지에서 주로 쓰이는 문자 및 전화 통화 앱으로 한국의 카카오톡과 비슷하다고 생각하면 된다. 운전기사, 레스토랑, 호텔 등의 예약 확인 및 대부분의 대화가 WA로 이루어지기에 꼭 설치해야 하는 앱이다. 관광 시 가이드나 기사가 찍은 사진을 전송받기에도 편리하고, 긴급히 통화해야 하는 일이 있는 경우에도 간편히 사용할 수 있다. 거의 모든 통화에 WA를 사용하고 있다고 생각해도 무방할 정도로 널리 쓰인다.

고 젝 Go Jek

발리에서 독보적인 인기를 누리고 있는 가장 대중적인 앱. 오토바이 수가 절대적으로 많은 인도네시아다 보니 오토바이를 이용한 공유 서비스 앱이 활발하다. 우버나 그랩과 달리 인도네시아 토종 브랜드이면서, 단순히 이동수단으로서의 차량 서비스를 넘어, 오토바이와 자동차를 활용한 음식 배달, 마사지, 영화표 예매, 장보기 등 생활 밀착형 서비스를 제공한다.

그중 여행자들이 가장 많이 사용하는 서비스는 오토바이로 이동하고 싶을 때 사용하는 고 라이드Go Ride와 음식을 배달시킬 때 필요한 고 푸드Go Food이다. 특히 나홀로 여행족에게는 택시와 비교해 상당히 저렴한 가격에 비교적 교통체증 걱정 없이 이동할 수 있다. 출발지와 목적지를 입력하면 요금이 정액제로 표시되어 바가지의 걱정도 없다. 다만 오토바이인 만큼 위험도 따르는 걸 명심하자. 타기 전 반드시 화면에 표시된 지정 오토바이가 맞는지 확인하고 헬멧도 꼭 착용하자(보통 운전자가 제공).

또한 운행 중 날치기 위험도 있을 수 있으니 중요한 소지품은 가슴 앞쪽으로 안전하게 두는 것이 좋겠다. 고 푸드 이용 시, 주문 완료 후 배달 기사가 확인 전화를 하게 되며 받는 주소가 확실하면 배달이 시작된다. 때문에 현지 유심을 끼운 현지 전화번호가 부여된 스마트폰을 사용하는 것이 편리하다. 앱을 통해 배달 기사의 위치와 상황을 확인할 수 있다.

Try Bali : Plan 1

쉽고 완벽한 5박 6일 발리 여행 계획

4박이나 5박 정도의 짧은 휴가로 발리 여행을 꾸리는 여행자를 위한 플랜! 짧은 기간 동안 무리해서 발리의 여러 지역을 한꺼번에 둘러보는 것보다 2개 지역을 골라 한 지역에서 2박이나 3박씩 머물러보는 여행을 제안한다.

1 | 생애 첫 발리 여행(꾸따 3일 + 우붓 3일)

발리의 매력을 골고루 맛보는 발리 여행의 기본이 되겠다. 활기찬 꾸따의 바다, 그리고 우붓의 푸른 정글과 들로 떠나자. 꾸따에 머물며 인근 스미냑 지역도 함께 둘러보고, 마지막 날 공항 가는 길엔 울루와뚜 사원에 들러 전통 공연도 보자.

첫째 날

발리 공항 도착!

↓

숙소 체크인 후, 여독 풀기

둘째 날

09:30 **늦잠 & 조식**

↓

14:00 **디스커버리 쇼핑몰**(p.117)
쇼핑 & 점심 식사

↓

16:30 **리본 마사지**(p.114)
마사지 받기

↓

18:00 **꾸따 비치**(p.98)
노을 즐기기

↓

19:30 **딴중 삐낭**(p.105)
저녁 식사

셋째 날

08:30 **조식**

↓

10:00 **꾸따 비치**(p.98)

↓

13:00 **뽀삐스 레스토랑**(p.101)
점심 식사 &
뽀삐스 거리 걸어보기

↓

15:00 **스미냑 메인 로드**
쇼핑하기

↓

17:30 **포테이토 헤드**(p.160)
석양 감상 & 저녁 식사
& 나이트 라이프 즐기기

넷째 날

09:00 **조식**

10:00 **꾸따 숙소 체크아웃**

11:00 **우붓 숙소 체크인**
또는 짐 맡기기

11:30 **우붓 센터 둘러보기**
우붓 왕궁(p.294)
우붓 시장(p.295)
원숭이 숲(p.294)
하노만 로드
몽키 포레스트 로드 등

13:00 **멜팅 웍 와룽**(p.303)
점심 식사

14:30 **세니만 커피 스튜디오**(p.304)
커피 한잔

16:00 **숙소로 돌아와 쉬기**

20:00 **저녁 식사**
& 라이브 공연 즐기기

다섯째 날

08:00 **사리 오가닉 워크**(p.286)
아침 식사

10:30 **숙소**
한적하게 시간 보내기

14:00 **카페 로투스**(p.311)
점심 식사

15:30 **뿌리 루끼산 미술관**(p.292)

17:30 **뿌뜨리 발리 스파**(p.324)
마사지 받기

19:30 **알카디아**(p.304)
저녁 식사

여섯째 날

08:00 **조식**

09:30 **우붓 센터**
못다 한 쇼핑하기

11:30 **우붓 숙소 체크아웃**

12:00 **띠르따 엄뿔**(p.296)

14:30 **강남 한식당**(p.60)
점심 식사

16:30 **울루와뚜 사원**(p.190)

18:00 **께짝 댄스 공연 보기**(p.189)
울루와뚜 사원 내

20:30 **폰독 템포 도로**(p.104)
저녁 식사

22:00 **공항으로 출발**

2 | 달콤한 신혼여행(짐바란 & 울루와뚜 3일 + 스미냑 & 짱구 3일)

짐바란 & 울루와뚜에는 해변도 있고 멋진 바다 전망을 갖춘 숙소가 많다. 바다 전망 좋은 빌라나 리조트에서 결혼식의 피로를 풀고 둘만의 오붓한 시간을 보내자. 3일 후 스미냑으로 숙소를 옮겨 양질의 레스토랑, 마사지, 쇼핑, 비치 클럽에서 즐거운 시간을 보내자.

첫째 날

발리 공항 도착!

↓

숙소 체크인 후, 여독 풀기

둘째 날

11:00 **늦잠 & 브런치**

↓

13:30 **수영장에서 시간 보내기**

↓

15:30 **숙소에서 허니문 패키지 마사지 받기**

↓

18:30 **로맨틱 캔들라이트 디너**

셋째 날

09:00 **조식**

↓

10:30 **숙소에서 달콤한 시간 보내기**

↓

12:30 **숙소 내에서 점심 식사**

↓

15:00 **애프터눈 티 즐기기**

↓

17:30 **석양 & 짐바란 시푸드**(p.194)

넷째 날

09:00 **조식**

⋮

11:00 **짐바란 & 울루와뚜 숙소 체크아웃**

⋮

12:00 **스미냑 숙소 체크인**
또는 짐 맡기기

⋮

12:30 **라 루치올라**(p.159)
점심 식사

⋮

14:00 **스미냑 로드**
쇼핑하기

⋮

16:30 **숙소로 돌아와 쉬기**

⋮

19:30 **마마산**(p.141)
저녁 식사

다섯째 날

09:00 **조식**

⋮

11:00 **메타 스파**(p.166)
마사지 받기

⋮

13:30 **와룽 무라**(p.151)
점심 식사

⋮

15:00 **라 플란차**(p.162)
여유롭게 시간을 보내고
해변에서 놀다가
석양까지 감상하기

⋮

20:00 **찬디**(p.149)
저녁 식사

여섯째 날

09:00 **조식**

⋮

11:00 **스미냑 숙소 레이트 체크아웃**
또는 짐 맡기기

⋮

11:30 **디스커버리 쇼핑몰**(p.117)
꾸따로 넘어가
쇼핑 & 점심 식사

⋮

16:00 **포테이토 헤드 클럽**(p.160)
시간 보내기 & 저녁 식사

⋮

21:30 **공항으로 출발하기**

3 | 도란도란 가족 여행(누사두아 & 딴중 브노아 3일 + 우붓 3일)

가족이 떠나는 여행인 만큼 모두가 함께 즐길 수 있는 액티비티를 해보자. 누사두아에 있을 땐 인근 딴중 브노아로 가서 회 크루즈를, 우붓에선 가족의 협동심이 발휘되는 쁘넷 강 튜빙을 경험해보자.

첫째 날

발리 공항 도착!

↓

숙소 체크인 후, 여독 풀기

둘째 날

08:30 **조식**

↓

10:00 **리조트 내에서 가족과 시간을 보낸 후 점심 식사**
리조트 내 시설 및 액티비티 적극 이용

↓

16:00 **파시피카 미술관**(p.217)

↓

17:30 **발리 컬렉션**(p.230)
아이쇼핑 후 근처 카페에서 간단하게 이른 저녁 식사 해결하기

↓

19:00 **데브단 공연 관람**(p.216)

셋째 날

08:30 **조식**

↓

10:00 **리조트 내에서 가족과 시간 보낸 후 점심 식사**

↓

14:00 **딴중 브노아 회 크루즈**(p.215)

↓

18:30 **숙소에서 휴식**

↓

20:30 **붐부 발리 I** (p.224)
저녁 식사

넷째 날

08:00 **조식**

⇣

09:30 **워터 블로우 구경**(p.217)

⇣

11:00 **누사두아 숙소 체크아웃**

⇣

12:30 **페어 와룽 발레**(p.303)
점심 식사

⇣

14:00 **우붓 숙소 체크인**
숙소에서 가족들과 시간 보내기

⇣

16:30 **우붓 센터 둘러보기**
우붓 왕궁(p.294)
원숭이 숲(p.294) 등

⇣

18:30 **장 스파**(p.325)
마사지 받기

⇣

20:00 **카페 와얀**(p.305)
저녁 식사

다섯째 날

07:30 **조식**

⇣

08:30 **쁘넷 강 튜빙**(p.288)

⇣

15:00 **숙소로 돌아와**
달콤한 휴식 시간 보내기

⇣

19:00 **와룽 장가르 울람**(p.305)
저녁 식사

여섯째 날

08:00 **조식**

⇣

10:00 **숙소 체크아웃**

⇣

11:00 **따나 롯 사원**(p.137)

⇣

13:30 **발레 우당 망 엥킹**(p.103)
점심 식사

⇣

15:30 **몰 발리 갤러리아**(p.118)
마지막 쇼핑 즐기기

⇣

18:00 **짐바란 시푸드 즐기기**(p.194)

⇣

20:00 **모벤픽 카페**(p.197)
디저트 즐기기

⇣

21:00 **공항으로 출발**
가이드 차량 이용하기

4 | 나홀로 배낭여행(사누르 & 쁘니다 섬 3일 + 우붓 3일)

혼자서도 씩씩하게 잘 돌아다니는 여행자라면 발리에서도 즐거운 추억을 만들 수 있다. 쁘니다 섬에선 소박하지만 달콤한 나만의 휴양을, 우붓에선 들의 정취를 만끽하고 쿠킹 클래스에도 참여하면서 알찬 시간을 보내자.

첫째 날

발리 공항 도착!

⇣

숙소 체크인 후, 여독 풀기

※ 사누르의 저가 숙소에서 하룻밤을 보내자. 다음 날 쁘니다 섬으로 가기 위해선 이른 아침에 사누르 비치 선착장으로 나가야 하니까.

둘째 날

08:30 **숙소 조식**

⇣

10:00 **보트 타고 쁘니다 섬으로 출발**

⇣

11:00 **쁘니다 섬 숙소 체크인**
이른 체크인이 안 되면 짐 맡기기

⇣

12:00 **크리스털 베이 비치**(p.277)
스노클링 & 일광욕 즐기기

⇣

13:30 **점심 식사**
해변 주변 식당에서 먹거나 미리 도시락을 챙기면 좋다.

⇣

15:30 **숙소**
꿀맛 휴식 갖기

⇣

19:00 **숙소 내 식당**
저녁 식사

셋째 날

08:00 **스노클링 투어**
가맛 베이, 만타 포인트 등

⇣

12:30 **점심 식사**
스노클링 투어 중에 점심까지 먹는 경우가 많다.

⇣

14:00 **숙소에서**
나만의 휴양 즐기기

⇣

17:00 **고아 기리 뿌뜨리 사원**(p.276)
동굴 사원 구경하기

⇣

19:30 **숙소 내 식당**
저녁 식사

※ 중급의 다이버라면 쁘니다 섬 일내로 다이빙 투어를 나서자.

넷째 날

08:00 **숙소 조식**

09:30 **오토바이를 빌려 섬 둘러보기**

13:30 **점심 식사**

15:00 **보트 타고 사누르로 이동**

16:00 **사누르에서 다시 우붓으로 이동**

17:00 **우붓 숙소 체크인**
여독 풀기

19:30 **이부오카**(p.308)
저녁 식사

※ 우붓 시내에 위치하고 가격도 저렴한 우붓 레스타리 방갈로를 추천한다.

다섯째 날

08:00 **숙소 조식**

09:30 **사리 오가닉 워크**
(p.286)

10:30 **사리 오가닉 주변 카페**
논 전망을 벗 삼아 시간 보내기

12:00 **찬티카 알라미 스파**(p.325)
우붓 메인 로드로 가기 전
천연 헤어 배스 받기

14:00 **이부 오카**(p.308)
점심 식사

15:30 **우붓 시내**
우붓 시장(p.295)
우붓 왕궁(p.294) 등
둘러보기

17:30 **숙소에서 쉬기**

20:00 **랩핑 부다 바**(p.321)
저녁 식사 & 라이브 공연 즐기기

여섯째 날

08:30 **숙소 조식**
※ 레이트 체크 아웃을 하거나
안 되면 짐만이라도 맡기자.

10:00 **카페 와얀 쿠킹 클래스**
(p.49, p.305)
만든 음식으로 점심 식사 해결!

14:00 **세니만 커피 스튜디오**(p.304)
커피 한잔의 여유

16:00 **네카 미술관**(p.291)

18:00 **우붓 시내**
골목골목 쇼핑 즐기기

19:30 **후즈 후**(p.302)
저녁 식사

21:00 **숙소에서 짐 찾아 공항으로 출발!**

Try Bali : Plan 2

일일 가이드 차량 투어

발리에는 여행자가 쉽게 이용할 만한 대중교통이 부족하고 외곽 지역은 택시마저 다니지 않는 곳이 많다. 관광을 목적으로 일일 가이드 차량을 이용해도 좋지만 이렇게 지역 간 이동을 할 때 이동수단 겸 관광 투어용 가이드 차량을 섭외하면 더욱 알뜰한 여행이 된다. 쉽게 말하면 목적지로 이동하는 길에 여기저기 들러보자!

1 | 초보자를 위한 베이직 1일 투어

우붓 출발 기준

늦은 오전에 시작하는 차량 투어로 쇼핑과 공연 관람이 주된 일정이다. 어르신이 있는 가족 여행객이 부담 없이 도전해볼 수 있는 하루 코스이다.

11:30 **숙소 픽업**

12:30 **강남 한식당**(p.60)
점심 식사

14:30 **몰 발리 갤러리아**(p.118)
쇼핑

16:30 **울루와뚜 사원**(p.190)
깨짝 댄스 관람(p.189)

20:30 **숙소 도착**

꾸따 출발 기준

발리 남부에서 머물다가 우붓 숙소로 이동하는 여행자를 위한 루트이다. 남부의 따나 롯 사원과 우붓 북쪽의 띠르따 엄뿔 사원에 가는 일정을 중심으로 이동하는 코스이다.

09:00 **숙소 출발**

10:00 **따나 롯 사원 관람**(p.137)

13:00 **라 루치올라**(p.159)
점심 식사

15:00 **띠르따 엄뿔 사원**(p.296)

17:00 **우붓 빈땅 슈퍼마켓**
쇼핑

18:00 **숙소 도착**

Tip | 가이드 차량 투어 시 알아두기!

❶ 업체에 따라 8시간, 10시간 기준으로 차량 서비스를 운영, 1시간 초과 시, USD5~10 정도 추가 요금이 발생한다.
❷ 종일 함께한 가이드에게 약간의 팁을 지불하면 좋다.
❸ 식사나 쇼핑 전 가이드와 다시 만날 시간과 장소를 확실히 하고, 가이드의 연락처를 받아두자.
❹ 하루가 다르게 악화되는 발리의 교통 상황을 고려해, 동선을 너무 길게 생각하거나 무리한 일정을 잡지 않도록 하자.
❺ 투어 하루 전에 예약을 한 번 더 확인하자. 투어 당일 가이드와 만나면 출발 전에 방문할 관광지나 식당, 최종 목적지 등 이동 경로를 상의하고 떠나면 좋다.

2 | 우붓에서 아멧으로 1일 차량 투어

발리 중북부와 동부의 주요 관광지를 둘러보는 코스

우붓에서 아멧으로 이동할 때 가볼 수 있는 관광지를 꼽아 짠 루트. 1일 가이드 차량을 온전하게 쓰는 깨알 같은 투어이다. 작정하고 하루를 투어에 집중! 발리 중북부와 동부를 둘러본다.

09:00 **우붓 숙소 출발**

⋮

09:30 **뜨갈랄랑의 논 전망이 있는 카페**(p.299) 본격적인 투어에 앞서 차 한잔!

⋮

11:00 **펭리뿌란 전통 마을 산책**(p.297) 정겨운 마을을 배경으로 기념사진을 남겨보자.

⋮

12:30 **낀따마니에서 점심**(p.345) 바뚜르 산과 호수 전망을 즐기자.

⋮

14:30 **브사키 사원**(p.355) 발리인들에게 마더 템플로 불리는 중요한 사원이다.

⋮

16:30 **물의 궁전**(p.356) 아름다운 물의 궁전을 거닐어보자.

⋮

17:40 **아멧 숙소 도착**

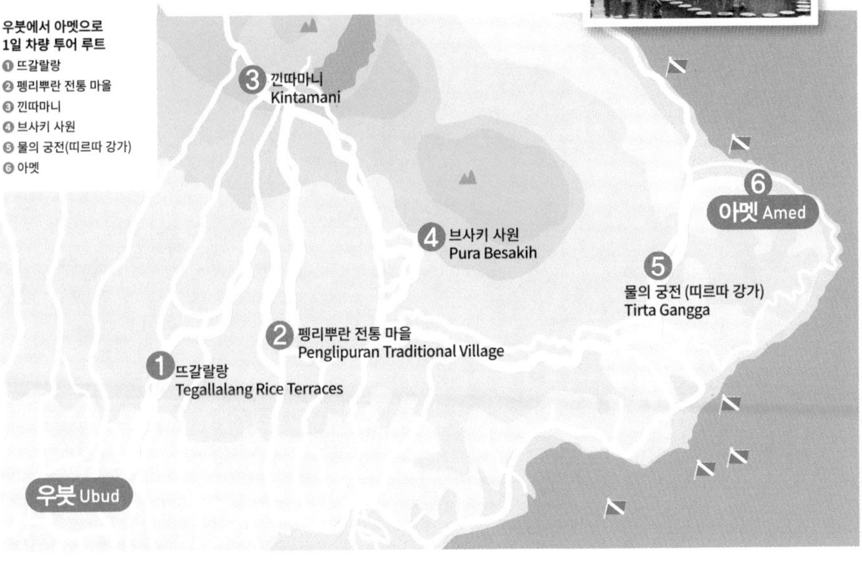

01

Mission in Bali

발리에서 꼭 해봐야 할 모든 것

Activity 01. Surfing

전 세계 서퍼에게 사랑받는 발리

서퍼들의 파라다이스 발리, 까맣게 그을린 상반신을 드러낸 채 서프보드를 둘러멘 청년들이 아름답다. 파도와 고군분투하는 모습은 보고만 있어도 흥미진진하지만 뭐든 직접 해봐야 그 진가를 아는 법! 파도를 가르는 맛은 상상 이상, 기대 이상으로 짜릿하다. 국내에서도 충분히 배울 수 있는 서핑이지만 발리의 바다만큼 서핑하기 좋은 파도를 만나긴 어렵다. 바로 이 점이 전 세계 서퍼들이 발리로 모이는 이유. 게다가 다른 유명 서핑 여행지에 비해 저렴한 발리 물가도 한몫한다.

Who? 나도 배울 수 있을까?

서핑을 처음 접하는 성인은 물론 어린이(신장 140cm 이상)까지 가능하다. 서핑 레슨은 개인의 서핑 수준에 맞춰 1:1 개인 레슨, 커플 레슨, 세미 레슨, 그룹 레슨 등으로 나뉘는데 아무래도 개인 레슨이나 커플 레슨이 더 효과적이다. 영어에 자신이 없어도 걱정하지 말자. 몸짓만으로도 충분하다. 그럼 수영을 못해도 괜찮을까? 발이 닿는 정도의 수심에서 타기 때문에 걱정하지 않아도 된다.

Where? 어디에서 배울 수 있을까?

꾸따 비치로 가자! 꾸따 비치는 수심이 낮고 모래 바닥이라 안전한 편이다. 초급자부터 고급자까지 즐길 수 있는 파도가 연중 고루 밀려오는 곳이다. 게다가 수많은 서프 스쿨과 저가 숙소가 몰려 있으니, 서퍼들에게겐 최적의 지역이다.

Why? **왜 서프 스쿨에서 배워야 할까?**

해변의 로컬 서퍼들에게 직접 수업을 받을 수 있다. 실력을 갖춘 서퍼인 경우가 많고 가격도 저렴한 편이다. 하지만 서핑이라는 게 한두 번 배운다고 다가 아니니 정식 서프 스쿨에서 교육 경험이 많은 강사에게 체계적으로 받는 것이 좋다.

When? **언제 배우면 좋을까?**

밀물과 썰물 시간에 맞춰 각각 오전과 오후에 배울 수 있다. 오전 시간이 이르긴 해도 햇볕이 강한 오후보다 훨씬 수월하다.

How? **안전하게 서핑하려면?**

서핑은 바다에서 파도와 부딪치는 스포츠이다. 가끔은 파도와 서프보드가 예측할 수 없는 아찔한 상황을 만들기도 한다. 안전 교육을 제대로 받고, 집중해서 서핑에 임하자.

Activity 02. Water Activity

내 멋대로 워터 액티비티

리조트에서 무위도식도 하루 이틀, 몸이 근질근질하다. 발리의 자연과 함께하는 워터 액티비티를 즐겨보자. 즐기기 전에 체력과 용기 충전은 필수!

1 | 딴중 브노아 해양 스포츠 *(p.215)*

딴중 브노아의 북쪽 해변에는 많은 해양 스포츠 업체가 모여 있다. 바나나 보트, 제트스키, 웨이크보드, 패러세일링, 스노클링, 플라이피시 등 즐길 수 있는 액티비티가 다양하다. 따로따로 하나씩 즐기기보다 해양 스포츠 3~5가지가 묶인 패키지 상품을 이용하는 것이 합리적이다.

2 | 딴중 브노아 회 크루즈 *(p.215)*

발리에서 즐기는 가장 한국적인 크루즈(?)로 브노아 앞바다로 뱃놀이를 나간다. 바다 한가운데 돛을 내리고 스노클링이나 낚시를 즐기다가 갓 잡아온 생선으로 회를 떠 먹는 것으로 마무리. 보통 최대 승선 인원이 6명이라 커플이나 가족 여행객이 단란하게 시간 보내기 좋다.

3 | 돌핀 와칭 *(p.380)*

"돌고래 보러 로비나에 갈 거예요." 라는 말이 낭만적으로 다가온다면 당신도 로비나에 갈 자격이 있다. 새벽 6시, 돌고래를 보기 위해 수많은 보트가 대기해 있다. 돌고래를 따라 수십 척의 배가 일제히 허둥대는 모습이 좀 우습긴 하지만 당신 또한 돌고래를 본다면 흥분하고 말 것이다.

4 | 아융 강 래프팅 *(p.287)*

해양 액티비티도 흥미진진하지만 아융 강에서 즐기는 래프팅 또한 색다른 매력이 있다. 아융 강의 밀림과 폭포 경치를 감상하며 래프팅을 즐길 수 있는데, 물살이 세지 않아 어른과 아이가 함께 체험할 수 있다. 발리 동부에서는 아융 강보다 스펙터클한 뜰라가 와자 강 래프팅을 경험할 수 있다.

5 | 쁘넷 강 튜빙 *(p.288)*

우붓 북쪽 쁘넷 강에서 즐기는 액티비티. 우거진 숲속 계곡을 튜브를 타고 내려오는 짜릿한 레포츠이다. 래프팅과는 또 다른 재미로 배를 타고 오면서 일행 사이에 끈끈한 협동심이 발휘된다. 보호 장비를 꼼꼼하게 착용하고 7~8명의 가이드가 계곡 아래까지 이끌어 안전하게 즐길 수 있다.

바닷속 탐험을 떠나요~ 스노클링과 다이빙!

발리의 매력은 바닷속에서도 찾을 수 있다. 세계적으로 이름이 알려진 믄장안 섬, 뚤람벤, 쁘니다 섬처럼 좋은 다이빙 포인트가 있다. 다이빙이 다소 부담스럽게 느껴진다면 스노클링만으로도 만족감을 주는 바다로 떠나볼 수 있다(믄장안 섬, 쁘니다 섬, 아멧). 가깝게는 누사두아 앞바다에서도 해볼 수 있는데 만족도는 높지 않은 편. 사누르에서 배를 타고 갈 수 있는 쁘니다 섬은 본섬에서 멀지 않고, 바닷속도 아름답다. 중심에서 꽤 떨어져 있지만 믄장안, 아멧으로 당일치기 다이빙도 가능하다. 바다를 좋아하는 이라면 다이빙이나 스노클링 배낭을 꾸려 발리의 여러 지역을 두루 돌아보는 것도 좋다.

믄장안 섬 *Pulau Menjangan*

다양한 어종과 산호가 바닷속에 펼쳐진다. 물이 맑아 스노클링만으로도 다양한 열대어를 만날 수 있다. 로비나에서 당일치기로 다이빙 투어를 떠나는 여행자가 많다.

아멧 *Amed*

숙소 앞 해변에서 저벅저벅 걸어 들어가도 산호와 물고기를 만날 수 있다. 즈무룩 해변, 일본 난파선 같은 포인트 등에서는 스노클링과 다이빙 모두 가능.

뚤람벤 *Tulamben*

세계적으로 유명한 난파선 포인트가 있는 곳. 파도가 잔잔하고 해안에서 바로 다이빙 포인트로 들어갈 수 있어 초보자에게도 좋다. 난파선 주변에 다양한 다이빙 포인트가 있다.

렘봉안 섬 & 쁘니다 섬 *Nusa Lembongan & Nusa Penida*

만타 레이(쥐가오리), 몰라 몰라를 보러 쁘니다 섬으로 가자. 렘봉안 섬 북쪽, 쁘니다 섬의 북쪽과 서쪽 바다에 주요 다이빙 포인트가 있다. 경험 있는 다이버에게 알맞다.

짠디다사 & 빠당바이 *Candidasa & Padangbai*

짠디다사나 빠당바이에서 주변 섬으로 다이빙을 나서자. 특히 떼쁘꽁 섬은 산호와 열대어, 암초 등의 바다 풍경과 함께 상어, 몰라 몰라(개복치)가 가장 큰 볼거리이다.

길리 *Gili*

에메랄드빛의 투명한 바다! 트라왕안, 메노, 아이르 세 섬 주변으로 다이빙 포인트가 빼곡하다. 상어, 만타, 곰치와 세 섬에서 모두 만날 수 있는 바다거북을 빼놓을 수 없다.

Activity 04. One Day Cruise

하루면 충분해~ 발리 크루즈

보통 발리에서 크루즈라 하면 렘봉안 섬이나 쁘니다 섬으로의 당일치기 크루즈를 말한다. 패스트 보트로 30분이면 닿는 거리를 1~2시간 정도 소요하여 여유 있게 세일링하며 간다. 섬에 도착하면 점심 식사와 각종 액티비티를 즐기는데 보통은 섬 내의 숙소와 연계해 식사와 수영장을 함께 제공받을 수 있다.

오전 9시경 브노아 항에서 출발 ➡ 1~2시간 세일링 ➡ 섬 도착 ➡ 스노클링, 카약, 바나나 보트, 섬 빌리지 투어 등 액티비티와 점심 식사 ➡ 오후 5~6시경 브노아 항 도착

※ 크루즈는 크게 요트형 크루즈와 대형 선박 크루즈가 있다. 대형 선박 크루즈는 부대 행사가 많고, 요트형 크루즈는 훨씬 쾌적하고 로맨틱해 크루즈 만족도가 높은 편이다. 보통은 크루즈 업체에 직접 예약하는 것보다 액티비티 전문 업체를 통해 예약하는 것이 저렴하다. 누사두아, 짐바란, 스미냑, 꾸따, 사누르 지역은 차량 서비스가 요금에 포함된 경우가 많다.

고급형 요트 크루즈
와카 세일링 *Waka Sailing*

와카 리조트 그룹에서 운영하는 요트형 크루즈이다. 크루즈 중 승선 인원이 가장 적고 고급스러운 것이 특징이다. 렘봉안 섬에 있는 비치 클럽에서 액티비티를 진행하고, 월·수·토요일에만 운항한다.

요금 데이 크루즈 어른 USD135, 어린이 USD65
전화 0361-723-629
홈피 wakahotelsandresorts.com/wakasailing

캐빈이 있는 럭셔리 크루즈
아네차 *Aneecha Sailing Catamaran*

와카 크루즈보다 살짝 큰 요트형 크루즈. 여기에 아늑한 캐빈을 갖춰 좀 더 럭셔리하다. 캐빈에는 침대와 소파, 화장실까지 있어 신혼여행객이나 가족 여행객에게 인기가 많다. 캐빈을 이용하려면 추가로 USD25가 든다. 월·수·토요일에 운항.

요금 데이 크루즈 USD119
전화 0361-785-5855

쁘니다 섬으로 가는
발리 하이 크루즈 *Bali Hai Cruise*

발리 하이는 다양한 크루즈 메뉴를 가지고 있다. 그중 쁘니다 섬의 크리스털 베이가 목적지인 캐스트어웨이Castaway는 눈에 띄는 크루즈 중 하나. 바닷속이 아름다운 크리스털 베이에서 스노클링을 제대로 하고 싶은 여행자라면 놓치지 말자. 이 상품은 4~10월 화·목·토·일요일에만 운항한다.

요금 캐스트어웨이 크루즈 어른 USD125, 어린이 USD92
전화 0361-720-331
홈피 www.balihaicruises.com

44m의 워터 슬라이드
바운티 크루즈 *Bounty Cruise*

대형 선박 크루즈로 만족도는 떨어진다. 그나마 아이와 어른 모두 좋아하는 워터 슬라이드가 있어서 다행이다. 매일 출항한다.

요금 1인 1,050K
전화 0361-726-666
홈피 www.balibountycruises.com

Tip | 그 밖의 크루즈 업체

① 세일 센세이션 *Sail Sensation*
sail-sensations.com

② 퀵실버 *Quicksilver*
www.quicksilver-bali.com

예약 대행 업체
· 발리 바다 *Bali Bada* balibada.com
· 에피소드 발리 *Episode Bali* blog.naver.com/time0032

Activity 05. Eco Healing Walking Tour

에코 힐링, 발리의 자연을 거닐다

자연을 통해 치유를 얻는 에코 힐링(Eco Healing)은 어렵고 먼 얘기가 아니다. 맑고 깨끗한 자연과 함께 호흡하며 교감하는 것이 바로 에코 힐링. 발리의 아름다운 자연 속을 한 걸음 한 걸음 거닐어보자.

1 | 짬뿌한 산마루 걷기 *(p.285)*

두 계곡 사이의 산마루를 걷는 트레킹 코스로 숲과 논을 모두 볼 수 있다. 이른 아침이면 관광객보다 주로 우붓에 사는 현지 거주 외국인들이 반려 동물과 함께 산책을 나온다. 이른 시간 거닐면 양쪽 계곡 숲이 아침 안개와 햇살과 어우러져 신비롭다.

2 | 사리 오가닉 워크 *(p.286)*

좁은 외길 주변이 모두 논과 야자수로 둘러싸여 이국적인 시골 정취가 풍긴다. 아침 산책 삼아 걷기 좋은 데다가 돌아오는 길에는 아침 식사를 하거나 스파를 받을 만한 곳도 있다. 총 소요 시간이 1시간 이내로 초보자도 쉽게 걸을 수 있는 기초 루트다.

발리를 배우자! 발리의 다양한 원데이 클래스

발리의 문화를 체험할 수 있는 방법은 많다. 먹고 쉬며 둘러보는 것도 좋지만, 시간적 여유가 있고 특히 관심 있는 분야가 있다면 하루쯤 시간을 내 다양한 발리의 클래스를 체험해보는 것도 좋다.
일반적으로 부담 없이 체험해볼 수 있는 쿠킹 클래스는 직접 현지 시장에 가서 장을 보고, 음식을 만드는 시간을 갖기 때문에 발리 문화가 좀 더 가깝게 느껴진다. 영어로 진행되는 만큼 영어 실력을 갖추었다면 더 좋겠지만 그렇지 않다고 해서 크게 어려움을 겪지는 않는다. 만드는 음식과 진행 방법은 쿠킹 클래스마다 조금씩 차이가 있지만 대략적인 과정은 비슷하다.
예술인의 마을, 우붓에서는 그에 걸맞은 페인팅 클래스나 정교한 은세공 제품을 직접 만들어보는 실버 클래스에 도전해보는 것도 좋겠다. 스파와 마사지의 천국인 만큼 스파 관련 제품을 직접 만드는 스파 클래스도 발리에서 경험할 수 있는 또 하나의 특권.

✖ 쿠킹 클래스

붐부 발리 브노아 *Bumbu Bali Benoa*
전화 0361-771-256
홈피 www.balifoods.com

파온 발리 쿠킹 클래스 *Paon Bali Cooking Class*
전화 0813-3793-9095
홈피 www.paon-bali.com

까사 루나 *Casa Luna*
전화 0361-973-282
홈피 www.casalunabali.com

✖ 페인팅 클래스

파이브 아트 스튜디오 *Five Art Studio*
전화 0878-6198-4083
메일 fiveartubud.com

아르마 *Arma*
전화 0361-976-659
홈피 www.armabali.com/museum/cultural-workshops

✖ 실버 클래스 (p.289)

스튜디오 페락 *Studio Perak*
전화 0361-974-244
홈피 www.facebook.com/studioperak

1 | 카페 와얀 쿠킹 클래스 *Cafe Wayan Cooking Class*

우붓의 카페 와얀은 세월이 흘러도 늘 한결같은 맛과 고유의 발리 분위기를 간직하고 있는 식당. 30년이 넘는 지금도 여행자들의 사랑을 꾸준히 받고 있다. 이곳에선 하루 두 차례, 발리의 대표적이고도 기본적인 음식들을 만드는 쿠킹 클래스가 열린다. 수업은 레스토랑 안쪽에 자리한 정원에서 진행하는데, 먼저 텃밭을 둘러보며 열대 식재료에 대한 흥미를 돋운 다음 본격적으로 발리 음식을 만들기 시작한다. 발리식 샐러드를 포함해 디저트까지 총 5가지 요리를 참가자들과 함께 요리하고, 완성된 음식은 점심이나 저녁 식사로 즐긴다. 발리 음식에 관심이 있는 여행자라면 꼭 참가해보자. 카페 와얀의 요리 선생님은 비법을 나누는 데 열정이 넘친다! 영어로 소통하고 요리법 소책자를 제공하며, 최소 인원 2명, 최대 인원 10명이 참가한다.

위치 몽키 포레스트 로드에 자리한 카페 와얀 레스토랑
운영 1일 2회 10:00, 16:00(약 2시간 소요)
요금 350K(인당)
주소 Jl. Monkey Forest, Ubud
전화 0361-975-447
홈피 alamindahbali.com/cooking_class.htm

2 | 짐바란 베이 쿠킹 아카데미 *Jimbaran Bay Cooking Academy*

포 시즌스 짐바란 리조트에서 운영하는 쿠킹 클래스로 만족도가 높다. 호텔 헤드 셰프가 수업을 직접 이끌며 소수 정예(최대 8명)로 진행하는데, 최신 시설과 최고의 서비스, 짜임새 있는 구성이 돋보인다. 인도네시아 각 지방(발리, 짐바란, 자바, 소순다 열도, 술라웨시, 수마트라)의 음식들로 수업이 열리며 총 5코스 요리를 만든다. 아침 9시 어시장 투어(선택)를 시작으로 리조트 내 오가닉 텃밭 투어, 5코스 요리 만들기(약 2시간 소요), 점심 식사 순으로 오후 2시 정도에 수업이 모두 끝난다. 영어로 진행하며 메뉴 소책자와 수료증이 전달된다. 패밀리 쿠킹 클래스가 따로 있으며 포 시즌스 투숙객이 아니어도 참여할 수 있다.

위치 포 시즌스 짐바란 리조트 내
요금 1,200K(1인)(Tax & SC 21%)
주소 Jl. Bukit Permai, Jimbaran, Kuta Selatan
전화 0361-701-010
홈피 www.fourseasons.com/jimbaranbay/services_and_amenities/signature_experiences/cooking_academy/

Sightseeing 01. Bali Best Beach

특별한 매력이 넘치는 발리의 바다

대표적인 동남아 휴양지이면서도 발리의 바다는 이상하리만치 저평가되어 있다. 하지만 에메랄드 빛이라는 단어 하나로 지정되는 여타 휴양지의 바다와 달리 각기 다른 매력을 가진 발리 바다. 그중 가장 인기 있는 해변을 몇 개 꼽아 보았다.

1 | 꾸따 비치 *(p.98)*

가장 활기차고 역동적인 해변이다. 파도가 적당해서 언제나 서핑을 즐기려는 여행자들로 북적이는 곳이며 그만큼 주변의 편의시설도 압도적이다. 특히 해 질 무렵에는 해변에 자리를 잡고 앉아 석양을 즐기는 현지인과 관광객으로 언제나 붐비는 곳이다.

2 | 짐바란 비치

끄동안안 어시장 옆에 자리하고 있어 로컬 분위기를 물씬 풍기는 곳이다. 이 해변의 가장 큰 특징은 해변을 따라 길게 늘어선 해산물 레스토랑. 개와 함께 산책과 물놀이를 즐기고 매캐한 연기가 하늘을 가득 수놓는 그러면서도 어딘가 낭만적인 분위기를 품고 있는 소박하고 매력적인 비치이다.

3 | 누사두아 비치

사람들이 생각하는 가장 전형적인 휴양지의 바다 모습과 가깝다. 잔잔하고 짙푸른 바다와 정리가 잘 된 하얀 모래사장. 주변을 둘러싸고 있는 고급 리조트 단지들이 누사두아 비치의 이미지이다. 주로 아이를 동반한 가족 여행자나 신혼여행객들의 목적지로 조용한 휴양을 즐기고 싶은 이들에게 적합하다.

4 | 빠당빠당 비치 *(p.191)*

줄리아 로버츠 주연의 <먹고 기도하고 사랑하라>의 배경이 되면서 더욱 유명해진 아담한 해변으로 암석으로 둘러싸인 해변은 면적이 넓진 않지만 포근한 느낌이 든다. 물색도 아름답지만 최근 유명해지면서 편의시설이 늘고 관광객도 많아져 예전보다는 조금 매력이 떨어진 편이다. 하루 관광코스로 적당.

발리의 문화를 찾아서

호기심이 많은 당신이라면 이곳 사람들의 뿌리, 과거를 찾아 여행을 떠나보자. 발리인들은 어디서 어떻게 살았는지, 그들은 어떻게 춤을 추었고, 또 그 맑고 밝은 미소는 어디에서 시작되었는지…….

1 | 울루와뚜 사원 (p.190)

꾸따나 스미냑에서는 느끼지 못했을 발리 남부의 웅장한 바다 풍경에 압도당한다. 바다의 신을 모시는 이곳 사원은 거친 바다 풍경이 메인이지만 매일 저녁 석양을 배경으로 무대에 오르는 께짝 댄스 공연을 놓치지 말자.

2 | 펭리뿌란 전통 마을 (p.297)

바뚜르 산 아래의 작은 마을, 우붓에서도 1시간가량 차를 타고 가야 하는 곳이라 옛 모습이 더 남아 있다. 시원한 바람을 맞고 자란 대나무로 유명하여, 마을에서는 대나무로 지은 발리 전통 가옥들을 쉽게 찾아 볼 수 있다. 낀따마니를 오가는 길에 잠시 둘러보자.

3 | 울룬 다누 브라딴 사원 (p.346)

발리에는 공동으로 물을 관리하는 전통 관개 시스템인 수박Subak이 있다. 수박은 산악 지대인 발리 북서부 지역에서도 삼모작을 가능케 한 일등 공신이면서 모두가 공평하게 농사를 지을 수 있게 한 민주적인 시스템이다. 동시에 자연과 인간이 조화를 이루는 하나의 철학으로 2012년에는 세계문화유산으로 등재되었다. 이 수박 시스템을 유지하고 있는 유적 5곳을 지정했는데 따만 아윤 사원과 바뚜르 호수, 그리고 이곳 울룬 다누 브라딴 사원 등이 속한다. 이 사원은 물(강, 호수)의 여신 데위 다누를 모시는 사원으로 큰 의미를 지닌다.

4 | 자띠루위 계단식 논 (p.347)

따바난 지역에 자리한 농촌, 자띠루위는 계단식 논 풍경이 장관이다. 우붓 근교의 소규모 계단식 논인 뜨갈랄랑과 비교하기 어려울 만큼 광활하다. 앞서 말한 발리의 관개 시스템인 수박을 여기서도 볼 수 있다.

Food 01. Bali Special Food

알고 먹으면 더 맛있는 Must Try 발리 푸드

발리는 세계적인 여행지이니 각국의 음식을 맛볼 수 있는 곳이다. 그렇다 보니 정작 발리 현지의 음식은 먹어보지도 못하고 여행이 끝나는 일도 있다. 낯선 곳의 음식에 두려운 마음을 가질 수 있겠지만 일단 시도부터 해보자. 인도네시아는 쌀농사가 발달한 나라로, 밥과 함께 먹는 요리가 잘 발달되어 우리나라 식문화와 비슷하다. 특히 삼발이라고 불리는 매운 소스는 우리의 고추장처럼 현지에서 즐겨 먹는다.

나시 고렝 *Nasi Goreng*
우리 입맛에도 잘 맞는 인도네시아 볶음밥. 보통 알새우칩과 비슷하게 생긴 과자와 달걀 프라이가 곁들여진다. 삼발 소스와 비벼 매콤하게 먹을 수도 있다.

미 고렝 *Mie Goreng*
인도네시아식 볶음면. 덜 익은 라면 면발 같은 느낌이 드는데 달달하면서도 짭짤한 소스에 면과 야채를 함께 볶는다.

사테 *Sate, Satay*
고기를 꼬치에 끼워 불에 굽는 음식으로 일반 식당은 물론 길거리에서도 흔히 판다. 닭고기, 돼지고기가 가장 많으며 걸쭉한 땅콩 소스와 잘 어울린다.

나시 짬뿌르 *Nasi Campur*
우리의 백반처럼 현지인들이 가장 흔하게 먹는 음식이다. 접시 하나에 밥과 여러 가지 반찬을 함께 담아 먹는다. 가게마다 반찬 종류도 다르며 전문점이라면 손님이 직접 고를 수 있다.

바비 굴링 *Babi Guling*
어린 돼지를 겉이 바삭해질 때까지 구운 뒤 고기를 잘게 찢어 밥과 야채와 함께 먹는다. 이슬람 신자가 대부분인 인도네시아의 타 지역에서는 맛보기 어려운 발리 전통 음식이다.

부부르 아얌 *Bubur Ayam*
부부르는 '죽', 아얌은 '닭'으로 인도네시아식 닭죽이다. 우리의 닭죽보다 점성이 떨어지는 편이지만 무난하게 먹을 수 있다. 식당마다 맛의 편차가 심하다.

베벡 베투투 *Bebek Betutu*

오리를 바나나 잎에 싸서 구운 요리로 오리고기 특유의 기름기가 빠져 촉촉하고 담백하다. 우붓의 베벡 베투투가 가장 유명하다.

이깐 바까르 *Ikan Bakar*

짐바란 시푸드 중 흔히 맛볼 수 있는 음식으로 숯불에 구워낸 생선구이를 말한다. 우리나라의 생선구이와 달리 비린내가 거의 나지 않는다.

깡꿍 *Kangkung*

모닝글로리라 불리는 야채를 매콤짭짤하게 볶은 음식이다. 씹는 질감이 살아 있어 시푸드를 먹을 때 반찬처럼 곁들이면 깔끔하다.

가도 가도 *Gado Gado*

살짝 익힌 각종 야채를 땅콩 소스에 버무린 야채 샐러드. 들어가는 야채가 따로 정해져 있지는 않으며 담백한 맛으로, 소스가 야채와 잘 어울린다.

박소 *Bakso*

노점에서 흔하게 먹을 수 있는 음식 중 하나. 일반적으로 박소라 하면 완자가 들어간 국을 말하며, 여기에 쌀국수를 넣은 미 박소도 있다.

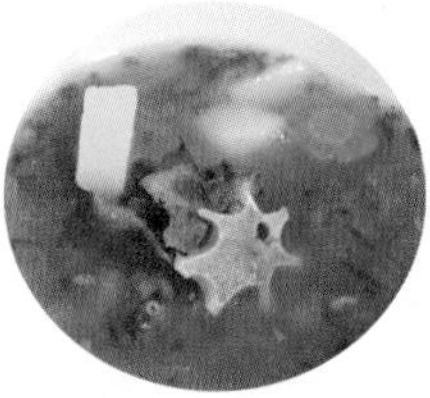

숩 분뜻 *Sup Buntut*

우리나라의 꼬리곰탕과 비슷한 국으로 뼈째 붙은 고깃덩어리와 감자, 당면 등이 들어 있다. 해장에 그만이다.

소또 아얌 *Soto Ayam*

소또는 '국', 아얌은 '닭'. 인도네시아의 닭고기 국으로 대체로 얼큰하다.

파당 푸드 *Pandang Food*

진열장에 음식들을 탑처럼 쌓아 두고 파는 모습이 인상적이다. 서부 수마트라에서 시작된 음식으로 밥과 여러 가지 반찬을 함께 담아 먹는다.

에스텔레 *Esteler*

'얼음에 취하다'라는 뜻을 가진 단어로 인도네시아식 빙수다. 얼음과 쫄깃한 잭 프루트, 코코넛 과육, 아보카도가 코코넛 밀크에 섞여 나온다.

블랙 라이스 푸딩 *Black Rice Pudding*

찰진 흑미에 팜 슈거와 코코넛 밀크를 넣어 만든 로컬 디저트다. 차갑게 만들어져 나오기도 하는데 따뜻하게 먹는 것이 정석.

Tip | 단어를 알면 음식이 보인다

인도네시아 음식 이름 대부분은 음식에 쓰인 주재료나 조리 방법을 뜻하는 단어로 조합되어 있다. 그래서 간단한 단어 몇 가지만 알면 어떤 음식인지 추측이 가능하다. 특히 영어가 잘 통하지 않는 로컬 식당에서는 그 쓰임이 유용하니 알아두자.

》재료

- **나시** Nasi 밥
- **미** Mie 국수
- **다깅** Daging 고기
- **사피** Sapi 소
- **바비** Babi 돼지
- **깜빙** Kambing 염소
- **아얌** Ayam 닭
- **베벡** Bebek 오리
- **돔바** Domba 양
- **이깐** Ikan 생선
- **쭈미 쭈미** Cumi Cumi 오징어
- **우당** Udang 새우
- **끄삐띵** Kepiting 게
- **사유르** Sayur 야채
- **에스** Es 얼음

》조리법

- **고렝** Goreng 볶다
- **바까르** Bakar 굽다
- **짬뿌르** Campur 섞다
- **부부르** Bubur 죽
- **소또** Soto 국

Food 02. Best Menu of Bali Restaurant

미슐랭 스타 레스토랑 부럽지 않은 그 집! 그 메뉴!

한번 맛보면 자꾸만 생각나는 그 집의 그 메뉴! 분위기, 가격, 서비스 등 다른 요소들을 모두 배제한 채 이 메뉴는 이 집이 최고라고 생각되는 내용을 다루어보았다. 일부러 찾아가긴 힘들어도 일정상 가능하여 들렀을 때 이왕이면 아래의 메뉴를 시도해보자.

나시 짬뿌르
꾸따
와룽 콜레가
p.106

바비 굴링
우붓
이부 오카
p.308

크리스피 포크
스미냑
사롱 레스토랑
p.141

스테이크
스미냑
코쿤
p.162

에스텔레
우붓
와룽 장가르 울람
p.305

베벡 베투투
우붓
베벡 벵일
p.315

포크 립
우붓
티노스 와룽
p.314

이깐 바까르
꾸따
발레 우당 망 엥킹
p.103

나시 아얌 짬뿌르
짐바란
와룽 나시 아얌 이부 오키
p.200

찹차이 시푸드
사누르
와룽 낙사
p.249

버거
스미냑
보스만
p.144

신선한 새우 요리
스미냑
삼발 슈림프
p.146

빈땅만으로도 이곳은 천국~! 발리의 술

"발리에선 뭘 마셔야 돼?"라고 물으면 모두들 "빈땅!"이라고 외칠 것만 같다. 기념품 가게에 빈땅 로고의 셔츠가 난무할 만큼 빈땅은 대중적인 맥주 브랜드이다. 빈땅 외에도 인도네시아 맥주와 하이네켄, 기네스, 산미구엘, 칼스버그, 코로나 같은 수입 맥주도 다양하게 즐길 수 있다. 전통주인 아락과 해튼 와인은 맥주와 달리 느긋하게 즐길 수 있는 주류 아이템이다.

❶ 빈땅 *Bintang Beer*

인도네시아 대표 맥주로 발리 어느 지역에서든 쉽게 마실 수 있다. 말 그대로 'Star Beer'라는 뜻으로 빨간 별 모양이 인상적이다. 알코올 도수는 5% 정도이며 제로(Zero)라는 이름의 비알코올 맥주도 있다. 빈땅이 없는 발리를 상상할 수 있을까?

❷ 아락 *Arak*

쌀과 코코넛으로 만든 인도네시아 전통 증류주다. 알코올 도수가 40% 정도 되는데, 아락 자체만 마시기도 하지만 보통은 주스나 탄산음료를 섞어 마신다. 레스토랑이나 클럽, 바에서 아락 칵테일을 맛볼 수 있다.

❸ 해튼 와인 *Hatten Wine*

발리 와인은 로비나와 믄장안 등 발리 북부에 있는 포도 농장에서 생산된다. 그중 해튼 와인이 가장 유명하다. 가격 대비 안정적인 맛을 기대할 수 있으며 큰 슈퍼마켓에서 쉽게 구입할 수 있다.

❹ 발리 하이 *Bali Hai*

산미구엘, 아사히 등의 수입 맥주 라이선스 생산을 하던 업체에서 자체 브랜드를 만든 것. 발리 하이 프리미엄을 시작으로 드래프트와 사우트도 생산하고 있다.

❺ 앙커르 *Anker*

인도네시아 3대 맥주로 빈땅, 앙커르, 발리 하이를 꼽는데 앙커르는 인도네시아에서 빈땅 다음, 두 번째로 잘 팔리는 맥주다. 흑맥주인 앙커르 사우트도 있다.

Food 04. Best Local Restaurant

로컬 식당 베스트

발리 현지 음식을 맛보고는 싶지만 개성이 너무 강해 입맛에 맞지 않으면 어쩌나 걱정한다면 이곳으로 향하자. 낯선 음식과 환경에 도전이 꺼려질 수 있겠지만, 의외로 우리 입맛에도 잘 맞다. 맛도 끝내주고 가격마저 착한 발리의 로컬 레스토랑을 꼽아보았다.

1 | 와룽 장가르 울람 *Warung Janggar Ulam (p.305)*
우붓에 가면 꼭 한 번쯤 들러볼 만한 강력 추천 식당. 분위기도 좋고 규모도 큰 편이데 그에 비해 가격은 저렴한 편이다.

2 | 와룽 콜레가 *Warung Kolega (p.106)*
나시 짬뿌르 전문점. 감칠맛 나는 반찬들로 현지인은 물론 외국 여행자 입맛에도 잘 맞는다.

3 | 나시 아얌 끄데와딴 *Nasi Ayam Kedewatan (p.159)*
최고의 나시 짬뿌르로 손꼽히는 이곳은 닭고기와 야채, 매콤한 삼발 소스를 얹어내는 나시 짬뿌르를 맛볼 수 있는 곳이다.

4 | 도빌 *Dobil (p.226)*
우붓에 가지 못하는 여행자라면 도빌의 바비 굴링을 맛보자. 이부 오카와는 또 다른 매력의 완벽한 현지식 바비 굴링 맛을 보게 될 것이다. 시설이 열악하므로 테이크아웃하는 것이 좋다.

Food 05. Sambal

발리를 대표하는 맛, 삼발

발리의 레스토랑과 슈퍼마켓, 어느 곳에서든 쉽게 찾아볼 수 있는 삼발 소스. 다양한 고추와 다진 양파, 마늘, 새우 페이스트, 식초, 소금, 민트 등을 넣어 만들어 낸 소스다. 시판 중인 칠리 소스가 밋밋한 매운맛을 낸다면 삼발 소스에서는 한결 깊은 감칠맛이 느껴진다. 집집마다 제조법도 다르고 맛도 달라 이곳저곳의 삼발 소스를 비교해보는 것도 재미있다.

✖ 삼발의 종류

삼발 울락 *Sambal Ulak*
울락은 '으깨다'라는 의미로, 고추나 양파 등의 재료를 으깨어 먹는 것이다. 나시 고렝과 함께 먹으면 맛있다.

삼발 마타 *Sambal Matah*
발리 전통 스타일의 삼발로 고추, 양파, 레몬그라스 등에 소금과 오일, 마늘, 라임 등을 넣고 잘게 다져 익히지 않고 생으로 먹는다. 주로 이깐 바까르나 라이스타플을 주문하면 곁들여 나온다.

삼발 블라찬 *Sambal Belacan*
말레이, 자바 스타일의 삼발로 새우 페이스트에 라임 주스, 고추 간 것, 물 등을 섞어 만든다. 토마토를 첨가하기도 한다.

삼발 뜨라시 *Sambal Terasi*
가장 일반적인 인도네시안 전통 삼발. 각종 재료를 섞어 볶은 것으로 매운맛보다는 짭조름한 감칠맛이 강하다. 새우칩에 찍어 먹으면 맛있다. 삼발 블라찬과 맛이 비슷한 편이다.

삼발 투미스 *Sambal Tumis*
'투미스'는 '기름에 볶아내다'라는 뜻으로 종종 삼발에서 우려낸 오일에 다시 볶아낸 새우 페이스트, 마늘 등을 사용해 약간 기름지면서도 고소한 맛이 난다.

삼발 케첩 마니스
Sambal Kecap Manis
'마니스'는 '달콤하다'는 뜻으로, 식당 테이블에서 쉽게 발견할 수 있다.

삼발 아삼 *Sambal Asam*
삼발 뜨라시와 비슷한 편으로 새콤한 맛을 강조했다.

삼발 까창 *Sambal Kacang*
땅콩이 들어가 고소한 맛이 강한 삼발로, 주로 오탁 오탁 요리에 사용된다.

삼발 펀칫 *Sambal Pencit*
어린 망고와 함께 신선하게 갈아낸 삼발로 시푸드와 함께 먹으면 잘 어울린다.

삼발 바작 *Sambal Bajak*
튀긴 마늘, 새우 페이스트 등이 들어갔으며 삼발 아삼보다 훨씬 진하고 풍부한 맛이다.

✖ 발리 최고의 삼발을 찾아라

1 | 카페 와얀
Cafe Wayan & Bakery (p.305)
생선과 먹으면 좋은 삼발 마타는 매콤하고 진한 감칠맛에 이내 중독된다. 삼발 뜨라시는 어느 메뉴에도 잘 어울린다.

2 | 이부 오카 *Ibu Oka (p.308)*
바비 굴링 맛의 마침표를 찍는 것이 바로 이부 오카의 삼발. 붉은색의 일반적인 삼발과는 달리 푸른 삼발은 보는 것만으로도 내공이 느껴진다.

3 | 발레 우당 망 엥킹
Bale Udang Mang Engking (p.103)
발레 우당 망 엥킹은 이깐 바까르로 이미 유명하지만 이깐 바까르와 찰떡궁합인 망고 삼발도 유명하다.

우아하게 즐기자~ 로맨틱 디너

세상에 단 한 번뿐인 행복한 순간, 발리로 신혼여행을 왔거나 연인과 함께 여행한다면 한 번쯤은 근사하게 차려입고 수준 높은 음식과 멋진 분위기를 만끽하는 로맨틱한 디너를 즐겨보자. 살짝 높은 가격대도 잊을 수 있을 만큼 특별한 경험이 될 것이다.

1 | 까유뿌띠 *Kayuputi (p.218) △*

발리 최고의 호텔로 손꼽히는 세인트 레지스 리조트의 부속 레스토랑이다. 메뉴의 대부분은 아시아 퀴진이 가미된 음식들이며 각종 대회에서 수상한 어워드 위닝 와인 리스트도 충실히 갖추고 있다. 특히 같은 부속 레스토랑인 보네카와는 차별화된 분위기의 까유뿌띠 샴페인 선데이 브런치는 예약 없이는 경험할 수 없을 정도로 인기다.

3 | 쿠부 *Kubu (p.318) ▽*

오픈하자마자 단숨에 인기 레스토랑으로 자리매김한 만다파 리츠칼튼 리저브의 파인다이닝 레스토랑이다. 아융 강이 내려다보이는 9개의 프라이빗한 코쿤은 로맨틱한 디너를 꿈꾸는 커플들에게 완벽한 분위기를 제공한다. 디너 타임에만 오픈하며 특히 인기 있는 코쿤 좌석은 예약 필수이다.

2 | 스웹트 어웨이 *Swept Away (p.301) ▽*

사마야 우붓에 위치한 레스토랑으로 규모는 작지만 수준 높은 음식과 서비스로 오랜 시간 호평을 받아온 레스토랑이다. 아융 강 주변에 위치해 우붓 특유의 분위기를 담뿍 느낄 수 있어 로맨틱 디너 명소로도 각광을 받고 있다.

Food 07. Organic Restaurant

몸과 마음이 건강해지는 오가닉 식당

꾸준한 트렌드로 자리매김 중인 오가닉. 울창한 밀림, 아름다운 바다, 푸릇한 논으로 둘러싸인 발리에서 만나는 오가닉 상점들과 도심 속 오가닉과는 차원이 다른 발리의 오가닉 레스토랑에서 몸과 마음을 리프레시해보자.

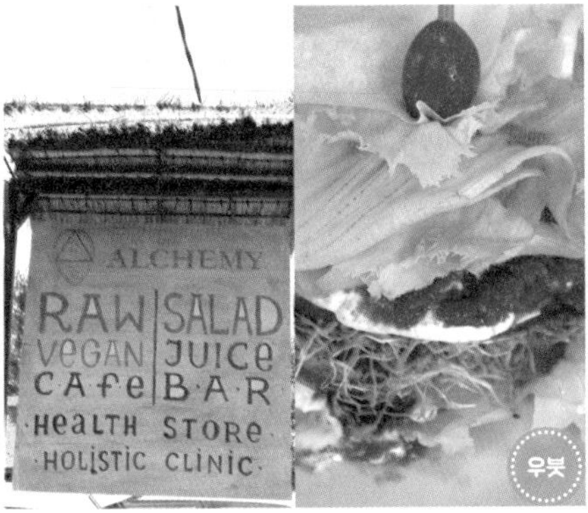

1 | 알케미 *Alchemy (p.319)*
맛과 영양, 두 마리 토끼를 다 잡는 베지테리안 카페. 풍성한 샐러드 바를 비롯해 마키롤, 키슈, 샌드위치, 피자, 수프 등 맛있는 건강식 메뉴가 있다. 모든 재료는 유기농 농장에서 가져오고, 정수된 물로 깨끗이 손질해 조리한다.

2 | 목사 *Moksa Plant-based Restaurant & Permaculture Garden (p.300)*
유기농 텃밭에서 기른 재료로 창조적인 메뉴를 선보이며 채식주의자뿐 아니라 일반 여행자들에게도 인기를 끌고 있는 곳. 외진 곳에 있지만 한 번 방문해볼 만하다.

3 | 워터크레스 카페 *Watercress Cafe (p.148)*
몸이 건강해지는 식당으로 일반 관광객보다는 현지 거주 외국인들이 더 찾는다. 유기농 재료로 만든 서양식 음식이 주를 이루는데 양질의 샐러드를 특히 추천한다. 건강을 생각하는 여행자라면 들러볼 것!

4 | 사유리 힐링 푸드 *Sayuri Healing Food (p.310)*
일반적인 여행자에게는 조금 호불호가 나뉠 수 있는 전형적인 채식주의자용 오가닉 푸드를 맛볼 수 있는 곳이다. 요가나 로푸드 쿠킹 클래스 등 다양한 액티비티 프로그램도 운영하고 있다.

Food 08. I Love Coffee~

아이 러브 발리 커피

발리에도 커피 바람이 불고 있다. 커피 가루를 잔뜩 넣고 뜨거운 물을 부어 마시는 발리 커피가 국내 여행자들에게 사약 커피로 불리며 호기심 반, 두려움 반으로 다가오던 시절을 지나 이제는 한층 퀄리티를 높인 커피집들이 눈에 띈다.

1 | 세니만 커피 스튜디오 *Seniman Coffee Studio (p.304)*

바리스타의 열정, 아니 실력으로 "커피가 맛있다!"라고 느낄 수 있는 곳. 세 가지 커피를 동시에 맛볼 수 있는 테이스팅 메뉴는 커피에 대한 관심까지 불러일으킨다. 이제는 단순히 마시는 커피뿐 아니라 커피와 관련된 액세서리와 용기, 가구까지 직접 디자인하여 판매한다. 카페 맞은편에 커피 볶는 로스터기를 제대로 들여놓고 커피 워크숍을 진행한다.

2 | 리볼버 *Revolver Espresso (p.150)*

락스마나 로드의 한 상점에서 때 아닌 커피 향에 이끌려 들어간 곳. 홍대 골목에서 마주칠 법한 작은 카페가 숨겨져 있다. 빈티시한 인테리어도 감각적이지만 커피 맛도 뛰어나, 두고두고 아지트로 삼고 싶은 곳이다. 다양한 커피 메뉴와 간단한 아침, 점심 식사 메뉴도 판매하며 저녁에는 바bar도 연다.

Food 09. Korean Restaurant

발리에서 만나는 한국 식당

여행자의 독특한 음식 문화를 체험해보는 것 또한 여행의 큰 즐거움 중 하나라 하겠다. 하지만 더운 섬나라이다 보니 짜고 달고 튀긴 음식이 많아 문득 얼큰한 한국 음식이 생각날지 모른다. 한식이 그리울 때 가보자.

1 | 강남 한식당 *Gangnam Restaurant*

오랜 시간 동안 꾸준한 관리로 사랑받아온 꼬끼 사누르가 강남 한식당으로 이름을 변경했다. 이름은 바뀌었으나 맛은 그대로이다. 한식과 인도네시아식을 모두 취급하고 있어 선택의 폭이 넓다. 특히 떡볶이, 육개장, 김치찌개 등 추천할 만한 음식이 많으며 인도네시안 메뉴로는 시원한 소또 아얌과 밥 반찬으로도 그만인 매콤한 가지볶음 떼룽 발라도Terung Balado가 정말 맛있다. 분위기가 차분하고 고급스러운 편이며 입구에서 인테리어 소품과 코코넛 오일 등을 진열 판매한다. 누사두아에도 지점이 있다.

위치 남부 지역에서 우붓 가는 길. 바이 패스 웅우라이 로드의 왼쪽에 있다.
운영 10:00~22:00 요금 1인 100K
주소 Jl. By Pass Ngurah Rai 21X, Sanur
전화 0813-3785-3127

2 | 치비칩스 *Chi B Chips*

날고 기는 트렌디한 숍들이 모여 있는 스미냑에서 전혀 밀리지 않는 인테리어로 단장한 이곳에서는 한국식 바비큐를 비롯해 다양한 음식을 맛볼 수 있다. 한국 맛집 못지않은 퀄리티의 바비큐는 직접 불을 피워 한국에서처럼 먹을 수 있으며 파절이, 찌개 등이 함께 제공된다.
라면도 좀 특별하다. 부재료를 풍성히 넣어 정성스레 조리한 라면은 인스턴트라기보다 하나의 요리처럼 느껴진다. 치킨 메뉴도 다양해서 한국에서처럼 치맥을 즐길 수도 있다.

위치 쁘띠뜽읏 로드, L 호텔 가기 전에 있다.
운영 15:00~23:00
요금 1인 100K(Tax & SC 17%)
주소 Jl. Petitenget 15XX, Kerobokan Kelod
전화 0361-934-2778

3 | 비빔밥 *Bibimbap Restaurant*

꾸따 지역에 위치한 한식당으로 현지 젊은이들에게 특히 인기가 많다. 블루 톤의 아기자기한 분위기로 비빔밥도 무난하고 떡볶이는 플레이팅도 예뻐 인기가 많다. 꾸따지점 인기에 힘입어 사누르에 2호점을 오픈했다. 사누르에 있는 비빔밥은 건물 하나를 통째로 쓰고 있어 분위기가 더 쾌적하고 주차가 편리하다.

위치 몰 발리 갤러리아 맞은편 쪽에 있다.
운영 11:00~22:00 요금 1인 70K
주소 Jl. By Pass Ngurah Rai, Kuta
전화 0361-849-6264

4 | 발리집 *Bali-Jip Ubud*

발리에서 한국식 삼겹살을 먹을 수 있는 곳이다. 2인 세트를 시키면 고기와 함께 갖가지 반찬과 국이 제공되는데, 다른 한식당과는 달리 한국의 방식과 매우 흡사하게 서빙된다. 제육볶음, 두부김치 등의 안주류와 된장찌개, 김치찌개 등 식사류도 주문할 수 있다. 양념이 한국 맛 그대로다. 내부가 실내 포장마차처럼 되어있어 정겹다.

위치 빈땅 수퍼마켓에서 도보로 5분
운영 12:00~21:00 요금 100~250K
주소 Jl. Raya Sanggingan 40, Kedewatan
전화 0821-3876-0881

Food 10. Best Sunday Brunch in Bali

주말의 특권, 여유로운 브런치 즐기기

짧은 휴가 일정을 효율적으로 보내고자 새벽부터 밤까지 빡센 일정을 소화했다면 하루쯤은 여유롭게 늦잠을 자고 호사스러운 분위기에서 푸짐한 브런치로 주말을 즐겨보자. 가벼운 단품 메뉴를 제공하는 일반 레스토랑의 브런치도 있겠지만 큰맘 먹고 즐기는 푸짐한 브런치를 원한다면 최고의 서비스와 음식 수준을 자랑하는 고급 호텔의 뷔페 브런치를 선택하는 것도 좋겠다.

1 | 쿠치나 *Cucina*

합리적인 가격대와 다양하고 맛있는 음식 섹션으로 최고의 브런치 장소로 우뚝 선 소피텔 누사두아의 부속 레스토랑이다. 일요일 오전 11시부터 3시까지 즐길 수 있는 위크엔드 시크 브런치는 음식뿐 아니라 패션쇼 등을 비롯해 다양한 이벤트가 열리며 수영장 이용이 가능하다.

위치 소피텔 누사두아 내에 위치
운영 월~토 18:00~23:00
일요일 11:00~15:00, 18:00~23:00
요금 선데이 브런치 599K~
(Tax & SC 21%)
주소 Sofitel Bali Nusa Dua Beach Resort BTDC lot N5, Jl. Nusa Dua
전화 0361-849-2888

2 | 프레고 *Prego*

이탈리안 레스토랑에서 열리는 선데이 브런치답게 하몽과 다양한 안티파스토 등 이탈리안 메뉴들이 강세를 보이는데 화덕에서 구워내는 피자와 즉석에서 조리해주는 파스타, 스테이크 등도 맛이 일품이다. 한쪽에는 아이들이 직접 샌드위치나 피자를 만들고 즐길 수 있는 키즈 코너가 마련되어 있어 부모님은 편안하게 식사를 즐길 수 있다. 아란치니, 수제 티라미수 등 그날의 특제 이탈리안 홈메이드 메뉴를 식사 도중 스태프들이 테이블을 돌며 권하기도 한다.

위치 웨스틴 리조트 내에 위치
운영 11:30~22:30,
선데이 브런치 11:30~15:00
요금 패밀리 브런치 420K(성인),
어린이 무료(Tax & SC 21%)
주소 Jl. Nusa Dua, Kuta Sel., Kabupaten
전화 0361-771-906
홈피 www.marriott.com

3 | 보네카 *Boneka*

발리 내 브런치의 원조라고 할 수 있는 세인트 레지스의 부속 레스토랑이다. 호텔의 수준에서 짐작할 수 있듯 신선하고 럭셔리한 재료가 총출동한 훌륭한 요리를 맛볼 수 있다. 이곳은 선데이 브런치뿐 아니라 가장 풍성하고 럭셔리한 조식으로도 손꼽힌다. 기본적인 뷔페 테이블이 마련되어 있고 알라카르트로 주문이 가능한데 식사를 하다 보면 직원들이 이런저런 음식들을 권한다. 랍스터가 들어간 오믈렛, 미니 스테이크가 곁들여진 에그 프라이, 신선한 회, 딤섬 플래터 등 조식당에선 보기 드문 고급스러운 음식들을 맛볼 수 있다. 일정이 주말과 겹치지 않는다면 이곳의 조식을 즐겨보는 것도 괜찮겠다.

위치 세인트 레지스 로비를 들어서자마자 오른쪽에 위치
운영 07:00~11:00, 18:00~22:00, 선데이 브런치 12:00~15:00
요금 선데이 브런치 690K(성인) (Tax & SC 21%)
주소 Kwasan Pariwisata, Lot S6, PO Box 44, Nusa Dua
전화 0361-847-8111
홈피 www.marriott.com

4 | 솔레일 *Soleil*

평일에는 이탈리안과 지중해식 메뉴가 주를 이루는 단품 요리들을 즐길 수 있는 이탈리안 레스토랑으로 일요일 하루만 즐길 수 있는 선데이 브런치 뷔페가 특히 인기가 있다. 랍스터, 새우, 굴 등 해산물부터 애피타이저와 따뜻한 메인 요리 섹션, 디저트, 음료까지 완벽하게 갖추어진 뷔페 테이블을 즐길 수 있을 뿐 아니라 직원들이 창의적이고 수준 높은 디시를 손님에게 직접 권하는 등 고퀄리티의 브런치를 마음껏 즐길 수 있어 많은 이들이 찾고 있다.

위치 물리아 발리 내, 수영장 앞쪽에 위치
운영 11:00~22:00 (선데이 브런치 11:00~15:00)
요금 선데이 브런치 539K~ (Tax & SC 21%)
주소 Jl. Raya Nusa Dua Selatan Kawasan Sawangan, Nusa Dua
전화 0361-301-7777
홈피 www.themulia.com

눈으로 즐기는 요리! 나이스 뷰 레스토랑

모든 것이 용서되는 압도적인 전망의 레스토랑. 그곳에서 눈으로 즐기는 만찬을 시도해보자. 제아무리 비싸고 럭셔리한 고급 레스토랑에서도 안겨줄 수 없는 감동의 식사가 될 것이다.

1 | 디 마레 *Di Mare (p.198)*

서비스에 종종 편차가 있어 입에 오르내릴 때도 있지만 화이트 톤의 레스토랑에서 바라다보이는 짙푸른 바다 전망을 앞에 두면 모든 것이 용서된다.

2 | 라 루치올라 *La Luchiola (p.159)*

푸른 잔디밭과 그 뒤로 펼쳐지는 아름답고 평화로운 바다 풍경을 즐길 수 있는 곳이다. 편안한 분위기에 음식의 맛도 좋아 인기가 많은 곳이다.

3 | 캐스케이즈 *CasCades (p.309)*

우붓의 밀림을 제대로 느낄 수 있는 레스토랑. 밀림 속으로 떨어지는 기분이 드는 작은 수영장도 이곳의 분위기에 단단히 한몫을 한다. 수영장 옆 가제보 자리는 꽤나 경쟁이 치열하니 미리 예약하는 게 좋다.

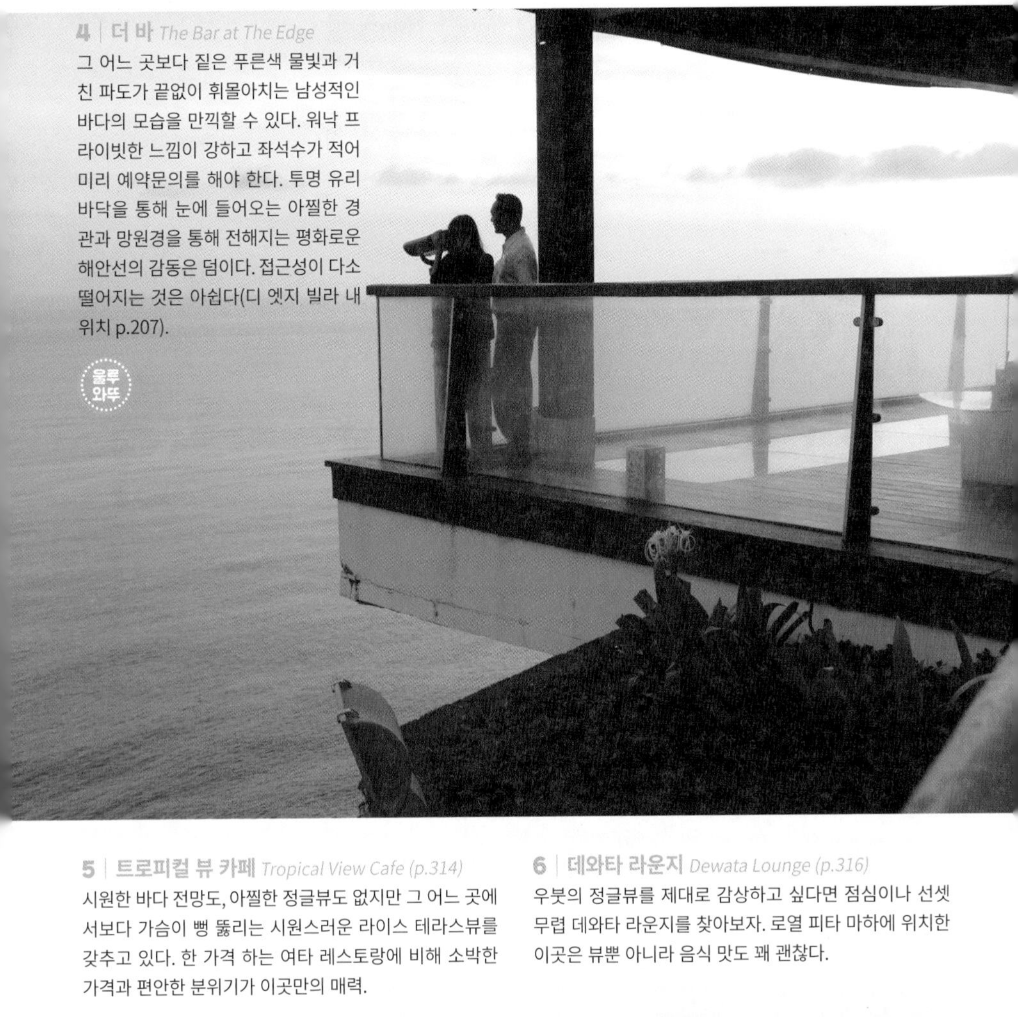

4 | 더 바 *The Bar at The Edge*

그 어느 곳보다 짙은 푸른색 물빛과 거친 파도가 끝없이 휘몰아치는 남성적인 바다의 모습을 만끽할 수 있다. 워낙 프라이빗한 느낌이 강하고 좌석수가 적어 미리 예약문의를 해야 한다. 투명 유리 바닥을 통해 눈에 들어오는 아찔한 경관과 망원경을 통해 전해지는 평화로운 해안선의 감동은 덤이다. 접근성이 다소 떨어지는 것은 아쉽다(디 엣지 빌라 내 위치 p.207).

5 | 트로피컬 뷰 카페 *Tropical View Cafe (p.314)*

시원한 바다 전망도, 아찔한 정글뷰도 없지만 그 어느 곳에서보다 가슴이 뻥 뚫리는 시원스러운 라이스 테라스뷰를 갖추고 있다. 한 가격 하는 여타 레스토랑에 비해 소박한 가격과 편안한 분위기가 이곳만의 매력.

6 | 데와타 라운지 *Dewata Lounge (p.316)*

우붓의 정글뷰를 제대로 감상하고 싶다면 점심이나 선셋 무렵 데와타 라운지를 찾아보자. 로열 피타 마하에 위치한 이곳은 뷰뿐 아니라 음식 맛도 꽤 괜찮다.

Feel 01. Hot Best Beach Club

핫핫핫 비치 클럽 베스트

최근 스미냑 일대에 한잔하기 좋은 멋진 공간들이 속속 생겨나면서 스미냑이 더욱 스미냑다워지고 있다. 혼자만 알고 싶기도 하다가도 이내 흥분하며 다 알려버리고 만다. 사랑하는 사람과 함께하면 더욱 분위기가 좋아지는 곳들이다.

1 | 포테이토 헤드 *Potato Head Beach Club (p.160)*

등장과 동시에 인기 넘버원 비치 클럽으로 자리매김한 핫 플레이스다. 중앙에 커다란 잔디밭을 중심으로 바다 앞쪽 자리와 안쪽 다이닝 좌석까지 다양한 취향을 만족시킬 만한 요건을 갖추고 있다. 수영장, 해변, 맛있는 요리, 힙하면서도 캐주얼한 분위기까지 모두 갖춘 곳이다. 단, 좌석과 시간대에 따라 별도의 미니멈 차지를 요구할 수 있으니 참조할 것.

2 | 순다라

Sundara (p.196)

포 시즌스 짐바란 부속 레스토랑답게 최고급 서비스와 음식 수준을 갖추고 있음은 말할 것도 없다. 짐바란 비치가 내려다보이는 캐주얼한 좌석과 함께 옆쪽으로 기다란 수영장이 배치되어 있고 양옆의 건물은 좀 더 클래식하고 정중한 분위기의 다이닝 코너다.

3 | **쿠데타** *Ku De Ta (p.160)*

스미냑 비치 클럽의 터줏대감이었던 쿠데타. 일대에 번듯한 비치 클럽들이 생겨나면서 '반드시 들러야 할 쿠데타'가 아닌 요즘이다. 하지만 그 가치는 퀄리티 있는 음식과 꾸준한 이벤트와 프로그램으로 흔들림이 없다. 바다를 향해 나 있는 새빨간 선베드는 쿠데타의 마스코트.

4 | **라 브리사** *La Brisa (p.161)*

짱구의 에코 비치에 자리한 그림 같은 비치 클럽이다. 이국적인 팜트리와 푸른 바다가 어우러져 여유와 아름다움이 가득하다. 전반적으로 음식 맛은 아쉽지만 분위기는 로맨틱하고 멋지다. 파도를 타는 서퍼를 구경하거나 노을을 감상하며 여유로운 시간을 가져보자.

5 | **라 플란차** *La Plancha (p.162)*

해변 위에 제멋대로 놓인 색색의 파라솔과 쿠션들만 봐도 여타 고급스러운 비치 클럽과는 격이 다르다. 자유롭게 해변에서 뒹굴뒹굴거리고 싶은 사람들에겐 딱! 바다 전망 하나로 자릿세를 톡톡히 받으며 비싼 음식들을 내놓는 비치 클럽에 돈 쓸 마음이 없다면, 리얼 비치 클럽으로 가보자.

6 | **코쿤** *Cocoon (p.162)*

레스토랑으로도 손색이 없지만 밤이 되면 분위기가 더 무르익는 곳이다. 길 건너에 해변이 있다는 건 정말 아쉬운데 넓은 수영장으로 단점을 최대한 보완했다. DJ부스에서 흘러나오는 세련된 음악, 수준급 칵테일과 요리를 즐기기에 하룻밤이 짧게 느껴진다.

놓칠 수 없는 발리의 전통 공연

발리의 전통문화는 이제 삶의 테두리를 넘어 하나의 관광자원으로 자리 잡았다. 특히 발리의 전통 공연들은 화려한 볼거리와 독특한 리듬의 음악이 있어 흥미로운데, 지금의 공연 형태를 연출한 것은 월터 스피스(Walter Spies)라는 독일인으로, 종교의식에 그쳤던 음악과 무용을 무대 위에 올리는 기회를 만들었다. 공연 전에 나눠주는 팸플릿을 보고 미리 맥락을 이해하는 게 좋다.

✖ 공연 종류

1 | 레공 댄스 *Legong Dance*

송켓이라는 화려한 옷을 입은 어린 소녀들이 가믈란에 맞춰 추는 무용. 세 명의 댄서로 구성되어 우아하고 절도 있는 춤이 시선을 사로잡는다. 레공 댄스에는 랏삼 왕이 랑사케리 공주를 납치해 그녀의 오빠가 공주를 구하러 오는데, 공주는 랏삼 왕에게 전쟁을 하지 말 것을 간청하지만 왕은 전쟁을 일으키고 결국 전사하고 만다는 이야기가 담겨 있다.

2 | 바롱 댄스 *Barong Dance*

바롱 댄스는 선을 상징하는 바롱과 마녀 랑다와의 싸움을 주 이야기로 하고 있다. 선과 악의 대립이 어느 한쪽의 승리로 끝나지 않고 끊임없이 갈등하며 공존한다는 이야기로, 발리의 세계관이 담겨 있다. 독일의 화가이자 음악가였던 월터 스피스에 의해 지금의 관람용 댄스로 재연출되었다.

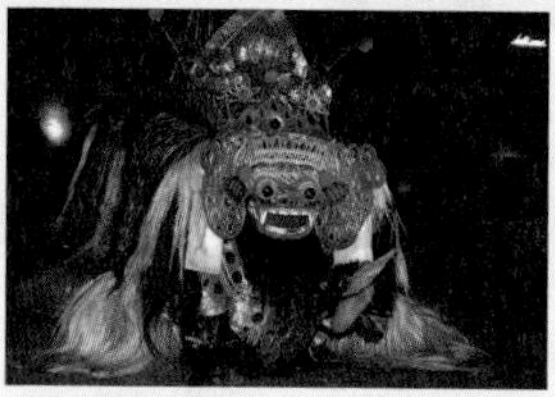

3 | 께짝 댄스 *Kecak Dance*

'원숭이 댄스'라고도 불리며, 상반신을 드러낸 100명의 남자가 무리로 개구리 울음소리인 "께짝 께짝"을 합창하며 군무를 펼치는데 이 군무에 1시간가량 라마야나 이야기가 꾸며진다. 원래 께짝은 악마를 쫓는 의식에서 최면 상태를 지속하고자 사용했던 남성들의 합창이었는데 월터 스피스가 라마야나 이야기를 넣어 새롭게 창작했다.

✖ 공연 보기

규모가 큰 호텔이나 식당에서도 전통 공연을 볼 수 있지만 제대로 보고자 한다면, 공연장으로 가자. 특히 우붓 지역에서는 매일 밤마다 7~10개 정도의 공연이 열리고 춤의 종류도, 팀도 다양하다. 주로 우붓 왕궁, 우붓 일대의 사원, 미술관 등에서 열리는데, 외곽에 위치한 공연장이라면 무료 차량 서비스를 제공한다. 우붓 메인 로드에 있는 관광 안내소와 홈페이지에서 공연 일정을 확인할 수 있고, 티켓 예약과 구매가 가능하다(0361-973-285, www.fabulousubud.com). 보통 입장료는 100K 선, 공연은 1시간가량 진행된다. 발리 남부 울루와뚜 사원에서는 매일 저녁 6시에 께짝 댄스 공연이 열리는데 멋진 석양이 무대 배경으로 펼쳐져 근사하다.

✖ 우붓의 주요 공연 스케줄

공연 스케줄은 공연장의 사정에 따라 달라질 수 있습니다.

요일	공연	장소	시간
월	바롱 댄스	따만 사리 사원 Pura Taman Sari	19:30
	께짝 댄스(월/금)	달렘 사원 Pura Dalem Ubud	19:30
화	레공 댄스	달렘 사원 Pura Dalem Ubud	19:30
	께짝 댄스(화/목)	따만 사리 사원 Pura Taman Sari	19:30
	라마야나	우붓 왕궁 Ubud Palace	19:30
수	레공 댄스 & 바롱 댄스	우붓 왕궁 Ubud Palace	19:30
	께짝 댄스(수/토/일)	빠당뜨갈 카자 Padangtegal Kaja	19:00
목	레공 댄스	우붓 왕궁 Ubud Palace	19:30
	바롱 댄스	딜렘 사원 Pura Dalem Ubud	19:30
	레공 댄스 & 바롱 댄스	빠당뜨갈 카자 Padangtegal Kaja	19:30
	께짝 댄스(목/일)	바뚜 까루 사원 Pura Batu Karu	19:30
금	레공 댄스 & 바롱 댄스	우붓 왕궁 Ubud Palace	19:30
	바롱 댄스	아르마 ARMA	18:00
	께짝 댄스	빠당 끄르따 사원 Pura Padang Kerta	19:30
토	레공 댄스	우붓 왕궁 Ubud Palace	19:30
	레공 댄스	사라스와띠 사원 Pura Taman Saraswati	19:30
일	레공 댄스	우붓 왕궁 Ubud Palace	19:30
	레공 댄스	아르마 ARMA	19:30
	장에르 댄스(Janger Dance)	사라스와띠 사원 Pura Taman Saraswati	19:30

More&More

신들에게 바치는 제물, 차낭과 차루

조그만 바구니에 꽃과 음식이 담겨져 거리 한가운데에 놓여 있다. 길에만 있는 것이 아니라 제단 위에도, 자동차 안에도, 다리 위에도, 해변에도, 심지어 시끄러운 나이트클럽 옆에도 있다. 이것의 정체는 뭘까? 자꾸만 발에 치일까 조심스러워지는 이것은 신들에게 바치는 제물이다. 제물에는 두 가지 종류가 있는데, 천상계의 신인 데와에게 아침 무렵 바치는 제물을 차낭(Canang)이라고 하고, 악령 부따 카라에게 해가 질 무렵 바치는 제물을 차루(Charu)라고 부른다. 차낭은 반드시 제단 위에 올리고, 차루는 땅 위에 내려놓는다. 매일 아침부터 저녁까지 발리 사람들은 정성들여 신들에게 제물을 올리고 기도를 드린다. 일상 속에 종교가 아름답게 녹아든 모습이다. 그러니 길가에 놓인 신들의 제물을 밟지 않도록 조심하자.

Relax 01. Bali Spa A to the Z

꼼꼼히 알아보는 발리 스파 A부터 Z까지

발리에서 스파는 사치가 아니다. 발리의 왕족과 로열층에서 시작된 하나의 문화이며, 특히 여행의 피로를 덜어주는 기분 좋은 휴식이기도 하다. 합리적인 가격대의 마사지 숍이 제공하는 서비스와 실력은 한국의 가격과 비교해 매우 저렴하다. 발리에 왔다면 스파를 꼭 한번 경험해보자.

✖ 스파 & 마사지 종류

발리니스 마사지 *Balinese Massage*

트래디셔널 마사지Traditional Massgae라고도 불리는 발리 전통 마사지다. 꾹꾹 누르고 비트는 태국 마사지와 달리 오일을 바르고 문지르는 스타일이다. 한 땀 한 땀 바느질을 하듯 문지르고 눌러 마사지하는 게 특징이다. 마사지 후에 몸에 남은 오일은 샤워를 미루고 그대로 두는 것이 좋다.

아유르베다 *Ayurveda*

아유르베다는 산스크리트어인 '삶Ayur'과 '앎Veda'의 조합어로 인도에서 고대부터 내려오는 삶의 철학이자 대체의학이다. 스파에서 아유르베다 마사지는 아유르베다식 치료법에 기초한 오일을 이용한 마사지를 말한다.

만디 룰루 & 스크럽 *Mandi Lulu & Scrub*

쌀가루에 심황이라는 재료를 섞어 온몸을 문지르며 스크럽하는데 한층 부드러워진 피부 결을 경험할 수 있다. 만디 룰루 외에도 요구르트, 딸기, 초콜릿 등 다양한 천연 재료를 이용한다. 스크럽만 따로 받기도 하지만 보통은 스파 패키지로 구성된 보디 마사지와 함께 받는다.

발 마사지 *Foot Massage*

말 그대로 발과 그 주변을 마사지하는 것으로 대부분의 숍에서 보디 마사지와 함께 다룬다. 발 마사지만 전문적으로 하는 곳도 있다.

페이셜 트리트먼트 *Facial Massage*

숍마다 다른 제품으로 얼굴을 마사지하는데, 얼굴뿐만 아니라 목이나 어깨 부분도 함께 마사지해준다. 페이셜만 받기도 하지만 주로 보디 마사지와 결합된 메뉴로 받는다.

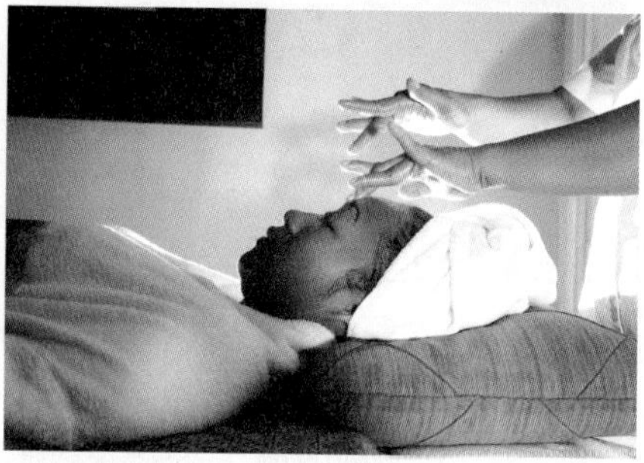

헤어 크림 배스 *Hair Cream Bath*

일종의 헤어 케어로 머리에 트리트먼트를 바르고 두피를 마사지한다. 머릿결에 좋은 다양한 천연 재료로 직접 만든 크림 배스는 특히 인기가 좋다.

배스 *Bath*

스파 패키지나 스크럽에서의 마무리 단계로 따뜻한 물이 담긴 욕조에 에센셜 오일이나 입욕제를 넣고 그 위에 꽃을 띄운다. 배스 메뉴만 따로 받을 수도 있다.

스파 패키지 *Spa Package*

필요한 마사지만 따로 받는 것이 보통이지만 보디 마사지, 스크럽, 배스 등을 결합한 패키지를 이용하면 좀 더 풍성하게 스파를 경험할 수 있다. 발리를 찾는 신혼여행객이라면 한 번쯤 받아보는 것도 좋다.

✖ 스파 숍 & 마사지사의 선정

발리에서는 고가의 호텔 스파부터 저가의 마사지 숍까지 선택의 폭이 넓다. 가격대가 높을수록 서비스와 좋은 시설을 기대할 수 있겠지만 저렴하면서도 깔끔한 시설에 실력을 갖춘 숍도 있다. 신혼여행객이라면 일생에 한 번뿐인 허니문이니 고급스러운 스파 숍을 이용할 수도 있고, 보통의 여행자라면 예산과 자신의 기대 수준에 맞춰 선정하는 것이 알맞겠다. 잘한다고 소문난 숍이라도 마사지사에 따라 만족도가 갈리니 어떤 마사지사를 만나는가가 중요한 문제다. 사람에 따라 선호하는 마사지 스타일도 다르기 때문에 자신의 취향과 주변의 이야기와 정보를 종합해서 선택하는 것이 좋다. 마사지사는 보통 여자가 많은 편이지만 남자로만 구성된 숍도 있으며 남녀 혼합으로 구성된 숍도 있다. 대체적으로 여자보다 남자가 누르는 힘이 좋아 강한 마사지를 좋아하는 사람들이 일부러 남자 마사지사를 찾기도 한다. 몸을 직접 만지는 일인 만큼 남자가 부담스럽다면 상담할 때 미리 이야기하면 된다. 마사지 시간은 보통 60분이나 90분으로 그 이하, 이상도 있으며 스파 패키지의 경우 2시간으로 구성된 것이 가장 많다. 샤워 시간과 준비 시간을 염두에 두고 메뉴에 기입된 시간보다 40분 정도 더 소요될 것으로 예상하면 된다.

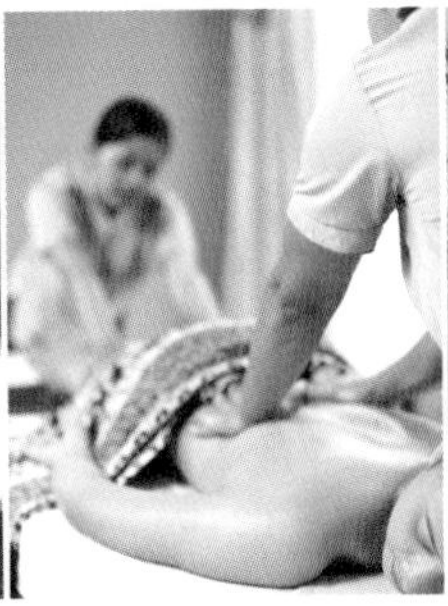

대략적인 스파 트리트먼트 순서 *(스파 패키지를 받는다는 가정하에 마사지 순서를 소개한다)*

❶ 마사지에 대한 설명을 듣고, 마사지 오일을 선택한다.
❷ 자신의 몸 상태와 취향에 관한 체크 리스트를 작성한다.
❸ 제공해주는 1회용 팬티로 갈아입고 가운이나 사롱을 걸친다.
❹ 마사지사가 가볍게 발을 씻겨준다(바로 마사지를 시작할 수도 있다).
❺ 마사지 베드에 얼굴을 묻고 누우면 마사지사가 본격적으로 마사지를 시작한다.
❻ 앞뒤로 마사지가 끝나면 스크럽에 들어간다. 마사지와 마찬가지로 앞뒤로 받는다.
❼ 스크럽이 끝나면 간단히 샤워를 하고 꽃잎을 띄운 욕조에 들어가 몸을 담근다(샤워 없이 욕조에 들어가기도 한다).
❽ 타월로 몸을 정리하고 단장을 한다.
❾ 다과를 즐기며 휴식을 취한다. 보통 따뜻한 생강차를 주는데 차가운 것으로 요청할 수도 있다.

Tip | 간단한 스파 팁

❶ 마사지 금액에 봉사료Service Charge가 포함돼 있지 않은 경우, 고마움과 수고의 의미로 금액의 10% 정도를 팁으로 준다.
❷ 보디 마사지를 받을 경우, 기초화장품과 자외선 차단제, 메이크업용품 등을 미리 챙기자.

이럴 땐, 이렇게 말하세요

여자/남자 마사지사한테 받고 싶어요. ➡ I'd like to get the massage by female/male massage therapist.
생리 중이에요. ➡ I'm on my period.
약하게 해주세요. ➡ Please massage that part lightly.
좀 더 세게 해주세요. ➡ Please more stronger.
머리/얼굴/엉덩이/가슴은 만지지 마세요. ➡ Please do not touch my head/face/hips/chest.
에어컨의 온도를 높여주세요/낮춰주세요. ➡ Turn up/down the air conditioner, please.
헤어드라이어/빗 좀 주시겠어요? ➡ Can I use hair dryer/comb?

호화로움 그 자체! 인생 럭셔리 스파

최고의 시설을 갖춘 최고의 스파에서 하루쯤은 호사를 누려보자. 비싼 만큼 그 가치를 보여주는 럭셔리 스파. 일반적인 발리니스 마사지보다는 시그니처 스파를 선택할 것을 추천한다.

1 | 달라 스파
Dala Spa (p.113)
확실한 럭셔리 콘셉트의 고급 스파다. 분위기와 서비스, 스파 패키지 모두 훌륭해 특히 허니무너에게 추천한다. 꾸따 알라야 데다운, 우붓 알라야 리조트(p.335) 내에 있다.

2 | 마야 스파 *Spa at Maya (p.322)*
스파로 향하는 동안 이미 맑은 공기와 스펙터클한 장관에 넋을 잃게 될 것이다. 산뜻한 분위기의 트리트먼트룸과 아찔할 정도로 멋진 전망만으로도 이미 피로가 풀리는 느낌이 든다.

3 | 디시니 스파 *Disini Spa (p.166)*
숙소의 인기만큼이나 큰 사랑을 받고 있는 디시니 빌라의 부속 스파. 시내로의 접근성이 뛰어나면서도 빌라 안쪽에 호젓하게 자리하고 있어 프라이빗하고 조용한 분위기다.

Relax 03. Best Massage Shop

가격 대비 최고, 실속 만점 베스트 마사지 숍

개인의 취향에 따라 호불호가 명확하게 갈리는 마사지 숍이기에 베스트를 선택한다는 것 자체가 의미 없을 수 있지만, 가격도 비교적 저렴하고 상대적으로 마사지 실력에 편차가 없어 좋은 평가를 받고 있는 곳을 꼽아보았다.

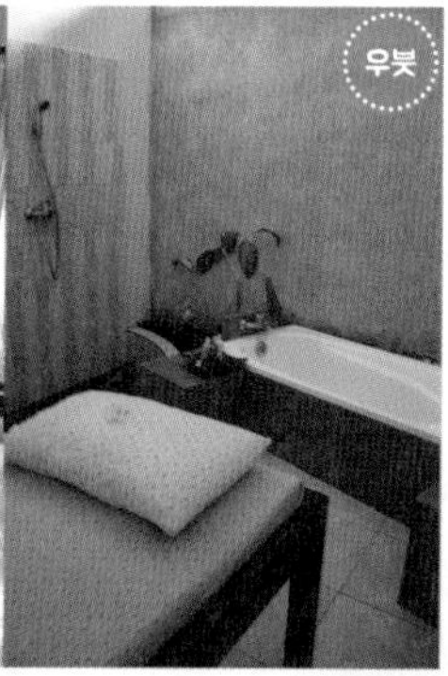

1 | 뿌뜨리 발리 스파

Putri Bali Spa (p.324)

우붓에서 꽤 유명한 테라피스트, 넬라가 운영하는 마사지 숍이다. 마사지 실력을 직원들에게 전수, 우붓 성긴안 로드의 첫 숍이 뜨거운 호응을 얻으며 이후 우붓 비스마 로드와 스미냑에도 지점을 열었다.

2 | 보타니카 데이 스파

Bali Botanica Day Spa (p.324)

긴 세월 꾸준한 인기를 자랑하는 보타니카 데이 스파. 오랜 역사만큼이나 신뢰할 만한 실력과 시설을 갖추고 있다. 인기 숍인 만큼 예약은 필수다.

3 | 리본 마사지

Reborn Foot Reflexology (p.114)

말레이시아에서 건너온 마사지 숍 브랜드로 강렬한 발 마사지 메뉴 하나로 한국인들의 마음을 사로잡았다. 사실 남녀 테라피스트들의 실력 차가 조금 있긴 하다.

Buy 01. Supermarket Best Item

없는 것 빼고 다 있다! 슈퍼마켓 베스트 아이템

슈퍼마켓은 그 어느 쇼핑몰보다 볼거리, 살거리로 가득한 쇼핑 보물 창고다. 재미난 쇼핑도 즐기고 저렴한 가격으로 알뜰하게 선물도 구입하고 싶다면 망설이지 말고 슈퍼마켓으로 향하자.

1 | 하이퍼마트 *Hypermart* *(p.118)*

빈땅 슈퍼마켓을 강력하게 위협하는 대형 슈퍼마켓으로 DFS 갤러리아와 붙어 있어 원스톱 쇼핑이 가능하다. 규모도 상당히 넓고 쾌적하여 공항 가기 전 들러 쇼핑하는 여행객이 많다.

2 | 발리 델리 *Bali Deli* *(p.169)*

여타의 슈퍼마켓보다 한 차원 높은 수준의 고급스러운 슈퍼마켓으로 현지 거주 외국인이 많이 찾는다. 특히 수입 식료품들이 다양하고 가격은 약간 높은 편이다.

》발리 델리 인기 아이템

3 | 빈땅 슈퍼마켓 *Bintang Supermarket (p.170)*

스미냑과 우붓에 하나씩 지점을 두고 있으며 와인을 비롯한 술부터 식료품, 약품, 화장품, 기념품까지 어지간한 물건은 한 번에 구입할 수 있다.

》빈땅 슈퍼마켓 인기 아이템

코피 루왁 오리지널(100g) / 토라 비카 카푸치노 박스 / 굿 데이 오리지널/바닐라 라테/쿨 인 커피(1개) / 인도카페 카푸치노 / 무스티카 라투 슬리밍 티 / 트로피카나 슬림 디아베틱 / 부부르 인스턴트 소또 아얌

말랑 사리 과자 / 인도 푸드 케첩 마니스 방고 케첩 마니스 / 엑셀소 더 클래식 원두(250g) / 윈드 모렌 코코아 / 관관호 아락 / 아락 푸라 / 해튼 로제 와인

빈땅(작은 병) / 시트라 클렌저(흰색) / 시트라 보디 스크럽 / 무스티카 라투 헤어 컨디셔너 / 시트라 핸드 & 보디 로션 / 타만 사리 그린 코코넛 헤어 영양분 / 스파이스 커피 파우더

젓가락 세트 / 시나몬 / 무스티카 라투 화이트닝 / 무스티카 라투 보디 버터 / 모기 퇴치제 오프 / 향 & 꽂이 / 컵 받침(1개)

센소다인 시린 이 치약 / 로레알 아쿠아 밀키 토너 / 무스티카 라투 보디 버터 / 인도네시아 자바 재스민 티 / 자바 블랙 티 / 인도 푸드 시푸드 삼발 ABC 아얌 고렝 삼발 / 네슬리 밀로

코키타 나시 고렝 프라이스 라이스 핀나 나시 고렝 / 인도 미 고렝 페다스 라사 아얌 스페셜 / 미 세다프 삼발 고렝 / 스파이스 미니 상자 / 스파이스 미니 상자

스파이스 고수, 생강, 칠리 파우더 4세트 / 미니 오일 5세트 / 내추럴 비누 / 내추럴 오일 & 비누 / 나뭇잎 미니 오일 6세트

Buy 02. Bali Coffee

발리 커피, 제대로 비교 분석!

발리에서 꼭 사야 할 쇼핑 리스트에 어김없이 등장하는 것이 바로 커피. 그러나 막상 슈퍼마켓에 가면 수많은 종류의 커피 앞에서 망설이게 된다. 흔히 접하기 쉬운 인스턴트 커피의 종류와 특징을 열거해보았다. 이름 옆의 별 표시는 당도를 의미하며 별이 많을수록 달다(별 표시 없으면 단맛 없음).

Nescafe
Originale
★★★
우리나라 믹스 커피에 가장 가까운 맛으로 좀 더 진하고 부드러우며 우리 입맛에 익숙하다.

Nescafe
Classic
일명 발리 커피. 처음 마셨을 땐 약간 쓰다는 느낌이 들지만 마시면 마실수록 중독되는 구수한 향의 커피다. 물을 붓고 가루가 가라앉기를 기다려 마신다.

Javabica Cafelicious
Iced Coconut Latte
★★★
아이스 전용 분말. 분말의 양이 많다고 절대 물을 많이 붓지 말 것. 달달하지만 뭔가 밍밍한 맛이다.

추천

Javabica Cafelicious
Classic Roast
★★★★
단맛과 커피 맛이 조화를 잘 이룬다. 캐러멜 향이 강하며 맛있다는 평이 많다.

Bali Kintamani Coffee
(자주색)
일반 커피보다 구수한 향이 약하고 쌉쌀한 맛이 강하다.

Bali Coffee
(노란색)
구수한 발리 커피 향이 난다. 흔히 발리 조식당에서 나오는 일반적인 발리 커피의 맛.

추천

Kopi Bali Bali
(골드)
Gold Special
깔끔한 발리 커피로, 무난한 향과 맛이다.

Singa Arabika
Toraja Kalosi ★★
약간 쌉쌀하다. 구수함은 느껴지지 않지만 깔끔한 커피 맛이 괜찮다.

Kapal Api

Special Mix ★★

발리 커피의 순수한 향이
느껴진다. 설탕 커피를
좋아하는 사람에게 적당하다.

추천

Kapal Api

Kopi Susu ★★★

마니아가 많은 알리 카페와 비슷한
맛으로, 정작 커피 향은 약한 편.
맛있게 달달해서 믹스 커피를 좋아하는
사람들에게는 추천할 만하다.

Indocafe

Cappuccino ★★★

토라 비카의 카푸치노보다
맛이 약간 옅은 편이다.

Tora Bika Duo

Kopo Gula ★★★★

많이 달지만 조금은 고급스러운
캐러멜 맛이 느껴진다.

추천

Tora Bika

Cappuccino ★★★

초코 분말이 별도 첨부되어 있어
커피 분말을 넣은 컵에 물을 붓고 위에
뿌려 먹는다. 맛은 괜찮은 편이다.

Tora Bika

Jahe Susu ★★★

일반적인 밀크 커피에 생강 맛이
가미된 독특한 커피. 커피의 진한
맛을 기대했다면 실망할 수 있다.

Good Day ★★★★

다양한 종류를 갖추고 있는데
한 포당 들어 있는 분말의 양이 상당히
많은 편이고 달기도 달다. 흰색의
바닐라 라테는 커피 향이 약하고
달콤해서 특히 어르신들이 좋아한다.

Singa

Kopi Buduk Gula Dan Susu

★★★★

마시기 전에 향기가
특히 좋은 커피.
라테 같은 맛이다.

Luwak Coffee

사향고양이가 커피 열매를 먹고
배설한 커피콩으로 만든 커피.
희소성이 있어 가격대가 높지만
진하고 풍부한 맛이 일품.

Buy 03. Bali Shopping

발리에서 뭘 사지? 특별한 기념품

사실 발리와 쇼핑은 언뜻 연관성이 없어 보인다. 신들의 섬 발리는 한없이 신성하고 예술적으로만 보이니 말이다. 하지만 발리 시내 곳곳에는 큰 규모의 쇼핑몰은 물론, 작은 숍도 알차게 자리하고 있다. 오히려 명품이나 획일적인 브랜드 위주의 숍이 많은 홍콩이나 싱가포르 등보다 훨씬 유니크하고 현명한 쇼핑을 즐길 수 있는 것이 발리만의 매력. 오직 단 한 곳, 발리에서만 만나볼 수 있는 로컬 브랜드 아이템부터 발리를 두고두고 기억할 수 있게 하는 대표적인 쇼핑 아이템까지 갖춘 브랜드 몇 개를 소개한다.

1 | 서퍼 걸 *Surfer Girl*

인도네시아의 로컬 브랜드라고는 믿어지지 않을 만큼 톡톡 튀는 감각의 브랜드이다. 서퍼 걸의 마스코트인 금발 소녀가 새겨진 티셔츠, 신발, 액세서리, 문구용품 등 다양한 아이템을 판매하고 있다. 꾸따의 르기안 로드와 디스커버리 쇼핑몰, 누사두아의 발리 컬렉션 등 여러 곳에 지점을 두고 있다. 디자인뿐 아니라 품질도 좋아 적극 추천할 수 있는 브랜드이다.

2 | 보디 & 소울 *Body & Soul*

다소 촌스러운 것도 같지만 잘 찾아보면 의외로 괜찮은 아이템을 얻을 수도. 꾸따의 르기안 로드, 디스커버리 쇼핑몰, 스미냑 메인 로드 등에서 만나볼 수 있으며 특히 스미냑 메인 로드의 아웃렛에서는 할인된 가격으로 쇼핑을 즐길 수 있다. 20대 후반에서 30~40대까지 다양한 연령대를 타깃으로 한 제품이 많지만 종종 바느질 마감 등이 미흡한 상품도 있으니 잘 살펴보자.

3 | 울루와뚜 *Uluwatu*

핸드메이드 발리니스 레이스라는 부제를 단 울루와뚜. 고품질의 면을 사용한 핸드메이드 제품만 취급하는 고급 브랜드이다. 섬세한 레이스가 달린 화이트 컬러의 제품이 대부분이다. 가격대가 상당히 높은 편이지만 워낙 품질도 좋고 디자인도 고급스러워 마니아가 된 외국인들도 많다. 꾸따의 르기안 로드, 우붓의 몽키 포레스트 로드, 스미냑의 락스마나 로드 등 지점이 많은 편이다. 특히 사누르 지점의 매장이 큰 편이다.

4 | 피테칸트로푸스
Pithecanthropus (p.327)

고급스럽고 품질도 좋은 다양한 의류와 인형, 슬리퍼, 사롱, 가방 등의 제품을 만날 수 있다. 특히 인도네시아 전통 방식의 바틱 섬유 제품을 한자리에서 만날 수 있는 매장. 하늘하늘한 원피스부터 튼튼하게 마감된 가방 및 파우치는 이곳의 베스트셀러.

5 | 코우 & 콘피처 드 발리
Kou & Confiture de Bali (p.326, 327)

맛도 좋고 몸에도 좋은 유기농 잼과 꿀 등을 구입할 수 있다. 귀여운 병에 담긴 잼과 꿀은 가격도 좋고 패키지도 고급스러워 선물용으로도 인기 만점. 직접 먹어보고 살 수 있도록 시식 코너도 마련되어 있으니 사양하지 말고 시식 후 구입하자.

6 | 차차 *Cha Cha (p.326)*

발리 하면 떠오르는 귀여운 고양이 목각 인형은 누구나 한 번쯤 손이 가는 인기 쇼핑 아이템. 실용성 있는 디자인의 인형부터 가벼운 액세서리용까지 다양한 디자인의 고양이를 만나볼 수 있다. 원하는 디자인으로 주문 제작도 가능. 주문 제작의 경우 최소 2~3일의 시간이 필요하다.

7 | 센사시아 *Sensatia Botanicals*

2000년 카랑아셈의 작은 어촌 마을에서 소박하게 시작을 알린 센사시아는 고급스러운 패키지와 100% 천연 허브와 식물을 이용한 제품으로 호평을 받아 엄청난 성장을 거두었다. 현재 유명 5성급 호텔의 어메니티로도 많이 찾아볼 수 있으며 스미냑 빌리지, 발리 컬렉션, 리포 몰, 우붓 몽키포레스트 로드 등 굵직한 랜드마크에서도 점포를 찾을 수 있다. 화장품과 목욕용품 전반으로 다양한 상품이 있는데 특히 티트리 계열이 인기가 많다.

홈피 www.facebook.com/Sensatia
www.sensatia.com

8 | 발리타자 *Balitaza*

자체 농장에서 자란 유기농 재료들을 이용한 다양한 상품을 만날 수 있다. 허벌티와 요리에 쓰이는 다양한 향신료와 소스, 허벌드링크와 커피 등 선물용으로 좋은 아이템도 많은 편이다. 우붓의 데위 시타 로드, 몽키 포레스트 로드, 사누르, 르기안, 누사두아, 스미냑 등 6개의 지점이 있는데 자세한 위치는 홈페이지에서 확인이 가능하다.

홈피 www.balitaza.com

9 | 세라믹 *Ceramics*

전통과 예술이 살아 있는 발리답게 수준 높은 디자인과 품격을 가진 세라믹 제품이 많은 편이다. 가장 유명한 브랜드는 아래 두 곳이다.

》젱갈라 세라믹 팩토리 아웃렛 (Jenggala)

운영 09:00~20:00
주소 Jl. Sunset 1, Kuta
전화 0361-766-466
홈피 www.jenggala.com

》가야 세라믹 (Gaya Ceramic Design Studio)

운영 월~토 09:00~18:00(일요일 휴무)
주소 Jl. Raya Sayan 105, Sayan, Ubud
전화 0361-976-220
홈피 www.gayaceramic.com

Stay 01. Best Resort For Family

가족 여행이라면 리조트가 최고!

할아버지, 할머니부터 어린아이까지 연령도, 취향도 제각각인 우리 가족, 어떤 숙소가 제격일까? 챙겨야 할 가족 구성원의 입맛과 더불어 추가되는 경제적인 부담까지! 합리적인 가격대에서 모두가 즐거울 수 있는 호텔을 찾고 있다면 뭐니 뭐니 해도 부대시설이 잘 갖춰진 대형 리조트가 해답이 될 것이다.

1 | 하드 록 호텔 발리 *Hard Rock Hotel Bali (p.127)*
아이들을 위한 극장, 클럽 등 발리를 통틀어 가장 독특하고 세련된 키즈 클럽(유료)을 운영하고 있으며 슬라이드 등의 시설을 갖추고 있다. 크기 면에서도 발리 최고를 자부하는 엄청난 규모의 수영장 또한 빼놓을 수 없는 이곳의 자랑거리다.

2 | 홀리데이 인 브노아 *Holiday inn Benoa (p.236)*
객실과 부대시설의 컨디션이 훌륭하며 가족 여행자들을 포커스로 맞춘 듯한 느낌이 들 정도로 아이들을 위한 베네핏과 시설이 충실한 곳이다. 가격 또한 합리적이어서 가족 단위 여행자들에게 좋은 선택이 된다.

3 | 모벤픽 리조트
Mövenpick Resort & Spa Jimbaran Bali (p.205)
키즈 클럽, 어린이 전용 풀도 잘 갖추어져 있으며 부모 동반 아이에게 무료 식사를 제공하고, 오후 한때 아이들을 위한 초콜릿 코너도 무료다. 가족 여행자에 대한 배려가 돋보인다. 바로 옆에 사마스타라는 쇼핑단지가 있다.

4 | 그랜드 하얏트 *Grand Hyatt Bali (p.233)*
50m 워터 슬라이드를 갖춘 리버 풀과 해변 쪽으로 위치한 120m의 라군 풀, 650m에 달하는 비치 등 환경적인 장점이 많다. 쇼핑 아케이드, 스파를 비롯해 일식 레스토랑인 남푸, 전통 공연을 볼 수 있는 파사르 생골 같은 굵직한 레스토랑을 경험할 수 있다.

Stay 02. Best Hotel for One Night & Special Concept

밤늦게 도착하는 여행자를 위한 호텔 베스트

늦은 시간 발리에 도착해 체크인하기에는 비싼 숙소비가 너무나 아깝고 그렇다고 공항에서 시간을 때울 수는 없는 일. 마땅한 숙소를 찾아 고민하는 여행자에게 적합한 호텔 베스트를 꼽아보았다.

▽ U 파샤 스미냑

U Paasha Seminyak Bali (p.180)

24시간 투숙 · 조식 시스템! 원하는 시간에 체크인하고 체크아웃할 수 있으며 아침도 원하는 시간에 먹을 수 있다. 늦은 밤 도착하거나 출발할 때 이용하기 좋은 숙소. 도착 3일 전까지 공항 픽업도 요청할 수 있다.

△ 아스톤 꾸따 (p.129)

Aston Kuta Hotel & Residence

하룻밤 잠깐 묵어도 저가 숙소 이상의 객실 수준과 부대시설을 원하는 여행자에게 적합하다. 객실 건물 중앙에 수영장이 있으며 라운지와 레스토랑 등이 있다. 공항에서 차로 10분이면 닿을 수 있다.

▽ 노보텔 발리 응우라이 에어포트

Novotel Bali Ngurah Rai Airport

발리 국제공항 내에 위치한 호텔로 밤늦게 공항에 도착하거나 늦은 시간에 비행기를 타는 여행자에게 딱이다. 객실 컨디션이 안정적이고 기본적인 부대시설이 갖춰져 있다.

독특한 콘셉트의 발리 숙소 경험하기

발리 초행길이라면 무난한 리조트나 빌라를 선택하는 것이 일반적이겠지만 발리를 여러 번 방문했다면 가끔은 색다른 분위기의 숙소에서 색다른 휴가를 즐겨보는 것도 좋다.

△ 투구 발리

Tugu Bali (p.181)

오너가 모은 수집품들로 하나의 박물관 같은 느낌을 주는 독특한 숙소다. 소박하고 따뜻한 투구 발리만의 서비스와 직접 기른 유기농 재료들로 만든 메뉴도 이곳의 장점.

▽ 원월드 리트리트 쿠마라

Oneworld Retreats Kumara (p.341)

푸른 정글 전망도 훌륭하지만 요가와 명상으로 이뤄진 리트리트[Retreat]가 하이라이트. 바쁜 현대인에게 심신의 평화를 줄 것이다.

△ 샤바

The Shaba (p.208)

홍콩이나 싱가포르 같은 도시에 가져다놓아도 부족함이 없는 부티크 호텔이라 할 수 있다. 귀족적인 분위기 물씬 풍기는 럭셔리한 방에서 색다른 시간을 보내보자.

▽ 아토텔 사누르

Artotel Sanur Bali (p.259)

인도네시아 현대 미술 작가들의 작품으로 꾸며진 세련된 분위기의 객실이 인상적이다. 규모는 작지만 호텔 로비에서는 정기적으로 전시회도 열린다.

Stay 03. Best Budget Hotel

이 정도면 충분해! 알찬 저가 숙소 베스트

숙소에 큰 투자를 하지 않는 타입이라면 지금부터 아래 저가 숙소들을 눈여겨보자. 특히 외부 활동이 많아 숙소에서 잠만 자거나 밤늦게 공항에 도착하여 비싼 숙박비를 지불하기 아까울 땐 저가 숙소를 활용하는 것도 좋다. 최근 꾸따를 중심으로 이비스(ibis)를 비롯한 저가 호텔이 많이 생겨 선택의 폭이 넓어졌다. 낡고 지저분한 시설을 감수해야 하는 경우가 있지만, 최근에 생겨 깔끔한 시설을 갖춘 호텔들과 입소문으로 알음알음 알려진 깔끔한 저가 숙소들은 가격 대비 만족도가 높다. 대신 저렴한 만큼 특급 호텔의 서비스나 편리함까지 기대하는 건 욕심이다.

1 | 타나야 *Tanaya Bed & Breakfast (p.129)*

객실도 작고 수영장도 없지만 깔끔하고 모던한 객실이 저렴해 늘 인기가 많다. 르기안 로드 중심에 위치해 나이트 라이프를 즐기기 더없이 좋은 곳. 대신 늦은 밤 오토바이와 행인들의 소음은 단점이다.

꾸따

사누르

2 | 선하우스 게스트 하우스

Sunhouse Guest Houes (p.263)

저가 숙소의 기준이 깔끔함과 쾌적함이라면 좋은 선택이 될 것이다. 소담한 발리식 건물에 작은 수영장이 딸린 마당에 있으면 마치 현지인 집에 놀러 온 기분이 든다. 조식은 제공하지 않지만 주방을 맘껏 사용할 수 있다.

우붓

3 | 우붓 레스타리 방갈로

Ubud Lestari Bungalows (p.341)

일본인이 운영하는 작고 깔끔한 숙소이다. 몇 년 사이 가격이 많이 올랐지만 아직까지도 만족스러운 가격대를 유지하고 있다. 수영장에 논 전망까지 갖춘 알짜 숙소!

4 | 솔라리스 호텔 *Solaris Hotel*

2013년에 문을 연 호텔. 객실은 좁지만 수영장을 비롯해 필요한 것은 웬만큼 있다. 꾸따 중심에서는 살짝 거리감은 있지만 공항에서 가깝다는 것이 이 호텔의 장점이다.

위치 디스커버리 쇼핑몰에서 차로 5분 소요
요금 슈피리어 USD40~
주소 Jl. Jenggala, Kuta
전화 0361-761-399
홈피 solaris-hotels.com

5 | 데삭 뿌뚜 뿌뜨라 홈스테이 *Desak Putu Putera Homestay*

현지인의 삶을 조금 더 가깝게 느껴보고 싶다면 일반 호텔보다는 홈스테이에 묵는 것이 좋은 방법이다. 저렴한 숙박비에 조식까지 챙겨주고, 소박하지만 잠자리도 편안하다.

위치 우붓 센터에서 도보로 10분 소요
요금 스탠더드 USD20~
주소 Jl. Sukma 30, Br. Tebesaya, Peliatan, Ubud
전화 0361-973-204 홈피 www.desakputuputera.com

6 | 로프트 르기안 *Loft Legian Hotel*

2013년 문을 연 호텔이다. 현대적이고 젊은 분위기의 인테리어가 상당히 감각적이다. 방이 좁다는 것과 수영장이 없다는 것이 단점. 르기안 로드에 인접해 나이트 라이프를 즐기기 편하고 꾸따 비치까지도 걸어서 6분 정도면 닿는다.

위치 르기안 로드 중심에서 도보로 5~10분 소요
요금 슈피리어 USD30~, 디럭스 USD35~
주소 Jl. Melasti 99, Legian, Kuta
전화 0361-760-027
홈피 www.loftlegianhotel.com

7 | 올 시즌즈 르기안 *All Seasons Legian*

문을 연 지 10년 정도 됐지만 객실 크기가 여유롭다. 아코르 계열 호텔로 전체적으로 관리가 잘 되어 있고, 활기찬 분위기에 수영장도 만족스러운 편. 아코르 슈퍼 세일을 활용하면 저렴한 가격에 예약할 수 있다.

위치 비치워크에서 차로 5분 소요
요금 슈피리어 USD50~
주소 Jl. Padma Utara, Legian, Kuta
전화 0361-767-688
홈피 www.allseasonslegian.com

Tip | 나만의 숙소를 찾아라! 에어비앤비 Airbnb

일반인이 자신의 집이나 방을 직접 여행자에게 빌려준다. 저렴한 곳부터 독특한 콘셉트의 숙소까지 다양하다. 로컬과 가깝게 지내고 싶거나, 좀 더 저렴하게 숙소를 구하고 싶다거나, 독특한 콘셉트의 숙소를 찾을 때 시도해볼 수 있다. 예약 전에는 반드시 후기와 객실에 대한 설명, 규칙, 위치 등을 꼼꼼하게 살펴봐야 한다. www.airbnb.co.kr

Stay 04. Villa Rental

발리 여행의 특권, 독채 빌라 렌털하기

발리에는 흔히 아는 호텔(리조트) 형태의 숙소뿐 아니라 개인 소유의 빌라도 많이 있다. 발리의 숙소는 1~10베드룸의 다양한 침실 수를 갖추고 있고, 개인 풀을 소유하고 있는 곳도 있으며, 가격대도 매우 다양하다. 4명 이상이 머물고 2개 이상의 방이 필요하다면 과감하게 독채 빌라를 알아보는 것도 좋다. 가격적으로 이득임은 물론, 무엇보다 일행끼리 오붓한 시간을 보낼 수 있다는 점이 가장 큰 장점이다. 고급 독채 빌라의 경우 전담 메이드와 요리사까지 갖춘 곳도 있다.

✖ 빌라 렌털 검색 사이트

지역, 숙박 일정, 인원, 방 개수 등 검색 카테고리를 세부적으로 지정하면 원하는 숙소를 찾아볼 수 있다. 숙박 조건에 조식 포함 여부, 어메니티, 공항 트랜스퍼, 차량 제공 등을 꼼꼼하게 확인하자. 또한, 재료비와 약간의 수고비를 지불하면 요리를 해주는 곳도 있으니 본인의 여행 스타일에 따라 활용해보자. 세계적인 숙박 공유 사이트 에어비앤비(www.airbnb.co.kr)에서도 빌라를 빌릴 수 있다. 사이트를 통한 예약은 개인과 개인과의 거래이므로 각별한 주의가 필요하다. 갑작스런 예약 변경이나 예약 취소가 일어나는 등 난감한 상황이 발생할 수 있으니 반드시 호스트의 신뢰도와 숙박 리뷰를 꼼꼼하게 살펴보자.

1 | 플립키 *FlipKey* **www.flipkey.com**

빌라와 객실에 대한 정보가 보기 좋게 정리되어 있고 트립어드바이저와 연계돼 있어 후기도 충실하다.

2 | 빌라 발리 닷컴 *Villa-Bali.com* **www.villa-bali.com**

스미냑, 짱구, 우붓, 짐바란, 사누르 등 발리의 빌라만을 전문적으로 렌털해주는 사이트이다.

✖ 추천 독채 빌라 소개

위치, 차량 서비스, 침실 수, 수영장 컨디션 등 자신의 여행 그룹에 맞는 빌라를 꼼꼼하게 골라보자.

1 | 뿌리 뚜빠이 *Puri Tupai (우붓)*

우붓 센터에서 차로 10분 내외 거리에 있으며, 4베드룸이다. 두 채의 건물의 양쪽에 각각 2개의 침실이 있으며, 한쪽에는 주방과 다이닝 공간, 다른 한쪽에는 거실이 있다. 메이드와 매니저가 매우 친절하여 아이를 동반한 가족의 경우, 큰 도움을 받을 수 있어 좋다.

요금 1베드룸 빌라 USD100~, 4베드룸 빌라 USD500~
주소 Jl. Raya Anak Agung Gede Rai, Br. Abian Semal, Lod Tunduh Village, Ubud
전화 0361-981-655
홈피 www.puri-tupai.com

2 | 빌라 칼리샤 *Villa Kalisha (우붓)*

우붓 중심에서 차로 30분 거리에 있는 2베드룸 빌라이다. 정글 전망이 빼어나며 빌라 객실과 시설이 고급스럽다. 특히 양쪽이 통유리로 되어 있는 욕실 전망이 환상적이어서, 가족 여행뿐 아니라 신혼여행으로도 좋을 듯하다. 최소 2박(성수기 3~5박) 이상 예약해야 하며 숙박 일수에 따라 공항 픽업 차량을 제공하기도 한다.

요금 2베드룸 빌라 £195~285
주소 Kebon Kedisan, Kedisan, Tegallalang, Gianyar
전화 0812-389-3899
홈피 www.villakalisha.com

3 | 빌라 산타이 *Villa Santai (우붓)*

우붓 센터에서 5km 정도 떨어져 있고 4베드룸이다. 이 빌라는 계곡과 논이 모두 내려다보이는 전망이 일품이다. 조식은 물론 포함이고, 재료 구입비의 35%에 해당하는 수고비를 지불하면 원하는 요리를 모두 제공해주어, 디너 파티도 열 수 있다.

요금 4베드룸 빌라 USD485~655
주소 Jl. Raya Pejeng Kawan, Ubud
전화 0819-9954-0741
홈피 www.villasantai.com

4 | 빌라 테라스 숭아이 *Villa Teras Sungai (우붓)*

독채 빌라라고 꼭 비싼 것만 있는 것은 아니다. 고급스러운 시설을 고집하지 않는다면 저렴한 가격에 괜찮은 숙소도 많다. 빌라 테라스 승가이는 우붓 시내 중심에 자리해 위치도 매우 좋다. 퀸사이즈 침대가 있는 2베드룸 빌라로 크지는 않으나 전용 수영장과 정자가 있어 오붓하게 쉬기에 충분하다.

요금 2베드룸 빌라 2,205~3,045K
주소 Jl. Bisma, Ubud 전화 0812-399-5054
홈피 www.airbnb.co.kr/rooms/2447961

Stay 05. Best Welcome Drink

최고의 웰컴 드링크를 찾아라

어느 정도 규모가 있는 중급 이상의 리조트나 빌라의 경우 투숙객이 체크인을 할 때 시원한 물수건과 함께 그 숙소만의 독특한 환영 음료를 제공한다. 이것 또한 발리에서 누리는 작은 행복 중 하나다. 모양도 맛도 제각각인 각 숙소의 웰컴 드링크. 때로는 그 자체가 리조트나 빌라의 향과 맛으로 기억 속에 남기도 한다.

1위 더블 식스 럭셔리 호텔
객실에서 버틀러가 웰컴 드링크를 준비해준다. 드라이아이스 퍼포먼스로 시선을 사로잡는 칵테일 웰컴 드링크는 눈도 입도 즐겁다.

2위 인디고 발리
단순해 보이는 푸른색 음료지만 라임주스를 붓는 순간 신비로운 보랏빛으로 물드는 신기한 웰컴드링크가 인상적이다.

3위 아만다리
각종 과일을 정성스럽게 갈고, 레몬과 얼음을 잔뜩 넣은 것으로 새콤달콤한 맛이 더위를 한 번에 가시게 한다.

노보텔 롬복

더 로열 비치 스미냑

울린 빌라

마누시아 두니아 그린 롯지

로열 피타 마하

더 체디 클럽

알릴라 망기스

아만킬라

포 시즌스 사얀

카니시카 빌라

길리 녜피

코마네카 비스마

Stay 06. Hotel Tip!

초보 여행자를 위한 호텔 이용 팁

발리로 자유 여행을 결심하고 숙소 예약을 마쳤다면 이미 여행의 반은 준비한 셈이다. 그런데 영어를 잘 못해서, 또는 큰 호텔이나 빌라에 묵어본 경험이 없어서 괜한 두려움을 느끼고 있다면? 그래서 준비한 초보 여행자를 위한 호텔 이용 팁!

1 | 체크인 *Check-in*

대형 리조트는 리셉션에서, 소형 빌라는 머무르게 될 빌라 내에서 하는 경우가 대부분이다. 체크인 시에는 바우처(예약 확인서 혹은 예약 확정 메일), 여권, 신용카드를 요구하는 것이 일반적이다.

대형 리조트의 경우 신용카드로 USD50~100 정도의 디포짓(보증금)을 요구하는데 미니 바, 레스토랑 등을 이용하지 않는다면 추가 요금이 청구되지 않고 환불된다. 소형 빌라의 경우 바우처 없이 여권으로만 체크인되는 경우도 있으며 디포짓을 요구하지 않는 숙소도 있다.

2 | 어메니티 *Amenity*

숙소 내부에 손님의 편의를 위해 무료로 제공되는 비품을 일컫는다. 커피와 티 종류, 샴푸, 린스, 칫솔, 치약, 빗, 면도기 등이 있으며 부족할 시 요청하면 가져다준다.

3 | 미니 바 *Mini Bar*

숙소 내 작은 냉장고를 미니 바라고 부른다. 손님의 편의를 위해 각종 주스와 물, 맥주, 샴페인, 와인 등이 채워져 있으며 보통은 냉장고 위에 미니 바의 가격표가 놓여 있다.

4 | 애프터눈 티 *Afternoon Tea*

휴양이 목적인 발리이기에 특히나 풀 빌라의 경우엔 숙소에서 무료 애프터눈 티를 제공하기도 한다. 보통 오후 2~3시경 시작하여 5시 정도까지 서비스되며 전화로 요청하면 빌라 내부에 차려주거나 일정 장소에 서빙된다. 메뉴는 차 혹은 커피와 함께 베이커리나 인도네시안 전통 디저트류 서너 가지가 제공된다.

5 | 시설 이용 *Facility*

작은 빌라는 레스토랑과 스파 정도를 갖추고 있지만 대형 리조트의 경우 레스토랑도 종류별로 갖추고 있고 비즈니스 센터, 피트니스 센터 등의 시설도 있다.

특히 스파와 함께 설치된 자쿠지와 스팀 사우나는 모든 투숙객에게 무료로 개방된 곳이 많고 체크아웃 후 휴식을 취할 수 있는 라운지가 있는 경우도 있으니 체크하자. 또한 레스토랑이나 부티크 숍 이용 시, 체크인 시 디포짓을 냈다면, 레스토랑 같은 유료 부대 시설이나 액티비티를 이용할 때 방 번호를 제시하고 사인만 하면 번번이 결제하지 않아도 된다.

6 | 트랜스퍼 서비스 *Transfer Service*

발리는 트랜스퍼 서비스 인심이 후하다. 풀 빌라의 경우 대부분의 숙소에서 인근 시내 지역 정도는 무료로 차량 서비스를 제공한다. 대형 호텔들 역시 셔틀버스를 운영하는 곳이 많으니 스케줄을 확인하자.

7 | 턴 다운 서비스 *Turn Down Service*

오후 늦게 간단히 객실 내의 비품을 채워주거나 모기향을 켜고 정리를 해주는 서비스를 의미한다. 이때 간단한 다과나 초콜릿 등을 제공하는 경우도 있다.

8 | 아침 식사 *Breakfast*

대형 리조트의 경우 아침 식사는 대부분 뷔페 형식으로 제공된다. 숙박비에 아침 식사가 포함된 경우 체크인 시 쿠폰을 주는 경우도 있는데 대부분 식당 입구에서 방 번호만 대면 자리로 안내해준다. 자리로 안내된 후 커피나 차 중 하나를 선택하고 뷔페 테이블에서 가져다 먹으면 된다.

빌라의 경우 대부분 빌라 내부로 직원이 배달을 해주거나 빌라에서 조리하여 차려주는데 하루 전 미리 객실 내에 비치된 안내 책자를 참조하여 메뉴를 정한 후 전화나 리셉션에서 주문하면 된다.

9 | 팁 *Tip*

체크인 후 짐을 객실로 가져다주는 직원에게 팁을 건네는 것이 일반적이다. 또, 외출할 때 청소하러 올 직원을 위해 베개나 탁자에 놓아두는 센스도 발휘해보자.

보통 팁은 USD1 정도가 무난하며 루피아라면 10K 정도이다.

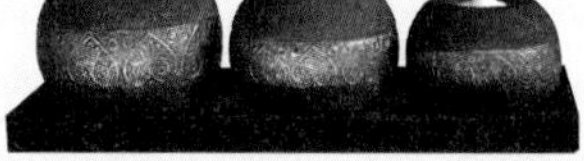

02

Enjoy Bali

발리를 즐기는 가장 완벽한 방법

발리 여행 1번지

Kuta

꾸 따

꾸따는 발리를 찾는 여행자들이 가장 먼저 찾고 한 번쯤은 거쳐 가는 발리의 대표적인 여행지다. 비교적 조용한 투반 비치를 따라 리조트와 디스커버리 쇼핑몰이 자리 잡고 있으며 파도가 높은 편인 꾸따 비치 앞으로는 고급 리조트와 쇼핑몰, 레스토랑이, 사이사이 골목 안쪽으로는 배낭여행자와 젊은 서퍼들을 위한 저가 숙소와 로컬 밥집, 기념품 숍이 즐비하다. 우리나라의 해운대와 방콕의 카오산 분위기를 묘하게 섞어 놓은 것 같은 꾸따는 언제나 젊은이들로 활기가 넘친다.

꾸따

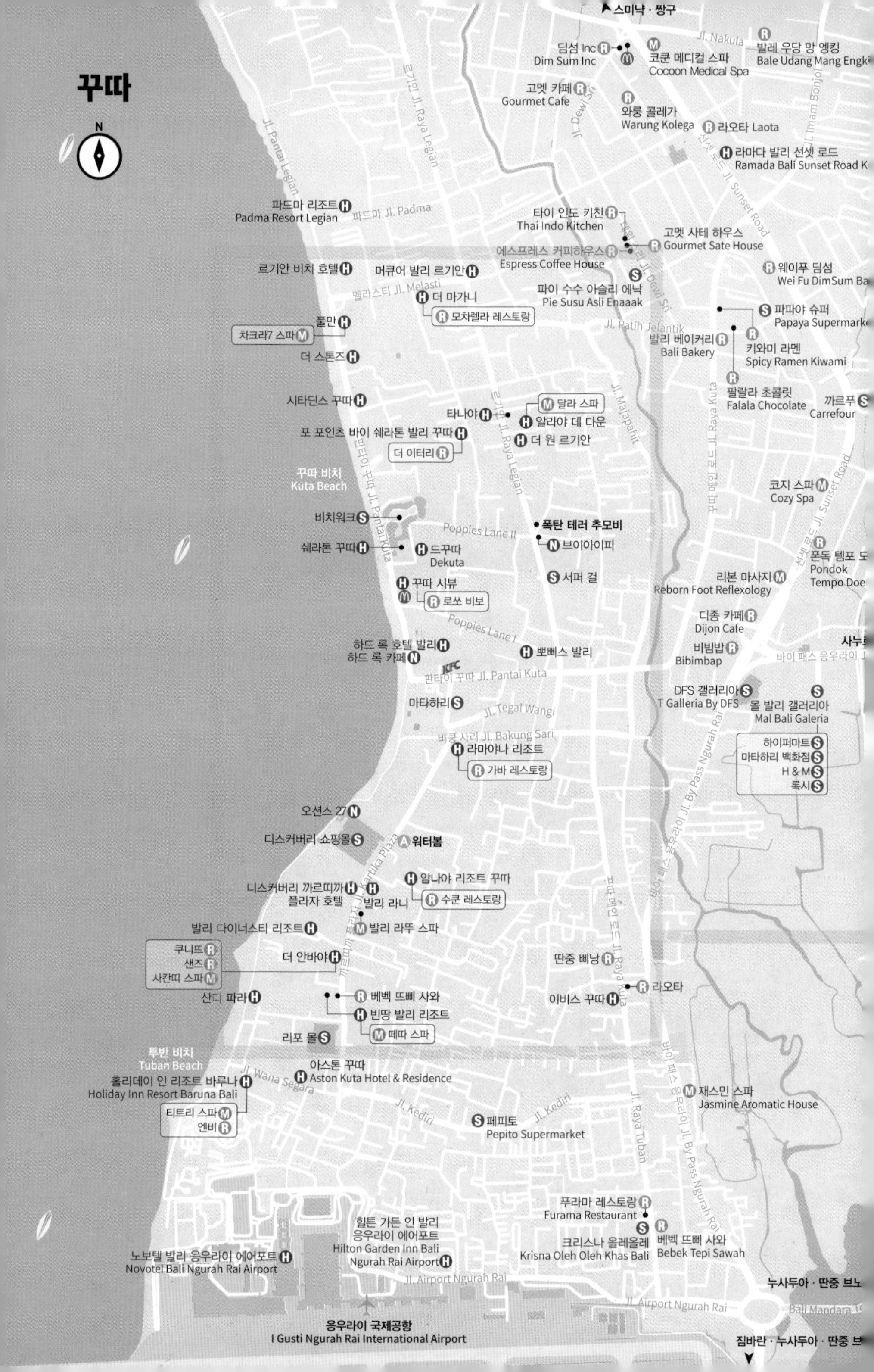

스미냑 · 짱구
N
딤섬 Inc
Dim Sum Inc
코쿤 메디컬 스파
Cocoon Medical Spa
발레 우당 망 엥킹
Bale Udang Mang Engki
Jl. Nakula
고멧 카페
Gourmet Cafe
와룽 콜레가
Warung Kolega
라오타 Laota
라마다 발리 선셋 로드
Ramada Bali Sunset Road K
르기안 Jl. Raya Legian
Jl. Pantai Legian
Jl. Dewi Sri
Jl. Imam Bonjol
선셋 로드 Jl. Sunset Road
파드마 리조트
Padma Resort Legian
파드마 Jl. Padma
타이 인도 키친
Thai Indo Kitchen
고멧 사테 하우스
Gourmet Sate House
에스프레스 커피하우스
Espress Coffee House
르기안 비치 호텔
머큐어 발리 르기안
멜라스티 Jl. Melasti
더 마가니
모차렐라 레스토랑
파이 수수 아슬리 에낙
Pie Susu Asli Enaaak
웨이푸 딤섬
Wei Fu DimSum Ba
파파야 슈퍼
Papaya Supermark
풀만
차크라7 스파
Jl. Patih Jelantik
발리 베이커리
Bali Bakery
키와미 라멘
Spicy Ramen Kiwami
더 스톤즈
팔랄라 초콜릿
Falala Chocolate
까르푸
Carrefour
시타딘스 꾸따
타나야
달라 스파
알라아 데 다운
더 원 르기안
Jl. Majapahit
꾸따 메인 로드 Jl. Raya Kuta
포 포인츠 바이 쉐라톤 발리 꾸따
더 이터리
꾸따 비치
Kuta Beach
판타이 꾸따 Jl. Pantai Kuta
코지 스파
Cozy Spa
비치워크
폭탄 테러 추모비
Poppies Lane II
브이아이피
쉐라톤 꾸따
드꾸따
Dekuta
폰독 템포 도
Pondok
Tempo Doe
서퍼 걸
리본 마사지
Reborn Foot Reflexology
꾸따 시뷰
로쏘 비보
Poppies Lane I
디종 카페
Dijon Cafe
사누
하드 록 호텔 발리
하드 록 카페
뽀삐스 발리
비빔밥
Bibimbap
바이 패스 응우라이 J
KFC
판타이 꾸따 Jl. Pantai Kuta
DFS 갤러리아
T Galleria By DFS
몰 발리 갤러리아
Mal Bali Galeria
마타하리
Jl. Tegal Wangi
바쿵 사리 Jl. Bakung Sari
라마야나 리조트
가바 레스토랑
하이퍼마트
마타하리 백화점
H & M
록시
바이 패스 응우라이 Jl. By Pass Ngurah Rai
오션스 27
디스커버리 쇼핑몰
워터봄
Jl. Kartika Plaza
암나야 리조트 꾸따
디스커버리 까르띠까
플라자 호텔
발리 라니
수쿤 레스토랑
발리 다이너스티 리조트
발리 라뚜 스파
쿠니뜨
샌즈
사칸띠 스파
더 안바야
땅중 삐낭
라오타
산디 파라
베벡 뜨삐 사와
빈땅 발리 리조트
이비스 꾸따
떼따 스파
리포 몰
투반 비치
Tuban Beach
아스톤 꾸따
Aston Kuta Hotel & Residence
홀리데이 인 리조트 바루나
Holiday Inn Resort Baruna Bali
Jl. Wana Segara
재스민 스파
Jasmine Aromatic House
티트리 스파
엔비
Jl. Kediri
페피토
Pepito Supermarket
Jl. Raya Tuban
푸라마 레스토랑
Furama Restaurant
힐튼 가든 인 발리
응우라이 에어포트
Hilton Garden Inn Bali
Ngurah Rai Airport
크리스나 올레올레
Krisna Oleh Oleh Khas Bali
베벡 뜨삐 사와
Bebek Tepi Sawah
노보텔 발리 응우라이 에어포트
Novotel Bali Ngurah Rai Airport
Jl. Airport Ngurah Rai
누사두아 · 딴중 브노
Bali Mandara
응우라이 국제공항
I Gusti Ngurah Rai International Airport
짐바란 · 누사두아 · 딴중 브

꾸따 상세

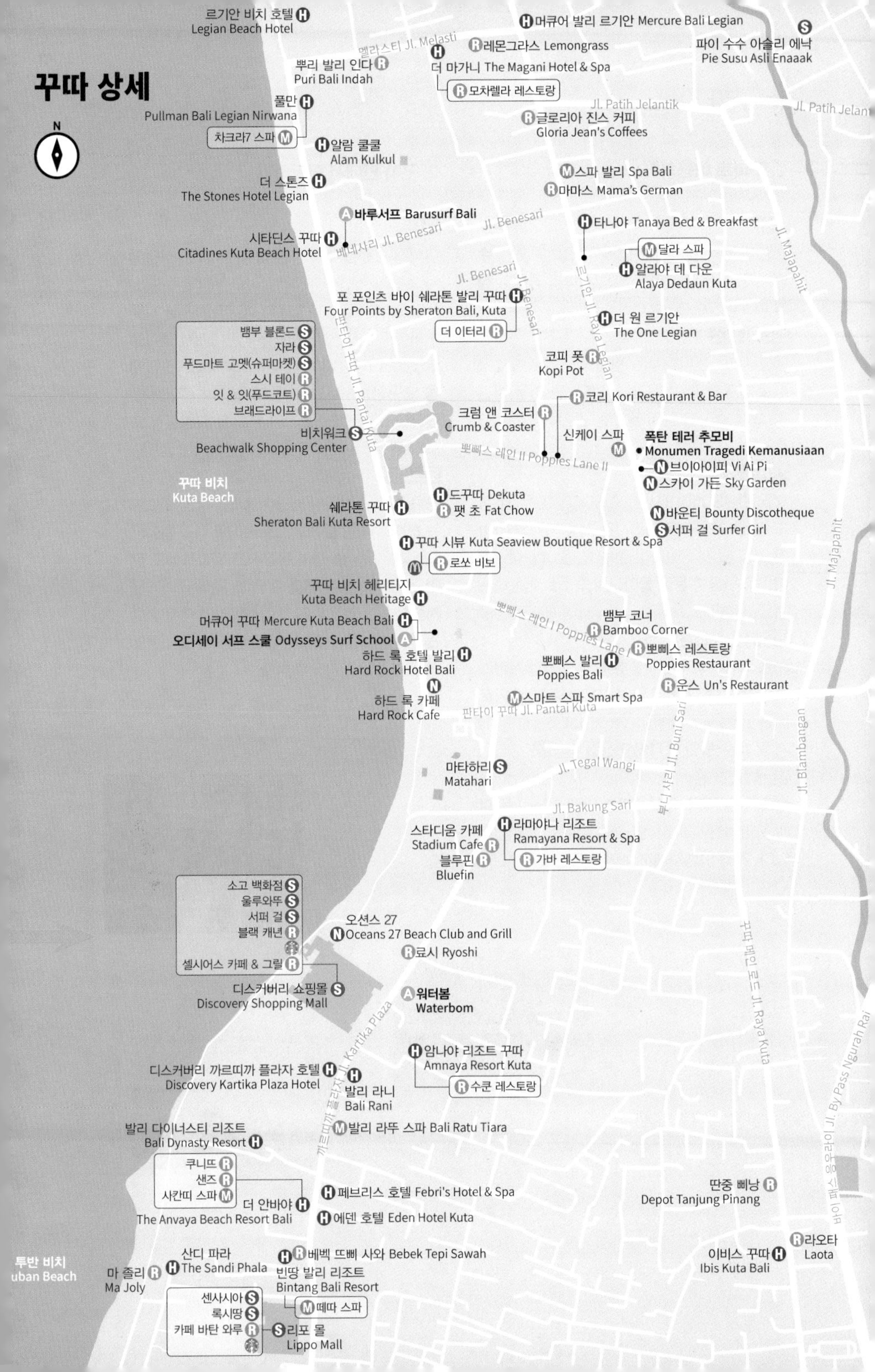

N
르기안 비치 호텔 H
Legian Beach Hotel
H 머큐어 발리 르기안 Mercure Bali Legian
S
멜라스티 Jl. Melasti
R 레몬그라스 Lemongrass
파이 수수 아슬리 에낙
Pie Susu Asli Enaaak
뿌리 발리 인다 R
Puri Bali Indah
H
더 마가니 The Magani Hotel & Spa
R 모차렐라 레스토랑
풀만 H
Pullman Bali Legian Nirwana
차크라7 스파 M
Jl. Patih Jelantik
Jl. Patih Jelant
R 글로리아 진스 커피
Gloria Jean's Coffees
H 알람 쿨쿨
Alam Kulkul
M 스파 발리 Spa Bali
더 스톤즈 H
The Stones Hotel Legian
R 마마스 Mama's German
A 바루서프 Barusurf Bali
Jl. Benesari
H 타나야 Tanaya Bed & Breakfast
시타딘스 꾸따 H
Citadines Kuta Beach Hotel
베네사리 Jl. Benesari
M 달라 스파
H 알라야 데 다운
Alaya Dedaun Kuta
Jl. Majapahit
Jl. Benesari
포 포인츠 바이 쉐라톤 발리 꾸따 H
Four Points by Sheraton Bali, Kuta
Jl. Benesari
르기안 Jl. Raya Legian
H 더 원 르기안
The One Legian
더 이터리 R
뱀부 블론드 S
자라 S
푸드마트 고멧(슈퍼마켓) S
스시 테이 R
잇 & 잇(푸드코트) R
브래드라이프 R
판타이 꾸따 Jl. Pantai Kuta
코피 폿 R
Kopi Pot
R 코리 Kori Restaurant & Bar
크럼 앤 코스터 R
Crumb & Coaster
비치워크 S
Beachwalk Shopping Center
신케이 스파
M
폭탄 테러 추모비
Monumen Tragedi Kemanusiaan
뽀삐스 레인 II Poppies Lane II
N 브이아이피 Vi Ai Pi
N 스카이 가든 Sky Garden
꾸따 비치
Kuta Beach
H 드꾸따 Dekuta
R 팻 초 Fat Chow
쉐라톤 꾸따 H
Sheraton Bali Kuta Resort
N 바운티 Bounty Discotheque
S 서퍼 걸 Surfer Girl
H 꾸따 시뷰 Kuta Seaview Boutique Resort & Spa
M
R 로쏘 비보
Jl. Majapahit
꾸따 비치 헤리티지
Kuta Beach Heritage H
뽀삐스 레인 I Poppies Lane I
뱀부 코너
R Bamboo Corner
머큐어 꾸따 Mercure Kuta Beach Bali H
오디세이 서프 스쿨 Odysseys Surf School A
R 뽀삐스 레스토랑
Poppies Restaurant
하드 록 호텔 발리 H
Hard Rock Hotel Bali
뽀삐스 발리 H
Poppies Bali
R 운스 Un's Restaurant
N
하드 록 카페
Hard Rock Cafe
M 스마트 스파 Smart Spa
판타이 꾸따 Jl. Pantai Kuta
부니 사리 Jl. Buni Sari
Jl. Blambangan
마타하리 S
Matahari
Jl. Tegal Wangi
Jl. Bakung Sari
스타디움 카페
Stadium Cafe R
H 라마야나 리조트
Ramayana Resort & Spa
블루핀 R
Bluefin
R 가바 레스토랑
소고 백화점 S
울루와뚜 S
서퍼 걸 S
블랙 캐년 R
셀시어스 카페 & 그릴 R
오션스 27
N Oceans 27 Beach Club and Grill
R 료시 Ryoshi
꾸따 메인 로드 Jl. Raya Kuta
디스커버리 쇼핑몰 S
Discovery Shopping Mall
A 워터봄
Waterbom
Jl. Kartika Plaza
H 암나야 리조트 꾸따
Amnaya Resort Kuta
R 수쿤 레스토랑
디스커버리 까르띠까 플라자 호텔 H
Discovery Kartika Plaza Hotel
H
발리 라니
Bali Rani
까르띠까 플라자
Jl. By Pass Ngurah Rai
M 발리 라뚜 스파 Bali Ratu Tiara
발리 다이너스티 리조트
Bali Dynasty Resort H
쿠니뜨 R
샌즈 R
사칸띠 스파 M
더 안바야 H
The Anvaya Beach Resort Bali
H 페브리스 호텔 Febri's Hotel & Spa
H 에덴 호텔 Eden Hotel Kuta
딴중 삐낭 R
Depot Tanjung Pinang
바이패스 응우라이
R 라오타
Laota
투반 비치
uban Beach
산디 파라
H The Sandi Phala
H R 베벡 뜨삐 사와 Bebek Tepi Sawah
빈땅 발리 리조트
Bintang Bali Resort
이비스 꾸따 H
Ibis Kuta Bali
마 졸리 R
Ma Joly
센사시아 S
록시땅 S
카페 바탄 와루 R
M 떼따 스파
S 리포 몰
Lippo Mall

✚ 꾸따 Kuta

1. 꾸따로 이동하기

택시

공항에 도착해 가장 손쉽게 이용할 수 있는 수단이다. 같은 꾸따라도 위치에 따라 금액이 살짝 다르다(70~120K).

쁘라마 버스

우붓, 아멧, 짠디다사 등 발리 외곽 지역에서 꾸따로 이동할 때 이용할 수 있다. 단 이동 시간이 오래 걸리고 짐이 많으면 불편하다(p.435 참조).

가이드 차량

요금은 USD50(8시간), USD60(10시간) 정도. 단순 이동 가격과 8시간 이동 가격의 차이가 거의 없으니 이왕이면 8시간을 효율적으로 이용해 관광지 등을 돌아보며 숙소로 이동하는 것을 권한다.

픽업 샌딩 서비스

호텔 측이나 에이전시를 통해 공항 픽업 서비스를 신청할 수 있다. 호텔의 경우 USD20 내외로 비싼 편이지만 클룩(www.klook.com) 등에서 좀 더 저렴한 가격에 이용할 수 있다.

사설 미니버스

짠디다사(75K), 우붓(50K), 아멧(125K) 등 외곽 지역에서 사설 미니버스를 이용해 이동할 수 있다. 지역 여행사에서 예약하면 된다.

2. 꾸따 안에서 이동하기

택시

어디서나 손쉽게 택시를 잡을 수 있다. 식당이나 호텔에서 택시를 불러달라고 부탁할 수도 있는데 콜택시의 경우 30K의 미니멈 차지를 지불해야 한다. 최근 복잡한 꾸따 시내에서 택시를 탈 경우 미터기대로 가지 않으려 하고 큰 금액을 요구하는 택시 기사들도 있으니 유의하자. 판타이 꾸따 로드, 르기안 로드 등 일방통행 도로가 꽤 있으니 돌아간다고 의심하지는 말 것.

오토바이

꾸따 비치 주변이나 배낭여행자들이 많이 모이는 뽀삐스 주변 숍에서 오토바이를 직접 렌털할 수 있다. 꾸따는 길이 복잡하고 일방통행도 잦아 초행자가 많이 헤맬 수 있다. 따라서 가격은 저렴하지만 짧은 기간의 여행이라면 택시를 타는 게 속 편하다. 오토바이 운행 시 반드시 헬멧과 면허증은 챙기도록 하자.

in Kuta

3. 꾸따 엿보기

식당

꾸따는 발리에서 여행자들이 가장 많은 곳. 철저하게 관광객을 위한 지역인데 스미냑이나 우붓 지역보다 내공 있는 맛집이 부족하다. 고만고만한 식당들이 꾸따 일대에 넓게 포진, 외국 여행자를 위한 피자, 버거, 샌드위치, 기본적인 인도네시안 메뉴가 주를 이룬다. 꾸따 시내의 골목들에 작고 저렴한 식당들이 많으며 늦게 영업하는 곳도 꽤 된다. 스미냑 방면으로 데위 스리 로드Jl. Dewi Sri에는 현지인들도 찾는 합리적인 가격대와 음식 맛을 갖춘 식당들이 제법 있어 가볼 만하다.

나이트 라이프

젊은이들이 많이 모이는 곳이다 보니 꾸따에는 특히 나이트클럽이나 바, 디스코텍 등이 많다. 주로 르기안 로드를 따라 성업 중인데 자정이 지나야 비로소 흥이 오르기 시작한다. 단, 마약을 거래하는 등의 질 나쁜 사람들도 함께 모이는 곳이므로 지나친 음주로 실수를 유발하는 등의 위험한 행동은 삼가자.

숙소

젊은 서퍼가 많이 몰리는 꾸따 일대는 호스텔을 비롯한 저가 숙소가 많은데, 특히 경제적인 가격대의 말끔한 중저가 호텔이 경쟁적으로 영업하고 있다. 게스트하우스 급 저가 숙소의 경우는 직접 둘러보고 흥정할 경우 온라인보다 싸게 숙박할 수도 있어 여행 일정이 길다면 직접 방문해볼 것. 쉐라톤, 풀만 같은 5성급 호텔도 있으니 여행 취향을 고려하자.

Surfing in Kuta Beach

Writer's Tip :)

꾸따에서 꼭 해야 할 일 체크!

- ☐ 꾸따 비치에 사롱 한 장 펴 놓고 바다 즐기기
- ☐ 디스커버리 쇼핑몰, 비치워크에서 쇼핑하기
- ☐ 뽀삐스 골목 사이사이 슬슬 걸어보기
- ☐ 서핑에 도전해보기
- ☐ 밤새도록 르기안 로드에서 클럽 탐방하며 나이트 라이프 즐기기

4. 꾸따 추천 1일 코스

여행 일정에 정답은 없다.
아래 코스를 참고로 하되 몸과 마음이 가는 대로 자유로운 여행을 즐겨보자.

08:00

아침 식사

숙소의 조식 혹은
해변 근처 레스토랑에서
느긋하게 식사

10:00

꾸따 비치에서 망중한 즐기기

해변에서 매니큐어나
페디큐어에 도전해보자.
(p.98)

13:00

뽀삐스 골목에서 점심 식사

저렴하긴 하지만
특별한 맛을 기대하진 말자.

14:30

비치워크 구경하기

해변이 내려다보이는
푸드코트와 어린이들을 위한
놀이 공간을 갖추고 있다.
(p.116)

17:00

리본 마사지에서 발 마사지 받기

인기 만점 리본 마사지를
받기 위해선 예약이 필수!
(p.114)

19:30

딴중 삐낭에서 저녁 식사하기

카레 소스를 얹은
게 요리는
이 집 최고의 인기 메뉴!
(p.105)

21:00

르기안 로드의 클럽 돌아보기

조금은 시원해진
꾸따의 밤공기를 마시며
간단히 알코올 즐기기~

Activity

1

워터봄 Waterbom

꾸따 중심가에 있는 워터봄은 3.8ha 면적에 세워진 숭급형 물놀이 테마파크. 나무가 우거진 트로피컬 한 분위기에서 10가지 워터 어트랙션을 즐길 수 있는데, 가장 인기 있는 어트랙션은 부메랑Boomerang이다. 튜브를 타고 수직으로 된 슬라이드에 올라갔다가 다시 20m 아래로 떨어지는 코스로, 비명이 절로 나올 만큼 스릴 넘친다. 슬라이드형 워터 어트랙션 외에도 수영장과 풀 바, 유로 번지, 인공 암벽등반, 스파 등을 함께 즐길 수 있다. 라커가 있어 개인용품을 보관할 수도 있다. 어트랙션을 즐기다 보면 장시간 햇빛에 노출되므로 선블록은 꼭 챙겨가자.

위치	디스커버리 쇼핑몰을 등지고 왼쪽 대각선에 있다.
운영	09:00~18:00
요금	**1일 토털 패키지** 어른 905K~ 어린이(만 2~11세) 770K~
주소	Jl. Kartika Plaza, Kuta
전화	0361-755-676
홈피	www.waterbom-bali.com

Activity : 추천

2

서핑 Surfing

발리를 찾는 여행자 중에는 서핑이 주목적인 사람도 많다. 그만큼 발리는 세계적으로 손꼽히는 서핑 플레이스. 그중 꾸따 비치에서는 초급자부터 고급자까지 모두 서핑을 즐길 수 있다. 연중 좋은 파도가 밀려와 서퍼들로 붐비는데 무엇보다 수심이 깊지 않고, 모래 바닥이라 초보자들도 쉽게 서핑을 배울 수 있다. 더불어 해변 주변에는 전 세계 서퍼들을 대상으로 하는 서프 스쿨과 숍이 몰려 있다. 한두 번 체험 서핑을 해볼 수도 있지만, 돈과 시간을 투자해 실력을 늘리려는 서퍼도 많다.

정식 서프 스쿨이나 숍 이외에 직접 서프보드를 빌려 로컬 강사에게 강습받을 수도 있다. 하지만 흥정의 번거로움, 신뢰도 등을 따지고 장기적으로 실력을 키우고자 한다면 정식 서프 스쿨을 이용하는 것이 더 편리하고 체계적이다.

위치	판타이 꾸따(꾸따 비치) 로드 옆에 꾸따 비치로 통하는 출입구가 여러 개 있다.
주소	Jl. Pantai Kuta, Kuta

Sightseeing ★★☆

❶

꾸따 비치 Kuta Beach

고운 모래와 에메랄드빛 바다는 기대하기 힘들지만, 그 어느 곳보다 활기가 넘치고 다양한 매력을 가진 곳이 꾸따 비치다. 이른 아침에는 해변을 산책하는 사람들과 젊은 서퍼들로 활력이 넘치며, 해 질 무렵이면 아름다운 노을을 감상하려 해변에 앉아 시간을 보내는 사람들로 평화로운 모습이다. 특히 서핑을 처음 배우는 초보 서퍼들에게는 최적의 비치라고 할 수 있다. 해변에 자유롭게 앉아 지나가는 상인에게 못 이기는 척 음식도 사보고, 마사지를 받거나, 머리를 땋고 헤나를 하는 등 하루쯤 일탈을 즐겨보자. 꾸따 비치를 느긋하게 즐기는 것은 발리 여행에서 빼놓을 수 없는 즐거움 중 하나다.

위치 판타이 꾸따 로드 옆에 꾸따 비치로 통하는 출입구가 여러 개 있다.
주소 Jl. Pantai Kuta, Kuta

Sightseeing ★☆☆

❷

투반 비치 Tuban Beach

꾸따 비치가 대중적이면서 젊고 활기차다면 투반 비치는 그에 비해 점잖은 분위기다. 실제로 바다에 들어가 물놀이를 즐기는 사람은 꾸따 비치 쪽이 훨씬 많은 느낌. 투반 비치를 따라 늘어선 리조트 앞쪽으로 아름답고 편안한 산책길이 마련되어 있다. 또 해 질 무렵이면 디스커버리 쇼핑몰 앞쪽에서 고운 모래와 바다가 이루어내는 장관을 즐길 수 있다. 망설이지 말고 맨발로 석양 무렵의 아름다운 모래사장을 거닐어보자.

위치 디스커버리 쇼핑몰 앞쪽부터 해변 앞 리조트를 따라 이어져 있다.

Sightseeing ★☆☆

❸

폭탄 테러 추모비
Monumen Tragedi Kemanusiaan

2002년 10월 12일 밤, 관광객들로 붐비던 꾸따 한복판 르기안 로드에서 악몽 같은 폭탄 테러가 일어났다. 이슬람 원리주의 테러 조직의 소행으로 클럽 안팎에서 터진 대규모 폭발은 무고한 현지인과 관광객 202명의 목숨을 앗아갔고, 209명이 부상을 입었다. 추모비에는 안타깝게 희생된 202명의 이름이 새겨져 있다.

위치 브이아이피 클럽 옆에 있다.
주소 Jl. Raya Legian, Kuta

Food

1

더 이터리 The Eatery

포 포인츠 바이 쉐라톤의 시그니처 레스토랑으로 뽀삐스 골목에서는 다소 튀는 세련된 분위기로 지나가는 사람들의 이목을 집중시킨다. 호텔 조식당으로도 이용되는데 런치나 디너타임엔 단품 메뉴나 테마가 있는 뷔페 메뉴를 선보이기도 한다. 호텔 식당이기는 하나 주변의 특성에 힘입어 가격대도 합리적인 편이며 메뉴도 다양하여 선택의 폭이 넓다. 특히 저녁이 되면 야외석이 인기가 많은데 바닥에 모래를 깔아 바닷가에 있는 느낌이 드는 좌석도 있다. 조명과 어우러진 분위기가 좋아 술 한잔 즐기기에도 좋다.

위치 포 포인츠 바이 쉐라톤 꾸따 1층에 있다.
운영 06:00~23:00
요금 파스타 70K~, 피자 55K~ (Tax & SC 21%)
주소 Jl. Benesari Banjar Pengabetan, Kuta
전화 0361-849-6606
홈피 www.marriott.com

Food : 추천

2

크럼 앤 코스터 Crumb & Coaster

SNS를 통해 입소문을 타고 인기를 얻고 있는 스타일리시한 식당이다. 좁은 골목 안에 있어 더욱 눈에 띄는 이곳은 가격대가 주변보다 살짝 높긴 하지만 실한 양과 트렌디한 메뉴로 식사 시간엔 자리를 찾기 힘들 정도로 인기다. 주로 아시안 퀴진이 믹스된 퓨전 요리로 가벼운 버거, 샌드위치류가 주를 이룬다. 몸에 좋은 다양한 재료를 이용한 건강주스와 올데이 브렉퍼스트 메뉴가 인기가 많다. 커피 맛도 좋은 편이며 바비큐 너티 풀 포크 버거BBQ "Naughty" Pull Pork Burger(95K 선)도 달달하고 풍성하니 추천할 만하다. 브런치 메뉴는 오후 3시까지, 런치와 디너 메뉴는 오후 1시 30분부터 주문이 가능하다.

위치 비치워크 뒤편 뽀삐스2 골목으로 직진하다 베네사리 로드가 나오면 바로 안쪽에 있다.
운영 07:30~23:00 (매 15일은 10:00~)
요금 1인 150K 선(Tax & SC 15%)
주소 Jl. Benesari 2E, Kuta
전화 0819-9959-6319
홈피 www.facebook.com/crumbandcoaster, www.crumbandcoaster.com (예약 가능)

Food

3

쿠니뜨 Kunyit Restaurant

정통 발리니스와 인도네시안 푸드를 맛볼 수 있다. 제대로 된 분위기에서 인도네시안 파인다이닝을 즐기고 싶다면 쿠니뜨를 추천한다. 식당 규모는 상당히 넓은 편으로 세련된 분위기의 실내석과 바도 마련되어 있으며 야외석에선 꾸따 거리를 내려다보며 여유롭게 식사할 수 있다. 특히 저녁 무렵엔 전통 공연도 즐길 수 있다. 부드러운 슬로 쿡 오리 메뉴인 베벡 베투투Bebek Betutu는 이곳의 대표 메뉴. 다양한 인도네시안 메뉴와 디저트를 한 번에 즐기고 싶다면 메기붕Megibung 패키지 메뉴를 선택해보는 것도 괜찮겠다.

위치 디스커버리 몰에서 도보 약 5분, 안바야 리조트 입구에 있다.
운영 06:00~22:30
요금 1인 300K~(Tax & SC 21%)
주소 Jl. Kartika Plaza, Tuban
전화 0361-759-991
홈피 www.theanvayabali.com

Food

4

샌즈 Sands & Wine Cellar

리조트 내에 있어 접근성은 다소 떨어지지만 그렇기에 더욱 평화롭고 여유로운 분위기를 느낄 수 있다. 바다를 앞에 두고 시원한 바람을 맞으며 야외석에서 꾸따의 밤을 마무리하기에 좋다. 아침에는 투숙객을 위한 조식당으로도 사용되고 있으며 점심과 저녁 단품 메뉴를 주문할 수도 있지만 해 질 무렵 시원한 바닷바람을 맞으며 가벼운 타파스 메뉴와 함께 술 한잔 즐기기에 더욱 좋은 분위기이다.

위치 디스커버리 몰에서 도보 약 5분, 안바야 리조트 해변 쪽에 있다.
운영 06:00~22:30
요금 1인 150K~(Tax & SC 21%)
주소 Jl. Kartika Plaza, Tuban
전화 0361-759-991
홈피 www.theanvayabali.com

Food

5

타이 인도 키친 Thai Indo Kitchen

태국과 인도네시아 음식을 저렴하게 맛볼 수 있는 곳이다. 규모는 작지만 가격대에 비해 꽤 깔끔한 편이며 태국 메뉴도 제법 다양하게 갖추고 있다. 매콤새콤한 쏨땀과 얌운센, 센불에 볶아낸 카오팟도 맛있는 편이다.

위치 데위 스리 로드 중간 즈음에 있다.
운영 12:00~00:00(일요일 오후 3시부터)
요금 1인 50K~(Tax 10%)
주소 Jl. Dewi Sri 101, Legian, Kuta
전화 0361-934-7520
홈피 www.facebook.com/Thaiindokitchen

Food : 추천

6

뽀삐스 레스토랑 Poppies Restaurant

뽀삐스 I 초입에 있는 뽀삐스 레스토랑은 내부로 들어가면 번잡한 뽀삐스 거리와 사뭇 다른 분위기. 잘 가꿔진 정원에서의 식사는 꾸따 중심가에서 오아시스 같은 존재처럼 느껴진다. 인도네시안 메뉴와 웨스턴 메뉴를 제공하며 바도 함께 운영한다. 40년 넘게 이어온 자부심만큼 음식의 수준 또한 나무랄 데가 없다. 특히 외국인 입맛도 사로잡는 깔끔한 인도네시안 음식을 꼭 맛보길 권한다. 약식으로 즐기는 2인 라이스타플은 가격대가 있는 편이지만 9가지 반찬과 사테, 나시 고렝이 함께 나와 2명이 즐기기에 맛과 양에 있어서 손색이 없다.

위치 뽀삐스 I 에 위치
운영 08:00~23:00
요금 1인 100K~(Tax & SC 16%)
주소 Poppies Lane I, Kuta
전화 0361-751-059
홈피 www.poppiesbali.com

Food

7

모차렐라 레스토랑 Mozzarella Restaurant

더 마가니에서 운영하는 정통 이탈리안 레스토랑으로 파드마 로드점을 비롯해 총 5개의 지점이 있다. 호텔 내부 지점은 가격대가 살짝 높고 분위기가 좀 더 고급스러운 편. 파드마 로드점은 캐주얼한 분위기에 가격대는 조금 낮지만 양도 그만큼 적다. 이왕이면 수준 높은 서비스를 경험할 수 있는 더 마가니 내 지점을 추천한다. 실내석도 마련되어 있지만 멜라스티 로드가 한눈에 내려다보이는 야외석이 인기가 많다. 파스타류도 맛있고 특히 해산물과 스테이크를 한 번에 맛볼 수 있는 서프 앤 터프는 이곳의 추천 메뉴다.

위치 멜라스티 로드, 더 마가니 내에 위치
운영 11:00~15:00, 18:00~23:00
요금 1인 150K~
주소 Jl. Melasti, Legian Kelod, Legian
전화 0361-765-188
홈피 www.mozzarella-resto.com

Food

8

팔랄라 초콜릿 Falala Chocolate

현지인과 장기 여행자들에게 매우 인기 있는 초콜릿 가게로 늘상 북적거린다. 매장 안에서 먹을 수 있는 공간이 마련되어 있으나, 초콜릿 외에 다른 음료 등을 팔지 않기에 테이크아웃으로 구매하는 손님들이 대부분이다. 다크 초콜릿과 마차 초콜릿이 특히 인기이며 깔끔하게 포장해준다. 안타깝게도 시식용 초콜릿은 제공하지 않는다.

위치	발리 베이커리 맞은편에 위치
운영	08:00~22:00
요금	85~200K
주소	Jl. Merta Nadi No.2, Kuta
전화	0813-5346-6164
홈피	http://falalachocolate.com

Food

9

웨이푸 딤섬 Wei Fu DimSum Bar

선셋 로드에 위치한 딤섬 집으로 중국식으로 조리된 칠리오일 소스가 매우 맛나다. 딤섬 외에 박미(국수 요리), 부부르(죽 요리), 덮밥 등을 같이 팔고 있어 간단하게 한끼 하기에 충분하다. 딤섬의 종류가 매우 다양한데, 양이 많아 식사류와 같이 시키면 부담스러울 수 있다.

위치	선셋 로드에 위치
운영	08:00~02:30
요금	20~50K
주소	Jl. Sunset Road No.168 A, Kuta
전화	0882-2193-3007
홈피	http://www.instagram.com/weifudimsum

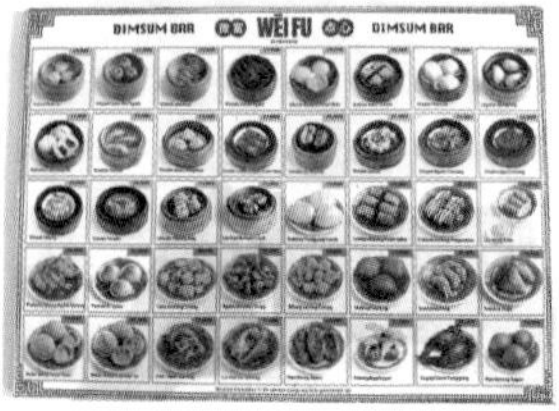

Food

⑩

라오타 Laota

24시간 주방의 열기가 식지 않는 소문난 맛집인 라오타는 원래 홍콩식 죽으로 명성을 얻었다. 입에 걸리는 것 없이 부드럽고 고운 입자에 푸짐한 양을 자랑하는 이 집의 죽인 부르르는 죽을 싫어하는 사람이라도 한 번쯤 맛보길 권한다. 튼실한 해산물을 척척 올려놓은 해산물 죽도 좋지만 야들야들한 소고기가 섞여 있는 소고기 죽이 더 맛있는 편이다. 양은 2명이 먹을 만하니 죽 하나를 시키고 요리 한두 개를 더 주문해 먹으면 좋겠다. 죽과 함께 빼놓지 말아야 할 것이 이곳의 새우 요리. 꽤 큼직한 새우 5~6마리가 메뉴에 따라 다양한 소스로 조리해 나온다. 가격도 다른 곳에 비해 착한 편이니 방문하지 않을 이유가 없다.

위치	호텔 이비스 꾸따 맞은편, 꾸따 메인 로드에 위치
운영	24시간
요금	1인 100K~
주소	Jl. Raya Kuta 530, Kuta
전화	0851-0042-9068
홈피	warunglaota.id

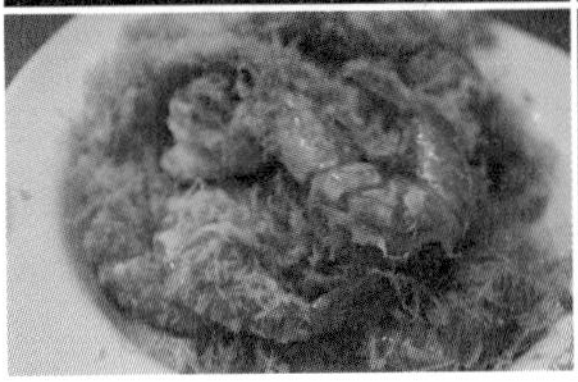

Food : 추천

⑪

발레 우당 망 엥킹 Bale Udang Mang Engking

이제는 일반 여행자에게도 그 진가가 알려진 레스토랑이다. 음식은 순다Sunda 스타일의 인도네시안 메뉴를 다루는데, 자바 섬 서쪽 지역의 순다 요리는 달고 매콤한 맛이 특징이다. 대표 요리로는 새우를 달콤한 소스에 버무린 Udang Bakar Madu Super와 심심한 듯 매운맛이 감도는 생선 요리 Bumbu Cobek. 이 집의 대표 삼발인 삼발 망가Sambal Mangga는 망고의 단맛과 매운맛이 적절히 조화를 이뤄 입맛을 돋운다. 매운맛에 자신이 있다면 삼발 뜨라시Sambal Terasi를 주문해봐도 좋다. 여럿이 갈 경우 세트 메뉴를 주문하면 좀 더 다양하게 음식을 즐길 수 있다. 중앙의 큰 연못 주변으로 방갈로와 테이블 좌석이 둘러져 있어 여유로운 느낌인데, 총 350석으로 규모가 크다. 연못 위에 떠 있는 방갈로 자리가 인기가 좋으며 특히 바닥이 뚫려 다리가 편한 다다미 방갈로와 실내 프라이빗룸은 예약이 필수다. 대신 주말엔 예약을 받지 않으며 저녁 시간에는 모기가 많은 편이니 모기 퇴치제를 꼭 챙기자.

위치	디스커버리 몰에서 차로 10분 정도 소요
운영	11:00~23:00(LO 21:30)
요금	1인 150K~(Tax & SC 15%)
주소	Jl. Nakula 88, Sunset Road, Kuta
전화	0815-2904-0654
홈피	www.baleudang.com

Food

⑫

뿌리 발리 인다 Puri Bali Indah

그냥 지나치기 쉬운 분위기의 레스토랑 겸 바이지만 맛있고 싸다. 중국식으로 요리한 해산물도 맛있고 강한 화력에서 블랙 페퍼 소스에 볶은 소고기 요리, 볶음밥 등도 불맛이 확 나서 맛있다. 놀랄 정도로 저렴한 아보카도 주스는 피부에도 좋고 맛도 좋으니 한번 마셔보자. 탕수육과 맛이 비슷한 치킨 요리, 크로켓이나 매콤달달한 쿵파오 치킨도 우리 입맛에 딱이다.

위치 풀만에서 멜라스티 로드를 따라 약 50m 걸으면 오른쪽에 있다(르기안 비치 리조트 맞은편).
운영 11:30~22:30
요금 1인 100K~(Tax & SC 15%)
주소 Jl. Melasti, Legian, Kuta
전화 0361-751-644

Food

⑬

폰독 템포 도로 Pondok Tempo Doeloe

생선 요리로 유명한 IBC[Ikan Bakar Cianjur] 그룹의 레스토랑으로 선셋 로드를 달리다 보면 길쭉하게 솟아 있는 IBC라는 간판이 먼저 눈에 들어온다. 규모가 워낙 커서 단체 관광객들이 자주 찾는 곳인데, 가격이 합리적이고 무엇보다 음식도 맛있다. 안쪽으로 들어서면 왼쪽에는 야외 미니 폭포가 설치되어 있고 오른쪽에는 작은 기념품 숍들이 있다. 이곳에서 꼭 맛보아야 할 음식은 생선 요리. 메뉴판에 사진이 있어 주문하기 어렵지 않다. 우리 입맛에는 달콤새콤한 Gurami Asem Manis가 무난하며 인도네시아식 디저트인 에스텔레[Esteler]로 마무리하는 것도 괜찮다.

위치 선셋 로드의 100 선셋 부티크 호텔 건너편에 위치
운영 10:30~22:30
요금 1인 100K~
주소 Jl. Sunset Road 8, Kuta
전화 0361-757-699

Food

⑭

수쿤 레스토랑 Sukun Restaurant

암나야 리조트 꾸따 내에 있는 시그니처 레스토랑으로 하늘을 형상화한 천장과 알록달록한 타일, 시원스러운 수영장이 어우러져 밝고 캐주얼한 분위기의 레스토랑이다. 정통 인도네시안 메뉴가 인기가 많은데 그중 2인이 인도네시아의 전통 음식을 다양하게 즐길 수 있는 나시 라자[Nasi Raja]는 수쿤 레스토랑의 추천 메뉴 중 하나이다. 점심과 저녁 시간에 작은 사이즈의 다양한 애피타이저를 150K에 마음껏 즐길 수 있는 올 유 캔 잇 프로모션도 있다(변동 가능).

위치 암나야 리조트 꾸따 내에 위치
운영 07:00~11:00
요금 1인 150K~(Tax & SC 21%)
주소 Jl. Kartika Plaza, Gang Puspa Ayu 99, Kuta
전화 0361-755-380
홈피 www.amnayahotels.com/kuta/dining/

Food

⑮

가바 레스토랑 Gabah Restaurant

꾸따 스퀘어를 지나다 보면 어김없이 눈에 들어오는 가바 레스토랑은 라마야나 호텔 부속 레스토랑이다. 다양한 인도네시안 푸드를 한 번에 경험하고 싶다면 인도네시안 요리 종합 선물 세트인 라이스타플에 도전해보자. 음료로는 파인애플, 민트, 브라운 슈거와 소다 워터를 섞은 리프레셔를 추천한다. 오후 3시부터 5시 30분까지 시원한 에어컨이 가동되는 2층에서 애프터눈 티를 즐길 수 있는데 티, 커피, 주스뿐 아니라 간단한 샌드위치, 튀김, 디저트류도 종류가 다양하고 맛이 좋아 식사 대신으로 충분한 느낌이다.

위치 까르띠까 플라자 로드 초입에 위치, 라마야나 리조트와 바로 접해 있다.
운영 06:30~00:00
요금 1인 150K~(Tax & SC 21%)
주소 Jl. Bakung Sari, Kuta 전화 0361-751-864
홈피 www.ramayanahotel.com/gabah-restaurant-lounge

Food

⑯

딤섬 Inc Dim Sum Inc

감각적인 디자인의 딤섬 전문점이다. 씨우마이나 하카우 등 기본적으로 인기가 많고 대중적인 딤섬은 물론이고 죽이나 수프, 밥 등 다양한 아이템을 갖추고 있다. 혼자보다는 여럿이 다양한 메뉴를 주문하여 맛볼 것을 추천한다. 마요프로운 덤플링이나 모차렐라 스프링롤 등 기존의 딤섬에서 벗어난 창의적이고 다양한 메뉴들도 갖추고 있으니 한번 시도해보자.

위치	꾸따 선셋 코너, 맥도날드 옆	운영	24시간
요금	딤섬 35K~(Tax & SC 21%)		
주소	Jl. Dewi Sri, Legian, Kuta	전화	0361-894-7096
홈피	www.dimsum-inc.com		

Food

⑰

딴중 삐낭 Depot Tanjung Pinang

소박한 외관은 여느 로컬 레스토랑과 다를 바 없지만 외국인 여행자들에게도 상당히 알려진 곳이다. 식사 시간이면 손님들로 발 디딜 틈 없이 북적이는데 종종 대형 관광버스를 탄 손님들이 우르르 한꺼번에 들이닥치기도 한다. 이 집의 최고 인기 메뉴는 카레 소스가 곁들여진 게 요리와 오징어 숯불구이인 쭈미 쭈미 바까르Cumi Cumi Bakar, 안타깝게도 저녁에만 주문할 수 있다.

위치	꾸따 메인 로드에 위치, 꾸따 중심가에서 차로 10분 소요
운영	09:00~00:00
요금	1인 120K~
주소	Jl. Raya Kuta 100x, Kuta
전화	0361-751-841

Food

⑱

푸라마 레스토랑 Furama Restaurant

이미 유명해질 대로 유명해진 딴중 삐낭과 같은 콘셉트의 중국식 레스토랑이다. 우리 입맛에 잘 맞는 중국 음식과 해산물 메뉴가 주를 이룬다. 기본으로 주문하는 볶음밥은 중국집에서 기대할 만한 불맛은 나지 않지만 그냥저냥 평범한 편. 칠리 크랩의 경우 실하지 못해 그다지 만족스럽지 않으니 칠리 새우 정도와 프라이드 번을 주문해 양념과 함께 즐기는 것도 방법이다.

위치	투반 로드, 이비스 호텔을 등지고 오른쪽으로 조금만 가면 오른쪽에 있다.
운영	09:00~03:00
요금	오징어 요리 36K~, 새우 요리 150K~(Tax & SC 15%)
주소	Jl. Raya Tuban 2X, Kuta
전화	0361-751-646

Food

⑲

키와미 라멘 Spicy Ramen Kiwami

모든 메뉴의 맵기 조절이 5단계까지 가능한 일본식 라멘 집이다. Rengoku라는 가장 매운 라멘은 따로 메뉴로 빼서 판매하고 있는데, 많은 서양 관광객들에게 가장 인기 있는 음식이라고 한다. 닭 육수와 돼지 육수를 베이스로 하며 주변의 다른 라멘 집들보다는 약간 걸쭉한 느낌의 국물을 맛볼 수 있다.

위치	스렐라 호텔 맞은편
운영	12:00~22:30
요금	85~150K
주소	Jl. Raya Kuta 37, Kuta
전화	0822-3657-2881
홈피	https://instagram.com/spicyramenkiwami

Food

⑳

팻 초 Fat Chow

뽀삐스 II의 좁은 골목 안쪽에 위치하고 있는 팻 초는 이미 트립 어드바이저를 통해 여행자들에게 좋은 평가를 받고 있는 곳이다. 가게 규모는 크지 않은 편으로 내부가 어둡고 조금 덥다는 점이 단점. 메뉴는 주로 아시안 퓨전이 주를 이루는데 맛도 맛이지만 플레이팅 자체가 창의적이고 귀여워 젊은 여행자들에게 특히 인기다. 새로운 메뉴를 매번 보강하는 노력을 아끼지 않는 곳으로 베트남식 샌드위치 반미를 비롯해 대부분의 메뉴가 맛있지만 양은 적은 편이다.

위치 뽀삐스 II에 위치 운영 09:00~23:00

요금 1인 100K~(Tax & SC 21%)

주소 Poppies Lane II 7C, Kuta

전화 0361-753-516 홈피 www.fatchowbali.com

Food

㉑

디종 카페 Dijon Cafe

프랑스 여주인이 운영하는 카페 겸 델리. 입구에 들어서면 양 옆으로 똑같아 보이는 건물이 두 개 있는데 하나는 델리 숍, 하나는 카페 겸 레스토랑으로 사용된다. 커피와 담백한 샌드위치가 맛있다. 시원하고, 와이파이도 잘 잡히며, 화장실도 깨끗하니 장기 여행자가 아지트로 삼아도 될 만한 곳이다.

위치 심팡시우르 스퀘어 내에 위치.
DFS 갤러리아 대각선 방향 도로 안쪽에 있다.

운영 09:00~22:00

요금 커피 22K~, 터키 샌드위치 68K(Tax & SC 15%)

주소 Simpang Siur Square, Jl. Setiabudhi, Kuta

전화 0361-759-640 홈피 www.dijon-bali.com

Food

㉒

베벡 뜨삐 사와 Bebek Tepi Sawah

원래는 우붓에서 같은 이름의 숙소와 함께 운영되던 오리고기 전문점이다. 워낙 유명한 우붓의 베벡 벵일 탓에 빛을 보지 못했지만 그곳보다 오리고기가 훨씬 낫다는 평도 있다. 가격대는 높은 편이다. 오리고기를 삼발에 곁들어 먹으면 제맛. 닭고기와 생선 요리 등의 다른 메뉴도 있지만 오리고기 요리에 특화된 곳이라 오리를 먹고자 목표를 세운 여행자가 아니라면 굳이 찾아갈 필요는 없다.

위치 까르띠까 플라자 로드의 빈땅 발리 리조트 입구에 있다.

운영 10:30~23:00

요금 1인 150K~ (Tax & SC 16%)

주소 Jl. Kartika Plaza, Bintang Bali Hotel Arcade, Kuta

전화 0361-846-5717

홈피 www.bebektepisawah restaurant.com

Food : 추천

㉓

와룽 콜레가 Warung Kolega

현지인과 장기 체류자들이 많이 찾는 나시 짬뿌르 집이다. 워낙 손님들로 붐비는 곳이라 이곳 나름의 주문 시스템이 있다. 먼저 원하는 메뉴를 주문하고, 바로 옆으로 이동해서 나시 짬뿌르의 빈찬을 고르고, 마지막으로 계산하는 방식이다. 음료 코너는 따로 있어서 주문도 따로 받는다. 약간 싱거운 나시 짬뿌르를 달달한 삼발 소스에 비벼 먹으면 입에 착착 감긴다. 우리 입맛에는 다소 느끼한 소고기 국, 라온 사피는 현지인에게 인기다. 스미냑에서 꾸따로 이전했다.

위치 데위 스리 로드에 위치 운영 월~토 09:00~20:00

휴무 일요일 요금 1인 30K~

주소 Jl. Dewi Sri 17, Legian, Kuta

전화 0361-934-2784

Food

㉔

레몬그라스 Lemongrass

스미냑에서 큰 사랑을 받던 태국 음식점 레몬그라스가 꾸따로 이전했다. 복층 구조로 되어 있는 실내는 아기자기하고 포근한 느낌으로 잘 정돈되어 있다. 대부분의 태국 음식을 맛볼 수 있는데 특히 매콤새콤한 맛으로 서양인의 입맛까지 사로잡은 똠양꿍은 이 집의 별미. 새우와 당면을 새콤하게 버무린 태국식 샐러드 얌운센도 추천할 만하다. 또 하나 레몬그라스의 자랑, 애플 파이를 식후에 반드시 맛보자. 따뜻하고 달콤한 애플 파이에 아이스크림을 얹으면 환상적이다.

위치 꾸따 비치 쪽에서 멜라스티 로드로 진입하여 조금만 직진하면 오른쪽에 있다.
운영 07:00~23:00
요금 1인 100K~(Tax 10%)
주소 Jl. Melasti, Legian, Kuta
전화 0813-3333-9243
홈피 www.lemongrassbali.com

Food

㉕

운스 Un's Restaurant

1989년 처음 문을 열어 25년 넘게 이어온 운스는 유러피언 음식을 맛볼 수 있는 곳이다. 매일 아침마다 빵과 파스타를 직접 만들며 고집 있는 맛을 지켜가고 있다. 운스의 추천 메뉴는 Lamb Shank Un's와 Entrecote "Cafe de Paris". 또 라비올리 캐러셀Ravioli Carousel은 5가지 맛이 나는 담백한 라비올리를 맛볼 수 있는 메뉴다. 식전에는 웰컴 드링크와 애피타이저를 제공한다.

위치 르기안 로드 쪽의 뽀삐스 I 초입에서 해변 방향으로 걷다보면 바로 왼쪽으로 골목이 나온다. 골목으로 들어오면 왼쪽에 위치
운영 16:00~00:00
요금 1인 150K~(Tax & SC 16%)
주소 Poppies Lane I, Kuta 전화 0361-752-607
홈피 www.unsrestaurant.com

Food

㉖

로쏘 비보 Rosso Vivo

꾸따 비치를 거닐다보면 강렬한 빨간색 쿠션과 파라솔이 길을 따라 나란히 놓여 있는 로쏘 비보에 눈이 가지 않을 수 없다. 로쏘 비보는 꾸따 시뷰 호텔의 부속 레스토랑으로 이탈리안 셰프가 만들어내는 정통 이탈리안 푸드를 맛볼 수 있는 곳이다. 로쏘 비보가 가장 붐비는 시간은 일몰 이후 저녁 무렵이다. 실내석과 수영장 주변에도 좌석이 마련되어 있지만 특히 꾸따 비치의 석양을 바라보며 칵테일을 즐기려는 사람들로 야외석은 언제나 인기 만점이다. 수요일과 토요일에는 밤 8시부터 라이브 재즈 공연이 열리기도 한다.

위치 판타이 꾸따 로드에 위치
운영 아침 07:30~10:30, 점심 11:30~16:30, 저녁 18:00~12:30
요금 1인 100K~(Tax & SC 21%)
주소 Jl. Pantai Kuta, Kuta
전화 0361-334-9090
홈피 www.rossovivobali.com

Food

㉗

엔비 Envy

홀리데이 인 리조트 바루나의 부속 레스토랑으로 해변을 접한 레스토랑이 의외로 귀한 꾸따에서 가치를 발한다. 해변을 향한 선베드 좌석부터 바를 기준으로 안쪽에 놓인 좌석까지 자유분방하면서도 모던한 인테리어로 투숙객들의 이용률이 높은 편이다. 스테이크와 햄버거가 특히 맛있는데, 식사 가격이 부담스럽다면 맥주 한두 병에 햄버거 하나면 든든하게 배를 채울 수 있다. 햇볕이 쨍쨍한 낮보다는 아름다운 석양을 감상할 수 있는 저녁 6시 이후에 방문하는 것이 좋다.

위치 홀리데이 인 리조트 바루나의 해변 쪽에 위치
운영 11:00~00:00
요금 1인 200K~
주소 Jl. Wana Segara 33, Kuta
전화 0361-755-577
홈피 barunabali.holidayinnresorts.com/envy-bali

Food

28

코피 폿 Kopi Pot

티포트가 그려진 귀여운 간판만 봐도 저절로 발길을 멈추게 되는 곳. 작은 정원 위에 놓인 테이블엔 저녁이 되면 조명이 들어와 더욱 로맨틱한 분위기를 자아낸다. 2층에도 좌석이 있지만 1층 좌석이 인기가 많다. 이름처럼 커피에 대한 자부심이 대단한 곳으로 커피와 함께 촌스러운 듯하면서도 정감 가는 정통 디저트, 블랙 포레스트를 먹으면 최고. 미니 화로에 세팅된 사테도 이 집의 인기 메뉴.

위치 르기안 로드 쪽의 뽀삐스 II 입구에서 좀 더 올라가면 왼쪽에 보인다.
운영 08:00~23:00
요금 1인 60K~(Tax & SC 15%)
주소 Jl. Raya Legian 139, Kuta
전화 0361-752-614
홈피 www.kopipot.com

Food

29

발리 베이커리 Bali Bakery

발리에만 4개의 매장을 가지고 있는 이곳은 합리적인 가격과 높은 퀄리티의 케이크와 빵으로 현지 고객들의 방문도 잦은 곳이다. 흔치 않은 베이킹을 시도하므로 색다른 메뉴를 만날 수 있다는 게 장점. 한국에서 접하기 힘든 아보카도 케이크, 카레 빵 등 이름만으로도 호기심을 자극하는 크리에이티브한 스위츠를 맛볼 수 있다. 달콤한 타르트 틀에 한가득 새콤한 딸기가 얹어 있는 미니 보트 타르트와 부드러운 티라미수는 추천할 만하다. 커피는 주문 시 일리와 라바짜 중 선택할 수 있다. 아침 식사도 푸짐하고 맛있다.

위치 꾸따 메인 로드에 있다.
운영 07:30~22:30, 아침 식사 07:30~12:00
요금 1인 50K~(Tax 10%)
주소 Jl. Raya Kuta 65, Kuta
전화 0361-755-149
홈피 www.balibakery.com

Food

30

코리 Kori Restaurant & Bar

고급스러운 외관과는 달리 내부는 포근하고 자연 친화적으로 꾸며져 있다. 특히 작은 연못 건너편 정자 자리는 최고 인기 좌석. 다양한 메뉴를 취급하고 있는데, 데커레이션에도 신경을 쓴 인도네시안 메뉴들이 인기다. 그중 치킨 사테와 프라이드 치킨, 커다란 새우 칩이 곁들여진 미 고렝은 보는 것만으로도 즐거워진다. 걸쭉한 생과일주스와 셰이크도 추천할 만하다.

위치 뽀삐스 II 골목 중간 즈음에 위치
운영 12:00~00:00
요금 1인 100K~(Tax & SC 10%)
주소 Poppies Lane II, Kuta
전화 0361-758-605
홈피 www.korirestaurant.co.id

Food

31

스타디움 카페 Stadium Cafe

멀티 스포츠 카페인 스타디움은 다양한 나라의 음식부터 각종 디저트까지 버라이어티한 메뉴를 보유하고 있다. 콘셉트에 걸맞게 스포츠 중계를 즐길 수 있는 화면과 포켓볼을 즐길 수 있는 공간도 마련돼 있다. 야외석으로 나가면 운치 있는 연못과 꽃나무들로 꾸며진 아담한 공간이 있는데 실내와는 사뭇 다른 분위기다. 추천 메뉴는 버섯, 블랙 올리브, 치킨 등 여러 재료들을 듬뿍 올려 모차렐라 치즈로 마무리한 스타디움 피자다.

위치 까르띠까 플라자 로드의 블루핀에서 가깝다.
운영 09:00~01:00 (토요일 ~02:00)
요금 1인 70K~ (Tax & SC 16.5%)
주소 Jl. Kartika Plaza, Kuta
전화 0361-763-100
홈피 www.facebook.com/stadiumcafebali

Food

32

블루핀 Bluefin

빼곡한 와인 셀러만 봐도 여타의 재패니스 레스토랑과는 차이를 느낄 수 있는 곳이다. 셰프가 직접 만들어주는 초밥과 회를 맛볼 수 있는 스시 바가 설치되어 있으며 와인 셀러와 데판야키 바도 마련되어 있다. 안쪽은 푸른 조명과 새하얀 테이블, 와인 잔으로 고급스럽게 세팅되어 있다. 사진 메뉴가 있어 주문하기 편리하며 오전 11시 30분부터 오후 4시 30분까지는 비교적 저렴한 런치 세트도 즐길 수 있다.

위치 까르띠까 플라자 로드의 꾸따 파라이소 호텔 건너편에 있다.
운영 10:00~00:00
요금 1인 100K~(Tax & SC 15.5%)
주소 Jl. Kartika Plaza, Kuta
전화 0361-764-100
홈피 bluefin.ramarestaurantsbali.com

Food

33

뱀부 코너 Bamboo Corner

배낭여행자들의 골목, 뽀삐스에 자리 잡고 있는 만큼 뱀부 코너는 놀라울 정도로 가격이 저렴하다. 메뉴도 발리니스 푸드부터 가볍게 즐길 수 있는 웨스턴 메뉴까지 다양하다. 맛은 그럭저럭. 실내는 대나무를 얼기설기 엮은 것처럼 소박해서 특별한 분위기는 기대하기 힘들지만 저렴한 가격에 간단히 한 끼 때우기에 알맞다.

위치 르기안 로드에서 뽀삐스 I 로 진입해 조금 가면 우측에 위치
운영 08:30~00:00
요금 1인 40K~
주소 Poppies Lane I, 26, Kuta
전화 0361-765-966

Food : 추천

34

고멧 사테 하우스 Gourmet Sate House

사테를 좋아한다면 이곳을 주목하자. 저렴한 가격에 다양한 재료의 사테를 맛볼 수 있는 곳으로 새우나 오징어 등의 해산물부터 비프, 치킨 등 육류까지 달달한 소스에 입에 착착 붙는 사테를 즐길 수 있다. 간단히 맥주와 함께 간식으로 즐겨도 좋을 만큼 양도 가격도 부담스럽지 않다.

위치 데위 스리 로드 중간 즈음에 위치
운영 12:00~00:00(일요일 17:00~)
요금 1인 60K~(Tax & SC 15%)
주소 Jl. Dewi Sri 101, Kuta
전화 0819-3610-2024

Night Life

❶

오션스 27 Oceans 27 Beach Club and Grill

모처럼 휴양지에 온 기분을 만끽하고 싶다면 디스커버리 쇼핑몰 앞, 해변에 자리 잡은 오션스 27로 발걸음을 옮겨보자. 꾸따 비치의 핫 스폿으로 에어컨이 가동되는 실내석과 해변을 따라 있는 야외석이 있고 꽤 큰 규모를 자랑한다. 특히, 중앙에 자리한 수영장 쪽 좌석은 발을 담그고 여유로운 시간을 즐기려는 사람들로 경쟁이 치열하다. 신선한 루꼴라와 치즈, 소고기의 조화가 끝내주는 비프 카르파치오와 미트 러버 피자가 이곳의 인기 메뉴인데 맥주 안주로도 그만이다.

위치	디스커버리 쇼핑몰 앞 해변 쪽에 위치
운영	10:00~00:00
요금	1인 100K~(Tax & SC 15.5%)
주소	Jl. Kartika Plaza, Kuta
전화	0361-765-027
홈피	www.oceans27.net

Night Life

❷

브이아이피 Vi Ai Pi

르기안 로드가 떠나갈 듯이 쿵쿵거리는 음악 소리를 따라가 보면 브이아이피가 있다. 스카이 가든과 함께 르기안 로드의 나이트 라이프를 책임지는 인기 클럽이다. 낮에는 얌전한 레스토랑이었다가 밤이 되면 엄청난 열기를 내뿜는 핫한 클럽으로 180도 바뀐다. 디제잉과 매일 다른 7팀의 라이브 공연 등 다양한 퍼포먼스도 즐길 수 있고 한쪽에 육감적인 댄서들의 댄스를 감상할 수 있는 은밀한 공간도 마련되어 있다. 추천 칵테일로는 Water Fall과 Lychee Martini 등이 있는데 알코올이 제법 강한 편이다.

위치	르기안 로드의 스카이 가든 옆에 위치		
운영	10:00~04:00		
요금	1인 70K~(Tax & SC 15%)		
주소	Jl. Raya Legian 88, Kuta		
전화	0361-752-355	홈피	www.viaipibali.com

Night Life

❸

스카이 가든 Sky Garden

말이 필요 없는 꾸따 최고의 인기 클럽이다. 레스토랑, 클럽, 라운지 등 6개의 스폿이 모여 있는데 가장 핫한 클럽답게 언제나 세련된 음악과 후끈한 열기로 가득하다. 여성 입장객의 경우 대개 밤 11시까지 무료 입장이 가능하며 요일과 시간, 성수기에 따라서 입장료가 달라진다. 특히 매일 오후 6~9시까지 열리는 바비큐 뷔페는 인기가 많은데, 1인 129K이며 7시 이후 입장하면 99K이다.

위치	르기안 로드의 폭탄 테러 추모비를 지나 바로 보인다.		
운영	17:00~04:00	요금	입장료 99K~(Tax & SC 16%)
주소	Jl. Raya Legian 61, Kuta		
전화	0361-755-423	홈피	linktr.ee/skygardenbali

Night Life

❹

바운티 Bounty Discotheque

남들 앞에서 춤을 추는 게 어색한 사람도 바운티에 가면 본능적으로 몸을 흔들게 된다. 입구에서 골목을 따라 바운티 디스코텍 2층으로 올라가면 동 시간대 다른 클럽과 비교했을 때 가장 사람이 많고 분위기도 좋다. 일대 클럽이 세련됨을 무기로 경쟁할 때 바운티는 소신 있게 밝고 촌스러운 분위기로 활기차다. 무대 뒤쪽에 작은 바가 있고 테이블이 있어 춤을 추다 잠시 사람들의 춤을 구경하며 쉬기 좋다.

위치 르기안 로드에 위치, 맥시 호텔 맞은편

운영 22:00~03:00　요금 1인 50K~

주소 Jl. Raya Legian, Kuta　전화 0361-752-529

Night Life

❺

하드 록 카페 Hard Rock Cafe

하드 록 카페는 유럽, 아프리카, 아시아 등 많은 휴양지와 도시에 체인을 두고 있다. 낮에는 샌드위치, 버거, 바비큐 메뉴 등을 파는 레스토랑이지만 밤이 되면 분위기가 무르익는다. 매일 밤 10시 30분부터 새벽 1시나 2시까지 라이브 공연이 열리며 홈페이지에서 공연 일정을 확인할 수 있다. 입구 1층 록 숍에서는 하드 록 브랜드가 새겨진 아이템을 쇼핑할 수 있다.

위치 판타이 꾸따 로드의 스타벅스에서 해변 쪽으로 코너를 돌면 바로 나온다.

운영 **레스토랑** 일~목 11:30~01:00, 금 · 토 11:30~02:00

록 숍 일~목 09:00~01:00, 금 · 토 09:00~02:00

라이브 뮤직 일~목 21:30~01:00, 금 · 토 21:30~02:00

요금 1인 150K~(Tax & SC 18.25%)

주소 Jl. Pantai Kuta, Kuta　전화 0361-755-661

홈피 www.hardrock.com/cafes/bali

Spa

❶

사칸띠 스파 Sakanti Spa

더 안바야 호텔의 부속 스파로 해변가에 위치해 있다. 호텔 내 스파라고 하기에는 시스템이나 분위기 면에서 고급스러움은 좀 떨어지지만 트리트먼트 실력은 만족스럽다. 특히 핫 샌즈 디톡스 마사지Hot Sands Detox Massage는 구성과 만족도 면에서 추천할 만하다. 마사지와 스크럽, 보디 배스로 이뤄져 있는데 발리니스 마사지 후, 뜨겁게 달군 돌로 한 번 더 마사지해 쌓인 피로를 풀어준다. 이어 프란지파니 보디 스크럽으로 묵은 각질을 정리하고 생강, 라임, 레몬그라스 등 천연 재료를 아낌없이 넣은 목욕으로 마무리한다.

위치 더 안바야 호텔 내, 해변가 우측 끝에 있다.

운영 09:00~21:00

요금 보디 트리트먼트 800K~ (Tax & SC 21%)

주소 Jl. Kartika Plaza, Tuban, Kuta

전화 0361-759-991

홈피 www.theanvayabali.com/en/attraction

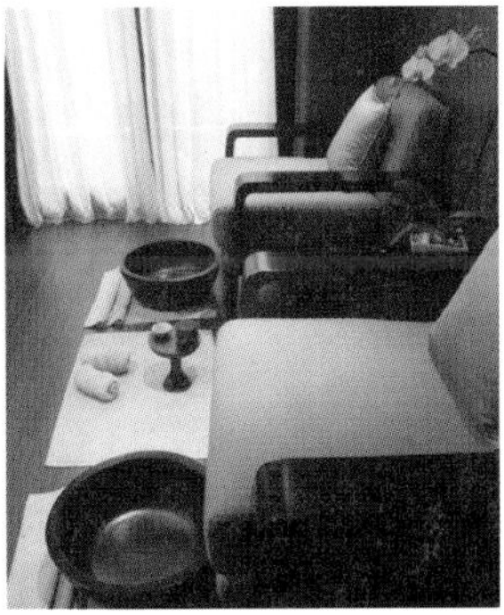

Spa

2

떼따 스파 Theta Spa

이미 많은 여행자 사이에서 좋은 평가를 받고 있는 스파. 무채색으로 고급스럽게 단장한 리셉션도 훌륭하지만, 정원을 가로질러 들어가면 가장 먼저 눈에 들어오는 발 마사지나 헤어 배스를 받는 공간도 멋지다. 바다를 향해 있는 통유리를 통해 확 트인 전망을 즐길 수 있어 스파나 마사지와는 별개로 힐링을 선사한다. 마사지, 스파, 헤어 배스, 페이셜(유명 제품인 페보니아를 사용) 등 다양한 서비스를 제공하여 만족도도 높은 편이다.

위치 빈땅 발리 리조트 내
수영장 옆쪽에 독립된 건물로 있다.
운영 10:00~23:00(LO 21:00)
요금 Theta Foot Ritual 600K(90분),
Theta Boreh 1,700K(120분)
(Tax & SC 21%)
주소 Jl. Kartika Plaza, Kuta
전화 0361-755-726, 0815-5819-0363
홈피 www.thetaspa.com

Spa

3

차크라7 스파 Tjakra-7 Spa

이 스파의 이름은 인간 에너지의 근원이라 여겨지는 '차크라Chakra'에서 착안한 것으로 쉽게 말하면 트리트먼트를 통해 힐링을 시켜주고 에너지를 되찾아주겠다는 야심찬 포부를 나타내는 이름이다. 시설은 꽤 좋은 편으로 하이드로 테라피 풀도 갖추고 있다. 릴렉싱 공간은 무던하고 신비스럽다. 스파 곳곳에 다양한 색을 배치해 컬러 테라피도 염두에 둔 것 같다. 호텔 스파인 점을 감안하면 가격도 합리적이고 할인 프로모션도 자주 진행하니 미리 체크해보자.

위치 판타이 꾸따 로드 끝, 풀만 호텔
내부에 있다.
운영 10:00~22:00
요금 차크라 아트 무브먼트 500K(90분),
발리니스 마사지 400K(60분)
(Tax & SC 21%)
주소 Jl. Melasti 1, Legian, Kuta
전화 0361-762-500
홈피 www.accorhotels.com/gb/
hotel-6556-pullman-bali-
legian-beach/index.shtml

Spa

4

달라 스파 Dala Spa

달라 스파는 알라야 데 다운 내에 있는 고급 스파다. 외국 유명 잡지에 여러 번 소개된 바 있으며 2008년에는 스파와 웰빙 업계에서 권위 있는 '스파 아시아 크리스털 어워드'에서 베스트 부티크 호텔 스파상을 수상하기도 했다. 시설과 실력, 서비스 모두 만족스러우며 특히 분위기가 고급스럽고 로맨틱해 신혼여행객들에게 꼭 추천하고 싶은 스파 중 하나다. 꽃 이름이 붙은 6개의 스파룸은 각각의 테마와 컬러가 있는 럭셔리한 분위기로 꾸며져 있으며 커플룸과 싱글룸 외에도 뷰티룸이 따로 있다. 모든 룸에 화장실, 샤워룸이 마련되어 있어 프라이빗하게 스파를 받을 수 있다. 달라의 대표 스파는 달라 에센셜로 발리니스 마사지와 장미 꽃잎 스크럽, 장미 꽃잎 목욕으로 구성된 스파 패키지다. 스파 패키지 외에도 마사지, 보디 랩, 스크럽, 페이셜 트리트먼트, 네일 등의 메뉴가 있다. 꾸따, 스미냑, 사누르, 누사두아, 짐바란 지역으로 왕복 트랜스퍼를 제공하니 참고하자(단, USD100 미니멈 차지가 있다).

위치	알라야 데 다운 내 위치
운영	09:00~22:00
요금	발리니스 마사지 450K(60분/1인), 달라 에센셜 1,595K(120분/2인), 더 로열 웨딩 리추얼 1,750K (150분/2인)(Tax & SC 21%)
주소	Jl. Raya Legian 123, Kuta
전화	0361-756-276
홈피	www.dalaspa.com

Spa
5
리본 마사지 Reborn Foot Reflexology

선셋 로드에 있어 꾸따에서도 스미냑에서도 접근이 애매하지만, 저렴한 프로모션과 확실한 마사지 실력으로 입소문이 났다. 특히 주말이나 오후 늦은 시간에는 예약을 하지 않으면 마사지를 받을 수 없을 정도. 발 마사지의 경우, 강한 마사지를 원한다면 남자 테라피스트를 요청하도록.

위치 선셋 로드의 DFS 갤러리아 건너편에 있다.
운영 10:00~00:00
요금 Foot Reflexology 110K(60분)
주소 Jl. Sunset Road, Kuta
전화 0361-767-171, 0361-766-744
홈피 www.reborn.com.my

Spa
6
티트리 스파 Tea Tree Spa

홀리데이 인 리조트 바루나의 부속 스파. 리조트의 수준을 한 단계 뛰어넘은 시설과 서비스, 실력을 갖추었으며 숙소 건물과 독립된 공간에 조용히 자리하고 있다. 연못 위로 난 돌계단을 건너면 안쪽에 리셉션이 있고 우측에 트리트먼트룸들이 여유롭게 배치돼 있다. 샤워룸과 자쿠지를 갖춘 커플룸과 페디큐어룸, 매니큐어룸 등 다양한 공간을 갖추고 있다. 실력 있는 테라피스트들은 리조트 직원들의 유쾌하고 발랄한 분위기와는 또 다른 차분하고 정중한 느낌이다. 트리트먼트룸 내부는 화사한 베이지 톤으로 모던하면서도 고급스러운 분위기. 직접 만든 스파 제품을 사용한 발리니스 마사지가 특히 인기 있다.

위치 홀리데이 인 리조트 바루나 내에 위치
운영 08:00~21:00
요금 Traditional Balinese Massage 450K(60분)
주소 Jl. Wana Segara 33, Kuta 전화 0361-755-577
홈피 www.barunabali.holidayinnresorts.com

Spa
7
재스민 스파 Jasmine Aromatic House

3층 규모에 21개의 더블룸과 10개의 싱글룸을 보유한 대형 스파. 누사두아의 루마 스파(p.229)와 주인이 같으며 똑같이 홈메이드 스파 제품을 사용한다. 샤워룸이 없고 밀착된 서비스를 기대하기 어렵다는 것이 유일한 단점이지만 역사가 오래된 마사지 숍답게 야무지고 연륜이 묻어나는 마사지 솜씨가 돋보인다. 한국인 손님도 많아 한국어 메뉴판도 준비되어 있다. 저녁 8시경은 패키지 단체 관광객으로 붐비니 피하는 것이 좋겠다.

위치 선셋 로드의 플라자 발리 몰 지나서 바로 왼쪽에 위치
운영 09:00~23:00
요금 아로마 보디마사지 660K(90분)
주소 Jl. By Pass Ngurah Rai, tuban, Kuta
전화 0361-759-468~9
홈피 www.jasminearomatichouse.com

Spa
8
발리 라뚜 스파 Bali Ratu Tiara

베테랑 스파 숍으로 우붓과 꾸따 지역에서만 3개의 지점을 운영하고 있다. 계단 위로 솟아 있는 분홍색 건물 안에는 복층 구조로 무려 28개의 룸이 갖추어져 있으며 40여 명의 테라피스트가 상주하고 있다. 그중 4개는 VIP룸으로 미니 바, 세이프티 박스, 샤워시설 등을 갖추고 있는데 시간당 USD10의 요금을 내면 사용할 수 있다. 2인 이상일 경우 꾸따, 사누르, 스미냑, 누사두아 지역까지 왕복 픽업이 제공되므로 비행 출발 시각이 늦다면 그 전에 들러 스파로 깔끔하게 마무리한 후 공항으로 이동하는 일정도 생각해볼 수 있겠다.

위치 까르띠까 플라자 로드의 발리 다이너스티 리조트 맞은편
운영 09:00~23:00
요금 발리 라뚜 시아추 USD40(60분) (Tax & SC 포함)
주소 Jl. Kartika Plaza, 18 Kuta
전화 0361-753-464
홈피 www.baliratuspa.com

Spa

9

신케이 스파 Shinkei Spa

출중한 마사지 실력을 기대할 만한 곳은 아니지만 나이트 라이프 스폿이 밀집한 르기안 로드 중심에서 비교적 늦은 시간까지 영업을 한다는 점은 매력적이지 않을 수 없다. 가격도 저렴하여 쇼핑이나 나이트 라이프를 즐긴 후 잠시 들러 부담없이 발 마사지를 받기에 적합하다.

위치 르기안 로드에 위치. 폭탄 테러 추모비에서 가깝다.
운영 09:00~23:30
요금 발 마사지 65K, 트래디셔널 마사지 90K
주소 Jl. Raya Legian 64, Pemecutan Klod, Kuta
전화 0361-764-515
홈피 shinkei-spa.business.site

Spa

10

스파 발리 Spa Bali

쾌적한 시설을 갖추고 있으면서 가격까지 합리적인 실속 스파다. 스미냑 지점과 같은 프로그램을 준비하고 있지만, 가격은 좀 더 저렴한 편이다. 대표 스파는 스파 발리 마사지와 크림 배스, 초콜릿 드림스. 초콜릿 드림스는 천연 재료를 사용한 코코아 크림 마사지, 초콜릿 시나몬 스크럽 등이 포함된다. 인도네시아 고급 화장품 브랜드인 바이오코Bioko 라인의 제품을 사용하며 살롱도 함께 운영하고 있다.

위치 타나아를 등지고 오른쪽으로 직진, 오른편에 있다.
운영 10:00~22:00
요금 스파 발리 마사지 95K(60분), 초콜릿 드림스 350K(150분)
주소 Jl. Raya Legian 186, Kuta 전화 0851-0056-7111
홈피 www.spabali.asia

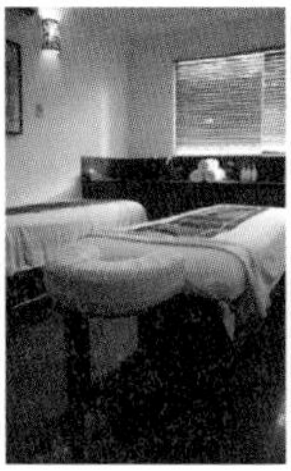

Spa

11

코지 스파 Cozy Spa

코지는 깔끔한 시설과 만족도 높은 마사지로 특히 호텔 관계자들에게 인기가 좋다. 꾸따 시내에서 좀 떨어진 곳에 위치하지만 한낮에도 마사지 손님들로 리셉션이 자주 붐빈다. 가장 기본적인 마사지, 코지 미Cozy Me를 비롯해 2명의 테라피스트들이 함께 마사지하는 코지 코지Cozy Cozy도 인기 메뉴 중 하나이다. 인기가 높은 만큼 예약을 하는 것이 좋다.

위치 꾸따 시내에서 택시로 10분 소요, 선셋 로드 초입에 있다.
운영 11:00~22:00 (LO 20:30)
요금 Cozy Me 159K (60분), Cozy Cozy 299K (90분)
주소 Jl. Sunset Road No.66, Kuta
전화 0812-3850-6611
홈피 cozyspa.business.site

Spa

12

스마트 스파 Smart Salon & Relaxing Spot

꾸따 시내 중심에 위치한 스마트 스파는 꾸따 거리를 오가다 들르기 좋은 곳이다. 가볍게 발 마사지나 네일 케어를 받는 손님들이 많다. 아늑한 분위기에 시설은 깔끔한 편이며 남녀 테라피스트들로 구성, 직원들 대부분이 친절하고 상냥하다. 2층으로 된 단독 건물 1층에는 발 마사지나 네일 케어를 위한 의자가 있고 2층에는 커튼이 둘러져 있는 마사지 베드가 있다. 르기안 로드에 분점이 있다.

위치 판타이 꾸따 로드, 꾸따 스퀘어의 KFC 매장과 마주 보고 있다.
운영 10:00~00:00
요금 Foot Massage 45K(30분), Smart Head & Scalp Massage 55K(30분)(Tax 10%)
주소 Jl. Pantai Kuta 204, Kuta
전화 0812-3828-0000
홈피 smartspa-bali.com

1

비치워크 Beachwalk Shopping Center

꾸따 비치의 정중앙 바다를 마주하고 있는 현대적인 스타일의 쇼핑몰로 젊은 층에게 인기가 많은 쇼핑명소이다. 비치워크는 세련되거나 모던한 느낌이 다소 부족했던 기존의 쇼핑몰과는 달리 멋스러우면서도 다양한 브랜드와 다이닝 공간을 보유하고 있어 많은 이가 찾고 있다.

B1층부터 3층까지 총 4개의 층으로 되어 있는데 B1층에는 ATM, 환전소, 슈퍼마켓 등의 매장이, L1층에는 알도, 보디 & 소울 등의 패션 매장과 브래드라이프, 버거킹, 도미노피자 등의 체인 레스토랑이 있다. L2층에는 아디다스, 뱀부 블론디 등의 매장이, L3층에는 동남아의 여러 메뉴를 맛볼 수 있을 뿐 아니라 아기자기한 테마로 꾸며져 있는 푸드코트가 자리하고 있다. 푸드코트 옆쪽에는 아이들이 좋아할 대형 플레이룸과 장난감 가게도 자리하고 있다.

위치	꾸따 비치 앞, 맥도날드에서 가깝다.
운영	일~목 10:30~22:30, 금 · 토 10:00~00:00
주소	Jl. Pantai Kuta, Kuta
전화	0361-846-4888
홈피	www.beachwalkbali.com

Shopping

❷

디스커버리 쇼핑몰 Discovery Shopping Mall

디스커버리 쇼핑몰은 한때 꾸따를 대표하는 쇼핑몰로 꾸따의 중심 역할을 했었다. 하지만 새로운 쇼핑몰 비치워크가 생겨나면서 뒤로 물러난 모습이다. 유행을 선도하는 매장이 거의 없고 세련된 분위기도 시설도 떨어지는 게 사실이다. 그래도 소고 백화점을 비롯해 기본 브랜드들과 카페, 식당을 갖추고 있으니 어엿한 쇼핑몰이기는 하다.

지하 1층과 지상 3층으로 구성, 크게 소고 백화점과 센트로 백화점, 일반 매장들로 이루어져 있다. 인도네시아 국내외 브랜드들이 저가부터 고급 브랜드까지 포진해 있고 쇼핑 매장 외에도 다양한 레스토랑과 카페가 있다. 건물 뒤편으로 해변이 있어 쇼핑이 한결 여유로운 분위기이고, 냉방시설도 잘 갖추고 있어 더위 식히기에도 그만이다.

위치 까르띠까 플라자 로드에 위치, 워터봄 맞은편
운영 월~금 10:00~22:00, 토 · 일 10:00~22:30
주소 Jl. Kartika Plaza, Kuta
전화 0361-755-522
홈피 www.discoveryshoppingmall.com

입점 브랜드

지하 1층 소고 백화점(탑샵, 막스 & 스펜서, 록시땅, 키플링 등) 신발 매장, 액세서리 매장, 오션스 27 등
1층 스케쳐스, 서퍼 걸, 퀵실버, 게스, 크록스, 푸마, 폴로, 바틱 끄리스, 페러플러스(서점), 코코 고멧(슈퍼마켓), 사롱 및 기념품 매장, 블랙 캐년, 브레드 토크, 콜드 스톤, 배스킨라빈스 31, 스타벅스, KFC, 버거킹, 세가라 시푸드 등
2층 센트로 백화점(랑콤, 클리니크, 안나수이, 시세이도, 더바디샵, 와코루, 리바이스, 스킨, 보디 & 소울, 울루와뚜, 키커즈, 뿌라비다, 로고, 수공예품 및 기념품 매장 등), 셀시어스 카페 등
3층 전자 제품 매장, 푸드코트, 오락 시설

Shopping

❸

DFS 갤러리아 T Galleria By DFS

DFS 갤러리아는 체인 면세점으로 시드니, 괌, 하와이, 홍콩, 마카오, 싱가포르 등 전 세계에 매장을 두고 있다. 발리 매장은 바이 패스 응우라이 로드에 위치해 있는데 2층 구조로 1층에는 화장품, 시계, 가방 등을 파는 명품 매장과 담배, 술 같은 면세품 매장, 수공예품 및 토산품 매장이 있다. 토산품 매장은 다른 곳에 비해 가격이 비싼 편이라 별 매력은 없다. 2층에는 레스토랑과 스파 숍이 들어와 있다. 꾸따, 누사두아, 짐바란 지역으로 무료 셔틀버스를 이용할 수 있으며 환전소, 관광 안내 데스크 등도 함께 운영하고 있다.

위치 디스커버리 쇼핑몰에서 차로 10분 소요
운영 10:00~22:00
주소 Jl. By Pass Ngurah Rai, Kuta
전화 0361-758-875
홈피 www.dfs.com

입점 브랜드

구찌, 까르띠에, 불가리, 페라가모, 펜디, 티파니, 디올, 버버리, 코치, 로에베, 고디바 초콜릿 등

Shopping

4

하이퍼마트 Hypermart

까르푸와 같은 대형 할인 마트로 현지인과 여행자 모두 많이 찾는 곳이다. 굳이 쇼핑할 물건이 없어도 구경하는 재미가 쏠쏠해 DFS 갤러리아나 몰 발리 갤러리아를 방문할 때 들르면 좋다. 특히 올레이와 로레알 제품은 우리나라보다 다양하고 저렴해 구매할 만하다. 다양한 인스턴트 커피 브랜드가 고르기 쉽게 진열되어 있으며 종종 커피 시음 행사가 열리기도 한다. 공항과도 가까운 편이니 발리 출국 당일 슈퍼마켓 쇼핑이 필요할 때 적극 이용해보자.

위치 DFS 갤러리아 뒤편, 몰 발리 갤러리아 2층에 위치
운영 10:00~22:00
주소 Jl. By Pass Ngurah Rai, Kuta
전화 0361-767-056
홈피 hypermart.co.id

Shopping

5

몰 발리 갤러리아 Mal Bali Galeria

DFS 갤러리아 뒤편에 위치한 몰 발리 갤러리아에는 중저가 브랜드 매장, 백화점, 마트 등이 있어 실속 있게 쇼핑할 수 있다. 크게 1층에는 공구와 생활용품을 파는 에이스 하드웨어, 마타하리 백화점(1층과 지하 1층), 실외 정원이 있고 2층에는 하이퍼마트가 있다. 푸드코트, 레스토랑, 카페, 음반 매장, 서점, 미용실을 비롯해 중저가의 패션 매장들이 고루 자리를 차지한다. 입점한 패션 매장으로는 보디 & 소울, 폴로, 찰스 & 키스, 빌라봉, 바타(신발 매장), 와코루(속옷 매장), 나인 웨스트 등이 있다. 쇼핑과 함께 즐길 수 있는 식당과 카페도 많다.

위치 DFS 갤러리아 바로 뒤 건물
운영 10:00~22:00
주소 Jl. By Pass Ngurah Rai, Simpang Dewa Ruci, Kuta
전화 0361-755-277
홈피 www.malbaligaleria.co.id

Shopping

6

까르푸 Carrefour

현지인들도 많이 찾는 세계적인 대형 할인 매장이다. 건물 2층에는 오락실, 의류 매장, 시계 매장 등이 있으며 3층에는 다양한 음식을 즐길 수 있는 푸드코트가 마련되어 있다. 4층에는 약국, 미용실, 발 마사지 숍 등도 자리하고 있다. 인기 품목으로는 발리 커피, 각종 요리 소스, 인스턴트 식품, 기념품 등이 있으며 의외로 구경하는 재미가 쏠쏠해 한 번쯤 들러볼 만하다.

위치 선셋 로드에 위치
운영 08:00~22:00
주소 Jl. Sunset Road, Kuta
전화 0822-0825-5125
홈피 www.carrefour.com

Shopping

7

리포 몰 Lippo Mall

안 그래도 복잡하고 좁디좁은 꾸따 거리 한복판에 이런 대형 쇼핑몰이라니, 마음에는 들지 않지만 어쨌건 귀가 솔깃해지는 뉴스가 아닐 수 없다. 자연주의 코스메틱 숍 센사시아 Sensatia, 더바디샵, 이브로셰, 게스 등 브랜드 숍과 카페 바딴 와루, 스타벅스, 코즈믹 등의 음식점이 영업 중이다.

위치 까르띠까 플라자 로드, 빈땅 발리 리조트 근처에 있다.
운영 10:00~22:00
주소 Jl. Kartika Plaza, Kuta
전화 0361-897-8000
홈피 www.lippomalls.com

Shopping

8

크리스나 올레올레

Krisna Oleh Oleh Khas Bali

올레올레는 인도네시아어로 기념품이라는 뜻을 가진 말이다. 발리에 여러 지점을 가지고 있는 대형 기념품 쇼핑 공간으로 의류부터 식품까지 발리에서 살 수 있는 대부분의 기념품을 취급하고 있다. 지점마다 영업시간이 다르지만 공항 근처 투반 로드에 있는 이곳은 24시간 영업한다.

위치 투반 로드에 위치
운영 24시간
주소 Jl. Raya Tuban 2X, Tuban, Kuta
전화 0361-764-532 홈피 www.krisnabali.co.id

Shopping

9

마타하리 Matahari

백화점이라고 비싼 물건밖에 없을 거라는 편견은 버리자. 꾸따 스퀘어 내에 위치한 마타하리 백화점은 로컬 분위기가 물씬 풍기는 편안한 느낌이다. 4층 규모로 의류, 화장품부터 기념품 매장과 슈퍼마켓까지 다양한 쇼핑을 즐길 수 있다. 특히 1층에는 각종 기념품과 의류 등을 판매하고 있는데 의외로 저렴한 가격에 괜찮은 아이템을 건질 확률이 높다.

위치	꾸따 스퀘어 내에 위치
운영	09:00~22:00
주소	Jl. Raya Kuta 5, Kuta
전화	0361-757-588

Shopping

10

서퍼 걸 Surfer Girl

노랑머리의 발랄한 소녀가 트레이드마크인 서퍼 걸은 꾸따에 본점을 둔 여성 의류 브랜드다. 경쾌한 느낌의 디자인으로 수영복, 원피스, 티셔츠, 팬츠, 보드 쇼트, 가방, 슬리퍼 등의 여름용 상품을 판매하며 가격도 합리적인 편이다. 서퍼 걸 마니아가 있을 만큼 인기가 좋아 텀블러, 귀걸이, 열쇠고리, 스티커 같은 마니아 아이템도 있다. 르기안 로드 본점은 빌라봉, 립 컬, 볼콤, 록시 의류도 함께 다루는 멀티숍처럼 운영되는데 2층에는 아담한 세일룸이 있으며 매장 안쪽에는 정글 주스 카페가 있어 잠깐 쉬어가기 좋다. 특히 정글 주스 카페의 망고 주스는 꼭 마셔 보자. 서퍼 걸은 꾸따의 디스커버리 쇼핑몰과 스미냑 스퀘어, 누사두아의 발리 컬렉션 등에서도 만나볼 수 있다.

위치	르기안 로드에 위치, 바운티를 등지고 왼쪽으로 직진하면 보인다.
운영	09:00~22:00
주소	Jl. Raya Legian 138, Kuta
전화	0361-757-779
홈피	surfer-girl.com

1

더 안바야 The Anvaya Beach Resort Bali

옛 산티카 리조트 부지 위에 새로 지어진 대형 리조트로 2016년부터 손님맞이를 시작했다. 크고 시원시원하게 건축한 리조트에는 총 495개의 고급스러운 발리니스 모던 객실과 공용 수영장이 잘 꾸며져 있다. 워터봄, 디스커버리 쇼핑몰, 리포 몰이 도보 5~10분 거리에 있고 투반 해변이 리조트와 바로 연결된다. 스위트와 빌라 객실도 보유하고 있지만 가장 일반적인 객실은 디럭스와 프리미어이다. 두 객실은 크기 면에서 거의 차이가 없는데 리조트 중앙에 위치한 프리미어가 좀 더 머물기 편하다. 특히 프리미어 건물 1층의 라군 풀은 공용 수영장과는 별개로 라군 액세스 객실에 머무는 투숙객들만 이용할 수 있다. 키즈풀을 포함한 3개의 공용 수영장은 해변을 향해 길게 뻗어 있으며 규모가 커서 여유롭게 이용할 수 있다. 또 모던한 분위기의 인도네시안 전통 요리를 선보이는 쿠니뜨 레스토랑 역시 투숙 중에 한 번쯤 방문해볼 만하다. 시원하고 고급스러운 로비는 대형 리조트의 여유를 즐기기 좋은데 애프터눈 티 세트도 합리적인 가격대이다.

위치	공항에서 2.5km 떨어져 있다.
요금	디럭스 USD200~, 프리미어 라군 액세스 USD270~
주소	Jl. Kartika Plaza, Tuban, Kuta
전화	0361-759-991
홈피	www.theanvayabali.com

Stay : 2성급

❷

뽀삐스 발리 Poppies Bali

꾸따 한복판에 이런 곳이 있을까 싶게 그 어느 곳보다 평화로운 분위기의 코티지형 숙소이다. 역사가 오래되었지만 관리가 잘 되어 있어 투숙객의 만족도도 높은 편이다.

연못과 수목으로 잘 꾸며진 정원 위에 22개의 코티지가 여유롭게 자리하고 있으며 각 코티지의 사이즈와 인테리어는 동일하다. 외부에 테라스가 설치되어 있고 침실에는 화장대, 옷장과 별도로 객실 한쪽에 커다란 식탁이 놓인 공간이 마련되어 있다. 붙박이 냉장고와 옷장 속 숨겨진 오디오 등 호텔을 지은 사람이 묵어보고 짓지 않았나 싶을 정도로 합리적인 공간 활용이 돋보인다. 아웃도어 욕실과 화장실이 있으며 욕실은 샤워 공간 겸 욕조로 쓸 수 있다. 조용하고 아기자기한 수영장도 뽀삐스 발리의 큰 장점 중 하나이며 아침 식사는 주문해두면 아침에 객실로 배달해준다.

정식 명칭은 뽀삐스 발리이지만 뽀삐스 자체가 길 이름이기도 해 '뽀삐스 코티지 2'로 지도를 찾거나 기사에게 말하는 편이 쉽다.

위치	르기안 로드에서 뽀삐스 I 로 진입해 조금만 걸으면 있다.
요금	2인실 USD85~
주소	Poppies Lane I , No.19, Kuta
전화	0361-751-059
홈피	poppiesbali.com

Stay : 5성급

3

쉐라톤 꾸따 Sheraton Bali Kuta Resort

꾸따 비치 바로 앞에 위치하며 비치워크와 연결되어 있다. 사실 이 한 문장으로 쉐라톤의 가장 큰 장점은 설명된 셈이다. 객실은 디럭스룸부터 시작해 상위로 올라갈수록 꾸따 비치와 더 가까워진다. 오션 프런트, 디럭스 오션 페이싱 등으로 세분화되는데 가능하면 하위보다는 상위 룸을 선택하길 추천한다. 객실이 많아 다닥다닥 배치되어 있다는 점이 아쉽지만, 꾸따 비치가 내려다보이는 수영장과 바, 레스토랑이 멋지다. 또한, 비치워크와 뒷골목에서의 쇼핑을 모두 쉽게 즐길 수 있다는 점, 해변을 부담 없이 즐길 수 있다는 점에서도 높은 점수를 줄 수 있다.

위치	판타이 꾸따 로드, 꾸따 비치 앞에 있으며 비치워크와 연결되어 있다.
요금	디럭스 USD190~
주소	Jl. Pantai Kuta, Kuta
전화	0361-846-5555
홈피	www.marriott.com

Stay : 5성급

4

더 스톤즈 The Stones Hotel Legian

매리어트에서 관리하는 믿음직한 호텔이다. 더 스톤즈의 가장 큰 장점은 예쁘고 큰 수영장과 꾸따 비치를 접하고 있다는 것, 조식이 꽤 훌륭하다는 것을 들 수 있는데 그에 반해 가장 하위 카테고리의 룸은 창문을 여느니만 못한 삭막한 뷰를 가졌다. 가장 하위 카테고리인 디럭스룸부터 디럭스 풀 뷰, 프리미엄 풀사이드 뷰, 디럭스 코너, 가든 1베드룸 스위트 등으로 구분되어 있으며 수영장 활용도가 높은 호텔이다 보니 수영장 주변의 2층 이상 객실인 디럭스 풀 뷰와 1층에 위치한 프리미엄 풀사이드 뷰 등의 객실이 인기가 좋다. 해변 쪽에서는 다양한 바, 라운지 등 더 스톤즈 엔터테인먼트를 함께 운영하고 있다.

위치	판타이 꾸따 로드 끝자락에 위치, 풀만 호텔에서 가깝다.
요금	디럭스 USD175~
주소	Jl. Pantai Kuta, Kuta
전화	0361-300-5888
홈피	www.marriott.com

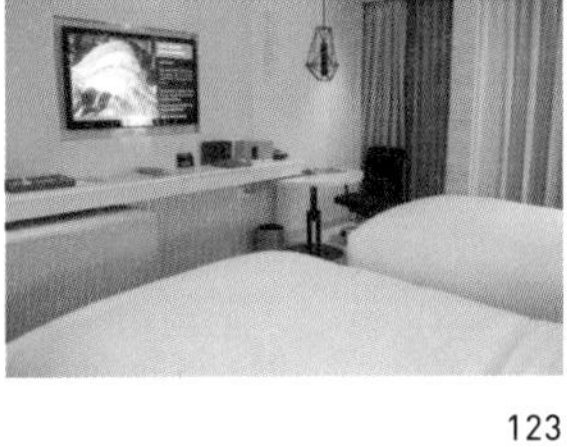

Stay : 4성급

5

암나야 리조트 꾸따 Amnaya Resort Kuta

ㅁ자 객실 건물이 긴 수영장을 감싼 모습이다. 객실은 아늑한 분위기와 유리벽 욕실이 특징이며 크게 디럭스룸과 암나야룸, 스위트룸으로 나뉜다. 디럭스는 암나야룸과 객실 크기는 같지만 욕조가 없다는 점이 아쉽다. 암나야룸 중에서도 1층에 있는 룸은 테라스를 통해 바로 수영장으로 입장할 수 있다. 스위트룸은 18평의 주니어 스위트와 30평의 암나야 스위트, 그리고 주니어 스위트와 디럭스 객실을 연결한 패밀리 스위트가 있다. 호텔에는 바바 스파Bhava Spa, 레스토랑, 수영장 등의 필수 부대시설이 있다. 또한 암나야 리조트 꾸따는 디스커버리 쇼핑몰과도 가깝다.

위치	디스커버리 쇼핑몰 맞은편 뿌스파 아유Puspa Ayu 골목길로 호텔 이정표를 따라 들어간다.
요금	디럭스 USD100~, 암나야 풀 액세스 USD150~, 암나야 스위트 USD190~
주소	Jl. Kartika Plaza, Gang Puspa Ayu 99, Kuta
전화	0361-755-380
홈피	www.amnayahotels.com/kuta

Stay : 5성급

6

풀만 Pullman Bali Legian Nirwana

풀만은 아코르 그룹의 체인 호텔로 비즈니스와 여행자를 위한 호텔을 지향하고 있다. 발리 꾸따의 풀만은 기존 풀만처럼 세련되고 모던한 느낌의 객실 분위기를 유지하고 있고 총 353개의 객실이 미니멀한 건물에 자리 잡고 있다. 크게 디럭스와 그랜드 디럭스, 스위트로 나뉘며 오션뷰와 가든뷰가 있다. 모든 객실에는 발코니 또는 테라스가 있으며 정원과 옥상에는 각각 수영장이 마련되어 있다. 특히 옥상 수영장은 꾸따 비치를 전망할 수 있어 투숙객들이 많이 이용한다. 이 밖에도 인도네시아 전통 레스토랑 슴비란, 인터내셔널 레스토랑 델리, 차크라7 스파, 피트니스 센터, 키즈 클럽과 풀 등 부대시설이 풍부한 편이다.

위치	판타이 꾸따 로드와 멜라스티 로드가 만나는 코너에 위치, 공항에서 차로 20분 정도 소요
요금	디럭스 USD150~
주소	Jl. Melasti 1, Legian, Kuta
전화	0361-762-500
홈피	www.pullmanhotels.com

7

포 포인츠 바이 쉐라톤 발리 꾸따 Four Points by Sheraton Bali, Kuta

185개의 객실을 갖춘 스타우드 계열의 호텔이다. 비치워크, 해변과 도보로 가까워 편리하며 가격 또한 합리적이라 특히 젊은 층의 여행자들이 자주 찾는 호텔이다. 2층 이상에는 디럭스 풀뷰와 디럭스 라군뷰, 스위트룸 등이 자리하고 있으며 1층에는 이들보다 방 크기는 살짝 작지만 라군풀과 연결되어 있어 인기가 좋은 디럭스 라군 액세스룸이 배치되어 있다.

수영장은 총 3개로 키즈 클럽 바로 옆의 키즈풀, 루프톱 바인 버티고 주변의 풀과 라군 형태의 메인풀이 그것이다. 특히 라군풀은 규모도 크고 중앙에 따뜻하게 즐길 수 있는 자쿠지가 마련되어 있다.

조식당으로도 이용되고 있는 더 이터리는 저녁이 되면 분위기가 좋아 가볍게 식사를 하며 술 한잔 즐기기에 제격이다. 또한 루프톱 바 버티고는 꾸따 시내가 내려다보여 여유로운 분위기를 즐기기에 좋다.

위치	잘란 베네사리 안쪽에 위치. 비치워크에서 도보 약 10분
요금	디럭스 풀뷰 USD110~
주소	Jl. Benesari, Kuta
전화	0361-849-6606
홈피	www.marriott.com

Stay : 5성급

8

알라야 데 다운 Alaya Dedaun Kuta

저가 숙소와 중급 리조트가 많은 꾸따에서 쉽게 상상하기 힘든 풀 빌라이기에 알라야 데 다운의 가치는 빛을 발한다. 번잡한 르기안 로드에서 좁은 골목으로 들어가면 자리하고 있는데 가장 먼저 리셉션과 스파, 레스토랑이 있고 안쪽으로 빌라들이 있는 형태이다. 총 12개의 풀 빌라로 1베드룸에서 3베드룸까지 다양한 카테고리를 갖추고 있다. 차분하고 로맨틱한 객실은 인테리어가 조금씩 다르지만 모두 널찍한 수영장과 아담한 키친이 갖추어져 있다. 빌라 안에는 세계적으로 유명한 달라 스파가 있으며 직원들의 친절하고 상냥한 서비스를 기대할 수 있다. 투숙객은 무료 애프터눈 티를 즐길 수 있으며 체크인 시 30분 동안 달라 스파에서 무료 발 마사지를 받을 수 있다. 꾸따, 스미냑 지역 내에서 미리 요청을 하면 무료 차량 서비스를 제공한다.

위치	르기안 로드 중간 즈음에 위치. 골목길 안쪽에 있다.
요금	1베드룸 풀 빌라 USD370~
주소	Jl. Raya Legian 123B, Kuta
전화	0361-756-276
홈피	www.alayahotels.com/alayadedaunkuta

Stay : 5성급

9

디스커버리 까르띠까 플라자 호텔 Discovery Kartika Plaza Hotel

위치, 시설, 서비스의 삼박자를 고루 갖춘 멀티 리조트. 번잡한 꾸따 디스커버리 쇼핑몰 바로 옆에 있지만, 도로에서 조금 안쪽으로 떨어져 있어 리조트 내부는 비교적 조용하다. 규모가 상당히 큰 편으로 객실은 크게 일반 리조트 객실과 풀 빌라로 구분되어 있다. 특히나 풀 빌라는 리조트 건물에서 조금 떨어져 있어 더욱 평화롭고 프라이빗한 느낌을 준다. 해변이 내려다보이는 수영장은 꽤 넓으며 피트니스 센터 등 부대시설도 충실히 갖추고 있다. 수영장 앞 레스토랑에서는 저녁마다 바비큐 뷔페를 선보이는데 분위기도 좋고 음식 맛도 좋다.

위치	디스커버리 쇼핑몰을 등지고 오른쪽으로 도보 약 1분 소요
요금	디럭스 USD170~
주소	Jl. Kartika Plaza, Kuta
전화	0361-751-067
홈피	www.discoverykartikaplaza.com

Stay : 4성급

⑩

홀리데이 인 리조트 바루나 Holiday Inn Resort Baruna Bali

밝고 화사한 인테리어와 유쾌하고 친근한 직원들로 차별화를 주어 젊은 여행자들에게 특히 뜨거운 호응을 얻고 있는 곳이다. 195개의 객실을 갖추고 있는데 그 중 68개가 가장 낮은 카테고리인 슈피리어룸이다. 모던하고 깔끔한 느낌은 있으나 사이즈가 좁아 다소 답답한 느낌이 든다. 그랜드 오션룸은 수영장 접근이 용이하며 확 트인 전망에 객실 사이즈도 넉넉한 편이라 인기가 많다. 엔비 레스토랑과 티트리 스파는 이곳에 투숙한다면 한 번쯤 방문해보자.

위치 디스커버리 쇼핑몰에서 차로 5분 정도 소요. 쇼핑몰을 등지고 우측으로 까르띠까 플라자 로드를 따라 직진하다 교차로의 조형물이 보이면 우측으로 꺾어 조금만 가면 왼쪽에 있다.
요금 슈피리어 USD90~
주소 Jl. Wana Segara 33, Kuta
전화 0361-755-577
홈피 barunabali.holidayinnresorts.com

Stay : 4성급

⑪

하드 록 호텔 발리 Hard Rock Hotel Bali

하드 록 발리의 가장 큰 특징을 꼽자면 뭐니 뭐니 해도 온 호텔을 가득 채우고 있는 유명 록 스타의 사진과 애장품들. 스태프들 또한 하드 록의 콘셉트대로 유쾌하고 친절하다. 아이들을 위한 극장과 나이트클럽 등을 갖추고 있고 발리를 통틀어 가장 독특하고 세련된 키즈 클럽(유료)을 운영하고 있다. 워터 슬라이드 등의 시설을 갖추고 있으며 크기 면에서도 발리 최고를 자부하는 엄청난 규모의 수영장 또한 빼놓을 수 없는 이곳의 자랑거리다.

위치 꾸따 비치 앞에 위치
요금 디럭스 USD195~, 키즈 스위트 USD425~
주소 Jl. Pantai Kuta, Banjar Pande Mas, Kuta
전화 0361-761-869
홈피 bali.hardrockhotels.net

Stay : 3성급

⑫

이비스 꾸따 Ibis Kuta Bali

혼자 여행하거나 숙소에 있는 시간이 얼마 되지 않는다면 이비스 꾸따도 고려해 볼 만하다. 가격도 저렴한 데다가(아코르 슈퍼 세일 기간이라면 더욱) 룸도 깔끔하다. 다만 일본식 비즈니스 호텔처럼 좁은 공간을 최대한 활용하려 애쓴 흔적이 역력해 여유로운 공간을 선호한다면 답답할 수도 있겠다. 코앞에 24시간 운영하는 레스토랑 라오타가 있고 조금만 걸으면 딴중 삐낭 등이 나와 밥 먹으러 멀리 나가는 게 귀찮은 귀차니즘형에게도 OK.

위치 꾸따 메인 로드에 위치
요금 스탠더드 USD33~
주소 Jl. Raya Kuta 77, Kuta
전화 0361-756-500
홈피 www.accorhotels.com

Stay : 4성급

⑬

꾸따 시뷰 Kuta Seaview Boutique Resort & Spa

꾸따 비치를 끼고 있는 판타이 꾸따 로드 중심에 있어 위치 하나는 꾸따 최고의 숙소로 꼽힌다. 바다가 코앞이고, 비치워크나 상점이 많은 판타이 꾸따 로드 일대도 걸어서 다닐 수 있다. 꾸따 비치 주변에 새로 생긴 대형 리조트와 비교하면 시설 면에서는 부족하지만 한가롭게 머물 수 있다. 프리미어 디럭스를 제외하고 모든 객실의 크기는 동일하며 발코니 또는 테라스를 갖추고 있다. 룸 상태와 가구는 깔끔하게 관리되어 있지만 오래된 느낌은 지울 수 없다.

위치 판타이 꾸따 로드에 위치, 레스토랑 로쏘 비보 바로 옆에 호텔 입구가 있다.
요금 디럭스 USD102~ 주소 Jl. Pantai Kuta, Kuta
전화 0361-384-9090 홈피 www.kutaseaviewhotel.com

Stay : 4성급

⑭

더 원 르기안 The One Legian

르기안 로드 노른자위에 위치, 스마트하고 스타일리시한 콘셉트이다. 객실은 따뜻한 색감으로 편안하고 산뜻한 느낌이다. 총 197개의 객실은 슈피리어, 디럭스, 스위트로 나뉜다. 슈피리어는 합리적인 가격에 쾌적한 룸 컨디션이지만 전체 객실 크기에 비해 욕실이 좁은 것이 아쉽다. 디럭스는 풀 액세스룸으로 발코니가 설치되어 있고 넉넉한 크기의 패밀리룸도 준비되어 있다. 옥상에는 수영장이 있으며 레스토랑, 풀 바, 스파, 뮤직 라운지를 갖추고 있어 호텔 안에서도 시간을 보내기에 좋다.

위치 르기안 로드 중심에 위치 요금 슈피리어 USD50~
주소 Jl. Raya Legian 117, Kuta
전화 0361-300-1101 홈피 theonelegian.com

Stay : 4성급

⑮

발리 라니 Bali Rani

쇼핑과 다이닝 등 외부 활동이 많은 여행자에게 적극 추천할 만한 호텔이다. 호텔 정문을 나서면 디스커버리 쇼핑몰이 보일 정도로 쇼핑하기에 최적의 위치에 있으며 가격 또한 합리적이라 인기가 많은 편이다. 3층 건물에 104개의 객실이 배치되어 있고, 객실은 사이즈와 위치에 따라 슈피리어, 디럭스, 패밀리룸, 스위트룸 등으로 구분된다. 별다른 시설은 없지만 깔끔하게 꾸며져 있으며 발리 분위기 물씬 풍기는 트로피컬한 정원과 수영장도 갖추고 있다. 친절한 직원들 또한 발리 라니를 빛나게 하는 존재 중 하나다.

위치 디스커버리 쇼핑몰과 대각선 방향에 있다.
요금 슈피리어 USD84~ 주소 Jl. Kartika Plaza, Kuta
전화 0361-751-369 홈피 www.baliranihotel.com

Stay : 4성급

⑯

발리 다이너스티 리조트 Bali Dynasty Resort

산뜻하고 깔끔한 시설과 풍부한 부대시설로 가족 여행자들에게 어필하며 콘셉트를 확실히 굳힌 리조트이다. 슬라이드가 있는 수영장과 키즈 클럽 등은 아이들에게 인기 만점이다. 디스커버리 쇼핑몰에서도 가까워 쇼핑과 식도락을 즐기기에도 손색이 없다. 리조트 내 골든 로투스를 비롯한 다양한 레스토랑도 제각각 특색이 있어 즐거움을 준다.

위치 디스커버리 쇼핑몰을 등지고 오른쪽으로 도보 약 3분 직진
요금 슈피리어 USD130~
주소 Jl. Kartika Plaza, Tuban, Kuta
전화 0361-752-403 홈피 bdr.pphotels.com

Stay : 3성급

17

드꾸따 Dekuta

드꾸따는 중저가 부티크 호텔 콘셉트의 숙소다. 총 51개의 객실로 대부분이 슈피리어룸이고 2개의 디럭스룸을 갖추고 있다. 밝은 원목을 사용한 모던한 객실로 편안하고 산뜻한 느낌이 든다. 총 3층 건물로 중앙의 수영장을 객실 건물이 둘러싼 모습이다. 로비 층에는 드팜이라는 레스토랑이 있으며 옥상에는 드팜 라운지가 있다. 어메니티가 부실하고, 좁은 뽀삐스 골목에 위치해 택시가 드나들기 불편하다는 단점이 있다. 경제적 가격대에서 꾸따 비치와 가까우면서 깔끔한 숙소를 찾는 여행자에게 추천한다.

위치 뽀삐스 II에 위치

요금 슈피리어 USD74~

주소 Poppies Lane II No.8, Kuta

전화 0361-753-880 홈피 www.dekuta.com

Stay : 4성급

18

머큐어 꾸따 Mercure Kuta Beach Bali

아코르 호텔 계열인 머큐어 호텔의 꾸따 지점으로 꾸따 중심가에 위치해 있다. 총 130개의 객실로 스탠더드를 비롯해 주니어 스위트까지 4가지 타입으로 구성되어 있고 붉은색으로 포인트를 준 모던한 분위기다. 무엇보다 옥상에 위치한 수영장이 가장 매력적인데 꾸따 비치와 시내가 내려다보인다. 4층에 위치한 일부 디럭스 오션 뷰와 주니어 스위트는 바다 전망과 바로 수영장으로 나갈 수 있는 혜택이 주어진다.

위치 판타이 꾸따 로드에 위치, 하드 록 호텔 발리 옆

요금 스탠더드 USD87~

주소 Jl. Pantai Kuta, Kuta

전화 0361-767-411 홈피 www.mercurekutabali.com

Stay : 4성급

19

아스톤 꾸따 Aston Kuta Hotel & Residence

인도네시아에 여러 리조트를 둔 아스톤 계열의 숙소로 도시적인 분위기가 감돈다. 공항과도 가까워 비즈니스 호텔로도 많이 이용되는 편이며 총 209개 객실이 모던하고 차분하다. 직사각형의 수영장은 키즈 풀도 함께 붙어 있으며 1층 객실에는 수영장으로 바로 나갈 수 있는 작은 테라스가 있다. 꾸따 시내까지 택시로도 가까운 거리로 하루 2번 꾸따 센터까지 셔틀버스를 운행한다.

위치 공항에서 차로 10분 정도 소요

요금 슈피리어 USD77~

주소 Jl. Wana Segara 5, Kuta

전화 0361-754-999

홈피 astonhotelsinternational.com

Stay : 1성급

20

타나야 Tanaya Bed & Breakfast

예약을 하지 않으면 비수기에도 빈방을 구하기 어려울 만큼 인기가 좋다. 사실 침대 주위에 작은 여백만 있을 만큼 객실 크기도 작고 수영장도 없지만 깔끔하고 세련된 객실이 인상적인 데다가 르기안 로드 중심에 자리 잡고 있어 위치적으로도 훌륭하다. 총 26개의 객실로 트윈, 더블, 트리플 베드가 마련되어 있으며 최대 3명까지만 묵을 수 있다.

위치 르기안 로드에 위치, 알라야 데 다운 입구에서 골목을 등지고 오른쪽에 있다.

요금 스탠더드(트윈) USD29~

주소 Jl. Raya Legian 131, Kuta

전화 0361-756-276

홈피 www.tanaya.com

발리의 핫 플레이스가 생겨나는 곳

Seminyak & Canggu

스미냑 & 짱구

발리의 청담동이라고 불리는 스미냑은 특히 20~30대 여성이 좋아할 만한 요소를 완벽히 갖추고 있다.
꾸따만큼 복잡하지도 않으면서 거리마다 예쁘고 독특한 패션 부티크가 가득하고, 수준 높은 다이닝을
즐길 수 있다. 스미냑 비치에는 스타일리시한 비치 클럽이나 바가 줄지어 자리 잡고 있다.
단, 그만큼 체감 물가 또한 비싸다는 점은 감수해야 한다. 스미냑 지역이 포화 상태에 이르자,
이제 사람들은 스미냑 북서쪽 짱구 지역까지 눈을 돌렸다. 시내보다 한산한 편으로
중심가보다 빌라가 저렴하고, 해변을 따라 멋진 비치 클럽들이 속속 생겨나고 있다.
무엇보다 중급 서퍼 이상이 타기 좋은 해변이 있어
장기 서핑 여행자가 많이 머무른다.

스미냑 & 짱구

N
바투 벨리그 비치 Batu Belig Beach
스미냑 비치 Seminyak Beach
바투 벨리그 Jl. Batu Belig
Jl. Batu Belig
뻐띠뜽엇 Jl. Petitenget
Jl. Petitenget
Jl. Gn. Tangkuban Perahu
Jl. Cendrawasih
Jl. Lb. Sari
Jl. Pangkung Sari
크로보깐 메인 로드 Jl. Raya Kerobokan
Jl. Mertanadi
Jl. Braban
Jl. Kayu Jati
락스마나 Jl. Laksmana
Gg. Kahyangan
Jl. Raya Taman
선셋 로드 Jl. Sunset Road
Jl. Bali Deli
Jl. Raya Basangkasa
Jl. Kunti
Jl. Kunti II
Jl. Sari Dewi
Jl. Sarinande
드루파디 Jl. Drupadi
Jl. Dhyana Pura (Jl. Camplung Tanduk)
Jl. Plawa
스미냑 메인 로드 Jl. Raya Seminyak
Jl. Arjuna(Jl. Double Six)
Jl. Nakula
미 88 Mie 88
사르딘 Sardine
타코 카사 Taco Casa
와룽 에로파 Warung Eropa
워터크레스 카페 Watercress Cafe
L 호텔
롤라
치비칩스 Chibchips
다하나 Dahana
와룽 에니 Warung Eny
메종 앳 씨 Maison At C
Boutique Hotel43 & Spa
고멧 카페 Gourmet Cafe
사롱 레스토랑 Sarong Restaurant
비쿠 Biku
수쿠 Suku
스타피시 블루
파이어 레스토랑
우 바
어웨이 스파
W 발리 W Bali Seminyak
포테이토 헤드 Potato Head Beach Club
알릴라 스미냑 Alila Seminyak
후 Hu'u
뱀부 레스토랑 Bambu Restaurant
시로
원 일레븐 One Eleven
더 케어 데이 스파 The Care Day Spa
해피 채피 레스토랑 Happy Chappy Restaurant
더 레스토랑
더 트란스 리조트 발리 The Trans Resort Bali
마마산
잇웰 EatWell
시 서커스 Sea Circus
라 루치올라 La Lucciola
더 사마야 스미냑 The Samaya Seminyak
브리즈
더 콜로니 The Colony Hotel
스미냑 스퀘어
스미냑 빌리지
울린 빌라
디시니 빌라
킴수 Kimsoo
울티모 Ultimo
더 르기안 The Legian
더 스미냑 The Seminyak Beach Resort & Spa
쿠데타 Ku De Ta
오베로이 발리 The Oberoi Bali
자리 메나리 Jari Menari Seminyak
팍 말렌 Pak Malen
와룽 와하하 Warung Wahaha
지비루 Zibiru
보 앤 번 Bo & Bun
사카나야 Sakanaya
에스페이스 Espace
카페 모카 Cafe Moka
퀸즈 오브 탄두어 Queen's of Tandoor
쉘터 Shelter Cafe Bali
칠 Chill
발리 델리 Bali Deli
프라나 스파 Prana Spa
마데스 와룽 Made's Warung
스시 미 Sushimi
더 로열 비치 스미냑 The Royal Beach Seminyak Bali
문 라이트 키친 앤 바
아난타라 스미냑 Anantara Seminyak Bali Resort
체즈 가도 가도 Chez Gado Gado
코트야드 매리어트 스미냑 Courtyard by Marriott Bali Seminyak Resort
잔띠 스파
빈땅 슈퍼마켓 Bintang Supermarket
라 플란차 La Plancha
인디고 발리 Hotel Indigo Bali Seminyak Beach
마카세
사바 스파
와룽 무라 Warung Murah
더 플랜테이션 그릴
아쿠아 페롤라 스파
더블 식스 럭셔리 호텔 Double Six Luxury Hotel
코쿤 Cocoon
더 헤이븐 The haven
코쿤 메디컬 스파 (350m)

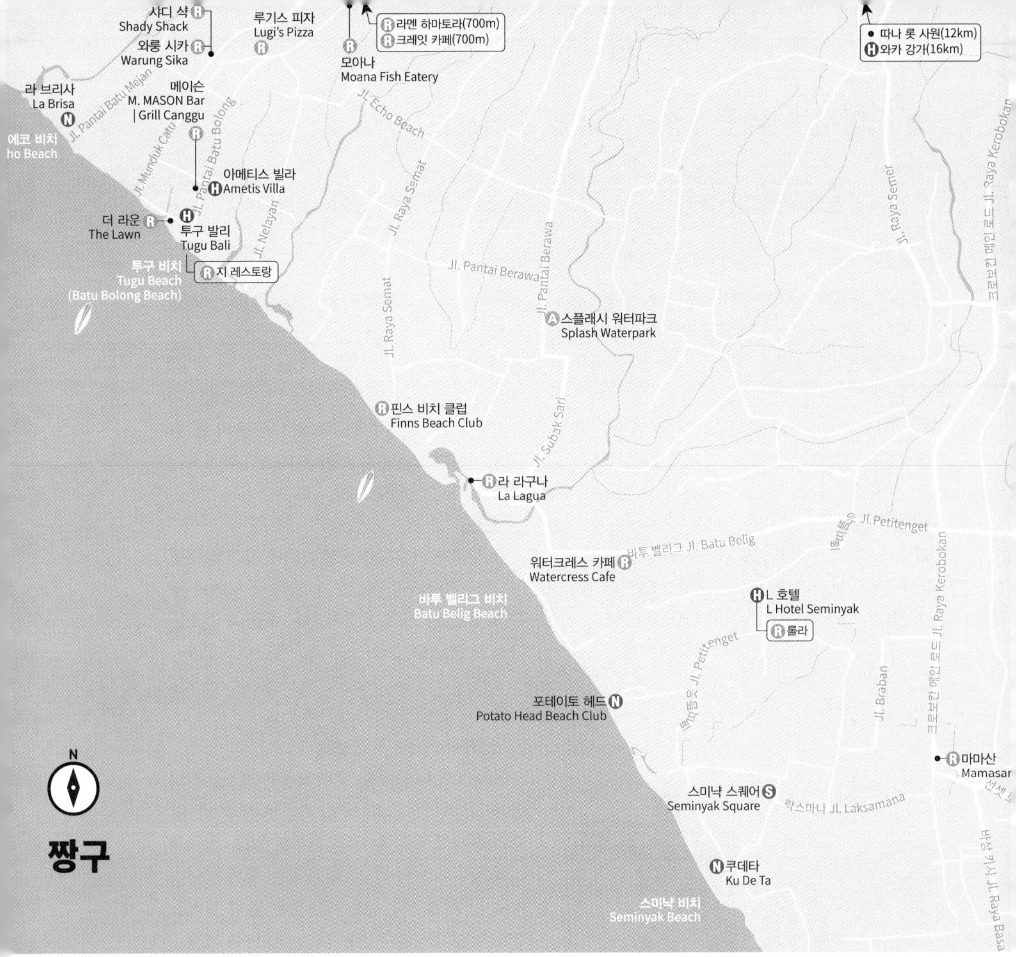

짱구
샤디 샥
Shady Shack
와룽 시카
Warung Sika
루기스 피자
Lugi's Pizza
모아나
Moana Fish Eatery
라멘 하마토라(700m)
크레잇 카페(700m)
따나 롯 사원(12km)
와카 강가(16km)
라 브리사
La Brisa
메이슨
M. MASON Bar | Grill Canggu
에코 비치
ho Beach
Jl. Pantai Batu Mejan
Jl. Munduk Catu
Jl. Pantai Batu Bolong
Jl. Echo Beach
아메티스 빌라
Ametis Villa
더 라운
The Lawn
투구 발리
Tugu Bali
Jl. Nelayan
지 레스토랑
투구 비치
Tugu Beach
(Batu Bolong Beach)
Jl. Raya Semat
Jl. Pantai Berawa
Jl. Raya Semer
크로보칸 메인 로드 Jl. Raya Kerobokan
스플래시 워터파크
Splash Waterpark
핀스 비치 클럽
Finns Beach Club
Jl. Subak Sari
라 라구나
La Lagua
Jl. Petitenget
바투 벨리그 Jl. Batu Belig
워터크레스 카페
Watercress Cafe
바투 벨리그 비치
Batu Belig Beach
L 호텔
L Hotel Seminyak
롤라
Jl. Petitenget
Jl. Braban
크로보칸 메인 로드 Jl. Raya Kerobokan
포테이토 헤드
Potato Head Beach Club
마마산
Mamasan
스미냑 스퀘어
Seminyak Square
락스마나 Jl. Laksamana
쿠데타
Ku De Ta
Jl. Raya Basa
스미냑 비치
Seminyak Beach

락스마나 로드
나시 아얌 끄데와딴
Nasi Ayam Kedewatan Ibu Mangku
그로서 앤 그라인드
Grocer & Grind
센사시아
뱀부 블론드
스미냑 빌리지
Seminyak Village
시스터필드 Sisterfields
보스만 Bossman
울린 빌라
The Ulin Villa & Spa
디시니 빌라 Disini Villas & Spa
디시니 스파
메타 스파
스미냑 스퀘어
Seminyak Square
서퍼 걸
보디 & 소울
페러플러스(서점)
더 정션 하우스
The Junction House
에비자 Ebiza
찬디
Chandi
쿠니스
Kuni's
리볼버
Revolver Espresso
울티모 Ultimo
락스마나 Jl. Laksmana(Jl. Kayu Aya, Jl. Oberoi)
진저 문
Ginger Moon
아이스
IZE Seminyak
뱀부 블론드
Bamboo Blonde
U 파샤 스미냑
U Paasha Seminyak Bali
Jl. Wirasaba
마마산
Mamasan
삼발 슈림프
Sambal Shrimp
코너 하우스
Corner House
바이 더 시 By the Sea
비스트롯
The Bistrot
릴리 진
Lily Jean
지비루
Zibiru
Jl. Laksmana
Gg. Kahyangan
Gg. Kahyangan
Gg. Kahyangan
스미냑
he Seminyak Beach
esort & Spa
쿠데타
Ku De Ta

✚ 스미냑 & 짱구 Seminyak & Canggu

1. 스미냑 & 짱구로 이동하기

택시

공항이나 꾸따 등 다른 지역에서 스미냑으로 이동할 때 가장 손쉬운 방법은 택시. 가고자 하는 목적지와 길 이름을 미리 알아두면 큰 도움이 된다.

공항에서 스미냑까지 택시로 170~250K, 짱구 지역은 300K~이다. 꾸따에서 스미냑까지는 50K 선.

가이드 차량

발리 외곽 지역에서 스미냑으로 이동 시 주로 이용한다. 보통 하루 8시간 기준 USD50~이며 한국어가 가능한 가이드도 있어 편리하다.

2. 스미냑 & 짱구 안에서 이동하기

택시

스미냑은 어느 도로에서건 택시를 잡기 어렵지 않다.

숙소 차량

스미냑과 짱구 지역에는 고급 리조트와 빌라가 포진되어 있다. 일부 리조트와 대부분의 풀 빌라는 셔틀버스와 무료 차량 서비스를 제공하니 체크인 시 미리 알아보자.

오토바이

짱구 지역에 머문다면 오토바이를 빌려 일대를 다니는 것이 가장 편리하다. 스미냑 시내와 짱구 지역 간은 거리가 있어 전용 차량이 없으면 다소 불편할 수 있다.

3. 스미냑 & 짱구 엿보기

고급 숙소와 부티크 숍, 분위기 좋은 레스토랑과 바가 밀집해 있다. 인기 레스토랑은 예약하지 않으면 식사를 즐길 수 없는 경우도 있고, 런치와 디너 사이에 브레이크타임을 갖는 곳도 많으니 방문 전 체크하자. 분위기가 좋은 만큼 드레스 코드가 있기도 하니 어느 정도 차려도록 하자.

Writer's Tip :)

스미냑에서 꼭 해야 할 일 체크!

- ☐ 스미냑 메인 로드를 걸으며 부티크 숍 탐방하기
- ☐ 파인다이닝 즐기기
- ☐ 한껏 차려입고 포테이토 헤드 클럽에서 칵테일 즐기기
- ☐ 비치 클럽에 자리 잡고 종일 선탠하기
- ☐ 럭셔리한 리조트나 빌라에서 왕처럼 쉬기

4. 스미냑 & 짱구 추천 1일 코스

고급 리조트와 스타일리시한 레스토랑과 바, 개성 넘치는 숍이 즐비한 스미냑. 이곳에서의 여행 테마를 럭셔리한 휴양에 맞춰보면 어떨까?

10:00

길거리 윈도 쇼핑

스미냑 메인 로드를 걸으며 쇼핑하기

12:00

빈땅 슈퍼마켓 둘러보기

식재료부터 기념품까지 없는 게 없다.

(p.170)

13:00

스미냑 스퀘어 둘러보기

아이쇼핑만! 트렌드를 놓치지 말자.

(p.169)

14:30

자리 메나리에서 시원한 마사지 받기

자리 메나리의 테라피스트는 모두 남자라는 점, 알고 가자.

(p.167)

17:00

호텔 수영장에서 물놀이 즐기기

디너 전 리프레시 수영은 휴양 여행의 필수!

19:00

마마산에서 정찬 즐기기

인기 레스토랑인 만큼 예약은 필수다.

(p.141)

21:00

포테이토 헤드 클럽에서 칵테일 한잔

적당히 차려입고 가는 센스를 잊지 말자.

(p.160)

Sightseeing ★★☆

❶

스미냑 비치 Seminyak Beach

스미냑 중심에서 도보로 15분 정도 이동하면 해변에 닿을 수 있으니 바다를 멀리 생각하지 말자. 게다가 저렴한 비치 클럽들이 생겨나면서 해변에서 시간 보내기가 더욱 쉽고 즐거워졌다. 특히 아난타라 스미냑 리조트와 더블 식스 로드 주변의 해변에는 자유로운 분위기의 비치 클럽이 많다. 때때로 DJ파티를 열어 해변의 밤을 더욱 뜨겁게 하는데 오후 5~7시쯤에는 해피 아워를 내거는 곳이 많으니 저렴하게 이용해보는 것도 좋다. 이른 아침이나 저녁에는 해변을 달리거나 걷는 사람이 많다. 일몰을 즐기려면 오후 5시 반쯤에 미리 나와 기다리자.

위치 꾸따 비치 북쪽으로 해안선을 따라 해변이 쭉 이어져 있다. 스미냑 스퀘어에서 쿠데타 주변의 해변까지는 도보 8분, 더블 식스 로드의 해변까지는 도보로 20분 정도 소요

Sightseeing ★☆☆

❷

투구 비치 Tugu Beach

투구 발리 호텔 앞쪽에 위치한 투구 비치는 사실 물빛이나 모래 상태(색깔은 예쁘지 않으나 상태는 괜찮다)가 그다지 인상적인 해변은 아니다. 다만, 다른 해변에 비해 평화롭고 아메티스 빌라나 투구 발리 등 몇몇 인기 숙소와 가까이 있다. 그러다 보니 접근성이 나쁘지 않고 상대적으로 호젓하면서도 적당히 인프라가 갖추어진 해변이라는 데에 의의가 있다. 해변에는 서핑이나 물놀이에 필요한 용품 등을 판매하는 상인들이 있고 나름 괜찮은 식당들도 있어 두어 시간 넋 놓고 해변을 즐겨보는 것도 좋다.

위치 투구 발리 호텔 앞쪽으로 펼쳐진 해변, 스미낙에서 차량으로 약 25분 소요

Sightseeing ★★☆

❸

에코 비치 Echo Beach

높은 파도 때문에 서핑 포인트로 사랑받는 해변이다. 파도가 높아 해수욕을 즐기기는 어렵고, 관광객이 적어 한적하게 일광욕을 하며 시간 보내기에는 그만. 몇 년 전만 하더라도 고운 검은 모래 해변에 작은 해변 바와 낡은 비치 파라솔이 전부였다. 지금은 짱구 지역이 개발되면서 에코 비치 주변에도 숙소와 식당들이 제법 생겨났다. 해변 주변의 비치 클럽이나 식당에서 식사하면서 보는 석양이 근사하다.

위치 스미냑 북쪽 짱구 지역에 위치, 스미냑 중심에서 차로 약 25분 소요

Sightseeing ★★

4

따나 롯 사원 Pura Tanah Lot

스미냑 북서쪽에 위치한 따나 롯 사원은 발리 사람들이 가장 중요시하는 바다 사원이다. 아름다운 일몰 풍경과 바다 가운데 바위 위에 세워진 신비로운 사원 때문에 많은 여행자가 이곳을 찾는다. 16세기 자바에서 온 니라타 승려가 섬의 경관을 보고 마을 사람들에게 사원을 짓자고 권해 사원이 세워졌다. 사원 옆 동굴에는 뱀 신이 모셔져 있는데 바다로부터 오는 나쁜 기운을 쫓는다고 한다. 물이 빠지는 썰물 때에는 사원이 있는 바위섬까지 직접 걸어갈 수 있다.

위치	발리 중서부 해안가에 위치. 스미냑에서 북서쪽 방향으로 차로 30분 정도 소요
운영	07:00~19:00
요금	입장료 75K

Food : 추천

1

스미냑 키친 Seminyak Kitchen

맛있는 스테이크를 맛보고 싶다면 단연 추천할 수 있는 곳이다. 코트야드 매리어트의 조식당, 스미냑 키친 내의 공간을 함께 사용하고 있는데 스테이크 메뉴를 주로 취급하는 스미냑 미트 숍은 디너 타임에만 운영한다. 전면에 미트 숍이라는 명칭을 건 만큼 스테이크 맛은 일품. 특히 필레미뇽은 매우 부드럽다. 램 커틀릿도 잡내 없이 부드럽고 훌륭한 맛이며 추가 요금을 내면 감자, 버섯, 샐러드 등 사이드 메뉴를 추가할 수도 있다.

위치 코트야드 매리어트 호텔 내에 있다.
운영 18:30~23:00
요금 1인 400K~(Tax & SC 21%)
주소 Jl. Camplung Tanduk 103, Seminyak
전화 0361-849-9600
홈피 www.marriott.com

Food : 추천

2

시스터필드 Sisterfields

호주 출신의 오너가 운영하는 곳으로 웰빙과 오가닉에 열광하는 젊은 유럽 여행자들의 마음을 훔치며 단숨에 인기 레스토랑으로 우뚝 솟았다. 재료가 신선하며 샐러드가 특히 인기가 많다. 진열대에서 판매되는 머핀과 도넛은 직접 이곳에서 만들어낸 것으로 평판이 좋은 편. 또, 낀따마니와 수마트라에서 공수해온 커피의 맛도 일품이다. 인기 있는 메뉴의 종류가 뚜렷해 특이하게 오전과 점심 전후로 사람이 많은 편이며 저녁 시간은 오히려 여유로운 편이다.

위치 스미냑 스퀘어 뒤편, 스미냑 빌리지 맞은편에 있다.
운영 07:00~22:00
요금 런치 75K~, 디너 100K~
주소 Jl. Kayu Cendana 7, Seminyak
전화 0811-3860-507
홈피 sisterfieldsbali.com

Food

3

루기스 피자 Luigi's Hot Pizza

데우스 정션에 위치한 매우 핫한 피자 집으로 이곳을 모르는 젊은이가 없을 정도다. 예전 데우스의 명성이 아쉽지 않을 만큼 밤만 되면 파티가 열리는데, 핫한 서핑 성지인 바투볼롱의 중심에 위치해 있어 늘 문전성시를 이룬다. 선셋을 보러 온 관광객들과 선셋 서핑을 즐기러 온 서퍼들 모두를 타깃으로 했는지, 피자 집인데도 오픈 시간이 오후다. 피자는 이탈리안 정통이라기보다 약간 아메리칸 식의 우리 모두가 아는 그 맛이다. 메뉴 중 4가지 토핑을 고를 수 있는 긴 타원형 Metre 피자가 인기이다.

위치	데우스 성션에 위치
운영	16:00~24:00
요금	85~150K
주소	Jalan Batu Mejan, Canggu
전화	0811-3944-450
홈피	http://luigishotpizza.com

Food

4

마카세 Makase

인디고 발리 리조트의 부속 레스토랑으로 아침에는 조식당으로 이용되고 있다. 디자인 호텔을 표방하는 호텔답게 레스토랑의 콘셉트 또한 예사롭지 않다. 고급스러우면서도 개성 있는 디테일로 아기자기함과 빈티지한 분위기를 낸다. 메뉴는 더 개성 있다. 샐러드, 애피타이저, 메인을 고루 갖춘 메뉴판에는 그 음식에 들어가는 재료부터 조리법까지 꼼꼼하게 표기되어 있는데 손님의 취향에 따라 재료를 더하거나 빼고, 재료법 또한 마음대로 조절할 수 있다. 인도네시안 메뉴부터 파스타나 버거류, 시푸드와 육류까지 메뉴는 다양한 편이다.

위치	인디고 발리 리조트 내에 위치
운영	아침 06:30~11:00, 점심 12:00~17:00, 저녁 18:00~23:00
요금	1인 400K~(Tax & SC 21%)
주소	Jl. Camplung Tanduk 10, Seminyak
전화	0361-209-9999
홈피	seminyak.hotelindigo.com

5

보 앤 번 Bo & Bun

베트남 음식을 전문으로 하는 레스토랑으로 실내석과 실외석을 합쳐 10석 남짓한 아담한 곳이다. 인도네시안 음식이 지겨워졌을 때쯤 들르기 좋은 세련된 분위기의 음식점이다. 음식 플레이팅도 감각적이다. 실내석과 실외석이 구분되어 있지만 오픈 에어 형식으로 조금 덥다는 것이 단점이라면 단점. 규모는 작은 편이지만 음식의 맛은 뛰어나다. 12시간 동안 진하게 우린 국물의 맛이 일품인 쌀국수, 12 hour Pho도 맛있지만 이곳의 다양한 애피타이저를 골고루 맛볼 수 있는 트라이 에브리씽도 추천할 만하다. 다진 고기와 야채를 면과 함께 달콤 짭짤한 소스에 비벼 먹는 분보싸오도 한국인의 입맛에 잘 맞는 추천 요리다.

위치 스미냑 메인 로드와 이어진 바상카사 로드에 위치. 빈땅 슈퍼마켓에서 도보 10분
운영 09:30~22:30
요금 누들 75K~, 샐러드 75K~ (Tax & SC 18%)
주소 Jl. Raya Basangkasa, Seminyak
전화 0859-3549-3484
홈피 eatcompany.co/boandbun

Food

6

마마산 Mamasan

자신만만하게 당신의 어머니보다 솜씨가 좋아 미안하다는 카피를 내건 이곳은, 예약을 잡기 어려울 정도로 인기 많은 사롱 레스토랑 팀에서 야심차게 문을 연 곳이다. 사롱 레스토랑과 비슷한 것 같으면서도 좀 더 캐주얼하고 자유분방한 분위기다. 1층과 2층으로 나뉜 다이닝 공간은 몰래 술을 팔던 1920년대 미국의 지하 창고에서 영감을 얻었다고 한다. 중국 전통 의상을 입은 묘한 여인의 그림과 조도가 낮으면서도 화려한 조명이 어우러져 아늑한 분위기가 난다. 차이니스가 가미된 퓨전 메뉴가 대부분인데 딤섬 종류와 치킨 & 프라운 에그넷은 애피타이저로 인기 넘버원. 달달한 간장 소스와 함께 입에 착착 감기는 오리고기 크리스피 덕은 밥과 함께 먹으면 딱 좋다. 사롱 레스토랑과 마찬가지로 예약은 필수이며 별달리 드레스 코드에 제약은 없지만, 남자의 경우 슬리퍼나 반바지 차림은 삼가는 것이 좋다(단, 좌석과 시간대에 따라 별도의 미니멈 차지를 요구할 수 있다).

위치	락스마니 로드, 그로보칸 로드, 스미냑 메인 로드가 만나는 교차점 근처(크로보칸 로드)에 있다.
운영	12:00~15:30, 18:00~23:00
요금	샐러드 80~130K, 아시안 바이츠 55~80K 메인 115K~(Tax & SC 17.5%)
주소	Jl. Raya Kerobokan 135, Kuta Utara
전화	0813-3942-3033
홈피	www.mamasanbali.com

Food : 추천

7

사롱 레스토랑 Sarong Restaurant

우아한 샹들리에와 커튼으로 멋을 낸 사롱 레스토랑에 빠른 비트의 라운지 음악이 깔리고 금발의 남녀들이 서로 소란스럽게 이야기를 주고받으면, 발리가 아닌 마치 뉴욕의 사교장에 온 것 같은 기분이 든다. 스미냑에서 가장 인기 있는 레스토랑으로 꼽아도 될 만큼 사롱의 인기는 실로 뜨거워서, 예약하지 않고는 식사할 수 없을 정도. 특유의 시크한 분위기도 한몫하겠지만 가장 큰 인기 요인은 음식 맛이다. 호주 출신 셰프 윌Will Meyrik이 동남아 현지 음식에서 영감을 받아 자신만의 아시아 요리를 만들어냈는데, 인도, 태국, 인도네시아, 중국 등의 다국적 아시아 요리를 만날 수 있다. 추천 메뉴를 꼽기 어려울 만큼 맛있는 요리가 많으니 취향에 따라 골라보자. 입구 쪽에 멋진 바가 있어 식사 후에 한잔하는 것도 좋다. 디너만 제공하며 예약은 필수.

위치	쁘띠뜽옷 로드에 위치
운영	18:30~01:00 (디너 LO 22:30, 바 LO 00:30)
요금	1인 400K 선, 글라스 와인 100~320K (Tax & SC 15%)
주소	Jl. Petitenget 19X, Kerobokan
전화	0812-3634-3386
홈피	www.sarongbali.com

Food

8

모아나 Moana Fish Eatery

참치와 마히마히 구이 등 바다 생선 요리를 메뉴로 하는 레스토랑이다. 그린주스와 에피타이저로 나오는 굴요리가 일품이다. 레스토랑 인테리어가 짱구의 이전 어촌스러운 느낌을 그대로 녹여내고 있기에, 모던하고 깔끔한 레스토랑을 원하는 관광객에게는 추천하지 않겠으나, 음식 맛은 꽤 괜찮다.

위치 데우스 정션에서 메인 스트리트 쪽에 위치
운영 09:00~23:00
요금 85~150K
주소 Jl. Pantai Batu Bolong 28, Canggu
전화 0812-3815-8373
홈피 www.facebook.com/moana.fish.eatery

Food

9

시로 Shiro Sushi & Sake Bar

원 일레븐 빌라의 부속 레스토랑이지만 숙박 손님보다 외부 손님이 더 많이 찾는다. 식당 최대 정원은 20명으로 6인용 테이블 2개와 바가 전부. 아담한 분위기와 셰프의 솜씨로 마치 일본 식당에 온 기분이 든다. 나무를 모티브로 한 인테리어는 편안한 느낌을 준다. 신선하고 두툼한 생선회에 사케 한잔만으로도 만족스럽지만, 젠 세트 메뉴를 선택하면 애피타이저부터 생선회와 초밥, 디저트까지 코스로 즐길 수 있다. 저녁 시간만 문을 열며 일요일은 휴무이다.

위치 원 일레븐 빌라 입구 건물 2층에 위치
운영 월~토 18:00~23:00 휴무 일요일
요금 오마카세 1인 1,000K
주소 Jl. Pangkung Sari 3, Seminyak
전화 0361-731-343 홈피 www.shirobar.com

Food

10

라멘 하마토라 Ramen Hamatora

외국 관광객과 현지인 모두에게 인기 있는 일본 라멘 집이다. 일본 라멘의 대표 메뉴인 미소 라멘, 쇼유 라멘 외에 퓨전식 크리미 라멘도 있으며, 간단한 덮밥도 사이드 메뉴로 즐길 수 있다. 교자와 치킨 가라아게를 묶어 라멘 세트로 구성한 메뉴도 있는데, 둘 중에는 가라아게가 더 낫다. 밍밍한 맛보다 매운 맛을 즐기고 싶다면 무한으로 제공되는 삼발을 요구하면 된다. 삼발과 차가운 오차는 무한 제공된다.

위치 반자르에서 해변 쪽에 있다.
운영 11:00~23:00
요금 100~150K
주소 Jl. Pantai Batu Bolong 43, Canggu
전화 0859-5532-4263
홈피 http://hamatora.co.jp

Food

⑪

체즈 가도 가도 Chez Gado Gado

한때 붐일 정도로 인기가 많았던 가도 가도가 심기일전하고 새롭게 문을 열었나. 필요 이상으로 높은 가격대와 쓸데없는 격식으로 호불호가 갈리던 예전 모습에서 탈피해 부담스럽지 않은 매너와 가격을 갖췄다. 또한, 실내와 실외가 서로 다른 분위기로, 실내는 파인다이닝을 위한 공간이고 실외는 캐주얼한 갑판 위 공간으로 바다를 전망하며 가볍게 칵테일을 즐기기에 좋다. 특히 런치 세트의 가격이 합리적이다.

위치 드아나뿌라 로드 끝지락, 아난타라 스미냑 리조트 건너편
운영 11:00~23:00
요금 3코스 런치 175K, 시그니처 디너 세트 400K (Tax & SC 17.5%)
주소 Jl. Camplung Tanduk(Dhyana Pura) 99, Seminyak
전화 0361-736-966
홈피 gadogadorestaurant.com

Food

⑫

비스트롯 The Bistrot

콜로니얼풍의 빈티지 인테리어가 멋스러운 곳이다. 카페이자 레스토랑이고, 라운지이기도 하다. 식사를 하거나 차 혹은 술을 즐길 때도 분위기가 아주 좋다. 음식은 웨스턴이 중심이고 아시안 음식도 살짝 다루고 있다. 해외에서 많은 시간을 보낸 젊은 셰프가 오픈 주방을 담당하고 있다. 2층으로 올라가면 소파 테이블과 라운지가 있는데, 분위기는 더 좋지만 1층보다 살짝 덥다.

위치 락스마나 로드에 위치, 코코 슈퍼마켓 맞은편
운영 07:30~00:00(LO 22:45)
요금 1인 200K~(Tax & SC 16%)
주소 Jl. Bumbak 169, Kerobokan
전화 0361-738-308
홈피 www.bistrot-bali.com

Food : 추천

⑬

잇웰 EatWell

잇웰은 고품질 스테이크 전문점이다. 얼리지 않은 신선한 고기를 매일매일 공수해 제대로 굽는다. 그 이름처럼 먹고 나면 "잘 먹었다."라는 말이 저절로 나오는 곳이랄까. 오스트레일리아 와규, 양고기, 치킨, 립 아이, 텐더로인, 설로인, 버거 등 고기 종류와 부위에 따라 메뉴가 다양하다. 나무 도마 위에 스테이크와 감자튀김, 소스가 정갈하게 나오는 것도 마음에 든다. 인기 메뉴인 크리스피 포크 벨리는 바삭하면서도 부드럽지만, 우리 입맛엔 상당히 기름지다.

위치 선셋 로드 북단의 따만 로드에 위치
운영 11:00~23:00
요금 1인 100K~(Tax & SC 15.5%)
주소 Jl. Lebak Sari, 29
전화 0361-737-745

Food

⑭

보스만 Bossman

시스터필드와 같은 오너가 운영하는 곳으로 뚜렷한 콘셉트로 차별화를 두어 인기몰이를 하고 있다. 총 6종의 햄버거와 사이드 메뉴만을 취급하는데 햄버거를 만들어내는 주방이 내부의 절반을 차지한다. 작은 규모의 바가 설치되어 있을 뿐이라 여유롭게 매장에서 식사를 즐기기엔 마땅치 않은 분위기다. 메뉴의 대부분이 푸짐하고 맛도 있는 편이라 포장이나 배달 손님도 많다. 스미냑 지역 내에서는 추가 비용 없이 배달 서비스도 가능하다. 햄버거 이외에 감자튀김 등도 인기가 많은 편인데 특히 트러플 오일과 파마산 치즈로 맛을 낸 감자튀김은 저절로 엄지손가락이 올라갈 정도로 맛있다. 꾸따의 뽀삐스 거리(Poppies Lane II)에도 분점이 생겼다.

위치 스미냑 빌리지 맞은편, 시스터필드 바로 옆이다.
운영 11:00~04:00
요금 버거 90~95K
주소 Jl. Kayu Cendana 8B, Seminyak
전화 0812-3916-7070
홈피 www.bossmanbali.com

Food

15

사르딘 Sardine

까다로운 프랑스 출신 오너에 의해 철저하게 관리되어 꾸준하게 인기를 얻고 있는 레스토랑이다. 사르딘은 시푸드 전문 레스토랑으로 그날그날 선도에 따라서 메뉴 구성이 바뀔 정도로 재료에 큰 비중을 두고 있다. 자극적이고 확 와닿는 맛이라기보다는 신선하고 재료의 참맛을 살리는 건강한 레시피와 맛으로 서양인들에게도 큰 호응을 얻고 있다. 식사가 아니더라도 다이닝 공간 앞쪽으로 펼쳐지는 아름다운 경치를 즐길 수 있어 음료와 디저트를 즐기기에도 좋다. 특히 럼이 살짝 들어간 프랑스 정통 디저트 바바로아는 이곳의 추천 메뉴 중 하나다.

위치 크로보칸, 메티스 레스토랑 맞은편에 있다.
운영 점심 11:30~16:00(LO), 타파스, 디저트 & 칵테일 16:00~18:00, 저녁 18:00~23:00(LO)
요금 점심 메인 150~290K(Tax & SC 18%)
주소 Jl. Petitenget 21, Kerobokan
전화 0811-3978-333
홈피 www.sardinebali.com

Food

16

스타피시 블루 Starfish Bloo

아름다운 해변과 딱 어울리는 콘셉트의 캐주얼한 레스토랑이다. 셰프가 엄선한 메뉴 중 3가지를 골라 맛볼 수 있는 세트 메뉴도 좋고, 가볍게 칵테일이나 맥주를 곁들여 사이드 메뉴를 주문해도 좋지만 스타피시 블루의 자랑거리는 일본 스타일의 퓨전 메뉴. 다양한 사시미, 롤 등의 단품 메뉴는 양은 적지만 맛있다. 특히 뜨겁게 달구어진 돌에 여러 가지 재료를 구워 먹는 핫 록Hot Rock 메뉴는 굽는 재미도 있지만 맛도 뛰어나다. 구워 먹는 재료 중 일본식 와규와 일본식 된장으로 맛을 낸 두부도 맛있다.

위치 쁘띠뜽읏 로드 W 리조트 내, 해변에 위치
운영 조식 07:00~10:30, 런치(월~토) 12:00~18:00, 디너 18:00~22:30, 선데이 브런치(일) 12:00~15:30
요금 3코스 런치 300K, 사시미와 롤 110K~, 비프 쇼트 립 190K, 핫 록 110K~, 선데이 브런치 550K~ (Tax & SC 21%)
주소 Jl. Petitenget, Seminyak
전화 0361-300-0106
홈피 www.starfishbloorestaurant.com

Food

⑰

삼발 슈림프 Sambal Shrimp

발리스러우면서도 세련미를 잃지 않은 인테리어에, 2층에 자리하고 있어 적당히 프라이빗하고 무엇보다 맛있다. 제공되는 모든 재료, 특히 주재료인 새우는 신선도와 위생에 있어 100% 신뢰해도 좋다. 새우 100g은 4~5마리, 2인이라면 300g 정도 주문하면 알맞다. 상큼한 채소와 고소한 새우와의 완벽한 조화로 자꾸 손이 가는 Shrimp, Squid and Banana Sprout "Escabeche" with Kemangi(98K)와 새우를 익혀 매콤한 칠리 가루를 뿌려 먹는 단순하지만 진리인 메뉴 Sambal Shrimp를 추천한다.

위치 락스마나 로드를 따라 선셋 로드로 향해 가다 보면 왼쪽에 보인다.
운영 11:00~00:00
요금 1인 200K~(Tax & SC 21%)
주소 Jl. Laksmana 6, Seminyak
전화 0361-738-389
홈피 www.sambalshrimp.com

Food

⑱

지 레스토랑 Ji Restaurant Bali

바투볼롱 비치 바로 앞 Tugu 호텔 내의 일본식 바이다. 선셋을 즐기고 싶은데 조금 깔끔하게 몸에 모래를 안 묻히고 풍경만 보고 싶다면 이보다 더 좋은 곳은 없다. 3개 층으로 되어있으며 2층은 바다를 보며 음식을 즐기기에 좋고, 3층은 사진을 찍거나 칵테일을 즐기기에 좋다. 메뉴는 기본적인 일본식 요리인데 면류는 별로 추천하지 않는다. 레스토랑 1층은 부티크 숍을 같이 운영하고 있으며, 레스토랑 내 인테리어는 매우 모던한 일본식으로 아기자기한 느낌이다.

위치 바투볼롱 비치 직전에 위치
운영 12:00~23:00
요금 100~250K
주소 Jalan Pantai Batu Bolong, Canggu Beach
전화 0811-3889-599
홈피 www.jirestaurantbali.com

Food

19

해피 채피 레스토랑 Happy Chappy Restaurant

제대로 된 중식을 즐길 수 있는 곳으로 음식의 맛만큼 분위기 또한 좋은 편이다. 3개월에 한 번씩 메뉴 점검을 해 무엇을 주문하든 꽤 만족스러운 맛을 자랑한다. 특히 페킹 덕은 한 마리와 반 마리 중 선택해 주문할 수 있으며 껍질과 살코기가 제공되고 남은 페킹 덕은 선택한 조리법으로 새로운 요리로 재탄생된다. 딤섬과 꿍파오 치킨 등 음식 대부분이 맛있으며 특히 일요일 오전 11시부터 오후 3시까지 즐길 수 있는 선데이 딤섬 브런치는 예약이 필수일 정도로 인기가 많다. 한쪽에 마련된 바에서는 차를 이용한 칵테일을 판매하는데 매일 오후 6시에서 7시 사이 해피 아워로 40% 할인된 가격에 즐길 수 있다.

위치 브라반 로드, 스미낙 스퀘어에서 도보 약 15분
운영 11:00~00:00(LO 22:15), 17:30~00:00
요금 1인 150K~
주소 JL. Taman Ganesha 1
전화 0361-474-1959
홈피 www.happychappychinese.com

Food

20

뱀부 레스토랑 Bambu Restaurant

사롱 레스토랑에서 마마산에 이어 새롭게 내놓은 레스토랑으로 스미냑 빌리지 G층에 있다. 시크하고 스타일리시한 바느낌의 레스토랑으로 아시안 퓨전 요리와 칵테일 등을 주로 즐길 수 있다. 실내는 푸럭셔리한 바와 레스토랑으로 차고 넘치는 스미냑 지역에서도 다섯 손가락에 꼽히는 파인다이닝 레스토랑이다. 인도네시아 정통 메뉴를 취급하고 있으며 운치 있는 연못과 바, 다이닝 공간이 조화롭게 자리하고 있다. 가격대에 비해 양은 적은 편이지만 최고의 서비스와 함께 정찬을 즐기고 싶다면 한번 도전해보자. 예약은 필수다.른색을 포인트로 감각적으로 꾸며져 있다. 태국 커리와 파파야 샐러드, 말레이시아 로작, 딤섬, 탄두리 치킨 등 아시아의 대표적인 음식들을 맛볼 수 있으며 음식의 맛도 평균 이상이다. 칵테일은 110K 선으로 독특한 메뉴가 많아 간단한 애피타이저에 칵테일을 즐기기에도 괜찮다.

위치 쁘띠뜽읏 로드 선상
운영 18:00~00:00
요금 메인 96K~(Tax & SC 18%)
주소 Jl. Petitenget 198, Seminyak
전화 0361-846-9797

Food
21
워터크레스 카페 Watercress Cafe

몸이 건강해지는 식당으로 일반 관광객보다는 현지 거주 외국인들이 더 찾는다. 유기농 재료로 만든 서양식 음식이 주를 이루는데 양질의 샐러드를 특히 추천한다. 점심에는 쇼케이스에 다국적 음식들이 가득 채워져 뷔페처럼 즐길 수도 있다. 건강을 생각하는 여행자라면 들러볼 것! 아, 이곳의 초콜릿 스무디는 정말 진하고 시원하다. 젊은 감각의 캐주얼 바를 함께 운영하며 우붓 몽키 포레스트 로드에 분점을 냈다.

위치 짱구로 향하는 바투 벨리그 로드에 위치, 스미냑 스퀘어에서 차로 약 10분 소요
운영 07:30~22:00
요금 1인 90K~(Tax & SC 15%)
주소 Jl. Batu Belig 21A, Kerobokan
전화 0851-0280-8030
홈피 www.watercressbali.com

Food
22
지비루 Zibiru

원래 이곳은 비엔나라는 카페였는데, 이탈리아 셰프가 아내와 새로운 보금자리를 만들면서 이탈리안 식당으로 새롭게 문을 열었다. 프랑스에서 쌓은 요리 실력과 그녀의 아내가 꾸민 인테리어가 발길을 사로잡기에 충분하다. 산뜻하고 편안한 분위기로 꾸민 정원 테라스와 다락에선 와인 한잔하기에 좋다. 일주일에 서너 번은 재즈 공연이 열리니 홈페이지 공지를 참고하자.

위치 락스마나 로드와 드루파디 로드가 만나는 삼거리에서 50m 떨어져 있다.
운영 17:00~00:00
요금 1인 150K~(Tax & SC 15%)
주소 Jl. Drupadi 7, Seminyak
전화 0361-733-265 홈피 www.zibiru.com

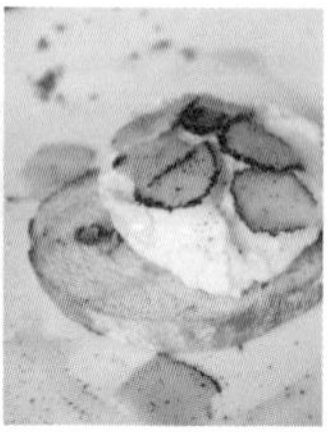

Food
23
팍 말렌 Pak Malen

우붓에 이부 오카가 있다면 스미냑엔 팍 말렌이 있다. 어쩌면 이부 오카보다 훨씬 더 로컬 색이 강해 손님의 대부분이 현지인이다. 메뉴는 딱 한 가지 바비 굴링이다. 맵지 않게 달라고 하면 삼발 소스를 빼고 주기도 한다. 바비 굴링을 주문하면 밥과 국, 살코기, 껍데기를 포함한 6~7가지의 돼지부속과 양념이 같이 나온다. 오후 시간에 일찍 음식이 떨어지기도 하니 주의하자.

위치 선셋 로드 선상에 있다.
운영 08:30~19:00 요금 1인 40K
주소 Jl. Sunset Road 554, Seminyak
전화 0851-0045-2968

Food

24

비쿠 Biku

발리에서 기대할 수 없었던 아기자기한 애프터눈 티 세트와 수준 높은 홈메이드 빵을 맛볼 수 있는 곳이다. 쁘띠뜽읏 로드에 접해 있지만 항상 이곳을 찾는 많은 손님의 차가 가게 앞에 서 있어 숨겨져 있다는 느낌이 들 정도. 작고 심플한 간판을 따라 안으로 들어가면 외관과는 전혀 다른 활기차고 아기자기한 공간이 나온다. 직원들이 케이스에서 꺼낸 큼지막한 스콘이며 케이크를 커다랗고 투박한 나무 테이블로 쉴 새 없이 나른다. 애프터눈 티 세트는 그리 화려하지 않지만, 하나하나 수준급의 맛을 자랑한다. 타로 점과 애프터눈 티 세트를 묶은 재미있는 패키지도 있으니 영어에 자신 있다면 한번 도전해보자. 특히 이곳의 티는 퀄리티가 높기로 유명하니 커피도 좋지만 티(비쿠 블렌드 25K~)를 주문해보자. 푸짐하게 나오는 수제 햄버거도 상당히 부드럽고 맛있다.

위치 쁘띠뜽읏 로드에 위치, 스미냑 스퀘어에서 걸어서 15분 정도 소요
운영 08:00~23:00
요금 1인 150K~(Tax & SC 15%)
주소 Jl. Petitenget 888, Seminyak
전화 0851-0057-0888
홈피 www.bikubali.com

Food

25

찬디 Chandi

고급스러우면서도 편안한 분위기의 찬디는 예약을 하지 않으면 헛걸음을 해야 할 정도로 인기가 좋은 레스토랑이다. 담백한 음식 맛이 특징으로, 요리의 밑재료부터 꼼꼼하게 관리하고 있다. 유기농 채소는 브두굴에서, 고기는 뉴질랜드에서 공수해오고 바에서 사용하는 과일도 유기농이다. 이렇게 좋은 재료로 만드는 요리에 찬디의 와인을 곁들이면 더 이상 모자랄 것이 없다. 스미냑에서 맛과 분위기 모두를 만족시키는 곳을 찾고 있다면 찬디로 가자.

위치 락스마나 로드에 위치, 쿠니스와 가깝다.
운영 12:00~00:00
요금 1인 200K~(Tax & SC 17%)
주소 Jl. Laksmana 72, Seminyak
전화 0361-731-060
홈피 www.chandibali.com

Food

26

타코 카사 Taco Casa

푸짐하고 맛있는 멕시칸 메뉴를 부담 없이 즐길 수 있는 곳이다. 이곳 외에 우붓에도 지점이 있다(우붓 지점은 배달도 가능). 기본적으로 타코, 부리토, 파이타 등의 메뉴가 주를 이루며 채소, 치킨, 비프, 새우 등에 따라 가격이 달라진다. 타코 카사의 특제 상그리아도 한잔 곁들이면 금상첨화.

위치 쁘띠뗑읏 로드를 따라 W 리조트를 지나 조금 더 올라가면 왼쪽에 있다.

운영 10:00~22:00

요금 1인 80K~(Tax & SC 15.5%)

주소 Jl. Petitenget, Seminyak

전화 0812-2422-2358 홈피 tacocasabali.com

Food

27

샤디 샥 Shady Shack

짱구의 대표적인 브런치 집이다. 요가인들에게 인기이며 모두 비건푸드이다. 케첩이나 마요네즈 등도 모두 수제로 만들며, 신선한 아보카도와 샐러드는 플레이팅된 것을 보고만 있어도 건강해지는 느낌을 받는다. 계란은 요리 방식을 선택해 주문하면 되고, 다양하게 준비된 사이드 메뉴들도 이것저것 섞어 같이 주문할 수 있다.

위치 파브리카 피자 골목에 있다.

운영 07:30~22:30

요금 50~80K

주소 Jl. Tanah Barak 53, Canggu

전화 0812-3611-6466

홈피 www.theshadyshackbali.com

Food

28

리볼버 Revolver Espresso

분주한 락스마나 로드에서 골목 하나를 더 들어가야 만날 수 있는 작은 부티크 카페. 펑키한 음악과 향기로운 커피 향 덕에 딴 세상에 들어온 듯한 분위기다. 직접 블렌딩한 커피는 풍미가 뛰어나고 서양식 아침 메뉴와 샌드위치, 샐러드, 커리, 리소토 등 간단한 점심 메뉴도 만족스럽다. 카페를 확장해 칵테일 바 좌석도 마련, 저녁 식사도 가능하며 늦게까지 영업한다.

위치 스미냑 스퀘어에서 가깝다.

운영 07:00~23:00

요금 커피 25~40K, 메뉴 40~140K

주소 Jl. Laksmana 3/Gang 51, Seminyak

전화 0851-0088-4968

홈피 www.revolverespresso.com

Food

29

코너 하우스 Corner House

이름처럼 골목 모퉁이에 자리 잡은 이곳은 푸른 수목으로 장식된 독특한 간판이 인상적인 카페 겸 레스토랑이다. 2층으로 된 작지 않은 규모에 안쪽에는 작지만 아기자기한 정원에 야외석도 마련되어 있다. 팬시하면서도 독특한 감각의 소품과 인테리어로 장식되어 있어서 커피나 음료를 마시며 잠시 쉬어가기 제격이다.

위치 락스마나 로드 끝자락에 있다.
운영 07:00~00:00
요금 샐러드 75K, 디저트 50K (Tax & SC 16%)
주소 Jl. Laksmana 10A, Kerobokan, Seminyak
전화 0361-730-276
홈피 www.cornerhousebali.com

Food

30

와룽 무라 Warung Murah

차이니스 스타일이 가미된 인도네시안 음식을 파는 곳으로 약간의 태국 음식도 제공한다. 가장 인기 있는 메뉴는 나시 짬뿌르. 나시 짬뿌르는 반찬과 함께 브라운, 옐로, 화이트 라이스 중에서 밥을 고를 수 있으며 테이크아웃도 가능하다. 현지인보다는 외국 여행자 손님이 더 많다. 전체적으로 깔끔하고 아늑한 분위기이며 직원들도 친절하다. 계산서 대신 음식을 주문할 때마다 가격이 적힌 카드를 주는데 한꺼번에 계산하면 된다.

위치 더블 식스 로드에 위치. 더블 식스 로드를 따라 비치 방향으로 가다 보면 오른쪽에 있다.
운영 08:00~22:00
요금 1인 40K~
주소 Jl. Double Six 99, Seminyak
전화 0361-732-082

Food

31

사카나야 Sakanaya

선셋 로드를 지나칠 때마다 파란색 물고기가 눈에 띄어 들어간 곳인데 좌석이라고는 야외 단체 테이블 하나가 전부였다. 하지만 일식 메뉴와 회 등을 저렴한 가격으로 즐길 수 있어 오토바이를 타고 이곳에 들르는 장기 여행자들이 많다. 유명 레스토랑 료시에 재료를 공급하는 곳으로 해산물이 신선하다. 수제 어묵, 동그랑땡도 맛있고 저렴하다.

위치 선셋 로드의 선셋 포인트 몰 대각선 방향에 있다.
운영 11:00~21:30 (라멘 보이 11:00~21:00)
요금 1인 50K(Tax & SC 15%)
주소 Jl. Sunset Road 77X, Seminyak
전화 0361-847-5950

Food

32

진저 문 Ginger Moon

스미냑 메인 로드에 있는 프렌치 레스토랑 십의 오너의 동생이 오픈한 레스토랑으로 아시안 퓨전 요리를 선보인다. 내부는 다소 어둡지만 차분하고 고급스러운 분위기로 꾸며져 있다. 딤섬을 비롯해 샐러드, 피자 등 다양한 메뉴가 조화롭게 구성된 런치는 가격적으로도 합리적이라 도전해볼 만하다. 이 집의 페킹 덕도 평가가 괜찮다.

위치	락스마나 로드에 위치. 울티모 레스토랑을 등지고 오른쪽으로 조금만 가면 있다.
운영	12:00~23:00(LO)
요금	딤섬 45~65K, 피자 58~115K (Tax & SC 17%)
주소	Jl. Kayu Aya 7, Seminyak
전화	0361-734-533
홈피	gingermoonbali.com

Food

33

메이슨 M. MASON Bar | Grill Canggu

고급진 그릴 레스토랑을 찾는다면 추천할 만한 레스토랑이다. 주변 레스토랑에 비해 비싼 편이지만 서빙 방식이나 음식의 퀄리티를 경험하고 나면 이해가 될 것이다. 가끔 옷을 한껏 차려입고 장신구까지 현란하게 두르고 나타나는 사람들도 있다. 호주 출신의 메인 셰프와 매니저들이 팀을 이뤄 운영하는 레스토랑으로 현지에서는 명성이 자자한 곳이다.

위치	스프링 스파 옆에 위치
운영	12:00~00:00
요금	150~300K
주소	Jl. Pantai Batu Bolong 39a, Canggu
전화	0857-9250-5028
홈피	www.masonbali.com

Food

34

와룽 에로파 Warung Eropa

크리스피 덕 하나로 입소문을 타고 유명해진 집이다. 크리스피 덕이라는 대표 메뉴와는 어울리지 않게 내부는 발리 전통 스타일을 유지하고 있으면서도 모던한 느낌이다. 여행자들보다는 주로 부유한 현지인들이 가족 외식차 많이 들른다. 크리스피 덕은 밥과 함께 세트로 즐길 수 있으며 이 밖에도 다양한 웨스턴 메뉴와 인도네시안 메뉴들을 갖추고 있다. 직원들도 상당히 친절한 편으로 메뉴에 대해 이것저것 자세하게 설명을 해준다.

위치	쁘띠뜽읏 로드에 위치. 스미냑 스퀘어에서 약 2km 떨어짐
운영	10:00~22:00
요금	1인 80K~(Tax & SC 15%)
주소	Jl. Petitenget 9D, Seminyak
전화	0361-473-6901

Food

35

더 플랜테이션 그릴 The Plantation Grill Seminyak

1920년대 미국의 고급 바를 연상시키는 클래식한 파인다이닝이다. 나선형의 계단과 높은 천장, 큰 유리창으로 둘러져 분위기가 화려하고 진중하다. 음식은 고급 그릴 콘셉트로 엄선된 육류와 생선, 해산물을 고급 숯과 나무로 굽는다. 호텔 내 식당이기도 하지만 외부 손님들도 많이 찾는데 클래식한 분위기를 제대로 누리고자 한다면 수요일과 금 · 토요일 저녁에 방문해보자. 라이브 재즈 공연이 열려 분위기가 더 무르익으니 꽤 로맨틱하다. 나선형 계단 끝에 있는 슬링 바Sling Bar는 식사 전이나 후에 들러보면 좋다. 고급스러운 바와 라운지, 밀실을 갖추고 있고 위스키 메뉴가 다양하다.

위치 더블 식스 럭셔리 호텔 내에 위치
운영 18:00~00:00
요금 그릴 메뉴 250~1,450K (Tax & SC 21%)
주소 Double Six Beach 66, Seminyak
전화 0361-734-300
홈피 plantationgrillbali.com

Food

36

미 88 Mie 88

면만 팔 것 같지만 해산물부터 죽까지 다양한 요리를 저렴하게 맛볼 수 있는 곳이다. 바깥에서 보기엔 그다지 넓어 보이지 않는데 깔끔한 실내석을 통과해 안쪽으로 들어가면 제법 괜찮은 야외석도 마련되어 있다.

위치 크로보칸 지역, 메티스 레스토랑 건너편 즈음에 있다.
운영 10:00~22:00
요금 새우 요리 39K~, 면 요리 20K~(Tax 10%)
주소 Jl. Petitenget, Seminyak
전화 0361-739-014

Food

37

와룽 와하하 Warung Wahaha

아담한 정원을 갖춘 야외석과 귀엽게 꾸민 실내 장식도 괜찮고 립도 맛있는 편. 막 저렴하진 않지만 고개가 끄덕여지는 가격이다. 스페어 립 바비큐로 유명한 너티 누리스 와룽의 착착 감기는 깊은 맛의 소스만큼은 아니지만 적당히 달다. 무엇보다 맛의 편차가 심한 너티 누리스 와룽과는 달리 일정한 맛을 유지한다. 스미냑 지역 내에는 배달도 가능하다.

위치 선셋 로드 선상(귀여운 돼지 그림의 표지판이 눈에 띈다)
운영 11:00~22:30
요금 1인 150K~(Tax & SC 15%)
주소 Jl. Sunset Road, Seminyak
전화 0361-847-5655
홈피 www.wahaharibs.com

Food

38

울티모 Ultimo

스미냑에서 손꼽히는 인기 레스토랑 울티모. 저녁이 되어 울티모의 아담한 정원에 아름다운 조명이 켜지면 사람들의 발길이 끊이지 않는다. 실내에도 넓은 좌석을 마련해두고 있지만 울티모의 압권은 뭐니 뭐니 해도 정원에 꾸며진 야외석에서의 로맨틱한 디너. 할리우드 배우나 국내 연예인이 종종 목격될 정도로 인기가 좋다. 훌륭한 음식 맛 또한 이곳의 큰 인기 요인이다. 스켈로피네 아이 풍기 Scaloppine ai Funghi, 깔조네 볼로네즈 Calzone Bolognese는 도전해볼 만하다.

위치	락스마나 로드 중간 즈음에 위치
운영	15:00~23:30
요금	피자 36~58K, 애피타이저 21~48K(Tax 10%)
주소	Jl. Kayu Aya 104X, Seminyak
전화	0361-738-720
홈피	ultimo-bali.business.site

Food

39

더 라운 The Lawn Canggu Beach Club

서퍼들의 로망인 바투볼롱 비치에 그럴싸한 비치 프런트 바가 없던 시절 처음으로 모던한 콘셉트로 만들어진 비치 바이다. 테이블이 실내외에 모두 배치되어 있어 날씨에 따라 옮겨다니며 비치에서의 하루를 보낼 수 있다. 데이베드가 편안하고 꽤 괜찮은 음식들이 서빙된다.

위치	바투볼롱 사원(pura dalem) 옆에 위치
운영	12:00~22:00
요금	100~250K
주소	Jl. Pura Dalem, Canggu
전화	0811-3800-4951
홈피	http://thelawncanggu.com

Food

40

쿠니스 Kuni's

락스마나 로드에서 보기 드문 일식 레스토랑이다. 외관상 상당히 비쌀 것 같지만 가격은 합리적인 편이다. 특히 현지의 일본인들에게 본토의 맛에 가장 가깝다는 평을 듣기도 하며, 기본 이상의 실력을 갖추었다. 시크한 외관에 내부는 테이블 간격이 넉넉하고 작은 정원석도 있어 여유로운 분위기다. 초밥 메뉴보다 일반 일식 메뉴를 주문하는 것을 추천하며 식사에는 오이냉국 같은 샐러드도 제공된다.

위치	락스마나 로드에 위치. 스미냑 스퀘어에서 도보 약 3분 소요
운영	18:00~23:30(LO 23:00)
요금	1인 150K~(Tax & SC 15.5%)
주소	Jl. Laksmana 80, Seminyak
전화	0361-730-501

Food

41

고멧 카페 Gourmet Cafe

발리 케이터링 컴퍼니에서 운영하는 카페로, 수준 있는 베이커리와 웨스턴 메뉴를 만날 수 있다. 밝고 깔끔하고 캐주얼한 분위기로, 홀 정면에 오픈 키친이 있고 입구 쪽에 베이커리가 있다. 테이크아웃을 하는 장기 체류자들이 대다수다. 추천 메뉴는 스테이크와 샌드위치. 샌드위치는 기본이 되는 빵 자체가 훌륭하며 내용물도 풍성하다. 취향에 맞게 빵과 토핑을 고를 수 있는 Own Sandwich가 있다.

위치	쁘띠뜽웃 로드, 뿌뚜 발리 스파 옆에 위치
운영	07:00~22:00(LO 21:00)
요금	1인 50K~
주소	Jl. Petitenget No.100x, Seminyak
전화	0361-847-5115
홈피	cafe.balicateringcompany.com/petitenget

Food

42

크레잇 카페 Crate Cafe

붐비는 짱구에서 탁 트인 그린 뷰를 보며 브런치를 할 수 있는 몇 안 되는 콘셉트 레스토랑이다. 기본 브런치 메뉴와 함께 쿠키와 머핀, 커피 등을 맛볼 수 있다. 메뉴판이 매우 복잡해서 이해하는 데 한참 걸리는데, 주문하는 곳 위쪽 칠판을 보면 잘 팔리는 것들이 정리되어 적혀 있다. 레스토랑 자체는 기둥과 지붕밖에 없는 곳인데 벽과 테이블이 이전 고객들의 사진들과 명함으로 꾸며져 있으며, 테이블과 선반도 대부분 리사이클 가구들이다.

위치	데우스 정션에서 해변 반대쪽, 메이뱅크 골목에 있다.
운영	06:00~17:00
요금	100~150K
주소	Jl. Canggu Padang Linjong 49F, Canggu
전화	0812-3894-3040
홈피	http://lifescrate.com

Food

43

쉘터 Shelter Cafe Bali

쉘터의 음식들은 맛있고 건강하며 예쁘고 트렌디하다. 무엇보다 매장은 늘 손님들로 붐벼 그만큼 재료가 신선하다. 아침으로 먹기 좋은 볼Bowl로 유명해졌지만 다양한 아침 메뉴가 있으니 취향에 맞게 즐겨보자. 브런치, 점심 식사 모두 좋다. 메뉴는 샌드위치, 랩, 버거, 샐러드 등. 치킨 랩과 참치 타르타르가 맛있다. 간판을 보고 2층으로 올라가자.

위치	스미냑 메인 로드에서 퀸즈 오브 탄두어 식당 골목으로 진입, 좌측에 있다.
운영	07:30~18:00
요금	1인 120K~(Tax & SC 15%)
주소	Jl. Drupadi 1 No.2, Seminyak
전화	0813-3770-6471
홈피	www.sheltercafebali.com

Food

44

브리즈 Breeze

브리즈는 더 사마야 스미냑의 부속 레스토랑으로 스미냑 비치 앞에 위치해 있다. 조식, 중식, 석식 모두를 제공하며 인도네시안 메뉴를 비롯해 다양한 인터내셔널 메뉴를 다룬다. 특히 인도양의 황홀한 일몰 풍경 속에서 로맨틱한 디너를 즐길 수 있어 신혼여행객들에게 인기. 조식 만족도도 높은 편으로, 일부러 아침에 찾는 여행자들도 있다.

위치	사마야 스미냑 내에 위치
운영	07:00~11:00, 12:00~15:00, 18:00~23:00
요금	1인 런치 150K~, 디너 400K~ (Tax & SC 21%)
주소	Jl. Laksmana, Seminyak
전화	0361-731-149
홈피	www.thesamayabali.com

Food

45

마데스 와룽 Made's Warung

꾸준히 사랑받고 있는 레스토랑으로 스미냑과 꾸따 두 곳에 지점이 있다. 식당으로 들어가는 입구에는 부티크 숍과 서점 등이 있어 둘러볼 수 있다. 너른 정원을 중심으로 세미오픈 실내석과 야외석이 있는데 역시 저녁에 더욱 분위기가 좋다. 음식은 감탄할 정도로 맛있진 않지만 무엇을 주문해도 무난하다.

위치	스미냑 메인 로드에 위치. 퀸즈 오브 탄두어 식당 맞은편, 빈땅 슈퍼마켓에서 도보 약 7분 소요
운영	월~목 · 일 10:30~22:00, 금 · 토 10:30~00:00
요금	1인 100K~
주소	Jl. Raya Seminyak, Seminyak
전화	0361-732-130
홈피	www.madeswarung.com

Food

46

더 정션 하우스 The Junction House

락스마나 삼거리, 스미냑 스퀘어 맞은편에 있는 세련된 식당이다. 모던하면서도 캐주얼하고 밝은 분위기로 파스타, 샐러드, 샌드위치, 파니니 같은 웨스턴 메뉴를 주로 다룬다. 음식 맛도 만족스러운 데다가 가격도 합리적이라 인기가 좋은 편. 특히 Thai Beef Crown Papaya or Mango는 고소함과 신선함이 동시에 느껴지는 샐러드. Tuna Tataki도 담백하고 깔끔하다.

위치	스미냑 스퀘어 맞은편	운영	07:00~00:00
요금	1인 70K~	주소	Jl. Laksmana, Seminyak
전화	0361-735-610	홈피	thejunctionhousebali.com

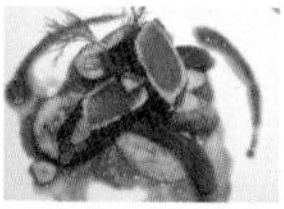

Food

47

스시미 Sushimi

발리에서 회전초밥을 맛볼 수 있는 몇 되지 않는 일식 레스토랑이다. 컨베이어 벨트를 따라 기본 스시는 계속해서 제공되며 메뉴판에서 원하는 메뉴를 골라 주문하면 즉석에서 만든 스시를 맛볼 수도 있다. 스시 이외에도 우동, 소바, 튀김 등 다양한 메뉴가 있으며 금요일에는 할인 이벤트를 열기도 한다.

위치 디아나쁘라 로드 초입에 있다.
운영 11:00~23:30 요금 1인 150K
주소 Jl. Dhyana Pura 4X, Seminyak
전화 0361-737-816 홈피 sushimibali.com

Food

48

퀸즈 오브 탄두어 Queen's of Tandoor

발리에는 스미냑과 꾸따에 3개의 지점이 있는데 꾸따의 퀸즈 오브 인디아가 모던한 분위기라면 스미냑의 퀸즈 오브 탄두어는 클래식한 분위기다. 인도인 셰프가 직접 주방을 맡고 있어 무엇보다 만족스러운 인도 요리를 맛볼 수 있다. 버터 치킨과 난, 그리고 향신료, 크림, 시금치가 들어간 사그 말라이 왈리Sag Malai Wali는 환상의 조합을 자랑한다. 사과, 민트, 딸기 향의 물담배인 시샤도 준비되어 있다.

위치 스미냑 메인 로드, 마데스 와룽에서 대각선으로 맞은편에 위치
운영 12:00~23:30
요금 1인 150K~ (Tax & SC 15%)
주소 Jl. Raya Seminyak 73, Seminyak
전화 0361-732-770
홈피 bali.queenstandoor.com

Food

49

더 레스토랑 The Restaurant at The Trans Resort Bali

더 트란스 레스토랑의 올데이 다이닝 레스토랑이다. 조식당으로 이용되기도 하고 점심과 저녁에는 다양한 단품 메뉴를 즐길 수 있다. 이곳에서 꼭 추천하고 싶은 것은 일요일에 제공되는 펀 선데이 얌차(1인 250K). 일요일 낮 12시부터 3시까지 운영되는데 딤섬, 간단한 중국식 메뉴 등 전 메뉴를 무제한 주문할 수 있으며 차도 무한으로 제공된다. 또, 라멘 스테이션에서는 직접 라멘을 만드는 체험도 할 수 있다. 특히 6살 미만의 어린이는 무료로 식사를 할 수 있고 키즈 클럽과 수영장도 무료로 사용할 수 있어 가족 여행자들의 일요일 외식 메뉴로 더할 나위 없이 좋은 선택이 될 수 있겠다.

위치 더 트란스 리조트 내, 수영장 쪽에 위치
운영 06:30~23:00
요금 1인 250K~(Tax & SC 21%)
주소 Jl. Sunset Road, Kerobokan
전화 0361-898-1234
홈피 www.thetranshotel.com

Food

50

시 서커스 Sea Circus

홍대의 카페를 연상시키는 감성적인 인테리어가 눈길을 사로잡는다. 특히 빈티지풍의 화장실은 재미있는 아이디어와 독특한 디자인이 뒤섞여 들어서면 이상한 나라의 앨리스가 된 것 같다. 느긋한 아침을 위한 조식부터 간단하게 식사할 수 있는 샌드위치와 스테이크까지 다양한 메뉴가 있다. 특히 칵테일 메뉴가 상당하다. 오후에는 매우 한적해 커피 한잔의 여유를 부리기에도 좋다.

위치	락스마나 로드에 위치. 더 사마야 호텔 근처
운영	월~토 08:00~23:00, 일 11:00~23:00
요금	1인 150K~(Tax & SC 15%)
주소	Jl. Laksmana 22, Seminyak
전화	0361-738-667
홈피	www.seacircus-bali.com

Food

51

와룽 에니 Warung Eny

와룽 에니는 요리를 즐기는 조용한 가족을 위한 식당이라고 표현하고 싶다. 주문을 기다리는 손님 앞에서도 느긋하게 요리를 즐기는 모습은 가히 평화롭기까지 하다. 가도 가도, 찹 차이, 나시 짬뿌르, 사테, 아얌 베투투 등 다양한 전통 인도네시안 음식을 만드는데, 돼지고기와 닭고기가 반반 구워져 나오는 사테 짬뿌르는 야자 껍질로 구워져 향이 더욱 좋다. 주문한 음식이 나오기까지 시간이 걸리는 편이지만 요리에 대한 그들의 열정과 정성에 대한 기다림이라고 생각하자.

위치	쁘띠뗑읏 로드에 위치. 사롱 레스토랑과 가깝다.
운영	08:00~23:00
요금	1인 50K~
주소	Jl. Petitenget 97, Seminyak
전화	0361-473-6892

Food
52
와룽 시카 Warung Sika

현지인은 물론 장기 여행자들에게 사랑받는 빠당푸드 집이다. 식사시간대에는 테이블이 꽉 차 있는 경우가 대부분이고, 상시 테이크아웃하려는 사람들로 붐빈다. 밥은 옐로라이스(강황밥), 흰밥, 브라운라이스 중에 선택할 수 있고 이후 앞에 보이는 음식 중 이것저것 고르면 한 그릇에 담아주면서 가격표를 준다. 삼발은 세 가지 종류가 준비되어 있는데, 빠당푸드 집을 처음 가본다면 세 가지 모두 맛보는 것을 추천한다.

위치	샤디샤에서 해변 반대쪽에 위치
운영	09:00~21:00
요금	50~80K
주소	Jl. Tanah Barak 45, Canggu
전화	0813-3787-4958

Food
53
라 루치올라 La Lucciola

해변 바로 앞에 위치해 푸릇푸릇하고 너른 잔디밭과 푸른 바다를 한꺼번에 조망할 수 있어 여행자들에게 인기가 많은 레스토랑이다. 음식 맛은 그다지 뛰어나지 않지만, 멋진 분위기만으로 들를 만한 가치가 있다. 늦은 시간보다는 브런치 타임이나 아침 식사 때 방문하는 것이 더욱 호젓한 분위기를 만끽하기에 좋다.

위치	스미냑 북쪽 해변, 사마야 호텔 앞 해변 바로 옆에 위치
운영	09:00~23:00
요금	1인 130K~(Tax & SC 16%)
주소	Jl. Petitenget, Seminyak
전화	0361-730-838

Food
54
나시 아얌 끄데와딴 Nasi Ayam Kedewatan Ibu Mangku

이곳의 메뉴는 단 하나다. 5가지 방법으로 조리한 닭고기 반찬과 매운 소스를 밥에 얹은 것인데 매콤한 맛이 우리 입맛에도 잘 맞아 부담 없이 한 끼 식사로도 충분하다. 우붓에 본점이 있는데 스미냑 지점이 우붓보다 규모도 작고 맛도 조금 덜하다는 평이 있다.

위치	스미냑 빌리지에서 도보 6분. 쇼핑몰 정문을 등지고 왼쪽으로 걷다가 코너에서 좌회전한다. 300m 정도 걸으면 오른편에서 찾을 수 있다.
운영	08:00~21:00
요금	1인 40K~
주소	Jl. Kayu Jati 12, Seminyak
전화	0361-474-0031

Night Life : 추천

❶

포테이토 헤드 Potato Head Beach Club

세련된 나이트 라이프의 최강자로 꼽히던 쿠데타와 어깨를 나란히 하는 스미냑의 떠오르는 핫 스폿이다. 쿠데타를 비롯한 다른 바보다는 조금 캐주얼해서 누구나 부담 없이 편안한 시간을 보낼 수 있는 분위기다.
자카르타의 유명 건축 디자이너 안드라 마틴 Andra Matin이 설계한 유니크한 입구를 지나 안쪽으로 들어가면 중앙에 너른 잔디밭이 있고 잔디밭 끝 해변 쪽에는 수영장과 풀 바가 마련되어 있다. 수영장 옆쪽에는 해변으로 내려가는 길이 있으며, 중앙 잔디밭을 기준으로 유선형으로 길게 트렌디한 프렌치 레스토랑부터 캐주얼한 바까지 다양한 좌석이 마련되어 있다. 오후 5시경부터 밤늦게까지는 디제잉을 즐길 수 있다. 추천 요리는 멕시코 셰프 Ignacio Virgen이 만드는 멕시칸 요리들로 토르티야나 랍스터, 퀘사디아 등이다(단, 좌석과 시간대에 따라 별도의 미니멈 차지를 요구할 수 있다).

위치	쁘띠뜽읏 로드를 따라 올라가다 좌측에 포테이토 헤드 사인 보드를 보고 좌회전하여 약 200m 정도 들어가면 입구가 있다.
운영	바 10:00~02:00, 레스토랑 11:00~23:30
요금	메인 130K~, 애피타이저 85K~ (Tax & SC 21%)
주소	Jl. Petitenget, Seminyak
전화	0361-473-7979
홈피	www.ptthead.com

Night Life : 추천

❷

쿠데타 Ku De Ta

쿠데타를 빼놓고 스미냑의 나이트 라이프를 논할 수 없을 정도로 힙한 곳으로 손꼽힌다. 발리 물가에 비해 가격대가 높은 편임에도 오랜 시간 동안 끊임없는 사랑을 받고 있다. 쿠데타의 인기 요인은 뭐니 뭐니 해도 탁 트인 바다와 어우러진 모던하고 시크한 인테리어에 있다. 중앙의 풀을 기준으로 ㄷ자 형태로 실내석 건물이 둘러싸고 있고 풀 앞쪽으로는 바다를 향해 강렬한 레드 컬러의 파라솔과 선베드가 놓여 있다. 특히 해 질 무렵이면 맥주나 칵테일을 한잔하며 선셋을 즐기려는 사람들로 발 디딜 틈이 없어 자리 잡기 어렵다. 북적이는 것이 싫다면 아침 식사나 런치를 즐겨도 좋다. 한결 여유로운 분위기에서 푸른 바다를 마주하며 기분 좋은 식사를 즐길 수 있다(단, 좌석과 시간대에 따라 별도의 미니멈 차지를 요구할 수 있다).

위치	스미냑 스퀘어 쇼핑몰에서 까유 아야 로드를 따라 해변 방면으로 8분 정도 걸으면 나온다.
운영	08:00~01:00
요금	1인 300K~(Tax & SC 21%)
주소	Jl. Kayu Aya 9, Seminyak
전화	0361-736-969
홈피	www.kudeta.net

Night Life

3

문 라이트 키친 앤 바 Moonlite Kitchen and Bar

아난타라 리조트 스미냑의 조식당으로 이용되기도 하지만 그보다는 해가 지면 더욱 핫해지는 레스토랑 겸 바이다. 오픈된 형태로 스미냑 비치로 뻗어 있는 야외석은 특히나 인기가 많다. 메뉴의 대부분은 아시안 퓨전으로 특히 로스트덕, 크리스피 포크밸리 등이 함께 나오는 믹스드 바비큐 플래터Mixed BBQ Platter는 여러 명이 애피타이저로 함께 즐기기에 좋다. 오후 4시 30분부터 8시까지는 해피 아워로 엄선된 칵테일 셀렉션을 할인된 가격에 즐길 수 있다.

위치	아난타라 스미냑 리조트 내에 있다.
운영	06:30~10:30, 16:30~23:00
요금	1인 300K(Tax & SC 21%)
주소	Jl. Abimanyu, Seminyak
전화	0361-737-773
홈피	www.moonlitebali.com

Night Life

4

라 브리사 La Brisa

라 플란차, 라 라구나, 라 파벨라 등 스미냑과 짱구 지역에 멋진 바와 레스토랑들을 만들어낸 스페인 사업가의 감각에 이번에도 반한다. 라 브리사는 열대 나라의 정취가 풍기는 팜트리 아래 바다가 펼쳐진 모습인데 어느 비치 클럽보다 여유롭고 아름답다. 클럽 중앙에는 수영장이 있고, 정원은 해먹과 테이블로 꾸몄다. 어디든 카메라를 대면 그림이 된다. 해가 질 무렵에는 더욱 로맨틱해지니 선셋 포인트로도 추천이다. 그릴 메뉴가 많은데 분위기에 비해 음식 맛은 아쉽다. 비치 쪽 데이베드는 2,000K, 수영장 주변 데이베드는 1,500K의 최소 주문 금액이 있다.

위치	에코 비치에서 바로 입장하거나, Jl. Batu Mejan 길을 따라 에코 비치 쪽으로 직진하다가 우측 골목에 표시된 라 브리사 이정표를 따라간다.
운영	08:00~23:00
요금	1인 200K~, 애피타이저 40~115K, 그릴 메뉴 95~310K(Tax & SC 15%)
주소	Jl. Batu Mejan, Gang La Brisa Echo Beach, Canggu, Kuta Utara
전화	0811-3946-666
홈피	labrisabali.com

Night Life

❺

코쿤 Cocoon

2010년 여름, 더블 식스 로드에 혜성처럼 등장한 코쿤은 여전히 인기다. 수영장과 함께 다이닝과 바를 갖추었는데 수영장 주변으로 가제보와 쿠션들이 마련되어 있어 여유롭게 시간을 보낼 수 있다. 특히 밤 11시가 넘으면 리드미컬한 디제잉도 물이 올라 들썩거린다. 분위기도 분위기지만 코쿤의 가장 큰 매력은 미슐랭 스타 부럽지 않은 맛있는 음식과 칵테일. 총 3명의 셰프와 19명의 바텐더가 제대로 실력 발휘를 하니 기대할 만하다. 디저트 칵테일로 손색이 없는 Strawberry Tira Mi Su와 패션프루트가 들어간 새콤한 칵테일 Snow Queen을 추천하며 Black Angus Eye Fillet은 발리 최고의 스테이크라 해도 과언이 아니다. 격식을 갖출 필요는 없지만 빈땅 셔츠 같은 주류 브랜드의 이미지가 들어간 옷은 출입에 제약이 있을 수 있다. 길 건너에 해변이 있어 비치 클럽으론 살짝 아쉽다. 데이베드(300K), 카바나(500K) 이용 시 미니멈 차지가 있으며 특별 행사나 이벤트는 한 달에 한두 번 진행하니 홈페이지에서 확인하자.

위치 더블 식스 로드 클럽 밀집 지역 중심에 위치, 해변 앞에 있다.
운영 10:00~00:00
요금 1인 300K~(Tax & SC 16.5%)
주소 Jl. Double Six 66, Blue Ocean Boulevard, Seminyak
전화 0361-731-266
홈피 www.cocoon-beach.com

Night Life

❻

라 플란차 La Plancha

스미냑 비치에 리얼 비치 클럽들이 생겨나면서 해변을 찾는 이가 더욱 많아졌다. 모래 위에 비치 쿠션과 파라솔이 자유롭게 펼쳐져 있고 음악이 해변에 활기를 더한다. 이것저것 신경 써야 하는 비싼 비치 클럽과 비교하면 부담도 적고 자유롭다. 비치 쿠션에 몸을 푹 파묻고, 가볍게 타파스에 음료를 마시며 해변을 즐기기 좋다. 해변 자리는 미니멈 차지(1인 100K)가 있으며 오후 4시부터 자정까지 운영한다. 이 주변에 비슷한 분위기의 비치 클럽이 서너 곳 더 있다.

위치 아난타라 스미냑 리조트에서 100m 정도 떨어져 있다.
운영 09:00~00:00(LO 23:30)
요금 타파스 38~124K, 빈땅 맥주 36K (Tax & SC 15%)
주소 Jl. Double Six, Seminyak
전화 0878-6141-6310
홈피 laplancha-bali.com, www.facebook.com/planchabali

Night Life

❼

우 바 Woo Bar

오픈 전부터 화제를 몰고 다녔던 W 리조트 내에 자리한 바. W의 스타일이 그러하듯 시크하고 감각적인 인테리어로 단숨에 발리의 핫 플레이스로 부상했다. 어둡고 차분한 실내석과 야외석이 있으며 루프톱엔 선베드 좌석도 놓여 있다. 거대한 팬이 돌아가는 바 주변에 앉아 칵테일을 즐겨도 좋고 야외석에서 시원한 맥주를 즐겨도 좋다. 특히 이곳의 명물은 유리잔 위에 달콤한 솜사탕이 올려진 아이캔디 i-Candy. 너무나 귀여운 모습에 술을 못하는 여성 방문객에게도 인기가 많다. 6명의 상주 DJ가 있어 저녁이면 좀 더 흥겨운 분위기를 느낄 수 있다.

위치	W 리조트 내, 해변 쪽에 위치
운영	10:00~01:00
요금	Cocktail 135~195K(Tax & SC 21%)
주소	Jl. Petitenget, Seminyak
전화	0361-300-0106
홈피	www.woobarbali.com

Spa

❶

잔띠 스파 Zanti The Retreat

잔띠 스파는 코트야드 매리어트에서 운영하는 스파로 호텔 부속 스파임을 감안하면 상당히 매력적인 가격대를 형성하고 있다. 또한 호텔 부속인 만큼 쾌적한 시설과 세심한 서비스가 동반됨은 두말하면 잔소리. 아이들을 위한 서비스, 남성 고객을 위한 메뉴도 갖추고 있다. 일반적인 발리니스 마사지를 시작으로 페이셜 등 다양한 메뉴를 두루 갖추고 있는데 그중 화산 지역 미네랄 머드를 이용한 잔띠 시그니처 마사지가 대표 메뉴. 투숙객을 위해 할인 프로모션을 하거나 전화로 미리 예약 방문하면 할인을 받을 수 있는 등 적극적인 마케팅을 펼치고 있다.

위치	코트야드 매리어트 스미냑 내에 위치
운영	09:00~21:00
요금	발리니스 마사지 350K~(60분) (Tax & SC 21%)
주소	Jl. Camplung Tanduk 103, Seminayk
전화	0361-849-9600

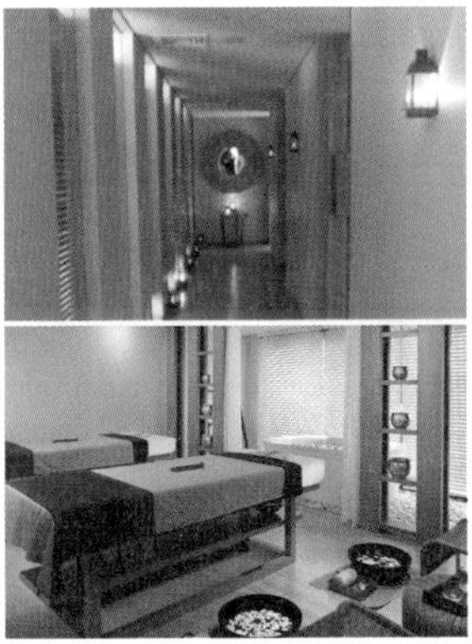

Spa

2

아쿠아 페를라 스파 Acqua Perla Spa

더블 식스 럭셔리 호텔의 부속 스파로 고급스러운 서비스와 분위기를 기대할 수 있다. 단순히 마사지나 트리트먼트에 머물지 않고, 몸과 마음이 함께 쉴 수 있도록 공간들을 구성해 높은 점수를 주고 싶다. 이곳의 독특한 스파룸은 마치 미래의 우주선 안을 떠올리게 하는데 신선하면서도 고요함을 준다. 모든 트리트먼트가 끝나면 리프레시 라운지로 이동해 바다가 보이는 베드형 소파에서 휴식을 취한다. 발몽, 엘레미스, 바버 등의 스파 제품을 사용하며 오가닉 재료와 천연 허브를 적극 활용하고 있다.

위치	더블 식스 호텔 내 위치
운영	08:00~20:00
요금	발리니스 마이크로코즘 마사지 USD54(60분) (Tax & SC 21%)
주소	Double Six Beach 66, Seminyak
전화	0361-849-9189
홈피	www.acquaperlaspa.com

Spa

3

더 케어 데이 스파 The Care Day Spa

무조건 저렴한 마사지보다는 쾌적하고 고급스러운 시설에서 제대로 릴렉싱하고 싶은 사람에게 추천할 만한 곳이다. 화사한 외관에 주눅 들지 않아도 좋다. 시설보다 합리적인 가격대를 유지하며 테라피스트들도 철저하게 관리하고 있으니까. 벽에 정갈하게 걸려 있는 테라피스트들의 당당한 사진만 봐도 더 케어 데이 스파의 자부심이 느껴진다. 부드러운 마사지를 원한다면 릴렉싱 마사지를, 강한 마사지를 원한다면 딥 티슈를 선택하면 된다. 페이셜 케어의 경우 보통 동남아에선 매번 기대에 미치지 못하는 실력으로 기피해왔던 것과 달리 클라란스 등 최고 품질의 제품을 사용한 꼼꼼한 관리로 만족스럽다. 가격은 80분 기준 450K~. 스미냑 지역 내에서 무료 픽업 서비스를 제공한다.

위치	락스마나 로드, 크로보칸 로드, 스미냑 메인 로드의 접점에서 크로보칸 쪽으로 도보 약 2분 이동하면 왼쪽에 있다.
운영	10:00~22:00
요금	릴렉싱 마사지 220K(60분), 딥 티슈 마사지 350K(90분) (Tax & SC 17.5%)
주소	Jl. Kerobokan 112A, Seminyak
전화	0812-4612-0790 카카오톡 ID thecarespabali
홈피	www.thecarespa.com

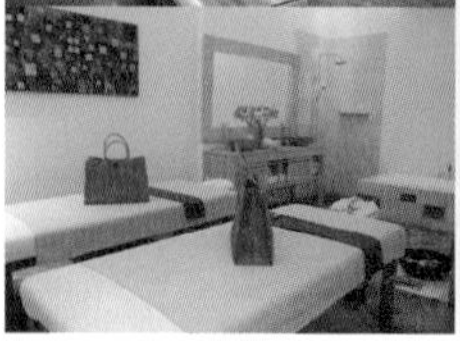

Spa

4

어웨이 스파 Away Spa

W 리조트의 부속 스파인 만큼 W의 톡톡 튀는 감성을 고스란히 느낄 수 있는 스파다. 기존의 스파가 다소 어둡고 차분한 분위기가 주를 이루었다면 어웨이 스파의 분위기는 밝고 산뜻하며 사이버틱하다. 24시간 영업, 푸른 조명이 들어오는 베드, 베드 아래 꽃 대신 태블릿 PC를 배치한 것과 트리트먼트 전 신선한 산소를 마음껏 마실 수 있게 산소 마스크를 준비해놓은 것도 어웨이 스파만의 특색이다. 시그니처 마사지인 보디 블리스 탄트릭 마사지는 꽤 만족스럽고 그 외에 다양한 패키지 메뉴를 갖추고 있다.

위치	W 리조트 내에 위치
운영	24시간
요금	보디 블리스 탄트릭 마사지 995K, 페이셜 700K~(Tax & SC 21%)
주소	Jl. Petitenget, Seminyak
전화	0361-300-0106
홈피	www.marriott.com

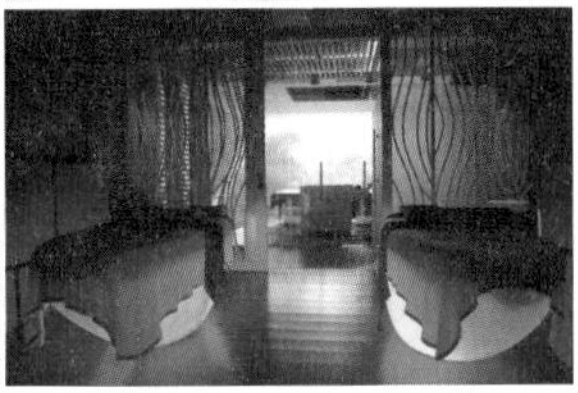
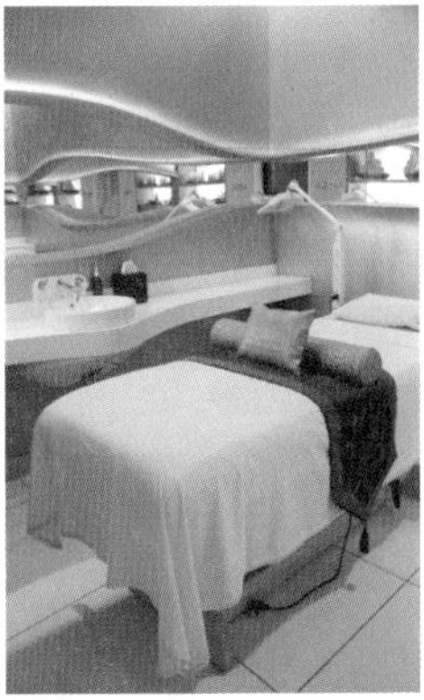

Spa

5

사바 스파 Sava Spa

인디고 발리 리조트 내에 위치한 스파로 리조트와는 독립된 건물에 위치해 있다. 태국의 유명 스파 브랜드 한Harnn 제품을 사용하며 스파 입구에 다양한 한 제품을 구매할 수 있도록 했다. 스파 리셉션을 지나 계단을 따라 내려가면 클래식하고 럭셔리한 스파 라운지에서 트리트먼트 전 상담을 받게 된다. 커플룸과 싱글룸으로 구분된 트리트먼트룸은 샤워실, 화장실이 잘 갖추어져 있으며 별도로 네일 케어 공간과 발 마사지를 받을 수 있는 특별한 공간도 마련되어 있다. 여느 호텔 스파처럼 다양한 메뉴를 갖추고 있는데 특히나 태국식 마사지인 시아미즈 아로마틱 보디 마사지Siamese Aromatic Body Massage도 받을 수 있다.

위치	인디고 발리 리조트 내에 위치
운영	10:00~19:00(LO 18:00)
요금	마사지 1,200K~(60분) (Tax & SC 21%)
주소	Jl. Camplung Tanduk 10, Seminyak
전화	0361-209-9999
홈피	seminyak.hotelindigo.com

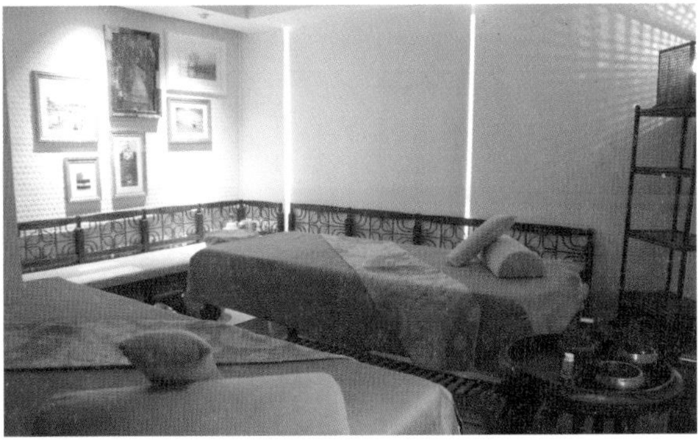

Spa

6

디시니 스파 Disini Spa

디시니는 숙소로도 사랑을 받고 있는데 스파 또한 훌륭한 시설과 출중한 실력으로 많은 인기를 얻고 있다. 빌라의 가장 안쪽에 자리한 스파는 트리트먼트룸이 독립된 빌라처럼 자리하고 있어 프라이빗한 느낌이 든다. 넓은 공간에 욕조와 샤워실 등을 고급스럽게 단장해놓았다. 기본적인 발리니스 마사지도 좋지만 이곳에선 마사지와 스크럽, 목욕 등이 포함된 스파 패키지를 받아보는 것이 좋다. 스파 패키지가 부담스럽다면 비교적 만만한 가격의 마사지와 목욕Spa Bath을 결합하는 것도 좋다. 라임과 생강, 레몬그라스 등을 잔뜩 넣은 물에 목욕을 하고 나면 마음까지 상쾌해지는 것 같다.

위치 디시니 빌라 내에 위치
운영 10:00~23:00
요금 Balinese Traditional Massage USD55(60분), Botanical Heaven USD159(130분) (Tax & SC 21%)
주소 Jl. Mertasari 28, Seminyak
전화 0361-737-537
홈피 www.disinivillas.com

Spa

7

메타 스파 Metta Spa Villas and Wellness at The Ulin Villas

울린 빌라 내에 위치한 스파로, 고풍스러운 분위기를 풍기는 10개의 스위트 스파룸을 갖추었다. 겉으로 보이는 분위기와 시설도 빠지지 않지만, 이곳은 특히 여성 테라피스트의 서비스가 훌륭하다. 마사지에 들어가기에 앞서 10가지 오일 중에서 마음에 드는 오일을 선택할 수 있는데, 향기 외에도 어떤 증상에 효과가 있는지 코멘트가 달려 있어 고르기 수월하고 재미있다. 2인 이상 이용 시 꾸따, 스미냑, 누사두아, 사누르 지역에 왕복 차량 서비스를 제공한다.

위치 울린 빌라 내에 위치
운영 10:00~20:00
요금 Four Hands Massage 700K(60분), Aromatherapy Massage 490K(60분)(Tax 12.5%)
주소 Jl. Mertasari, Seminyak
전화 0361-736-238, 0812-4630-0699
홈피 www.mettaspabali.com

Spa
8
자리 메나리 Jari Menari Seminyak

차원이 다른 강렬한 마사지를 원하는 여행자라면 자리 메나리를 방문해보자. 자리 메나리는 모든 테라피스트가 남성으로 구성되어 있으며 요가 동작을 결합한 발리니스 마사지를 제공하고 있어 좋은 평가를 받고 있다. 온몸의 근육을 풀어주고 스트레칭을 통해 혈액순환을 돕는 Connoisseurs Massage with Movement는 조금 비싼 편이지만 그 값어치를 한다.

위치	바상카사 로드 북단에 위치
운영	09:00~22:00
요금	Signature Massage 485K(75분), Four Hand Massage Harmony 590K(60분)(Tax 10%)
주소	Jl. Basangkasa 47, Seminyak
전화	0361-736-740
홈피	www.jarimenari.com

Spa
9
코쿤 메디컬 스파 Cocoon Medical Spa

통상적으로 생각하는 마사지나 스파를 원한다면 접어두자. 코쿤 메디컬 스파는 "예쁘게 다시 태어나자(Beauty Reborn)."라는 슬로건을 걸고 정식으로 허가받은 의사와 간호사를 따로 트레이닝해 미용 관련 시술을 하는 메디컬 스파다. 최근 발리 거주 외국인들을 대상으로 인기를 얻고 있으며 갖추고 있는 기계도 최신식으로 개별 진료실과 시술실이 있다. 보톡스, 필러, 화이트닝, 레이저 제모, 장기 디톡스 프로그램 등을 취급하며 종종 놀라운 가격의 시술을 프로모션하니 방문의사가 있다면 홈페이지를 체크해보자.

위치	선셋 로드, 선셋 스타 맞은편 근처에 있다.
운영	10:00~19:00
요금	Dermal Infusion 800K(60분), PRP+Dermapen 2,800K(60분), 레이저 제모 600K~ (Tax 10%, 신용카드 결제 시 1.5% 추가 비용)
주소	Jl. Sunset Road, Legian
전화	0361-847-5997
홈피	cocoonmedicalspa.com

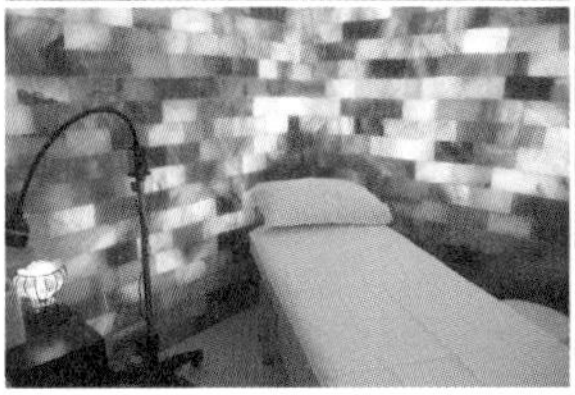

Spa
⑩
칠 Chill Reflexology

전신 마사지보다는 발, 어깨, 머리, 목 등 부분 마사지를 주로 다룬다. 가장 무난하게 받을 수 있는 마사지는 칠 아웃과 클래식. 클래식은 쉽게 피로해지는 발과 발목, 어깨, 목을 집중적으로 마사지해준다. 오일 대신 로션을 사용해 마사지 후에도 기름지지 않아 느낌이 좋다. 개인 라커가 있어 소지품을 보관할 수 있으며, 이어폰으로 음악을 들으며 마사지를 받기 때문에 같은 공간에서 여럿이 함께 있어도 별로 불편함이 느껴지지 않는다. 마사지 강도는 전반적으로 강하지 않다.

위치 꾼띠 로드에 위치, 프라나 스파를 등지고 왼쪽으로 직진하면 바로 나온다.
운영 10:00~22:00
요금 칠 아웃 250K(60분), 클래식 250K(60분)(Tax & SC 21%)
주소 Jl. Kunti I , Seminyak
전화 0361-734-701 홈피 www.chillreflexology.com

Spa
⑪
프라나 스파 Prana Spa

한 번 보면 잊히지 않는 독특한 외관이 고개를 갸웃하게 만들지만 막상 들어가보면 실력과 시설 모두 안정적인 곳이다. 그래서인지 꾸준히 찾아오는 일본인 손님이 특히 많다. 모로코풍으로 꾸며진 내부는 천장이 높고 화려하며 이색적이다. 특히 인공적으로 만들어놓은 밤하늘과 별을 감상하며 즐기는 자쿠지가 매우 로맨틱하다. 강한 시그니처 마사지도 인기가 좋지만 오일을 조금씩 떨어뜨려 마사지하는 아유르베딕 트리트먼트도 이곳의 자랑거리다.

위치 꾼띠 로드 중간 즈음, 발리 델리 맞은편에 위치
운영 09:00~22:00
요금 아유르베딕 트리트먼트 800K~(60분), Signature Body Massage 510K(60분)(Tax & SC 21%)
주소 Jl. Kunti I No.118x, Seminyak
전화 0361-730-840
홈피 www.pranaspabali.com

Spa
⑫
에스페이스 Espace

스미냑 중심가에 위치한, 깔끔한 시설의 스파. 싱글룸과 커플룸 등 총 10개의 스파룸에 살롱과 발 마시지 공간이 있다. 대표 마사지는 트래디셔널 오리엔탈 풀 보디 마사지로 시왓수, 타이, 스웨디시, 리플렉살러지 테크닉이 혼합되어 뭉친 근육을 풀어준다. 매니큐어나 페디큐어를 받는 손님도 많다. 스파룸으로 가는 길에 살롱이 있어 조금 어수선할 수도 있다.

위치 스미냑 메인 로드 위쪽의 바상카사 로드에 위치
운영 09:00~21:00
요금 트래디셔널 오리엔탈 풀 보디 263K(60분), 포 핸드 마사지 440K(Tax & SC 12.5%)
주소 Jl. Raya Seminyak, Br. Basangkasa 3B, Seminyak
전화 0361-730-828
홈피 www.espacespabali.com

Spa
⑬
수쿠 Suku

발리의 부드러운 마사지에 실망한 사람이라면 수쿠를 방문해보자. 온 힘을 다해 근육을 풀어주는데 한 번 받고 나면 기분까지 개운해진다. 귀여운 파란 간판이 걸려 있는 아담한 규모의 마사지 숍으로 시설 면에서는 다소 떨어지는 편. 1층에는 리셉션이 있고 2층에 커튼으로 분리된 마사지 공간이 옹기종기 배치되어 있다. 단 6명의 마사지사에 의해 꾸려지고 있어 방문 전 예약하는 것이 좋다.

위치 크로보칸 로드, 메티스 근처에 위치
운영 11:00~21:00
요금 Foot Massage 65K(30분), Full Body Traditional Massage 215K(90분), Classical Suku Massage 255K(90분)
주소 Jl. Kerobokan, Br. Taman 60, Seminyak
전화 0361-731-187, 0361-809-1732

Tip 스미냑 쇼핑 Shopping in Seminyak

흔히 발리의 청담동으로 불리우는 스미냑은 날로 그 범위가 커져 작고 아기자기한 예쁜 숍들이 하루가 다르게 늘어나고 있다. 겹치는 아이템이 대부분이고 저렴한 가격에 흥정까지 가능한 꾸따와는 다르게 스미냑의 대부분의 숍들에서는 정찰제가 이루어지고 있어 오히려 마음 편하게 쇼핑을 즐길 수 있다. 걷기 힘든 낮보다는 저녁 무렵 스미냑 스퀘어를 거점으로 천천히 산책하듯 걸으며 쇼핑을 즐기는 것이 좋다. 특히 몇 해 전부터 선풍적으로 인기를 끌고 있는 다양한 뱀피 제품을 쇼핑할 수 있는 에비자Ebiza, 고퀄리티의 인테리어 소품과 잡화를 취급하는 킴수Kimsoo, 발리에 많은 지점을 가지고 있는 로컬 패션브랜드 뱀부 블론드Bamboo Blonde 등은 둘러볼 만하다.

Shopping
1
스미냑 스퀘어 Seminyak Square

락스마나 삼거리에 위치한 스미냑 스퀘어에는 레스토랑과 카페, 의류 매장, 슈퍼마켓 등이 한자리에 모여 있다. 하지만 작은 규모로 일부러 찾을 필요는 없고 간단히 쇼핑할 경우 적합하다. 총 2층 구조로 서퍼 걸, 퀵실버, DC, 보디 & 소울, 릴리 레인 등의 의류 매장이 있으며 블랙 캐년과 발리 베이커리, 페러플러스(서점), 까사 고멧(슈퍼마켓), 인테리어 숍, 기념품 매장 등이 있다. 까사 고멧은 오전 8시부터 밤 10시까지 문을 열며 빈땅 슈퍼마켓이나 발리 델리에 비하면 규모는 작지만 과일을 비롯한 식료품을 구입할 수 있다.

위치 락스마나 로드에서 더 정션 맞은편에 위치, 락스마나 삼거리에 있다.
운영 10:00~22:00(매장마다 다름)
주소 Jl. Laksmana, Seminyak
전화 0361-732-106
홈피 www.seminyaksquare.com

Shopping
2
발리 델리 Bali Deli

빈땅 슈퍼마켓과는 분위기가 조금 다른 고급형 슈퍼마켓이다. 주로 발리 현지에 거주하는 외국인들이 자주 찾는 곳으로 가격대가 높은 대신 다양하고 희귀한 식재료를 많이 갖추고 있다. 발리 델리 내부에 수준 높은 빵과 케이크를 맛볼 수 있는 베이커리와 커피, 간단한 식사를 즐길 수 있는 레스토랑도 있다.

위치 꾼띠 로드 중간 즈음, 프라나 스파 맞은편에 위치
운영 07:00~22:00
주소 Jl. Kunti I No.117X, Seminyak
전화 0361-738-686
홈피 www.balideli.net

Shopping

3

스미냑 빌리지 Seminyak Village

스미냑 스퀘어 뒤편에 새롭게 오픈한 쇼핑몰로 모던하면서도 고급스러운 분위기다. 다양한 분위기의 유명 레스토랑이 입점해 있으며 유니크한 기념품과 전통 예술품들을 판매하는 마켓 플레이스, 알도, 뱀부 블론드, 릴리 진, MCM, 리모와 센사시아 보타니컬 등 다양한 매장들도 입점해 있다. 쇼핑몰 내부에서는 무료로 무선 인터넷을 사용할 수 있으며 환전소, ATM과 무료 버기 서비스도 제공하고 있다.

위치 스미냑 스퀘어 뒤편
운영 10:00~22:00
주소 Jl. Kayu Jati 8, Basangkasa, Seminyak
전화 0361-738-097
홈피 www.seminyakvillage.com

Shopping

4

빈땅 슈퍼마켓 Bintang Supermarket

현지인은 물론 여행자들도 많이 이용하는 슈퍼마켓. 우붓에도 지점을 두고 있다. 스미냑 지점은 특히 규모가 큰 편으로 2층 구조로 되어 있으나 여행자들이 구입할 만한 아이템은 1층에 모두 모여 있다. 와인을 비롯한 술부터 식료품, 약품, 화장품, 기념품까지 어지간한 물건은 이곳에서 한 번에 구입할 수 있다. 일정 금액 이상 구매 시 신용카드 사용이 가능한데 2.5%의 수수료가 추가된다.

위치 스미냑 메인 로드 남쪽에 위치
운영 07:30~22:30
주소 Jl. Raya Seminyak 17, Seminyak
전화 0361-730-552
홈피 bintangsupermarket.com

Stay : 5성급

❶

인디고 발리 Hotel Indigo Bali Seminyak Beach

오픈과 동시에 발리의 워너비 리조트로 자리매김한 IHG 계열의 디자인 호텔이다. 총 270개의 객실과 19개의 1베드룸 풀빌라를 운영하고 있다. 270여 개의 객실은 클래식룸, 오아시스룸, 네이버후드룸 등 카테고리로 구분되어 있으나 방 사이즈와 인테리어는 동일하며 위치와 뷰에 따라 차등을 두었다. 하위 일부 객실은 호텔 정문 쪽으로 향하고 있어 프라이버시를 중요시한다면 상위 카테고리를 선택할 것을 추천한다. 디자인 호텔답게 로비에 들어선 순간 화려하고 유니크한 디자인으로 압도되는데 객실 또한 마찬가지. 데이베드가 놓여 있는 테라스가 딸려 있으며 객실엔 미니 바, 에스프레소 머신과 함께 오렌지와 주스기를 놓아둬 신선한 주스를 직접 갈아먹을 수 있게 했다. 발리 전통 목욕풍습에서 영감을 받은 황동색 목욕용 바가지가 포인트로 놓여 있는 넓은 욕실에는 자체 스파 브랜드의 어메니티가 놓여 있다. 수영장은 성인 전용 풀과 바다 쪽으로 뻗어 있는 넓은 메인 풀이 중앙으로 자리하고 있다. 해변과 연결되어 바닷가 산책하기도 좋으며 세미 뷔페와 단품주문형식으로 마카세 레스토랑에서 조식을 즐길 수 있다.

위치	아난타라 스미냑과 이웃한다.
요금	클래식룸 USD350~
주소	Jl.Camplung Tanduk 10, Seminyak
전화	0361-209-9999
홈피	seminyak.hotelindigo.com

2

더블 식스 럭셔리 호텔 Double Six Luxury Hotel

럭셔리 호텔에 걸맞은 규모와 서비스를 제대로 갖추고 있다. 우선 해변을 따라 길게 자리 잡은 호텔의 위치에 큰 점수를 주고, 여기에 어메니티가 잘 갖춰진 편안한 스위트 객실과 키즈 풀을 포함한 긴 라군 수영장을 칭찬한다. 객실은 기본 스위트 객실에 오션뷰, 플런지풀, 풀 액세스를 선택할 수 있으며 특히 일반 객실 크기만 한 넓은 욕실이 인상적이다. 해변이 내려다보이는 루프톱 바와 한껏 차려입고 저녁을 보낼 파인다이닝도 갖추고 있고, 부담 없이 즐길 수 있는 이탈리안 레스토랑도 있다. 조식에도 다양한 국적의 여행자들을 위한 깊은 배려가 느껴지는데 한국인을 위한 비빔밥도 준비되어 있다(오전 9시까지만 주문 가능한 딤섬도 꼭 먹어보자). 고객을 감동시키는 서비스를 몇 가지 더 꼽자면, 체크인과 체크아웃을 객실에서 진행하고, 주류를 제외한 미니 바가 무료이며, 축축한 수영복을 말려주고(하루 2개씩), 버틀러는 손님의 짐 싸기도 도와준다. 도착 라운지가 잘 되어 있어 이르게 도착하거나 늦은 시간 공항에 가는 손님들이 아주 유용하게 이용할 수 있다.

위치 스미냑 해변 앞 더블 식스 로드에 위치
요금 레저 스위트 USD300 선
주소 Double Six Beach 66, Seminyak
전화 0361-730-466
홈피 www.double-six.com

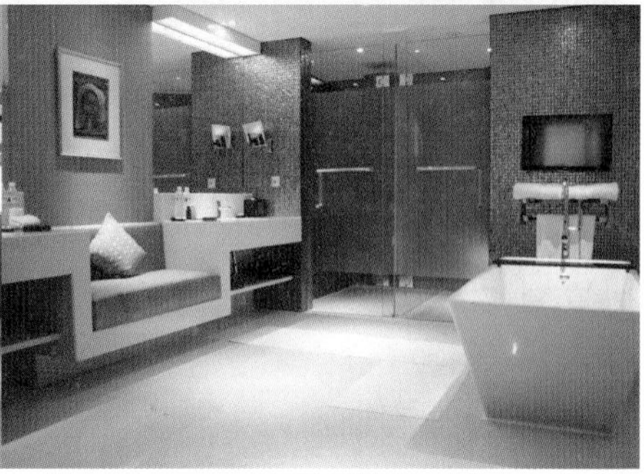

3

더 트란스 리조트 발리 The Trans Resort Bali

트란스는 Trans TV 방송과 유통, 호텔, 요식업 등을 아우르는 인도네시아의 내기업이다. 이곳은 트란스가 발리에 첫선을 보인 대형 리조트로 규모나 시설 면에서 트란스다운 면모가 드러난다.
총 200개의 리조트 룸과 빌라는 묵직하고 고급스러운 분위기이다. 리조트 객실은 20평의 큰 프리미어룸을 자랑하는데 빌라 역시 호화롭다. 리조트 뒤편, 조용한 발리 정원 속에 숨겨진 빌라는 객실과 수영장이 모두 크고 야외 다이닝 공간까지 상당히 넓다. 신혼여행객이라면 빌라 안에서 로맨틱 디너를 즐겨봐도 좋겠다. 부대시설로는 키즈 클럽, 피트니스 센터, 스파, 부티크, 클럽 라운지, 루프톱 라운지, 풀 바 등이 있다. 특히 수영장은 백사장이 함께 꾸며져 있어 아이가 있는 가족 여행자들에게 인기가 좋고, 리조트 규모만큼 조식 뷔페도 다양하다. 선셋 로드만 건너면 바로 스미냑의 레스토랑과 상점들을 이용할 수 있고 리조트 옆에 대형 마트도 있다. 스미냑 스퀘어 쇼핑몰과 해변가의 포테이토 헤드까지 무료 셔틀버스를 제공한다.

위치 스미냑 지역에서 선셋 로드가 시작되는 부분에 위치
요금 프리미어 USD130~, 빌라 USD400~
주소 Jl. Sunset Road, Kerobokan
전화 0361-898-1234
홈피 www.transresortbali.com

Stay : 5성급

4

W 발리 W Bali Seminyak

2011년 3월 스미냑에 오픈한 세계적인 호텔 체인, W. W라는 단 한 단어만으로도 그 분위기와 수준이 짐작된다. 스미냑 비치가 눈앞에 펼쳐져 마치 어른들을 위한 원더랜드 같은 분위기. 총 237개의 객실과 모던하고 스타일리시한 레스토랑, 수영장을 비롯한 부대시설은 W를 더 W답게 만들어준다. 젊은 층에 초점을 맞춘 일반 객실은 세련되고 모던한 디자인이다. 일부 객실은 욕실 천장의 특수 유리를 통해 하늘을 볼 수 있도록 하여 특별한 느낌을 주었다. 특히 3층에 위치한 스펙터클 오션뷰 리트리트는 스미냑 비치 전망을 자랑한다. 눈여겨봐야 할 부대시설로는 24시간 운영되는 어웨이 스파와 모던하면서도 감각 있는 우 바Woobar 등이 있다.

위치	쁘띠뗑읏 로드에 위치. 공항에서 차로 25분 정도 소요
요금	Wonderful Garden View Retreat USD400~, Marvelous One Bedroom Pool Villa USD580~
주소	Jl. Petitenget, Seminyak
전화	0361-300-0106
홈피	www.marriott.com

Stay : 5성급

5

더 사마야 스미냑 The Samaya Seminyak

풀 빌라로만 이루어진 사마야는 고급스럽고 넓은 객실을 자랑한다. 전 객실에는 거실과 분리된 널찍한 룸과 욕실, 정원, 수영장 등이 자리하고 있어 만족도가 높다. 스파, 수영장, 레스토랑 모두 훌륭한 편으로 풀 빌라의 프라이빗과 수준 있는 호텔의 부대시설로 신혼여행객의 기대를 저버리지 않는 숙소이다.

길 하나를 사이에 두고 비치 사이드 빌라와 코트야드 빌라로 나뉜다. 호텔 부대시설들은 비치 사이드 빌라에 있는데 골프 버기로 단 2분이면 오갈 수 있는 거리다. 모두 1~3베드룸으로 리노베이션을 마쳐 객실 컨디션이 좋다. 크기 면에서는 길 건너 코트야드 빌라가 약간 크지만 비치 사이드 빌라들은 해변과 부대시설을 이용하기 더 편리하다. 해변 쪽에는 1베드룸과 1베드룸 로열 파빌리온 빌라가 있고, 2베드룸 이상의 숙소를 이용하려면 모두 길 건너 코트야드 빌라를 예약해야 한다. 이 숙소에 머문다면 선셋 로맨틱 디너로 평이 좋은 브리즈 레스토랑을 꼭 이용해볼 것.

위치	락스마나 로드에 위치. 더 르기안과 가깝다.
요금	1베드룸 로열 코트야드 빌라 USD630~, 1베드룸 풀 빌라 USD630~
주소	Jl. Laksmana, Seminyak
전화	0361-731-149
홈피	www.thesamayabali.com

Stay : 5성급

6

더 콜로니 The Colony Hotel

콜로니얼 스타일로 꾸며진 아담한 규모의 숙소이다. 스미냑 요지에 자리하고 있어서 스미냑 스퀘어를 비롯해 유명 레스토랑, 바 등과 매우 근접해 편리하다. 객실은 많지 않지만 사이즈를 비롯해 조금씩 다른 구성으로 다양한 카테고리로 구분되어 있다. 슈피리어룸과 디럭스룸은 크기나 인테리어가 거의 차이가 나지 않지만 객실의 위치에 따라 구분된다. 그 위로 객실 크기와 거실 유무, 테라스 유무에 따라 주니어 스위트, 그랜드 디럭스, 그랜드 스위트룸 등으로 나뉘어져 있다. 더 콜로니의 가장 큰 장점은 조용하고 평화로운 분위기. 중앙에 꽤 길이가 긴 수영장을 객실 건물이 둘러싸고 있는 형태이며 수영장 앞쪽으로 조식당 전용으로 운영되는 레스토랑이 있다.

위치 스미냑 스퀘어에서 도보 약 10분
요금 슈피리어 USD150~
주소 Jl. Laksmana 22, Seminyak
전화 0361-736-160
홈피 www.thecolonyhotelbali.com

Stay : 5성급

7

원 일레븐 One Eleven

스미냑에서 고급 빌라에 머물고자 한다면 주저 없이 이곳을 추천하고 싶다. 스미냑 중심의 좋은 위치, 답답함이 전혀 없는 넓은 빌라, 최신 시설을 갖춘 모던한 객실과 넓고 긴 수영장, 그리고 높은 수준의 서비스까지 완벽에 가깝다.
350㎡의 넓은 부지에는 일자형 1베드룸 빌라와 수영장, 스파 가제보가 나란히 세워져 있다. 다소 미니멀한 빌라이지만 푸른 잔디와 나무로 산뜻함을 더했고 빌라 내에 있는 스파 가제보는 내 집에서 편안하게 스파를 받는 기분까지 들게 한다. 규모와 더불어 손님의 마음을 사로잡는 것은 섬세한 서비스이다. 욕실에 마련된 어메니티는 남성용과 여성용이 따로 나뉘어 있고 자연 재료를 사용해 만들었다. 또 조식 메뉴가 매일 달라지는데 요리사가 직접 빌라 주방에서 요리해 따뜻한 아침을 내놓는다. 빌라 부속 식당인 아담한 시로에서 양질의 일식도 즐길 수 있으니 장점이 너무나 많은 곳이다. 스파나 시로 레스토랑 이용권을 결합한 숙박 프로모션을 이용하면 더욱 알차게 이용할 수 있다.

위치	락스마나 로드에서 울티모 레스토랑 골목으로 직진하면 왼쪽에서 찾을 수 있다.
요금	1베드룸 풀 빌라 USD495~
주소	Jl. Pangkung Sari 3, Seminyak
전화	0361-731-343
홈피	www.111resorts.com

Stay : 5성급

8

더 르기안 The Legian

규모와 서비스로 스미냑에서 손꼽히는 호텔이다. 총 67개의 스위트 객실로 편안함을 중시한 디자인에 초점을 두었으며 객실 내에는 아이팟, 에스프레소 머신 등이 있어 편리하다. 객실이 조금 오래된 것도 사실이지만 기본적으로 지닌 스케일과 꾸준한 관리로 그 가치를 인정받고 있다. 스미냑 해변을 향해 있는 2단 수영장과 레스토랑, 스파, 피트니스 센터, 라이브러리 등 부대시설도 잘 갖추고 있다. 더 르기안 길 건너에는 클럽 앳 더 르기안Club at the Legian이 자리 잡고 있다.

위치	락스마나 로드에 위치, 쿠데타와 더 사마야 스미냑 사이에 있다.
요금	스튜디오 스위트 USD584~
주소	Jl. Laksmana, Seminyak
전화	0361-730-622
홈피	lhm-hotels.com/legian-bali/ko

Stay : 5성급

9

아난타라 스미냑 Anantara Seminyak Bali Resort

아난타라는 그 이름만으로도 시설과 서비스의 수준을 짐작할 수 있는 세계적인 호텔 브랜드다. 2008년 스미냑에 둥지를 튼 아난타라 스미냑은 제한된 부지에 지어지다 보니 입구가 다소 답답한 느낌을 주기도 하지만 객실 하나만큼은 발리를 통틀어 최고로 꼽아도 손색이 없을 만큼 훌륭하다. 크기도 크기려니와 블랙 톤의 모던한 분위기가 상당히 고급스럽다. 특히 넓은 테라스에 대리석으로 된 자쿠지가 설치되어 있어 바다를 내다보며 느긋하게 시간을 보낼 수 있다. 객실은 사이즈와 인테리어는 대동소이하나 뷰에 따라 차등을 두었다. 3개의 수영장이 있는데 특히 메인 수영장은 바다 바로 앞에 있어 시원스러운 느낌이다. 조식은 루프톱인 문 라이트 키친 앤 바에서 먹게 되는데 세미 뷔페와 단품 오더 형식이 믹스된 형태로 분위기도 맛도 좋은 편이다. 와일드 오키드, 아난타라 스파 또한 호텔만큼 좋은 평가를 얻고 있다.

위치 디아나쁘라 로드를 따라 해변 쪽으로 직진하면 스미냑 비치 바로 앞에 있다.
요금 아난타라 스위트 USD350~
주소 Jl. Dhyana Pura, Seminyak
전화 0361-737-773
홈피 www.anantara.com/en/seminyak-bali

Stay : 4성급

⑩

아이스 IZE Seminyak

락스마나 로드 한가운데에 위치한 아이스는 스미냑의 상점과 레스토랑들을 맘껏 누리고 싶은 여행자에게 안성맞춤이다. 위치적 강점을 무기로 객실 외 다른 부대시설은 과감히 최소화했다.

총 객실 81개의 중급형 호텔로 크게 디럭스룸과 클럽룸으로 나뉜다. 객실 면적은 동일하고, 다만 클럽룸은 7층에 위치해 수영장 이용이 편리하다는 장점이 있다. 또 디럭스 풀 액세스 객실은 로비 아래에 위치, 프라이빗 수영장과 객실이 바로 연결되어 있어 좋지만 일조량이 적어 아쉽기도 하다. 부대시설로 레스토랑과 바, 루프톱 수영장, 피트니스 센터가 있는데 전반적으로 규모가 작은 편이다. 조식은 메자 레스토랑에서 준비되며 간소하게 인도네시안과 웨스턴, 샐러드, 베이커리 코너로 채워진다.

위치	카유 아야 길(락스마나) 중심에 위치, 루머스 레스토랑과 가깝다.
요금	디럭스 USD95~
주소	Jl. Kayu Aya(Laksmana) 68, Seminyak
전화	0361-846-6999
홈피	www.ize-seminyak.com

Stay : 5성급

⓫

코트야드 매리어트 스미냑 Courtyard by Marriott Bali Seminyak Resort

요즘 사람들이 무얼 좋아하는지 잘 알고, 그것을 잘 만들어내는 트렌디한 호텔이다. 기본에 충실한 군더더기 없는 객실과 감각적이면서도 맛있는 조식 뷔페, 즐거운 일광욕장으로 변신하는 호텔 가든, 기분 좋은 음악이 종일 울려 퍼지는 수영장, 격식을 차리기보다 즐겁고 자유로운 여행을 즐기는 여행자에게 꼭 맞는 숙소이다. 숙박 가격대도 합리적인 편이니 이곳을 눈여겨보자. 가장 일반적인 디럭스 객실은 시티뷰, 풀뷰, 풀 테라스(풀 액세스)로 나뉘는데 시티뷰 객실들은 거리 소음이 조금 있는 편이다. 모든 객실에 발코니나 테라스가 딸려 있고 객실 컨디션도 좋다. 스파, 피트니스 센터, 키즈 클럽 등 기본적인 부대시설이 잘 관리되고 있으며 스테이크 하우스인 스미냑 미트 숍은 한 번쯤 방문해볼 만하다. 위치도 좋은 편으로 도보 5분 거리에 해변이 있고 스미냑 메인 로드도 멀지 않아 주변 상점이나 식당 이용도 편리하다. 저녁까지 수영장에서 음악이 흘러나오니 조용한 호텔을 원하는 여행자에게는 추천하지 않는다.

위치 Camplung Tanduk 길에서 Drupadi 길로 들어오면 호텔 정문이 보인다.
요금 디럭스 USD100~
주소 Jl. Camplung Tanduk 103, Seminyak
전화 0361-849-9600
홈피 www.marriott.com

Stay : 4성급

⓬

U 파샤 스미냑 U Paasha Seminyak Bali

U 파샤 스미냑의 가장 큰 매력인 24시간 투숙은 투숙객이 원하는 시간에 체크인하고 24시간 후에 체크아웃하는 것으로 하루를 알차게 머물 수 있다. 만약 무료 공항 픽업 서비스(도착 3일 전까지 예약 가능)까지 예약하면 밤늦게 공항에 도착하는 여행자는 이 호텔의 장점들을 속속들이 이용하는 셈. 객실은 발리스러움을 뺀 모던하고 편안한 분위기이며 스미냑 일대가 한눈에 보이는 옥상에는 널찍한 수영장과 바가 있다. 상점과 레스토랑이 밀집된 락스마나 로드에 위치해 젊은 여행자에게 더욱 사랑받고 있다.

위치 락스마나 로드 중심에 위치
요금 스위트 USD135~
주소 Jl. Laksmana 77, Seminyak
전화 0361-846-5977
홈피 www.uhotelsresorts.com/upaashaseminyak

Stay : 4성급

⓭

울린 빌라 The Ulin Villa & Spa

오랜 세월 스미냑 중심에서 자리를 지키고 있는 울린 빌라를 보면 구관이 명관이라는 말이 딱 들어맞는다. 1~3베드룸을 고루 갖춘 14채의 빌라를 보유한 울린 빌라는 문을 연 지 오래되어 우후죽순처럼 생겨나는 신생 풀 빌라들과는 차원이 다른 관록이 느껴진다. 가장 사이즈가 작은 1베드룸에도 거실과 분리된 침실, 야외 키친, 스파 베드가 놓인 공간까지 있어 상당히 공간 활용이 효율적이고 여유롭다. 정성 가득한 조식도 울린 빌라의 장점 중 하나인데 모양도 맛도 만족스럽다. 빌라 내에 있는 메타 스파는 외부인도 자주 찾는 곳이니 투숙객이라면 한 번쯤 시도해보자.

위치 락스마나 로드에서 울티모 옆 작은 골목으로 약 50m 정도 들어가면 왼쪽에 보인다.
요금 1베드룸 풀 빌라 USD400~
주소 Jl. Mertasari, Seminyak
전화 0361-735-000
홈피 www.theulinvilla.com

Stay : 5성급

⓮

디시니 빌라 Disini Villas & Spa

유명 레스토랑이 밀집되어 있는 락스마나 한가운데에 위치한 디시니. 총 22채의 풀 빌라는 모두 1베드룸으로 로비에서부터 일직선으로 배치되어 있다. 문을 열고 들어가면 풀과 풀사이드에 마련된 야외 살라가 보이고 오픈된 거실과 안쪽에는 침실이 마련되어 있다. 전반적으로 화사하고 모던한 편이라 젊은 커플에게 인기가 많다. 조식은 일식과 양식, 인도네시아식 중 택할 수 있고 꾸따로는 하루 3번 셔틀이 다닌다. 스미냑 내에서는 자유로이 편도 트랜스퍼를 이용할 수 있다. 빌라 내의 디시니 스파는 최고의 재료와 최고의 실력을 자부하는 곳이니 여유가 된다면 꼭 이용해보자.

위치 락스마나 로드에서 울티모 옆 작은 골목으로 약 50m 정도 들어가면 오른쪽에 보인다.
요금 1베드룸 빌라 USD346~
주소 Jl. Mertasari 28, Seminyak
전화 0361-737-537
홈피 www.disinivillas.com

Stay : 5성급

⑮

더 로열 비치 스미냑 The Royal Beach Seminyak Bali

소피텔이 리노베이션 후 더 로열 비치 스미냑으로 업그레이드해 재탄생했다. 트로피컬한 분위기의 멋진 수영장은 그대로이지만 빌라를 포함한 모든 객실에서는 조금 더 화사한 분위기가 느껴진다. 메인 빌딩에 위치한 슈피리어, 디럭스, 스위트 등과 독립적으로 위치한 빌라들까지 다양한 형태의 객실을 갖추고 있다. 풀 빌라가 주를 이루는 스미냑 한가운데에 위치한 대형 리조트라는 점도 더 로열 비치 스미냑의 장점이다.

위치 드야나뿌라 로드를 따라 계속 직진하다 보면 오른쪽에 있다.
요금 슈피리어 USD200~
주소 Jl. Camplung Tanduk, Seminyak
전화 0361-730-730
홈피 www.accorhotels.com

Stay : 5성급

⑯

아메티스 빌라 Ametis Villa

짱구 지역에서 단연 압도적인 우월함을 보여주는 숙소로 총 14채의 빌라가 운영되고 있다. 발리의 전통적인 요소와 모던한 느낌이 적절히 조화를 이룬 빌라 내부는 들어서자마자 넉넉한 정원과 수영장, 거실 공간에 탄성이 나온다. 야외 거실에는 소파, TV, 식탁, 주방 등이 갖추어져 있으며 공간도 여유롭다. 객실 안쪽으로는 실내 침실 공간과 실외 욕실, 화장실이 따로 설치되어 있다. 욕실과 화장실이 실외에 있기는 하지만 대리석 바닥과 최신식 설비로 전혀 불편함이 없고 무료로 제공되는 미니 바와 애프터눈 티, 그리고 다양한 아침 식사 또한 큰 즐거움이다.

위치 짱구에 위치. 스미냑 중심가에서 차로 약 20분 소요. 투구 발리 가기 전에 있다.
요금 1베드룸 프리미어 풀 빌라 USD447~
주소 Jl. Pantai Batu Bolong, Canggu
전화 0361-844-5567
홈피 www.ametisvilla.com

Stay : 5성급

⑰

투구 발리 Tugu Bali

투구 발리의 오너 안하르 씨는 그동안 모은 수집품을 활용해 가장 인도네시아다운 부티크 호텔을 완성했다. 객실은 크게 두 가지 타입으로, 1층에 위치한 데다리 스위트는 프런지 풀이 있고, 2층에 위치한 리장 스위트는 스틸 욕조가 특징이다(2층은 계단으로 돼 있어 다소 불편할 수 있음). 매일 오후 로비에서 애프터눈 티 뷔페가 열리며 리조트 뒷문으로 바로 투구 비치로 나갈 수 있다.

위치 짱구 지역, 투구 비치에 위치. 응우라이 국제공항에서 차로 40분 정도 소요
요금 데다리 스위트 USD491~
주소 Jl. Pantai Batu Bolong, Canggu
전화 0361-473-1701~2
홈피 www.tuguhotels.com

Stay : 4성급

18

와카 강가 Waka Gangga

앞에는 바다, 양옆으론 논이 펼쳐진 와카 강가는 바다와 들을 동시에 누릴 수 있는 곳이다. 와카 계열답게 친환경적인 숙소로 로비와 식당, 객실 지붕이 모두 짚으로 된 원뿔 모양이어서 마치 동화 속에 들어온 것 같다. 객실은 크게 두 가지 타입으로 8채의 라나이와 2채의 풀 빌라가 있다. 육각형의 라나이는 욕실을 제외하고 객실 벽이 모두 유리로 되어 있어 논과 바다를 직접 내다볼 수 있다. 풀 빌라는 2베드룸 구조로, 무엇보다 바다를 막힘없이 한눈에 볼 수 있는 것이 특징. 숙소 내의 스파에는 합리적인 가격대의 허니문 패키지가 있으니 눈여겨보도록 하자.

위치 응우라이 국제공항에서 차로 1시간 정도 소요
요금 라나이 USD175~
주소 Jl. Pantai Yeh Gangga, Desa Sudimara, Tabanan
전화 0361-846-9699
홈피 www.wakahotelsandresorts.com

Stay : 5성급

19

더 스미냑 The Seminyak Beach Resort & Spa

2011년 11월 그랜드 오픈한 리조트로 기존에 있던 레조르 스미냑의 모습은 찾아볼 수 없을 정도로 럭셔리한 리조트로 재탄생했다. 비치로의 접근성은 떨어지지만 객실 컨디션은 비슷하며 수영장도 따로 마련되어 있다. 바다 쪽에 위치한 오션 윙에는 스위트룸을 비롯해 상위 카테고리의 객실과 풀 빌라가 있다. 해변 바로 앞의 2개의 수영장은 바다 쪽으로 확 트여 있어 시원스러운 느낌을 준다. 뷔페식 조식은 특히 과일 코너가 훌륭하다. 꾸따와 스미냑 등지로 하루 4번 셔틀버스도 운행하고 있다.

위치 락스마나 로드의 쿠데타를 지나 사마야 스미냑 가기 전에 왼쪽에 로비가 있다.
요금 가든 윙 USD267~, 비치 윙 USD291~
주소 Jl. Laksmana, Seminyak
전화 0361-730-814
홈피 www.theseminyak.com

Stay : 5성급

20

오베로이 발리 The Oberoi Bali

스미냑에서 첫 번째로 문을 연 역사 깊은 호텔이다. 로비로 들어서는 긴 입구부터 고풍스러운 발리의 분위기를 풍기며 시원하게 펼쳐진 해변으로 정원과 수영장이 활기차게 배치되어 있다. 총 74개의 객실이 14채의 빌라와 60개의 라나이로 이루어졌다. 라나이는 지금은 구하기 힘든 바닷속 돌로 외벽을 꾸며 아름답다. 욕실은 비교적 넓으며 편안한 분위기의 객실로 발리적인 요소가 조금 가미되어 있다. 빌라는 라나이에 비해 객실 크기가 좀 더 크고 디자인은 비슷하다. 줄리아 로버츠가 이 호텔에 묵기도 했다고.

위치 락스마나 로드에 위치, 쿠데타에서 가깝다.
요금 라나이 가든뷰 USD361~
주소 Jl. Laksmana, Seminyak
전화 0361-730-361
홈피 www.oberoihotels.com/hotels-in-bali

Stay : 5성급

21

더 헤이븐 The Haven

스미냑 메인 로드 중간에 위치해 쇼핑과 다이닝에 최적인 위치를 자랑하는 호텔이다. 메인 로드에서 보이는 입구는 작지만 안쪽으로 스튜디오룸과 수영장부터 시작하여 깊게 들어가면 차례로 스위트룸, 빌라들이 배치되어 있는 구조이다. 스튜디오룸의 객실 사이즈는 스위트룸에 비해 작지만 메인 수영장, 레스토랑, 외부로 들락날락하기에 편리하다. 스위트룸에는 전용 풀장과 전용 식당이 있고 객실이 상당히 여유로운 편이지만 상대적으로 사용 빈도가 낮아 그런지 스튜디오룸보다 관리 수준이 떨어져 보인다.

위치 빈땅 슈퍼마켓을 등지고 우회전하여 직진, 더블 식스 로드로 진입하기 전 오른쪽에 있다.
요금 헤이븐 USD95~
주소 Jl. Raya Seminyak, Seminyak
전화 0361-738-001
홈피 www.phm-hotels.com/thehavenhotels/baliseminyak

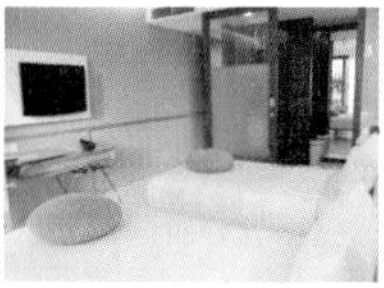

Stay : 부티크

22

L 호텔 L Hotel Seminyak

SLH Small Luxury Hotel 소속 호텔로 규모는 작지만 디테일이 살아 있는 호텔이어서 여성과 커플 여행자에게 추천할 만하다. 총 30개의 스위트로 객실이 구성되어 있는데 객실은 벽이 화이트 대리석으로 꾸며져 있으며 베이지와 핑크 등으로 멋을 낸 화사하면서 모던한 분위기다. 3개의 카테고리 중 럭스 스위트는 오픈형 욕조가 객실 내에 설치되어 있어 특히 커플에게 인기다. 수영장이 호텔과 독립적인 공간에 있고(도보 1분), 비치 클럽 이용 시 차로 이동해야(5분) 한다는 단점이 있지만 와규 비프, 에그 베네딕트 등 고급스러운 메뉴를 무제한 주문해 즐길 수 있는 어메이징한 조식과 24시간 버틀러 서비스, 스미냑 지역 셔틀버스 서비스 등 유니크하고 매력적인 장점이 참 많은 호텔이다.

위치 쁘띠뗑읏 로드에 위치
요금 라이프스타일 스위트 USD160~
주소 Jl. Petitenget 8L, Seminyak
전화 0361-894-7898
홈피 www.thelhotels.com

Stay : 4성급

23

메종 앳 씨 Maison At C Boutique Hotel & Spa

메종 앳 씨는 편안하면서도 유니크한 디자인으로 중무장한 4성급의 부티크 호텔로 스미냑 중심가로 접근이 용이해 다이닝과 쇼핑을 즐기기에 좋다. 스미냑 스퀘어까지 무료 셔틀버스도 운행하고 있어 편리하다. 객실은 가장 기본이 되는 슈피리어, 디럭스룸을 비롯해 수영장 주변으로 배치되어 있으며 전용 수영장을 사용할 수 있는 풀스위트, 키친네트가 있어 가족 여행자에게 좋은 스튜디오룸, 프라이빗 풀이 딸려 있는 풀 빌라까지 여행자의 니즈에 맞는 다양한 콘셉트의 객실을 보유하고 있다. 수영장은 총 2개로 하나는 메인 풀로 꽤 큰 규모인 데다 분위기도 좋고 활용도가 좋다. 조식은 메종 비스트로에서 먹을 수 있는데 종류는 많지 않지만 내실 있는 아침 식사를 제공한다. 내부는 체육관과 스파까지 갖췄다.

위치 스미냑 스퀘어에서 도보 약 20분
요금 디럭스 USD70~
주소 Jl. Cendrawasih 89, Kerobokan
전화 0361-474-1999
홈피 www.maisonbalihotel.com

‘바다’ 그 본연의 맛과 멋

Jimbaran & Uluwatu

짐바란 & 울루와뚜

저녁이면 매캐한 연기로 뒤덮이는 짐바란 비치에서 시푸드 먹기는 누구나 기대하는 발리 여행의 필수 코스. 이 짐바란 비치를 따라 유명 리조트들이 자리 잡고 있으며 울루와뚜 로드를 따라 올라가면 럭셔리한 리조트와 프라이빗한 풀 빌라가 하나씩 자리하고 있다. 이 숙소들은 최고의 전망과 프라이빗한 분위기로 특히 신혼여행객들에게 인기가 많다.

짐바란 & 울루와뚜

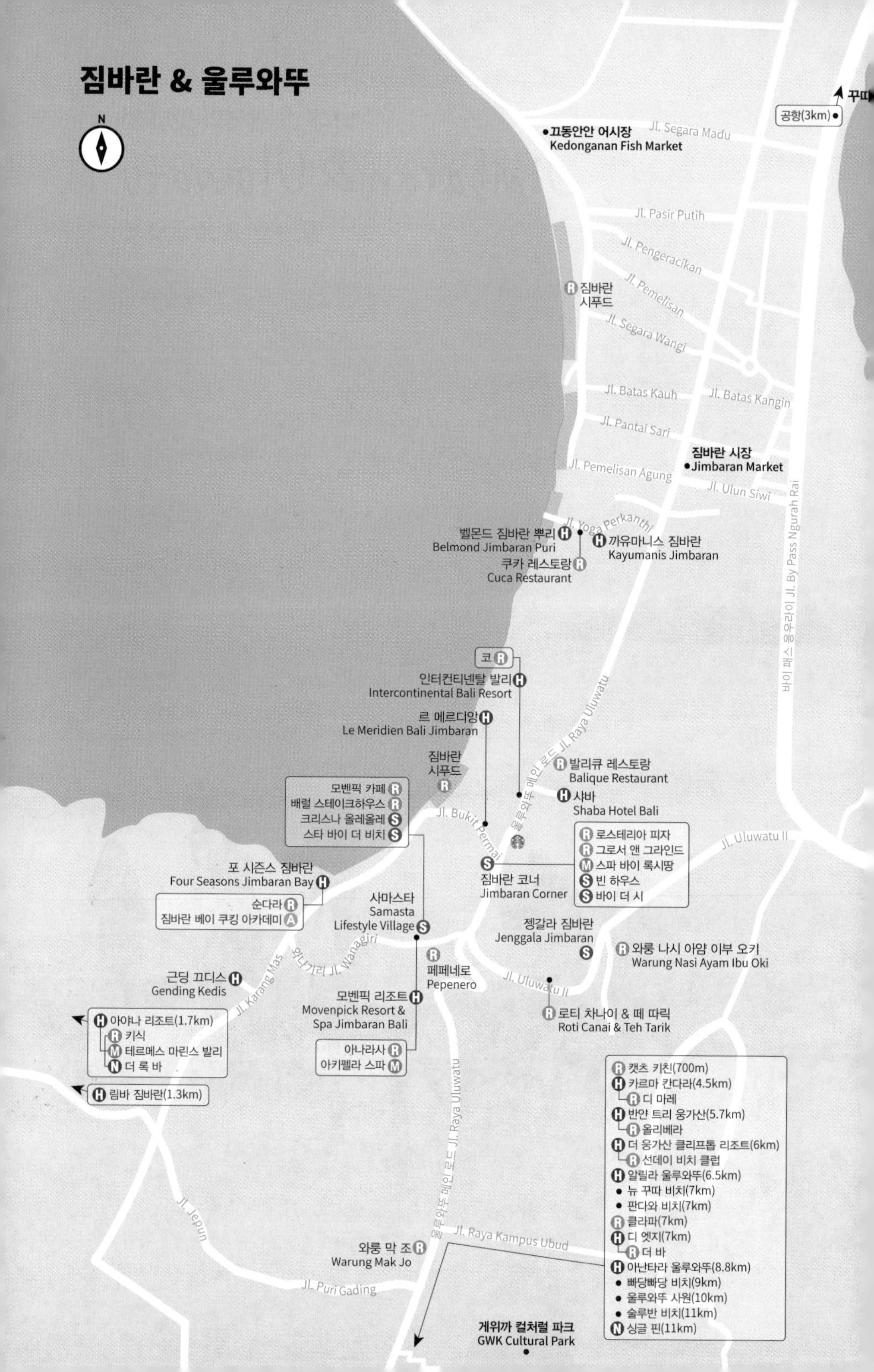
N
꾸따
공항(3km)
끄동안안 어시장
Kedonganan Fish Market
Jl. Segara Madu
Jl. Pasir Putih
Jl. Pengeracikan
Jl. Pemelisan
Jl. Segara Wangi
짐바란 시푸드
Jl. Batas Kauh
Jl. Batas Kangin
Jl. Pantai Sari
짐바란 시장
Jimbaran Market
Jl. Pemelisan Agung
Jl. Ulun Siwi
Jl. Yoga Perkanthi
벨몬드 짐바란 뿌리
Belmond Jimbaran Puri
까유마니스 짐바란
Kayumanis Jimbaran
쿠카 레스토랑
Cuca Restaurant
바이 패스 응우라이 Jl. By Pass Ngurah Rai
코
인터컨티넨탈 발리
Intercontinental Bali Resort
르 메르디앙
Le Meridien Bali Jimbaran
울루와뚜 메인 로드 Jl. Raya Uluwatu
짐바란 시푸드
발리큐 레스토랑
Balique Restaurant
모벤픽 카페
배럴 스테이크하우스
크리스나 올레올레
스타 바이 더 비치
사바
Shaba Hotel Bali
Jl. Bukit Permai
Jl. Uluwatu II
로스테리아 피자
그로서 앤 그라인드
스파 바이 록시땅
빈 하우스
바이 더 시
포 시즌스 짐바란
Four Seasons Jimbaran Bay
짐바란 코너
Jimbaran Corner
순다라
짐바란 베이 쿠킹 아카데미
사마스타
Samasta
Lifestyle Village
젱갈라 짐바란
Jenggala Jimbaran
와나기리 Jl. Wanagiri
와룽 나시 아얌 이부 오키
Warung Nasi Ayam Ibu Oki
근딩 끄디스
Gending Kedis
Jl. Karang Mas
페페네로
Pepenero
Jl. Uluwatu II
모벤픽 리조트
Movenpick Resort & Spa Jimbaran Bali
로티 차나이 & 떼 따릭
Roti Canai & Teh Tarik
아야나 리조트(1.7km)
키식
테르메스 마린스 발리
더 록 바
아나라사
아키펠라 스파
림바 짐바란(1.3km)
캣츠 키친(700m)
카르마 칸다라(4.5km)
디 마레
반얀 트리 웅가산(5.7km)
올리베라
더 웅가산 클리프톱 리조트(6km)
선데이 비치 클럽
알릴라 울루와뚜(6.5km)
뉴 꾸따 비치(7km)
판다와 비치(7km)
클라파(7km)
디 엣지(7km)
더 바
아난타라 울루와뚜(8.8km)
빠당빠당 비치(9km)
울루와뚜 사원(10km)
술루반 비치(11km)
싱글 핀(11km)
울루와뚜 메인 로드 Jl. Raya Uluwatu
Jl. Jepun
Jl. Raya Kampus Ubud
와룽 막 조
Warung Mak Jo
Jl. Puri Gading
게위까 컬처럴 파크
GWK Cultural Park

✚ 짐바란 & 울루와뚜 Jimbaran & Uluwatu

1. 짐바란 & 울루와뚜로 이동하기

택시

꾸따, 스미냑 등 발리 남부의 지역에서는 대부분 택시로 이동해도 무리가 없다. 공항에서 이 지역으로 이동할 때의 요금은150~200K 정도이다.

가이드 차량

우붓을 비롯한 발리 외곽 지역과 숙소가 조합되어 있을 경우 이동 시 가이드 차량을 섭외하여 다니는 것이 편리하다. 하루 10시간 기준 USD60 선.

숙소 차량

짐바란이나 울루와뚜의 고급 리조트와 빌라의 경우, 숙소에 따라 픽업 서비스가 포함되어 있는 경우가 있으니 확인하자. 무료 픽업이 아니더라도 하루 8시간 관광이 필요 없는 경우 숙소에 픽업 요금만 지불하고 이동할 수도 있다.

2. 짐바란 & 울루와뚜 안에서 이동하기

택시

택시는 지역 내에서 이용할 수 있는 가장 편리한 교통수단이지만 꾸따나 스미냑과는 달리 통행량이 현저히 떨어지는 탓에 택시 잡기가 쉽지 않을 수도 있다. 되도록이면 식당이나 호텔에서 택시를 불러달라고 부탁하는 것이 좋다.

3. 짐바란 & 울루와뚜 엿보기

짐바란과 울루와뚜 지역은 꾸따나 스미냑처럼 오밀조밀 상점들이 밀집되어 있지 않다. 그래서 걸어서 산책하며 여기저기 둘러보기에는 무리가 있다.

짐바란이나 울루와뚜 지역에 숙소를 잡았을 경우에는 호텔 수영장에서 시간을 보내는 등 휴양에 중점을 맞추고 저녁 무렵 짐바란 시푸드나 유명한 레스토랑에서 정찬을 즐기는 것을 추천한다.

Writer's Tip :)

짐바란 & 울루와뚜에서 꼭 해야 할 일 체크!

- ☐ 짐바란 시푸드 즐기기
- ☐ 끄동안안 어시장 구경하기
- ☐ 리조트에서 망중한 즐기기
- ☐ 울루와뚜 사원에서 께짝 댄스 관람하기
- ☐ 전망 좋은 리조트에서 파인다이닝 즐기기

4. 짐바란 & 울루와뚜 추천 1일 코스

발리 여행의 필수 코스인 짐바란 비치에서 시푸드와 비치를 따라 늘어선 유명 리조트에서의 여유를 만끽해보자.

08:00

아침 식사

여유로운 아침 식사 후
리조트나 비치를
걸어보는 것도 좋다.

10:00

리조트 수영장에서 신나는 물놀이

선베드에서
읽을 책 한 권과
음악은 필수~

13:00

푸짐한 점심 식사

페페네로에서
점심 식사
(p.198)

14:30

게위까 컬처럴 파크 둘러보기

볼거리가 풍성하진 않지만
기념사진 찍을 만한
스폿이 다양하다.
(지도 p.186)

15:30

발리큐 레스토랑에서 커피 한잔

인터컨티넨탈 리조트 주변
카페도 오후 커피 타임을
즐기기에 좋다.

17:30

짐바란 시푸드 즐기기

너무 일찍 도착하면
햇볕이 강하고 너무 늦으면
선셋을 놓치니 17:30~18:00가
적당하다.(p.194)

20:00

쿠카에서 멋진 칵테일과 타파스 맛보기

타파스 가격은 비싸지 않으나
워낙 양이 적어 식사 후
방문하는 게 좋다.(p.193)

Activity

❶

울루와뚜 사원 께짝 댄스 Kecak Dance at Uluwatu Temple

발리 전통 춤의 하나인 께짝 댄스는 원숭이 춤으로 불린다. 상반신을 탈의한 남성들이 "께짝, 께짝" 원숭이 울음소리를 합창하며 악령을 쫓는 의식에서 시작되었다고 한다. 이 춤에 월터 스피스가 고대 인도의 서사시인 『라마야나Ramayana』를 극으로 꾸며 공연의 완성도를 높였는데, 원숭이 울음소리 합창과 군무는 분위기를 고조시키고 라마야나 이야기도 순조롭게 녹아들어 보는 재미를 더한다. 무엇보다 이곳 울루와뚜 사원의 께짝 댄스는 절벽 바로 앞 공연장에서 열린다는 것! 저녁 무렵 시작되는 공연은 석양과 가파른 바다 절경이 어우러져 어느 공연장보다 임팩트 있다. 등장인물 중 하얀 원숭이 하노만Hanoman이 극의 감초 역할을 톡톡히 해내고, 극의 전개도 빨라 지루함이 덜하다. 한국어 공연 안내서에는 공연 줄거리와 등장인물 등이 정리되어 있어 공연 전에 읽어두면 이해가 쉽다. 공연은 1시간가량 진행되며 공연 입장료는 울루와뚜 사원 입장료와 별도로 지불해야 한다. 선착순으로 원하는 좌석에 앉을 수 있다.

위치	울루와뚜 사원 내에서 진행
운영	공연 18:00(1시간)
요금	**공연 입장료** 성인 150K 어린이(만 2~9세) 50K
전화	0361-904-1163, 0821-4644-2745

Sightseeing ★★☆

❶

울루와뚜 사원 Pura Luhur Uluwatu

바다의 신을 모시는 울루와뚜 사원은 푸른 바다 위 약 70m 절벽에 자리해 그 모습만으로도 보는 이를 압도한다. 정식 명칭은 뿌라 루후르 울루와뚜로 11세기 음푸 쿠투란Empu Kuturan이라는 고승에 의해 창건되었다. 이후 따나 롯 사원을 세운 니라타 승려가 16세기에 증축했다고 전해진다. 현지인들에게는 바다의 신을 모시는 주요 사원 중 하나지만 여행자에게는 절벽 경관과 일몰 장소로 더 유명하다. 사원으로 가는 길에는 원숭이가 많은데 귀걸이, 선글라스 같은 귀중품을 채가기도 하고, 원숭이에게서 물건을 건네받은 현지인이 돈을 요구하기도 하니 유의하자. 반바지 차림일 경우 사롱(허리에 두르는 전통의상)을 둘러야 하며 긴바지에는 슬렌당이라는 허리띠를 매야 하는데 입구에서 입장료를 내면 무료로 빌려준다. 매일 저녁 6시부터 1시간가량 께짝 댄스 공연(유료)이 열리니 참고하자.

위치 발리 남단 서쪽 끝 절벽에 위치. 꾸따에서 차로 약 1시간 20분 소요
운영 08:00~19:00
요금 입장료 50K

Sightseeing ★☆☆

❷

판다와 비치 Pandawa Beach

2012년 공식 오픈한 이래로 현지인의 휴식처이자 관광지로 많은 사랑을 받고 있는 비치이다. 입구에 들어서면 가장 눈에 띄는 것은 거대한 규모의 인조 석회암 절벽. 절벽 안쪽으로는 커다란 조각상들이 있는데 그들은 인도네시아 서사시의 영웅들이다. 이 절벽을 따라 약 250m가량 내려가면 해변이 눈에 들어오는데 약 1km에 걸쳐 아름다운 바다와 백사장이 펼쳐져 있다. 해변을 따라서 선베드와 스노클링 대여점, 식당 등이 늘어서 있으며 일부 식당은 손님들에게 샤워실을 제공한다.

위치 누사두아 BTDC에서 약 8km 떨어져 있다.
운영 07:00~17:00
요금 입장료 15K, 주차비 5K
주소 Jl. Pantai Pandawa, Nusa Dua, Kutuh, South Kuta

Sightseeing ★☆☆

③

빠당빠당 비치 Padang Padang Beach

줄리아 로버츠 주연의 영화 〈먹고 기도하고 사랑하라〉의 배경이 되면서 더욱 유명해진 아담한 해변이다. 커다란 암석으로 둘러싸인 조용한 해변이었는데 요새는 찾는 사람이 많아지면서 그 매력이 조금 떨어지긴 했다. 해변 위의 도로에서 내려다보면 더욱 아름다운 빠당빠당 비치는 절벽 사이의 돌계단을 따라 내려가면 비밀스러운 모습을 비로소 드러낸다. 간식을 파는 노점상이 몇몇 눈에 띄긴 하지만 아직 이렇다 할 편의시설은 없는 편이다. 아름다운 물빛과 백사장은 보는 것만으로도 힐링이 되고 스노클링 장소로도 인기가 많은 편이다.

위치 남부 꾸따 지역, 꾸따 중심에서 차로 약 1시간 소요
요금 입장료 10K, 주차비 5K
주소 Jl. Labuansait, Pecatu, Kuta Selatan

Sightseeing ★☆☆

④

술루반 비치 Suluban Beach

서핑을 위한 해변이다. 발리에서 가장 강한 파도를 즐길 수 있는 울루와뚜 서핑 포인트로 이동하기 위해 이 해변에서 서퍼들이 패들링을 시작한다. 양쪽 절벽이 마치 동굴처럼 좁게 둘러싸고 있어 일광욕을 즐기기도 어렵고, 파도가 세서 해수욕도 힘들다. 절벽에 위치한 식당이나 카페에서 서퍼들을 구경하는 일이 가장 흥미롭다. 싱글 핀 옆으로 나 있는 계단을 따라 내려가면 해변에 닿을 수 있다.

위치 꾸따에서 남서쪽으로 약 28km 떨어져 있으며 차로 약 1시간 소요
요금 주차비 5K
주소 Jl. Mamo, Pecatu, Kuta Selatan

Sightseeing ★☆☆

❺

끄동안안 어시장 Kedonganan Fish Market

짐바란의 끄동안안에 위치한 어시장으로 아침마다 장이 선다. 어선이 항으로 돌아오면 본격적으로 흥정이 시작되는데 30분 정도면 다 둘러볼 만큼 규모는 크지 않다. 주로 현지인들이 찾는 시장으로, 일부 쿠킹 클래스에서 끄동안안 어시장 투어를 진행하기도 한다. 어시장 맞은편에는 과일이나 야채를 파는 작은 시장이 있으며 해산물을 직접 구입해 근처의 해산물 식당에 조리를 맡겨 먹을 수도 있다.

위치 짐바란 비치 북쪽에 위치
운영 04:00~
주소 Jl. Pantai Kedonganan, Jimbaran

Sightseeing ★☆☆

❻

뉴 꾸따 비치(드림랜드 비치)
New Kuta Beach(Dreamland Beach)

발리 섬 남서쪽에 위치한 해변으로 물빛이 아름다워 찾는 사람이 많다. 원래는 드림랜드 단지 안에 있어 드림랜드 비치라 불렸는데 지금은 뉴 꾸따 비치로 널리 알려졌다. 파도가 센 편이라 서핑을 즐기는 사람들이 많으며 파도가 약한 모래 해변 근처에서도 물놀이를 많이 즐긴다. 해변 양쪽으로 절벽이 감싸고 있어 아담한 느낌이 드는데 해 질 녘이 되면 특히 아름답다.

위치 발리 남서쪽, 뉴 꾸따 골프장 방향
요금 **주차비** 오토바이 5K, 자동차 15K
주소 Jl. New Kuta Beach, Pecatu Indah Resort, Kuta Selatan

Food

1

쿠카 레스토랑 Cuca Restaurant

짐바란에 있기에 더욱 보석같이 빛나는 쿠카 레스토랑은 젊고 패기 넘치는 캐나다 출신 오너 셰프 케빈과 스페인 출신의 아내 버지니아가 테이블, 냅킨의 모양새와 조명까지 하나하나 공들여 탄생시킨 레스토랑이다. 특히 셰프 케빈은 스페인의 유명 미슐랭 스타 레스토랑인 아르삭Arzak, 엘 불리El Bulli 등에서 일했던 실력파다. 꾸따나 스미냑에서는 상상조차 할 수 없는 넉넉한 부지 위에 지어져 유난히 여유로운 분위기. 음식에 관한 설명을 들으며 식사를 즐기고 싶다면 주방 앞 바 공간에 자리를 잡자. 음식보다는 칵테일 한잔을 즐기고 싶다면 야외석을 추천한다. 음식 가격은 합리적인 데 비해 양은 많지 않아 식사를 원할 경우 1인 2~3접시를 주문해도 무난하다. 독특하고 창의적인 그들만의 칵테일 도쿄 모히토와 상그리아 등 음료부터 타파스 하나하나 탄성을 자아낼 만큼 창의적이고 기발하다. 특히 훈제향 가득한 스모크 비프와 불맛 제대로인 문어 요리, 검은깨 가루와 곁들여 먹는 크리스피 치킨 등은 추천할 만하다. 다시 한 번 말하지만 절대적으로 양은 적은 편.

위치 까유마니스 짐바란 바로 옆. 울루와뚜 로드를 따라 케라톤 호텔에서 인터컨티넨탈 방면으로 직진하다 오른쪽에 짐바란 뿌리 발리, 까유마니스 등의 사인 보드가 보이는 곳에서 골목 안쪽으로 들어가면 왼쪽에 있다.
운영 12:00~00:00(LO 23:00)
요금 타파스 45~180K, 목테일 60K~, 칵테일 100K~(Tax & SC 21%)
주소 Jl. Yoga Perkanthi, Jimbaran
전화 0361-708-066
홈피 www.cucaflavor.com

Food

2

선데이 비치 클럽 Sundays Beach Club

리프트를 타고 절벽 아래로 내려가면 푸른 바다가 펼쳐지는 선데이 비치 클럽. 음식과 바다를 온전히 즐길 수 있는 곳이다. 선베드와 카약, 스노클 장비, 샤워시설, 비치 타월도 무료이며 입장료에는 음식과 음료를 주문할 수 있는 크레딧이 포함되어 있다(성인 200K, 어린이 100K) 6인 이상 방문 시 예약 가능하며 간혹 웨딩 행사가 열리기도 해 영업 여부를 미리 확인해야 한다.

위치 더 웅가산 클리프톱 리조트의 부속 비치 클럽. 차로 꾸따 중심에서 약 50분, 울루와뚜 사원에서 약 20분 소요
운영 09:00~22:00
요금 **평일** 성인 400K, 어린이 200K, **주말** 성인 450K, 어린이 250K, 6세 이하 무료
주소 Jl. Pantai Selatan Gau, Br. Wijaya Kusuma, Ungasan
전화 0811-942-1110
홈피 www.sundaysbeachclub.com

Special Food

짐바란 시푸드

Jimbaran Seafood

짐바란 시푸드는 이제 짐바란뿐 아니라 발리를 방문하는 여행자들이라면 한 번쯤은 꼭 먹어보아야 할 명물이 되었다. 입에 착착 감기는 양념을 발라 구워낸 신선한 시푸드는 위생과 가격 면에서 합격점을 줄 순 없지만 아름다운 선셋을 바라보며 로맨틱한 시간을 보내기에 그만이다.

위치 짐바란 비치 앞, 포 시즌스 짐바란 쪽에서 인터컨티넨탈에 이르는 구역과 끄동안안 어시장 주변에 조성되어 있다.

✖ 언제쯤 가는 것이 좋을까?

해 질 무렵이 짐바란 시푸드를 즐기기에 더없이 좋은 시간이다. 오후 5시 30분부터 서서히 햇볕이 약해지기 시작해 6시 전후로 선셋을 즐길 수 있다. 해가 진 뒤엔 급격하게 어두워지므로 시간 계산을 잘하자. 또, 꾸따나 스미냑 등 다른 지역에서 짐바란으로 이동하는 경우 엄청난 교통 체증에 시달릴 수도 있으니 넉넉하게 시간을 잡고 출발하는 것이 좋겠다.

✖ 어느 레스토랑이 좋을까?

결론부터 이야기하자면 어디를 가든 다루는 메뉴와 맛, 가격 등이 대동소이하다. 어떻게 하면 조금이라도 싸게 먹을까, 혹은 더 좋은 데서 먹을까 하고 고민하는 것 자체가 무의미할 수도 있다는 이야기.
짐바란 시푸드의 구역은 크게 포 시즌스 짐바란 근처, 인터컨티넨탈 리조트와 뿌리 발리 근처, 끄동안안 어시장 근처로 구분할 수 있다. 그나마 끄동안안 어시장 근처가 가격은 가장 저렴하지만 얼마 차이 나지 않으니 슬슬 산책 삼아 해변을 따라 걸으면서 테이블 세팅이나 분위기가 마음에 드는 곳에 들어가는 것이 최선이다.

✖ 어떻게 주문할까?

주문은 메뉴판을 보고 적당한 세트 메뉴를 고르거나 직접 수조에 가서 해산물을 고르고 무게를 달아 흥정한다.
가게마다 적당한 가격에 여러 가지 해산물과 밥, 야채 등이 포함된 다양한 세트 메뉴를 판매하고 있어 흥정하는 것이 피곤하게 느껴진다면 세트 메뉴를 선택하는 것이 현명하다.
흥정은 서로 기분이 상하지 않는 한도 내에서 웃으며 하도록 하자. 적당한 해산물을 고르고 무게를 달아 정가의 20% 내로 할인받거나 작은 해산물 몇 가지를 덤으로 얻는 경우가 가장 바람직하다.

주문 예시

》2인일 경우

① 랍스터 1마리 + 스내퍼(도미) 1마리 + 조개 1kg
② 점보 프라운(왕새우) 1kg + 스내퍼 1마리 + 오징어 1마리

》4인일 경우

① 랍스터 1마리 + 스내퍼 2마리 + 점보 프라운 1kg
② 점보 프라운 1kg + 스내퍼 1마리 + 조개 1kg + 오징어 2마리
③ 점보 프라운 2kg + 스내퍼 2마리

Food

3

올리베라 Oliverra

힐튼 브랜드인 LXR 우마나 리조트 내의 비치 프런트 레스토랑으로 뛰어난 풍경이 매력적인 곳이다. 레스토랑 이름에서 보여지듯 올리브를 사용한 지중해 음식이 주를 이루며, 선셋을 만끽하기에 최적의 오션뷰를 가졌다. 저녁 시간에 오픈하며, 스테이크와 문어 요리가 인기이다.

위치	우마나 호텔 내에 있다.
운영	18:00~22:00
요금	100~250K
주소	Jl. Melasti, Ungasan, Kuta
전화	0361-704-477
홈피	www.hilton.com

Food

4

순다라 Sundara

포 시즌스 짐바란에서 오픈한 비치 바 겸 레스토랑이다. 야외 중앙에는 바다를 앞에 두고 편안하게 칵테일이나 맥주를 즐길 수 있는 분위기의 캐주얼한 좌석이 있고 양옆으로 2개의 공간이 따로 마련되어 있다. 하나는 차분한 바 분위기이며 다른 하나는 고급스러운 파인다이닝을 즐기기에 좋다. 건물 앞쪽으로는 바다와 수영장을 코앞에 둔 소파석이 있는데 미니멈 오더를 하면 자유롭게 수영장과 바다를 즐길 수 있다.

바 공간에서 간단히 타파스와 칵테일을 즐겨도 좋지만 수준급인 이곳의 파인다이닝 메뉴도 놓칠 수 없다. 짐바란 시푸드를 즐기고 싶은데 위생이 걱정돼 망설였다면 다소 비싸지만 그 가치를 충분히 하고도 남는 순다라의 짐바란 시푸드 메뉴를 즐겨보자. 점보 프라운은 260K(400g), 마히 마히 필레는 175K(220g) 정도의 가격이며 모닝글로리볶음, 삼발, 스팀 라이스 등이 함께 제공되고 신선도와 맛이 최고다. 구미가 당기는 사이드 메뉴와 푸짐한 샐러드 등 음식 맛에서는 나무랄 데가 없다.

위치	포 시즌스 짐바란 리조트 내, 해변 쪽에 있다.
운영	11:00~01:00(런치 11:30~17:00, 디너 17:00~23:30)
요금	칵테일 125K~, 타파스 120K~ (Tax & SC 21%)
주소	Jl. Bukit Permai, Jimbaran
전화	0361-708-333
홈피	sundarabali.com
메일	sundara.bali@fourseasons.com

Food

5

아나라사 Anarasa

모벤픽 리조트의 올데이 다이닝 레스토랑으로 아침에는 조식 뷔페 레스토랑으로 운영되고 있다. 점심에는 인도네시안, 서양식까지 여러 단품 메뉴들을 주문할 수 있으며 저녁이 되면 다양한 콘셉트의 뷔페가 운영되는데 전통 공연과 함께 바비 굴링부터 해산물 구이까지 포함된 푸짐한 음식을 즐길 수 있다.
일요일에는 12시부터 오후 4시까지 여유롭게 선데이 브런치를 즐길 수 있으며 아이들을 위한 액티비티가 포함된 키즈 섹션도 이용할 수 있다. 특히 부모가 식사를 하는 경우 12세 미만 아이 2명까지는 무료로 식사를 즐길 수 있다(성인 380K~).

위치 모벤픽 리조트 내 위치
운영 06:30~23:00(LO 22:30)
요금 런치 1인 200K 선(Tax & SC 21%)
주소 Jl. Wanagiri 1, Jimbaran
전화 0361-472-5777
홈피 www.movenpick.com/en/asia/indonesia/bali/jimbaran-bali

Food

6

모벤픽 카페 Movenpick Cafe

고급 리조트를 운영하는 모벤픽 그룹은 모벤픽 푸드로 사업을 시작한 만큼 음식에서의 자신감은 말할 필요가 없다. 이미 세계적으로 유명한 12가지 스위스 스타일의 모벤픽 아이스크림은 머스트 잇 아이템. 독특한 풍미의 두리안 아이스크림도 있으니 도전해보자. 또한 스위스 전문가에게 훈련받은 로스팅 장인의 진한 풍미의 커피와 지친 하루의 피로를 말끔하게 씻어줄 달콤쌉싸름한 핫초코 또한 별미다. 이 밖에 각종 페이스트리류와 케이크도 준비되어 있다.

위치 모벤픽 리조트, 사마스타 내 위치
운영 08:00~22:00(LO 21:30)
요금 1인 50K(Tax & SC 21%)
주소 Jl. Wanagiri 1, Jimbaran
전화 0361-472-5777
홈피 www.movenpick.com/en/asia/indonesia/bali/jimbaran-bali

Food

7

코 Ko

인터컨티넨탈 리조트 내에 위치한 고급 일식당으로 저녁에만 문을 열며 일본식 정원과 붉은색의 일본풍 인테리어가 세련된 멋을 낸다. 스시 바와 라운지, 다다미 프라이빗룸, 데판야키룸 이렇게 세 공간으로 나뉘며 어디서든 모든 메뉴를 주문할 수 있다. 스시 바에서는 매주 화요일 저녁 6시 30분과 8시 30분, 두 차례 2시간 동안 프로모션을 진행하는데 다양한 사시미와 스시를 뷔페로 즐길 수 있다(변동 가능성이 있으니 예약 필수). 데판야키룸에서는 철판 위에서 펼쳐지는 데판야키 쇼를 보며 즐거운 시간을 보내기 좋다.

위치 인터컨티넨탈 리조트 내 위치
운영 18:30~22:30
요금 1인 700K~(Tax & SC 21%)
주소 Jl. Uluwatu 45, Jimbaran
전화 0361-701-888
홈피 bali.intercontinental.com/ko/ko-japanese

Food

8

디 마레 Di Mare

카르마 칸다라 리조트의 부속 레스토랑으로 바다 전망이 압권이다. 푸른 수평선과 고요함이 마치 세상 끝의 레스토랑에 와 있는 기분이랄까. 탁 트인 바다와 독특한 석조 건물이 어우러져 도착하자마자 마음을 빼앗기기 쉽다. 레스토랑의 뷰가 이 식당의 기대치를 한껏 올려놓았는지 음식 맛에서는 호불호가 갈리지만 보통 이상의 수준은 된다. 신선한 해산물 요리가 주를 이룬다.

위치 공항에서 차로 약 40분 소요 운영 07:00~23:00
요금 1인 250K~(Tax & SC 21%)
주소 Jl. Villa Kandara Br. Wijaya Kusuma, Ungasan
전화 0361-848-2200 홈피 www.karmagroup.com

Food

9

페페네로 Pepenero

'검은 후추'라는 뜻의 페페네로는 합리적인 가격과 수준 있는 이탈리안 음식으로 현지인, 여행자 모두 일부러 찾아가는 곳이다. 미국과 태국에서 경력을 쌓은 셰프가 주방을 맡고 있으며 그의 손끝에서 나오는 친근한 이탈리안 음식들은 모두를 흐뭇하게 만든다. 특히 피자와 파스타는 탄성을 자아낸다. 빵과 파스타 모두 홈메이드이고 식전 빵이 준비되니 꼭 맛보길 추천. 식사 후에는 알코올과 레몬이 들어간 레몬첼로도 요청만 하면 무료로 즐길 수 있다. 멀리 짐바란 바다를 볼 수 있으며 저녁에는 분위기가 무르익어 로맨틱한 시간을 보내기에 좋다.

위치 템플 힐 발리 입구에 위치
운영 11:00~23:00
요금 파스타 55~137K, 피자 63~97K(Tax & SC 15%)
주소 Jl. Wanagiri 18, Jimbaran
전화 0361-702-111

Food

⑩

발리큐 레스토랑 Balique Restaurant

발리큐 레스토랑은 원래 짐바란 비치의 작은 간이매점이었던 곳을 개조한 식당이다. 스타일로 치자면 서울 홍대 거리에 있어도 손색 없을 정도로 멋진 빈티지 카페 겸 레스토랑이다. 자꾸만 사진기를 들이대게 하는 멋진 인테리어를 감상하며 간단히 음료를 즐기기 좋은데 특히 부드럽게 부푼 수플레는 진한 커피와 단짝이다. 메인 메뉴는 가격대가 살짝 높은 느낌이긴 하지만 맛은 꽤 괜찮은 편으로 버거부터 시푸드, 파스타, 태국 커리, 인도네시안 푸드 등 메뉴가 다양하다.

위치 인터컨티넨탈 리조트에서 도보 2분
운영 11:30~22:30(LO)
요금 레드 비프 커리 110K, 초콜릿 수플레 60K(Tax & SC 20%)
주소 Jl. Raya Uluwatu 39, Jimbaran
전화 0361-704-945
홈피 www.balique-restaurant.com

Food

⑪

와룽 막 조 Warung Mak Jo

저렴한 가격에 다양한 인도네시안 메뉴를 맛볼 수 있는 곳이다. 로컬 식당치고 내부가 깔끔한 편이며 무선 인터넷도 제공된다. 생선 요리로 유명한 곳인데 맛은 있으나 생선이 통통하지 않아 그럭저럭. 사테, 볶음밥 등 여러 가지 음식을 푸짐히 먹기에는 좋다. 가격대가 낮은 만큼 양도 적은 편.

위치 인터컨티넨탈 리조트 앞, 울루와뚜 로드를 따라 게위까 컬처럴 파크 방면으로 가다 보면 왼쪽에 있다.
운영 10:00~22:00 요금 1인 20K~(Tax 10%)
주소 Jl. Uluwatu 1 Jimbaran 전화 0361-704-130

Food

⑫

키식 Kisik Bar & Grill

더 록 바와 조금 떨어진 해안 절벽 위에 있다. 탁 트인 시원한 바다 전망이 압권인데 저녁 시간에만 문을 연다. 디너의 주메뉴는 시푸드 그릴로, 마켓처럼 꾸며진 시푸드 코너에서 원하는 종류를 골라 주문할 수 있다. 투박한 대접에 나오는 발리 전통 디저트인 판다누스 크림 푸딩 또한 꼭 맛봐야 하는 아이템이다. 인기가 높은 바다 전망 자리는 예약을 해둬야 하며 바다로 길게 뻗어 있는 선착장 끝자리에서 오직 한 커플만을 위한 로맨틱 디너가 준비된다.

위치 아야나 리조트 내 위치
운영 17:30~23:00 (LO 22:00)
요금 1인 500K~ (Tax & SC 21%)
주소 Jl. Karang Mas Sejahtera, Jimbaran
전화 0361-702-222
홈피 www.ayana.com/ko/bali/ayana-resort-and-spa

Food

⑬

클라파 Klapa

뉴 꾸따 비치 바로 앞에 위치한 엔터테인먼트 멀티플렉스. 해변이 한눈에 보이는 수영장을 비롯해 라운지, 레스토랑, 바, 클럽까지 갖추었다. 또한 수영장 뒤편 계단을 통해 바로 해변으로 나갈 수 있어 편리하다. 구입한 입장 티켓은 금액만큼 클라파 내에서 현금처럼 사용할 수 있으며 수영장을 이용하려면 입장료 등 별도로 돈을 지불해야 한다. 샤워룸과 타월이 제공되며 수영장 주위의 테이블도 무료로 사용할 수 있다.

위치 뉴 꾸따 비치(드림랜드 비치)에 위치
운영 10:00~23:00(클럽 ~03:00)
요금 **입장료** 100K **주차비** 오토바이 5K, 승용차 15K, **식사** 1인 150K~(Tax & SC 21%)
주소 Jl. New Kuta Beach, Pecatu Indah Resort, Kuta Selatan
전화 0361-848-4581
홈피 www.klapa-newkutabeach.com

Food

⑭

로스테리아 피자 L'Osteria Pizza e Cucina

머쉬룸 리조또와 라자냐가 인기인 이탈리안 레스토랑이다. 짐바란 투어 중 시푸드 외의 음식이 필요할 때 가볼 만한 곳이다. 유니크한 인테리어로 시선을 끌며 장기 여행자들에게도 인기 있다. 퓨전 요리가 아닌 정통 이탈리아식 메뉴가 준비되어 있다.

위치 스타벅스 근처에 있다.
운영 12:00~23:00
요금 100~250K
주소 Uluwatu St, Jimbaran, South Kuta
전화 0821-4668-5990

Food

⑮

와룽 나시 아얌 이부 오키
Warung Nasi Ayam Ibu Oki

닭고기 나시 짬뿌르와 사테를 파는 로컬 식당. 이 집의 매력은 매콤한 나시 짬뿌르로 더위에 지친 입맛을 돋우기에 딱이다. 나시 짬뿌르를 주문하면 사테를 하나씩 올려 주는데 맛이 좋아 단품으로 주문하기도 한다. 단, 12시 이후에 가면 사테가 떨어져 맛보기 힘들 때도 있으니 점심 전에 가는 것이 안전하다. 영어 소통이 가능하나 깨끗한 분위기를 기대하기는 어렵고 냉방 시설은 선풍기 몇 대가 전부라 더울 수 있다.

위치 젱갈라에서 누사두아 방향으로 100m 정도 직진하면 오른쪽에 골목이 있다. 골목에서 20m 정도 들어가면 왼쪽에 있다.
운영 07:00~18:00(음식이 떨어지면 일찍 문을 닫을 수 있음)
요금 1인 30K~
주소 Jl. Celagi Basur 3Y, Jimbaran
전화 0361-805-2059

Food

⑯

캣츠 키친 Kat's Kitchen

태국인 셰프 캣의 태국 음식점으로 짐바란 일대에서는 좀 알려진 곳이다. 이 집의 인기 메뉴는 Moo Chup Paeng Thawt. 겉이 바삭하고 튀김 안쪽의 돼지고기 살은 부드러워 식감이 좋다. 음식 이름이 어려워 음식 번호인 No.46으로 불리기도 한다. 코코넛 연유와 망고, 찰진 밥이 잘 어울리는 Sticky Rice도 디저트로 손색없다. 해변으로 서핑을 즐기러 가는 사람들이 들르기도 하는데, "노 셔츠, 노 슈즈, 노 서브"로 기본적인 드레스 코드는 갖추어야 한다.

위치 게위까 컬처럴 파크에서 남쪽으로 500m 정도 직진하면 오른쪽에 위치해 있다.
운영 08:00~22:00
요금 1인 70K~(Tax 10%)
주소 Jl. Raya Uluwatu 132, Jimbaran
전화 0361-704-279

Food

⑰

로티 차나이 & 떼 따릭
Roti Canai & Teh Tarik

말레이시아 현지 맛에 가까운 로티 차나이(밀가루 반죽을 구워 커리 소스와 곁들어 먹는 말레이시아 음식)를 맛볼 수 있다. 가격이 저렴하고 맛이 좋아 현지인, 여행자 모두가 찾는다. 배부르게 한 끼를 해결할 수 있는 곳이라기보다는 식사 후 혹은 간식 시간에 빵과 차를 시켜놓고 먹기에 좋은 곳이다. 발리에서도 특별한 음식을 먹고 싶을 때 찾아보자.

위치 인터컨티넨탈 리조트에서 젱갈라 방향, 젱갈라 위치 100m 전에 있다.
운영 12:00~00:00
요금 1인 20K~
주소 Jl. Uluwatu II No.32X, Jimbaran
전화 0857-3764-7417

Night Life : 추천

❶

더 록 바 The Rock Bar

더 록 바는 2009년 오픈하자마자 순식간에 짐바란 나이트 라이프의 강자로 떠올랐다. 아야나 리조트 내에 위치한 더 록 바로 입장하기 위해서는 곤돌라를 타고 깎아지른 언덕을 내려가야 한다. 언덕에서 내려다보이는 더 록 바의 전경 또한 일품이다. 그 덕에 여행자들로 언제나 북적거린다. 이름처럼 바위 위에 살포시 얹혀 있는 듯한 느낌의 더 록 바에서 감상하는 선셋은 그야말로 장관. 선셋을 감상하며 더 록 바의 시그니처 칵테일인 Rock My World나 Ayana Passion 등 다양한 칵테일을 즐겨보자. 예약이 어렵고 곤돌라 탑승 시 대기시간이 길 수 있으니 유의하자(투숙객과 일반 손님들의 대기 줄이 구분됨). 비가 오거나 날씨가 흐린 날은 문을 닫는 경우도 있으니 방문 전 반드시 확인하자.

위치	아야나 리조트 내 위치
운영	월~목 16:00~00:00, 금~일 16:00~01:00
요금	1인 200K~(Tax & SC 21%)
주소	Jl. Karang Mas Sejahtera, Jimbaran
전화	0361-702-222
홈피	www.ayana.com/ko/bali/ayana-resort-and-spa

Night Life

❷

싱글 핀 Single Fin

인도양과 마주한 절벽 끝에 매달린 싱글 핀은 시원한 바다 전망이 압권이다. 한낮에는 파도를 즐기는 서퍼들을 구경하기 좋고, 해가 질 무렵에는 아름다운 노을을 감상할 수 있다. 저녁엔 핫한 클럽으로 변신하니 각자 취향에 맞게 방문해보자. 대체로 음료 메뉴가 비싸고 음식 맛은 평범하다. 계단을 따라 절벽 아래로 내려가면 바다 전망이 좋은 다른 식당들이 계속해서 나온다.

위치	꾸따에서 남서쪽으로 약 28km 떨어져 있으며 차로 약 1시간 소요
운영	08:00~22:00(단, 수요일은 00:00, 일요일은 새벽 01:00까지)
요금	메인 75~168K, 빈땅 맥주 45K
주소	Jl. Mamo, Pecatu, Kuta Selatan
전화	0361-769-941
홈피	www.singlefinbali.com

Spa
1
아키펠라 스파 Arkipela Spa & Wellness

아키펠라 스파를 방문하면 먼저 스파 리셉션 옆쪽에 마련된 약제 블렌드 바에 앉게 된다. 이곳에서 웰컴 드링크를 마시며 트리트먼트용 오일을 고르기도 하고 인도네시아에서 대대로 이어져 내려온 생약제법에 기반해 신선한 현지의 과일, 허브, 약재 등을 믹스해 트리트먼트에 들어갈 재료를 제조하는 모습을 볼 수도 있다.
트리트먼트룸으로 향하는 입구에 들어서면 높은 천장과 밝고 모던한 모습에 압도되는데 커플룸, 싱글룸을 포함 총 9개의 트리트먼트룸이 자리하고 있다. 이곳의 매력을 제대로 느끼려면 아키펠라 시그니처 져니를 추천한다. 그 밖에 근육과 관절 통증을 완화시키고 혈액순환을 개선시키는 우루트 자와 자바식 마사지Urut Jawa Javanese Massage, 칼리만탄의 열대 우림 식물을 통합하여 몸의 독소를 줄이고 활력을 불어넣는 바티뭉Batimung 등이 있다.

위치	모벤픽 리조트 내, 사마스타의 모벤픽 카페 쪽에도 입구가 있다.
운영	10:00~22:00
요금	마사지 600K~(60분) (Tax & SC 21%)
주소	Jl. Wanagiri 1, Jimbaran
전화	0361-472-5777
홈피	www.movenpick.com/en/asia/indonesia/bali/jimbaran-bali

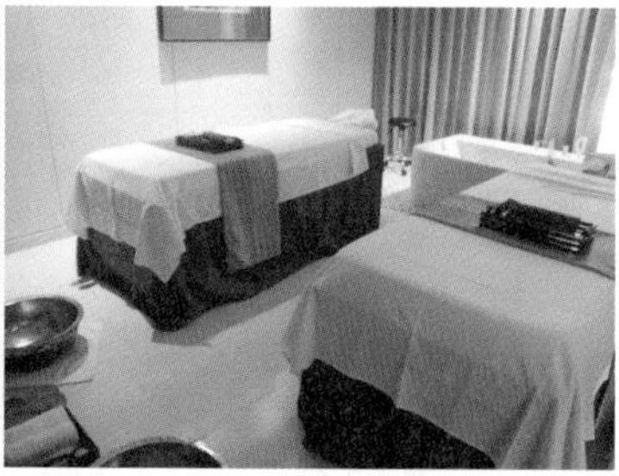

Spa
2
테르메스 마린스 발리 Thermes Marins Bali

전신이었던 리츠칼튼 발리부터 지금의 아야나 리조트까지 꾸준히 명성을 이어오고 있는 스파다. 짐바란 혹은 발리를 통틀어 이만한 규모에 체계적인 프로그램을 운영하는 스파가 드물다. 스파는 리조트에서 조금 떨어진 곳에 있는데 수많은 꽃으로 장식된 플라워룸, 바닷가에 프라이빗하게 마련된 스파 온 더 록 등 다양한 콘셉트의 트리트먼트룸 또한 여행자들을 열광케 한다. 스파의 가격이 부담스럽다면 아쿠아토닉 풀을 이용해보자. 바닷물을 이용한 다양한 프로그램은 혈액순환에도 좋고 슬리밍에도 효과가 있어 여성들에게 특히 인기 있다. 최대 2시간까지 이용 가능하며 저녁 7시 전에 입장해야 한다.

위치	아야나 리조트 내 위치
운영	스파 09:00~22:00, 아쿠아토닉 풀 12:00~21:00
요금	발리니스 마사지 1,700K(75분), 아쿠아 토닉 입장료 600K(120분) (Tax & SC 21%)
주소	Jl. Karang Mas Sejahtera, Jimbaran
전화	0361-702-222
홈피	www.ayana.com/ko/bali/ayana-resort-and-spa

Shopping

❶

사마스타 Samasta Lifestyle Village

사마스타는 이렇다 할 쇼핑 엔터테인먼트 공간이 없었던 짐바란에 단비 같은 존재가 되고 있다. 라이프스타일 빌리지라는 이름에 걸맞게 다양한 시설과 액티비티로 편의와 재미를 주고 있으며 점포가 많진 않지만 미니 슈퍼와 티셔츠, 식음료, 기념품 등을 한꺼번에 돌아볼 수 있는 대형 기념품 숍 크리스나 올레올레Krisna Oleh Oleh Khas Bali, 귀여운 비치패션 숍 스타 바이 더 비치Star by The Beach, 독특한 패션잡화점 아사무라Asamula 등이 있다. 또 모벤픽 카페, 와룽 와하하를 비롯해 한국 치킨 브랜드 치르치르, 한식당 팥빙수 등 레스토랑도 입점해 있다. 저녁이 되면 바닥 분수대 근처에서 공연이나 이벤트가 열리기도 한다. 사마스타 내 식당에서는 인근의 호텔 투숙객에게 프로모션을 적용하기도 한다.

위치 모벤픽 리조트 바로 옆에 있다.
운영 11:00~22:00
주소 Jl. Wanagiri, Jimbaran, Kuta Sel., Jimbaran
전화 0361-446-8600
홈피 www.samastabali.com

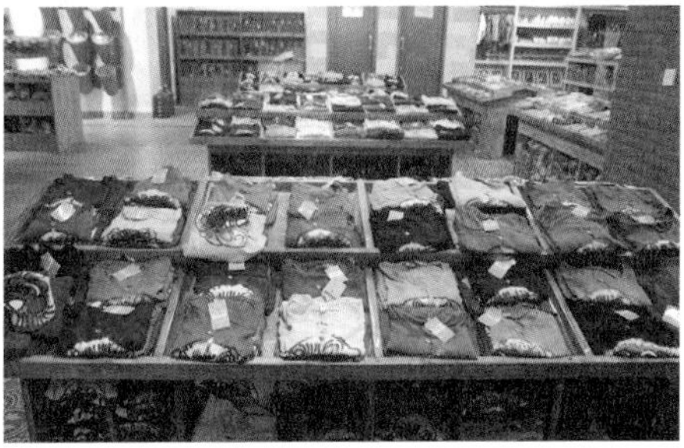

Shopping

❷

젱갈라 짐바란 Jenggala Jimbaran

세라믹으로 만들어진 다양한 그릇과 장식품을 살 수 있는 곳이다. 실내에는 인도네시아 음식과 음료들을 제공하는 깔끔한 카페도 함께 운영 중이며 카페 안쪽에서는 그릇에 직접 그림을 그려 넣을 수 있는 페인팅 프로그램도 운영하고 있다. 오전 9시부터 시작해 오후 4시에 마지막 레슨이 있으며 완성된 그릇은 가져갈 수 있다.

위치 인터컨티넨탈 리조트에서 남쪽으로 직진하다가 사거리에서 좌회전하면 왼쪽에 젱갈라 건물이 있다.
운영 카페 09:00~17:00, 페인팅 공방 09:00~17:00, 매장 08:00~20:00
주소 Jl. Uluwatu II, Jimbaran
전화 0361-703-311
홈피 www.jenggala.com

❶

인터컨티넨탈 발리 Intercontinental Bali Resort

짐바란을 대표하는 최고 인기 리조트로 주저 없이 꼽을 수 있을 정도로 많은 사랑을 받고 있는 곳이다. 420개의 객실은 크게 리조트 클래식룸과 싱아라자룸, 클럽룸으로 구분되는데 싱아라자룸 투숙객들은 싱아라자 라운지를, 클럽룸 투숙객들은 클럽 라운지를 무료로 이용할 수 있다. 특히 클럽룸에 관한 혜택이 많아 리조트에서 보내는 시간이 많은 편이라면 클럽룸을 선택하는 것이 유리하다. 이곳의 가장 큰 자랑거리인 아름다운 정원과 수영장. 넓은 정원은 연못과 조각상 등으로 잘 가꾸어져 있어 산책하기에 좋으며, 바다 바로 앞에 펼쳐진 수영장에서는 짐바란 비치를 내다보며 여유로운 시간을 보낼 수 있다. 훌륭한 부대시설과 아름다운 해변, 쾌적한 객실, 친절한 서비스 등 오랜 시간 이어온 끊임없는 노력을 짐작할 수 있다.

위치 공항에서 차로 약 20분 소요.
울루와뚜 로드에 위치
요금 싱아라자 USD200~
주소 Jl. Raya Uluwatu, Jimbaran
전화 0361-701-888
홈피 www.bali.intercontinental.com

2 모벤픽 리조트 Movenpick Resort & Spa Jimbaran Bali

세계적인 체인을 가지고 있는 모벤픽의 첫 발리 리조트이다. 총 297개의 객실을 갖추고 있는데 가장 기본룸인 클래식룸은 개인 발코니가 딸려 있으며 뷰에 따라 클래식룸과 클래식 풀뷰룸으로 나뉜다. 특히 가족 여행자에게 인기가 많은 룸은 패밀리룸. 복층 구조의 이 객실은 부모님을 위한 침대와 아이를 위한 소파베드가 마련되어 있고 키즈 클럽을 무료로 무제한 이용할 수 있다. 사실 모벤픽 리조트는 커플 여행자에게도 좋은 선택이지만 특히나 아이를 동반한 가족 여행자에게는 더할 나위 없는 곳. 완벽한 시설의 키즈 클럽과 키즈풀도 그렇지만 레스토랑에서 부모 동반 아이에게 무료 혜택을 주거나 오후에는 카타 로비 라운지에서는 달콤한 초콜릿과 과자를 무료로 제공해 꼬마 손님들에게 인기가 좋다. 레스토랑, 피트니스 센터, 스파 시설 또한 규모나 퀄리티에서 부족함이 없으며 슬라이드가 포함된 어린이 전용 풀은 인공 해변 스타일로 조성되어 있고 메인풀 또한 넉넉한 사이즈로 마련되어 있다. 또 투숙객을 위해 요가나 트레킹 등 다양한 무료 액티비티를 제공하고 있다.

위치	공항에서 차로 약 20분 소요
요금	클래식 USD200~
주소	Jl. Wanagiri 1, Jimbaran
전화	0361-472-5777
홈피	www.movenpick.com

Stay : 5성급

3

아야나 리조트 Ayana Resort & Spa

객실은 크게 일반 객실과 풀 빌라로 구분되며 전체적으로 고급스럽고 차분한 느낌이다. 또 절벽 위에 자리한 클리프 빌라는 신혼여행객들에게 폭발적인 인기를 얻고 있다. 클리프 빌라, 더 록 바 등 깎아지른 듯한 절벽에 위치한 점을 효과적으로 활용한 다양한 편의시설과 해수 풀, 아름다운 메인 풀, 아쿠아토닉 풀, 최고의 스파 등 부대시설이 완벽하다. 또 발리 최대 규모의 리조트답게 선택의 폭이 넓은 레스토랑들도 이곳의 자랑 중 하나다. 특히 멋진 분위기와 수준 높은 음식의 키식, 다바 레스토랑 등이 인기다. 단 하나의 단점이라면 리조트의 위치가 외지다는 것인데 하루에 3번 꾸따까지 무료 셔틀을 제공하는 것으로 이를 보완하고 있다.

위치 짐바란 비치 남단에 위치
요금 리조트뷰 USD350~
주소 Jl. Karang Mas Sejahtera, Jimbaran
전화 0361-702-222
홈피 www.ayana.com/ko/bali/ayana-resort-and-spa

Stay : 5성급

4

림바 짐바란 RIMBA Jimbaran Bali by AYANA

2013년 9월 럭셔리 리조트로 손꼽히는 아야나 리조트에서 선보인 림바 짐바란은 아야나 리조트 바로 옆에 있다. 무엇보다 형이상학적이고 감각적인 분위기의 인테리어가 제일 먼저 눈길을 사로잡는다. 아이들을 위한 슬라이드가 설치된 수영장을 비롯해 총 4개의 수영장을 보유하고 있는데 고정관념을 깬 독특한 형태의 수영장은 이 숙소의 트레이드마크가 되었을 정도. 282개의 객실은 크게 일반 객실과 스위트 객실로 구분되며 2가지 타입의 객실은 총 4개의 객실 카테고리로 나뉜다. 스위트 객실을 제외하면 모두 뷰에 따라(힐 사이드/짐바란 베이/풀 액세스) 객실 카테고리만 바뀔 뿐, 사이즈나 인테리어는 동일하다. 기존 아야나 리조트보다 숙박비가 저렴하고 바로 옆 리조트의 바, 레스토랑, 스파 등 다양한 부대시설을 함께 이용할 수 있다는 장점 때문에 실속 여행자들에게 인기가 많다. 아야나 리조트까지 셔틀이 15분마다 무료로 제공되며, 더 록 바에 우선 순위로 입장이 가능하다.

위치 아야나 리조트 옆에 있다.
요금 힐 사이드 USD263~
주소 Jl. Karang Mas Sejahtera, Jimbaran
전화 0361-846-8468
홈피 www.ayana.com/bali/rimba-jimbaran

Stay : 5성급

5

르 메르디앙 Le Meridien Bali Jimbaran

스타우드 계열의 르 메르디앙 짐바란은 W 리조트와 타깃 층을 같이하는 젊은 감각의 리조트. 화사하고 깔끔한 분위기의 로비는 여러 나라 젊은 예술가들의 작품들로 재치 있게 꾸며져 재미있으면서도 캐주얼한 느낌이 든다. 객실은 크게 일반 객실과 스위트룸으로 구분할 수 있는데 클래식룸은 가장 하위 카테고리의 객실로 사이즈는 조금 작지만 인테리어는 대동소이하다. 다만 객실에 따라 뷰가 좋지 않을 수 있다. 일반 객실 중 가장 인기 있는 룸은 수영장으로 바로 접근할 수 있는 라군 액세스룸. 하나로 구불구불 연결되어 있는 라군 풀은 100% 해수로 이루어져 있다. 스위트룸은 4개의 스위트 타워에 자리하고 있는데 그중 꼭대기 층에는 펜트하우스가 한 채씩 있다. 이 밖에 신혼여행객을 위한 풀 빌라와 채플 등 짐바란 비치의 낭만을 기대하고 찾는 커플들을 위해 신경 쓴 모습이다. 가격대가 높아 엄두가 나지 않는 짐바란 비치의 고급 리조트들을 대신할 만한 리조트이다.

위치 인터컨티넨탈 리조트를 지나 직진하다 짐바란 코너에서 우회전해서 조금만 들어가면 오른쪽에 있다. 짐바란 코너에서 르 메르디앙까지 도보 약 3분 소요
요금 클래식 USD193~
주소 Jl. Bukit Permai, Jimbaran
전화 0361-846-6888
홈피 www.marriott.com

Stay : 5성급

6

디 엣지 The Edge

버틀러 서비스를 내거는 숙소는 많지만 대부분은 출퇴근하는 정도로 말만 버틀러 서비스인 경우가 많다. 하지만 디 엣지는 진정한 버틀러 서비스를 성심껏 보여준다. 빌라에 상주하며 손님의 잠자리와 식사, 애프터눈 티 등 하루 스케줄을 모두 관리하며 최상의 서비스를 제공한다. 관광이나 쇼핑을 나갈 때도 손님과 함께 외출해 사소한 것 하나하나까지 챙긴다. 이들은 따로 버틀러 교육을 수료하고, 발리 특유의 친근함과 섬세함까지 갖췄다. 버틀러 서비스가 처음엔 다소 부담스럽게 느껴질 수도 있는데, 손님이 원하지 않는 경우에는 상주 · 동행하지 않는다. 객실은 확 트인 바다 전망을 자랑하는 1~5베드룸 풀 빌라로 신혼여행부터 대가족 여행까지 모두 소화 가능하다. 특히 5베드룸은 아이들의 놀이방, 극장, 리빙룸, 바, 와인 셀러, 서재, 최첨단 시설 등 모든 것을 갖추었다. 물을 테마로 만든 독특한 스파와 바다 전망이 압권인 피트니스 센터, 식당, 바가 부대시설로 있다.

위치 발리 남부 해안에 위치. 꾸따 중심에서 차로 50분 소요
요금 1베드룸 오션뷰 빌라 USD976~, 2베드룸 오션뷰 빌라 USD2,055~
주소 Jl. Pura Goa Lempeh, Br. Dinas Kangin, Pecatu, Uluwatu
전화 0361-847-0700
홈피 www.theedgebali.com

Stay : 5성급

❼

포 시즌스 짐바란 Four Seasons Jimbaran Bay

우붓의 포 시즌스와는 달리 바다를 접하고 있어 훨씬 여유롭고 개방적인 느낌을 준다. 가장 스탠더드한 1베드룸 풀 빌라에도 야외 프라이빗 풀과 야외 거실 공간, 객실 공간이 분리되어 있다. 2개의 수영장, 키즈 클럽, 레스토랑 등 부대시설도 나무랄 데가 없는데 특히 순다라는 스타일리시한 분위기에 음식과 서비스가 뛰어나다. 한편 포 시즌스 짐바란에서는 스파, 요가, 쿠킹 스쿨 등 다양한 프로그램을 운영 중인데 재래시장에서 장을 보는 것으로 시작하는 쿠킹 스쿨은 한 번쯤 도전해볼 만하다.

위치 짐바란 코너 골목으로 들어온 후, 해변을 우측에 끼고 직진하면 오른쪽에 입구가 있다.
요금 1베드룸 풀 빌라 USD825~
주소 Jl. Bukit Permai, Jimbaran, Kuta Selatan
전화 0361-701-010
홈피 www.fourseasons.com/jimbaranbay

Stay : 5성급

❽

벨몬드 짐바란 뿌리 Belmond Jimbaran Puri

고급 리조트들이 해변을 따라 늘어선 짐바란 지역에서 가장 발리스러운 느낌을 주는 곳이다. 우붓의 행인 가든과 함께 매니지먼트를 받는다는 점 또한 기대감을 높여준다. 넓은 규모에 비해 객실 수는 66개밖에 되지 않는데 그래서 더욱 세심한 서비스를 접할 수 있다. 크게 연인을 위한 풀 빌라와 일반 객실로 구분되며, 해변에서 느긋하게 시간을 보내기에는 일반 객실이 무난하다. 선셋을 감상하며 시푸드를 즐길 수 있는 넬라얀 레스토랑도 들러볼 만하다.

위치 짐바란 비치, 까유마니스 짐바란과 가깝다.
요금 가든뷰 코티지 스위트 USD497~
주소 Jl. Yoga Perkanthi, Jimbaran
전화 0361-701-605
홈피 www.belmond.com

Stay : 4성급

❾

샤바 Shaba Hotel Bali

발리에 흔치 않은 고품격 콜로니얼 스타일의 숙소이다. ㅁ자형의 하얀색 건물이 푸른 잔디와 어울려 한 폭의 그림 같다. 객실은 디럭스 2개와 스위트 1개, 총 3개의 방으로 이루어져 있는데, 스위트 객실은 디럭스와 분리되어 있지만 2개의 디럭스는 거실을 사이에 두고 연결과 분리가 가능하다. 세 방을 한꺼번에 빌릴 수도 있다. 객실 외에도 다이닝 공간, 라이브러리, 수영장을 갖추고 있다.

위치 인터컨티넨탈 리조트 맞은편, 빌라 발퀴스 입구 안쪽으로 들어오면 나온다.
요금 디럭스 USD200~
주소 Jl. Raya Uluwatu, Jimbaran 전화 0361-701-695
홈피 www.shaba-bali.com

Stay : 5성급

❿

더 웅가산 클리프톱 리조트 The Ungasan Clifftop Resort

절벽 위에 3가지 타입의 1베드룸과 럭셔리한 5베드룸으로 구성되어 있다. 신혼여행객이나 대가족 여행객에게 가장 어울리는 곳이다. 5베드룸 빌라 내에는 수영장, 리빙룸, 다이닝룸, 바 등이 있고 객실마다 개인 욕실이 따로 마련되어 있다. 그 밖에 테니스 코트, 식당, 비치 클럽 등 부대시설도 잘 갖추고 있다.

위치 꾸따 중심에서 차로 약 50분 소요, 알릴라 빌라와 카르마 칸드라 리조트 사이에 있다.
요금 가든뷰 스위트 USD700, 5베드룸 빌라 USD2,500
주소 Jl. Pantai Selatan Gau, Banjar Wijaya Kusuma, Ungasan
전화 0811-9421-110
홈피 www.theungasan.com

Stay : 5성급

⑪

근딩 끄디스 Gending Kedis

럭셔리 빌라를 표방하는 근딩 끄디스는 대형 리조트가 주름잡던 짐바란에 당당히 풀 빌라를 정착시켰다. 총 19개의 빌라로 1~4베드룸이 있고 모든 객실에 수영장과 주방, 거실을 갖추었다. 대부분의 객실이 거실과 침실이 나뉜 널찍한 2층 구조이고 원목 느낌을 살린 고급스러운 분위기이다. 스파, 살롱, 짐, 레스토랑 등 부대시설이 잘 갖춰져 있어 숙소 내에서 편리하게 이용할 수 있으며 빌라 주위를 감싼 푸른 숲 덕에 짐바란의 색다른 풍경을 느낄 수 있다.

위치 포 시즌스 짐바란에서 아야나 리조트 방향으로 300m 정도 떨어져 있다.
요금 1베드룸 빌라 USD281~
주소 Jl. Karang Mas Sejahtera 100Y, Jimbaran
전화 0361-708-906
홈피 www.gendingkedis.com

Stay : 5성급

⑫

반얀 트리 웅가산 Banyan Tree Ungasan

세계적으로 유명한 반얀 트리이기에 빌라의 수준은 설명할 필요 없이 고급스럽고 부족함이 없다. 빌라에는 1~3베드룸이 고루 갖추어져 있는데 수영장의 크기를 제외하곤 객실 컨디션이나 사이즈는 별반 차이가 없다. 오히려 1베드룸의 경우 야외 자쿠지가 수영장 안쪽에 있어 활용도가 높다. 모든 빌라에 수영장이 딸려 있음에도 공용 수영장이 또 있으며 인피티니 풀 주변으로 풀 바와 붐부 레스토랑이 자리하고 있다. 유일한 단점이라면 주변에 이렇다 할 만한 편의시설이 없어 숙소에서만 시간을 보내야 한다는 점이다. 하지만 주마나와 붐부 등 걸출한 레스토랑과 세계적으로 유명한 반얀 트리 스파, 갤러리 등 부대시설은 충실한 편이다.

위치 발리 남부, 공항에서 차로 약 30~40분 소요
요금 풀 빌라 가든뷰 USD655~
주소 Jl. Melasti, Br. Kelod, Ungasan
전화 0361-300-7000
홈피 www.banyantree.com

Stay : 5성급

⑬

아난타라 울루와뚜 Anantara Uluwatu

객실에 힘을 많이 주는 아난타라 계열의 숙소답게 모든 객실의 공간이 널찍하고 모던하게 꾸며져 있다. 무채색의 미니멀한 인테리어가 주를 이루어 삭막해 보이기도 하지만 전반적으로 고급스러운 느낌이 든다. 울루와뚜 지역의 특성을 한껏 살린 테라스의 스펙터클한 뷰는 이곳만의 큰 장점이다. 2베드룸 이상부터는 풀 빌라도 갖추고 있는데 구조적으로 100% 완벽한 프라이빗한 느낌을 내지는 못한다. 바다와 마주하고 있는 시원한 수영장이 압권이고 수영장 앞쪽으로 해안선을 따라 만들어져 있는 산책로 또한 멋스럽다. 주변에 이렇다 할 편의시설이 없어 숙소에서 많은 시간을 보내야 한다는 것이 단점일 수 있겠다.

위치 발리 남부 울루와뚜 지역, 공항에서 차로 약 30분 소요
요금 스위트 오션뷰 USD400~
주소 Jl. Pemutih, Labuan Sait, Uluwatu
전화 0361-895-7555 홈피 www.anantara.com

Stay : 5성급

⑭

알릴라 울루와뚜 Alila Uluwatu

알릴라 계열의 야심작으로 발리에 위치한 알릴라 계열의 숙소 중 가장 스타일리시하다는 평을 받는 곳이다. 하늘과 바다와 맞닿아 있는 느낌이 드는 아찔한 인피티니 풀이 있고, 얼기설기 엮어진 독특한 카바나 등을 객실과 수영장 주변에 두어 알릴라만의 콘셉트를 극대화하였다. 특히 수영장 옆에 위치한 카바나는 선셋을 즐기기에 최적의 장소로, 칵테일 한 잔을 앞에 두고 로맨틱한 선셋 타임을 즐기는 커플들도 심심치 않게 눈에 띈다.
수준 높은 이탈리안 레스토랑을 필두로 마치 골목길 한쪽의 작은 식당을 찾은 듯한 느낌을 주는 인도네시안 레스토랑까지 어느 곳 하나 독특하지 않은 곳이 없다.

위치 공항에서 차로 약 30분 소요
요금 1베드룸 풀 빌라 USD727~
주소 Jl. Belimbing Sari, Br. Tambiyak, Desa Pecatu
전화 0361-848-2166 홈피 www.alilahotels.com/uluwatu

해양 스포츠와 리조트의 천국

Nusa Dua & Tanjung Benoa

누사두아 & 딴중 브노아

누사두아에는 고급 체인 호텔들이 해변을 따라 들어서 있으며
해양 스포츠를 즐기기 적합해 가족 단위의 여행자들이 특히 선호하는 지역이다.
마치 우리나라의 제주도 중문단지를 연상시키는데 깔끔한 리조트 단지와 셔틀로
연결이 가능한 발리 컬렉션 쇼핑몰 등 아기자기한 맛은 없지만 안전하고 편리하다.
누사두아 지역과 자연스럽게 연결되는 딴중 브노아 지역에는 메인 로드와
비치 사이에 리조트와 레스토랑, 스파 등 다양한 편의시설이 들어서 있지만
역시나 꾸따나 스미냑 지역에 비하면 심심한 느낌이다.

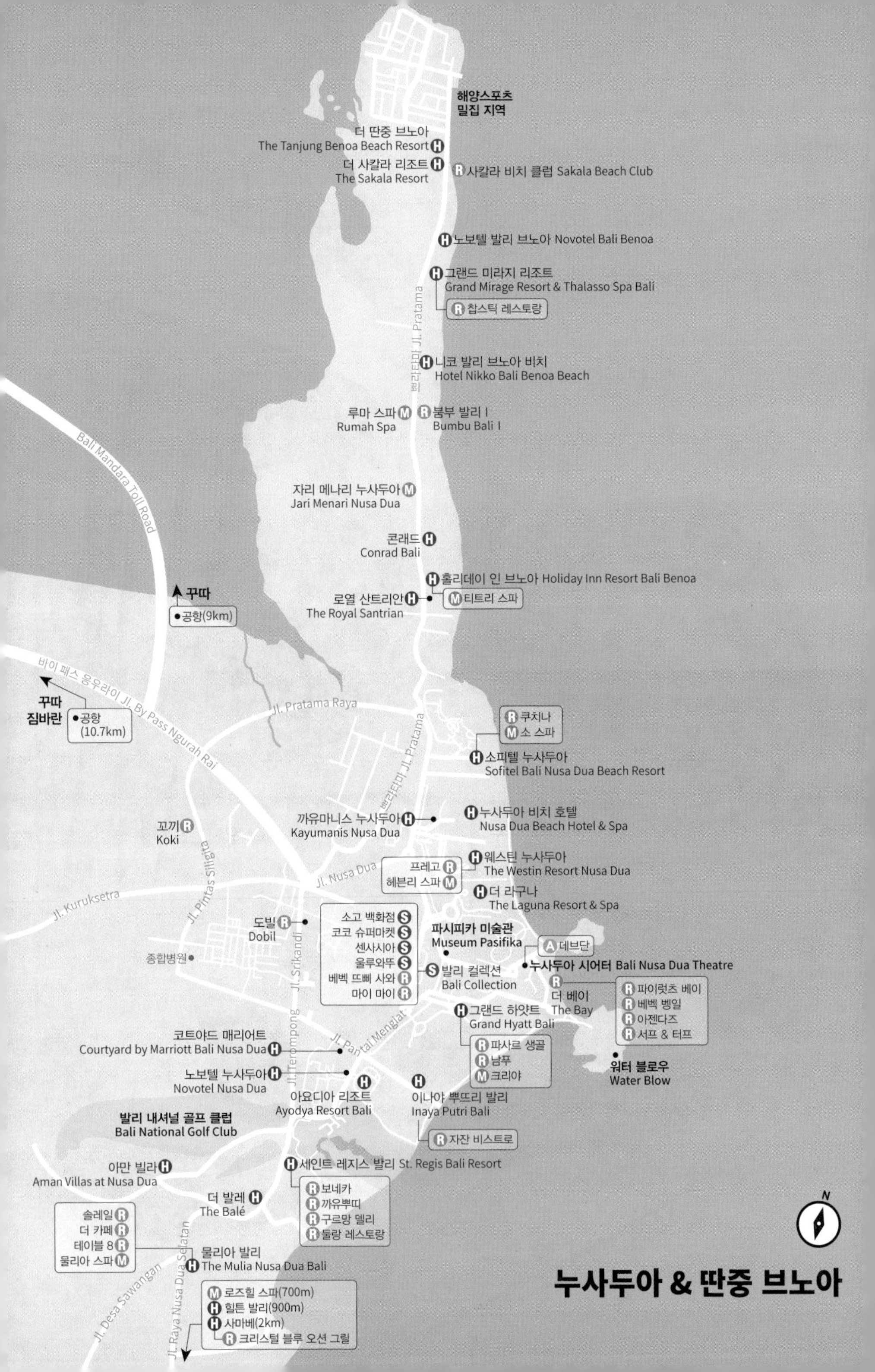
누사두아 & 딴중 브노아
N
해양스포츠 밀집 지역
더 딴중 브노아
The Tanjung Benoa Beach Resort
더 사칼라 리조트
The Sakala Resort
사칼라 비치 클럽 Sakala Beach Club
노보텔 발리 브노아 Novotel Bali Benoa
그랜드 미라지 리조트
Grand Mirage Resort & Thalasso Spa Bali
찹스틱 레스토랑
쁘라따마 Jl. Pratama
니코 발리 브노아 비치
Hotel Nikko Bali Benoa Beach
루마 스파
Rumah Spa
붐부 발리 I
Bumbu Bali I
Bali Mandara Toll Road
자리 메나리 누사두아
Jari Menari Nusa Dua
콘래드
Conrad Bali
홀리데이 인 브노아 Holiday Inn Resort Bali Benoa
로열 산트리안
The Royal Santrian
티트리 스파
꾸따
공항(9km)
바이 패스 응우라이 Jl. By Pass Ngurah Rai
꾸따 짐바란
공항 (10.7km)
Jl. Pratama Raya
쿠치나
소 스파
소피텔 누사두아
Sofitel Bali Nusa Dua Beach Resort
까유마니스 누사두아
Kayumanis Nusa Dua
누사두아 비치 호텔
Nusa Dua Beach Hotel & Spa
꼬끼
Koki
Jl. Pintas Siligita
웨스틴 누사두아
The Westin Resort Nusa Dua
프레고
헤븐리 스파
Jl. Nusa Dua
Jl. Kuruksetra
더 라구나
The Laguna Resort & Spa
도빌
Dobil
소고 백화점
코코 슈퍼마켓
센사시아
울루와뚜
베벡 뜨삐 사와
마이 마이
Jl. Srikandi
파시피카 미술관
Museum Pasifika
데브단
종합병원
발리 컬렉션
Bali Collection
누사두아 시어터 Bali Nusa Dua Theatre
더 베이
The Bay
파이럿츠 베이
베벡 벵일
아젠다즈
서프 & 터프
그랜드 하얏트
Grand Hyatt Bali
Jl. Pantai Mengiat
Jl. Terompong
코트야드 매리어트
Courtyard by Marriott Bali Nusa Dua
파사르 생골
남푸
크리야
워터 블로우
Water Blow
노보텔 누사두아
Novotel Nusa Dua
아요디아 리조트
Ayodya Resort Bali
이나야 뿌뜨리 발리
Inaya Putri Bali
발리 내셔널 골프 클럽
Bali National Golf Club
자잔 비스트로
아만 빌라
Aman Villas at Nusa Dua
세인트 레지스 발리 St. Regis Bali Resort
보네카
까유뿌띠
구르망 델리
둘랑 레스토랑
더 발레
The Balé
솔레일
더 카페
테이블 8
물리아 스파
물리아 발리
The Mulia Nusa Dua Bali
Jl. Desa Sawangan
Jl. Raya Nusa Dua Selatan
로즈힐 스파(700m)
힐튼 발리(900m)
사마베(2km)
크리스털 블루 오션 그릴

✚ 누사두아 & 딴중 브노아 Nusa Dua & Tanjung Benoa

1. 누사두아 & 딴중 브노아로 이동하기

택시

공항에서 누사두아까지 택시비는 150K 선이며 교통 체증이 심해 꾸따나 스미냑에서 누사두아까지 역시 150~175K 선을 예상해야 한다.

2. 누사두아 & 딴중 브노아 안에서 이동하기

택시

누사두아 지역 내에서도 택시를 이용할 수 있는데 잡기 만만치 않은 경우도 있으니 식당이나 호텔에 불러달라고 하는 것이 현명하다.

무료 셔틀버스

유명 호텔과 리조트에서 발리 컬렉션 쇼핑몰까지 무료로 운행하는 셔틀버스를 이용할 수 있다. 손님에게 무료 픽업 드롭 서비스를 제공하는 식당과 스파 숍도 많은 편이니 이를 효율적으로 이용하자.

Writer's Tip :)

누사두아 & 딴중 브노아에서 꼭 해야 할 일 체크!

- ☐ 리조트 수영장에서 여유롭게 수영하기
- ☐ 셔틀버스 타고 발리 컬렉션에 놀러가기
- ☐ 누사두아 시어터에서 데브단 공연 보기
- ☐ 바다에 나가 해양 스포츠 즐기기
- ☐ 럭셔리 리조트 부속 식당에서 파인다이닝 즐기기

APPROVED Writer's Tip APPROVED

3. 누사두아 & 딴중 브노아 추천 1일 코스

가족끼리 혹은 친구, 연인끼리 휴식을 취하거나 고급 리조트와 해양 스포츠를 즐기고 싶을 때 꾸따나 스미냑에 비해 조금은 심심하지만 평화로운 이곳에서 하루를~

08:00

아침 식사

고급 숙소에 묵고 있다면 정찬을 즐기듯 아침 식사를 여유롭게 즐겨보자.

10:00

수영장과 비치에서 시간 보내기

뭐니 뭐니 해도 동남아 휴양 여행은 리조트에서 수영 즐기기가 포인트!

12:30

사칼라 비치 클럽에서 점심 식사

점심을 즐기며 수영장도 함께 이용할 수 있다.
(p.224)

14:00

파시피카 미술관 구경하기

전시 내용도 풍부하고, 찾는 이도 많지 않아 한가롭게 둘러보기 좋다.
(p.217)

15:00

자리 메나리 누사두아에서 마사지 받기

강도 높은 마사지로 만족도가 높다.
(p.229)

17:30

발리 컬렉션 둘러보기

발리 컬렉션에선 아이 쇼핑만 즐기는 걸로!
(p.230)

19:00

발리 컬렉션 내 레스토랑에서 저녁 식사

사실 이렇다 할 추천 레스토랑은 없다. 가격대며 음식 수준이 고만고만하다.

20:30

물리아 발리 내 바에서 칵테일 한잔

적당한 드레스 코드를 갖추는 센스! 잊지 말자.
(p.232)

Activity

❶

딴중 브노아 해양 스포츠 Marine Sports at Tanjung Benoa

한국에서도 충분히 즐길 수 있는 해양 스포츠이지만 리조트에서 보내는 시간이 지루하게 느껴진다면, 딴중 브노아 해변으로 나와보자. 북쪽 해변에 해양 스포츠 업체가 모여 있어 바나나 보트, 플라이피시, 웨이크 보드, 제트스키, 패러세일링 같은 물놀이를 즐길 수 있다. 최근에는 일반 패러세일링에서 한층 업그레이드된 패러세일링 어드벤처가 인기이다. 기존 패러세일링은 바람의 영향을 받아 우기(10월 중순~3월)엔 탈 수 없는 날도 있는데 패러세일링 어드벤처는 보트 위에서 바로 뜨고 내려 바람의 방향과 상관이 없다. 게다가 6분 동안(기존 패러세일링은 1분 30초 정도) 탈 수 있다(USD30~40 선). 해양 스포츠 요금에는 누사두아 내 왕복 차량 서비스와 장비 일체, 샤워시설, 타월, 보험, 점심 식사 등이 포함되어 있다. 방수 카메라 대여와 사진 촬영(CD에 담아준다)은 유료이다.

위치 누사두아 리조트 단지에서 북쪽으로 차로 10분 소요, 대부분 해양 스포츠 업체가 차량을 제공한다.

Tip 1 알뜰하게 해양 스포츠 즐기기

1. 현지 해양 스포츠 업체보다 액티비티 예약 대행사를 통해 예약하는 것이 훨씬 저렴하다.
2. 하나씩 즐기는 것보다 패키지 상품을 이용하는 게 더 합리적이다.

제트스키 + 패러세일링 + 바나나 보트
USD40~45 선(1시간 30분)
패러세일링 + 바나나 보트 + 스노클링 + 글래스 보텀 보트
USD50 선(2시간 30분)

3. 보통 스미냑 이남 지역은 무료 픽업과 드롭 서비스를 제공, 우붓 지역은 추가 요금을 지불해야 한다.

Tip 2 액티비티 예약 대행사

발리 바다 Bali Bada
전화 0822-4700-6662
홈피 balibada.tistory.com
프리 스타일 발리 Free Style Bali
전화 0851-0011-1211
홈피 www.freestylebali.com

Activity

❷

딴중 브노아 회 크루즈

가족 여행객이라면 모두가 즐길 수 있는 회 크루즈를 추천한다. 작은 보트를 타고 딴중 브노아 앞 바다로 나가 낚시와 스노클링을 즐긴다. 그 사이 크루즈 운영진들은 직접 잡은 생선으로 자연산 회를 뜨는데 푸짐한 회에 양념과 야채, 음료까지 한 상을 차려낸다. 무엇보다 한국인 가이드가 크루즈를 이끌어 부담이 없고 승선 인원이 최대 6명이라 커플, 가족 여행객이 단란하게 시간 보내기 좋다. 보통 오후 1시쯤 배를 타고 나가 저녁 6시 전에 뭍으로 돌아오는 일정이다. 요금에는 왕복 차량 서비스(지역에 따라 유무), 장비 일체, 자연산 회가 포함되어 있다.

요금 1인 USD50, 5인 USD250, 초등학생 USD30, 미취학 아동 무료(2인 이상 예약 가능, 참가 인원이 5명 이하인 경우 다른 팀과 함께 승선할 수 있음)
전화 0822-4700-6662
홈피 balibada.tistory.com

Activity

3

데브단 Devdan

산스크리트어로 '신의 은총'인 데브단은 인도네시아 전통 문화를 모티브로 만든 뮤지컬이다. 누사두아 시어터Bali Nusa Dua Theatre에서 주 4회 관광객을 대상으로 공연 중이며, 인기가 꽤 높다. 공연의 줄거리는, 발리를 방문한 관광객 어린이가 무리에서 이탈해 우연히 보물 상자를 발견한다. 보물 상자에는 인도네시아 각 지방의 특색 있는 물건들이 들어 있는데, 아이가 아이템을 하나씩 꺼낼 때마다 그 지방의 춤과 노래가 펼쳐진다. 발리의 레공 댄스, 께짝 댄스를 비롯한 전통 공연과 그림자 인형극, 수중 댄스, 서커스, 애크러배틱 등 여러 볼거리가 있어 흥미롭다. 여기에 화려한 분장과 의상도 볼거리를 더한다. 내용이 어렵지 않고 춤과 음악이 주를 이루며, 인도네시아 문화를 엿볼 수 있는 공연이라 아이부터 성인까지 누구나 즐길 수 있다. 클룩(www.klook.com) 등의 에이전시를 통해 할인된 가격으로 티켓 예약이 가능하다.

위치 발리 컬렉션 로비에서 가깝다.
운영 월 · 수 · 금 · 토 19:30 공연 시작
요금 성인 520K~, 어린이 260K~
주소 Nusa Dua Theatre, Komplek BTDC, Nusa Dua
전화 0361-770-197
홈피 www.devdanshow.com
메일 booking@balinusaduatheatre.com

Sightseeing ★★☆

❶

파시피카 미술관 Museum Pasifika

서방 예술가들이 본 발리는 어떤 모습일까? 인도네시아 국내 화가는 물론 프랑스, 이탈리아, 벨기에, 네덜란드 등 유럽 화가들이 그린 발리의 모습을 한자리에서 볼 수 있다. 국가, 작가별로 나누어 전시하고 있는데, 발리를 보는 시선도 표현 방식도 각기 다르다. 20세기 초 발리에서 활동하고 성장했던 이들의 작품들을 재조명하는 색다른 미술관이다. 생각보다 방문객이 많지 않아 의외. 그래서 오히려 호젓하게 시간을 보낼 수 있으니 편하게 즐겨보자. 미술관 내에 카페가 있고 쉬기 좋은 의자도 많다.

위치 누사두아 리조트 단지 내에 위치. 발리 컬렉션에서 가깝다.
운영 10:00~18:00
요금 성인 100K, 어린이(만 10세 미만) 무료
주소 BTDC Block P, Nusa Dua
전화 0361-774-935
홈피 www.museum-pasifika.com

Sightseeing ★☆☆

❷

워터 블로우 Water Blow

움푹 팬 절벽으로 파도가 훅! 불어닥치자, 거대한 물보라가 하늘 위로 솟구친다. 파도가 높은 날이나 물때가 맞으면 굉장한 물보라 장관을 볼 수 있는데 넋을 놓고 구경을 하다가는 흠뻑 젖고 만다. 누사두아의 숨은 장소로 알음알음 찾아온 외국 여행자도 눈에 띄지만 대부분은 현지 발리 커플. 주변에 조용한 해변과 공원이 있어 데이트하는 커플이 제법 많다. 시원치 않은 물보라를 볼 때도 많으니, 운에 맡겨보도록 하자.

위치 발리 컬렉션에서 누사두아 시어터를 지나 공원 방향으로 계속 걷는다. 발리 컬렉션에서 도보로 15분 정도 소요

Food

❶

보네카 Boneka

보네카에서 가장 관심을 가져야 할 메뉴는 조식과 선데이 브런치. 우선 조식은 이 일대에서 가장 풍성하고 럭셔리한 조식으로 손꼽히는데, 기본적인 뷔페 테이블이 마련되어 있고 알라카르트로 주문이 가능하다. 식사를 하다 보면 직원들이 이런저런 음식들을 권한다. 랍스터가 들어간 오믈렛, 미니 스테이크가 곁들여진 에그 프라이, 신선한 회, 딤섬 플래터 등 조식당에선 보기 드문 고급스러운 음식을 맛볼 수 있다. 일요일에 운영하는 선데이 브런치는 최고의 인기를 자랑한다. 조식과 선데이 브런치 모두 예약 필수.

위치	세인트 레지스 로비에 들어서자마자 오른쪽에 위치
운영	07:00~11:00, 18:00~22:00, 선데이 브런치 12:00~15:00
요금	**선데이 브런치** 브런치 패키지 성인 690K, 어린이(만 4~12세) 345K, 만 4세 미만 무료, 음료 패키지 990K
주소	Kawasan Pariwisata, Lot S6, PO Box 44, Nusa Dua
전화	0361-300-6782
홈피	www.marriott.com

Food

❷

까유뿌띠 Kayuputi

맛, 분위기, 서비스, 삼박자를 고루 갖춘 파인다이닝이다. 탁 트인 바다 전망에 새하얀 테이블보와 활기찬 오픈 키친이 분위기를 더욱 화사하고 경쾌하게 만드는데 일조한다. 상큼하고 신선한 Tasmanian Salmon은 입안을 개운하게 하여 식욕을 돋운다. 메인으로는 랍스터, 새우 등 온갖 해산물을 한 번에 맛볼 수 있는 Hot Experience가 인기 만점.

위치	세인트 레지스 수영장 바로 옆
운영	12:00~17:00, 18:30~23:00
요금	애피타이저 250~320K, 메인 요리 375~850K
주소	Kawasan Pariwisata, Lot S6, PO Box 44, Nusa Dua
전화	0361-300-6786
홈피	www.kayuputirestaurant.com

Food

3

구르망 델리 Gourmand Deli

캐주얼한 분위기로 다양한 종류의 페이스트리, 초콜릿, 치즈 등을 판매하며 가벼운 음료와 햄버거, 샌드위치, 파스타 등을 맛볼 수 있다. 안쪽에는 시원한 에어컨이 있다. 키가 높은 바 의자에 동그란 테이블이 몇 개 놓여 있고 바깥쪽엔 좀 더 편안한 좌석이 마련되어 있다. 푸짐하고 육질 좋은 패티를 넣은 햄버거가 특히 인기다.

위치 세인트 레지스 로비 안쪽의 계단을 내려가 왼쪽으로 틀면 바로 보인다.
운영 10:00~22:00
요금 샐러드 160~230K, 메인 요리 260~450K
주소 Kawasan Pariwisata, Lot S6, PO Box 44, Nusa Dua
전화 0361-300-6799
홈피 www.marriott.com
메일 gourmanddeli.bali@stregis.com

Food

4

둘랑 레스토랑 Dulang Restaurant

세인트 레지스의 정통 인도네시안 파인다이닝이다. 리조트 안쪽의 조용한 정원 한가운데에 있는데 규모가 작고 자연 친화적으로 꾸며져 있다. 마치 숲 속의 오두막 안에서 만찬을 즐기는 것처럼 아늑하면서도 고급스럽게 메뉴를 세팅해준다. 식전에 즐기는 끄루뿍Kerupuk과 직접 만든 삼발은 최고 수준이다. 단품 메뉴는 없고 디너 코스만 제공되는데 맛과 양, 구성까지 완벽해 인도네시안 메뉴에 관심 있다면 강력 추천한다. 방문 전 예약은 필수!

위치 세인트 레지스 안쪽 정원 한가운데 위치
운영 19:00~22:00
요금 어른 720K, 어린이 360K(만 3~12세), 만 3세 미만 무료
주소 Kawasan Pariwisata, Lot S6, PO Box 44, Nusa Dua
전화 0361-300-6782
홈피 www.marriott.com

Food

5

솔레일 Soleil

최고의 리조트 물리아 발리는 그 규모와 수준에 맞게 막강한 F&B 라인업을 자랑한다. 그중 꽤 합리적인 가격에 수준 높은 음식으로 인기를 독차지하고 있는 곳이 바로 솔레일이다. 평일에는 이탈리안과 지중해식 메뉴가 주를 이루는 단품 요리들을 즐길 수 있다. 간단한 애피타이저부터 파스타, 해산물 요리가 주를 이루는데 특히 오징어, 새우 등 신선한 해산물을 푸짐하게 넣고 상큼한 토마토 소스로 맛을 낸 디 마레는 개운한 맛에 양도 푸짐하여 추천할 만하다. 또, 일요일에 한해 제공되는 선데이 브런치 뷔페에서는 랍스터, 새우, 굴 등 해산물부터 애피타이저와 따뜻한 메인 요리 섹션, 디저트, 음료까지 완벽하게 갖추어진 뷔페 테이블을 즐길 수 있다. 뿐만 아니라 직원들이 추천하는 창의적이고 수준 높은 디시를 마음껏 맛볼 수 있다.

위치 물리아 발리 내, 수영장 앞쪽에 위치
운영 런치 11:00~15:00,
스낵 15:00~18:00,
디너 18:00~23:00,
선데이 브런치 11:00~15:00
요금 선데이 브런치 619K~
(Tax & SC 21%)
주소 Jl. Raya Nusa Dua Selatan,
Kawasan Sawangan, Nusa Dua
전화 0361-301-7777
홈피 www.themulia.com

Food

6

더 카페 The Cafe

물리아 발리의 올데이 뷔페 레스토랑으로 수준 높은 서비스와 다양한 음식 섹션, 합리적인 가격대로 투숙객이 아닌 일반 여행자들도 많이 찾는 인기 레스토랑이다. 최고의 셰프들이 엄선한 각종 해산물 요리부터 중국, 태국, 인도, 한국 요리까지 다양한 월드 푸드를 맛볼 수 있는데 특히 즉석에서 조리하는 코너가 많아 만족도가 높다. 한국 음식 코너에서는 삼겹살, 비빔밥 등 다양한 음식이 준비되어 있어 부모님과 함께하는 여행자들에게도 좋은 선택이 될 것이다. 특히 더 카페의 디저트 섹션은 탄성을 자아낼 만큼 화려한데 마치 주얼리 숍에 온 듯한 느낌의 화려하고 넓은 진열장에 수준 높은 케이크와 쿠키, 로컬 디저트, 아이스크림, 과일 등이 준비되어 있어 식사의 마지막까지 입과 눈을 즐겁게 해준다. 음료 주문 시 추가 요금이 발생한다.

위치 물리아 발리 내에 위치
운영 07:00~11:00, 12:00~15:00, 18:00~23:00
요금 런치 뷔페 389K, 디너 뷔페 429K (Tax & SC 21%)
주소 Jl. Raya Nusa Dua Selatan, Kawasan Sawangan, Nusa Dua
전화 0361-301-7777
홈피 www.themulia.com

Food

7

테이블 8 Table 8

물리아 발리 내에 위치한 정통 차이니스 레스토랑으로 기본적인 딤섬을 비롯해 로스티드 덕, 크리스피 포크 등 애피타이저 음식도 다양하게 갖추어져 있다. 즉석 요리코너에서는 해산물, 야채 등과 면을 선택하면 XO 소스나 블랙 페퍼 소스 등 다양한 소스 중 하나를 골라 즉석에서 요리해주며 중국식 디저트와 서양식 디저트, 과일 등이 고루 갖추어져 있는 디저트 섹션도 마련되어 있다. 뷔페가 부담스럽다면 단품 요리도 주문할 수 있다. 특히 일요일 아침 8시부터 11시까지 운영하는 다양한 종류의 딤섬을 마음껏 맛볼 수 있는 선데이 딤섬을 추천한다.

위치 물리아 발리 내에 위치
운영 런치 12:00~15:00, 디너 18:00~23:00, 선데이 딤섬 08:00~11:00
요금 선데이 딤섬 308K(Tax & SC 21%)
주소 Jl. Raya Nusa Dua Selatan, Kawasan Sawangan, Nusa Dua
전화 0361-301-7777
홈피 www.themulia.com

Food

8

쿠치나 Cucina

신선한 재료와 수준 높은 요리로 단숨에 인기 레스토랑으로 우뚝 자리 잡은 곳으로 리조트 외부 손님도 많을 정도로 인기가 많다. 수영장과 야외석은 예약해야 할 정도로 인기가 많은 편. 특히 와규 텐더로인이나 와규 비프 설로인, 블랙 앵거스 스테이크 등 이곳의 스테이크는 높은 평가를 받고 있다. 또, 주말 오전 11시부터 오후 3시까지 즐길 수 있는 위크엔드 시크 브런치는 최고의 인기를 누리고 있는데 수영장 입장이 가능하며 12세 미만의 아이 2명까지 무료라 가족 단위 방문객에게 특히 인기가 많다.

위치 소피텔 누사두아 내에 위치
운영 월~토 18:00~23:00,
일 11:00~15:00, 18:00~23:00
요금 스타터 125K~,
선데이 브런치 499K~
(Tax & SC 21%)
주소 Sofitel Bali, Lot No.5 Nusa Dua Tourism Complex
전화 0361-849-2888
홈피 www.accorhotels.com

Food

9

파사르 생골 Pasar Senggol

그랜드 하얏트 내 부속 레스토랑으로 저녁 식사를 하며 인도네시아 전통 공연을 볼 수 있다. 식사는 다양한 발리니스 음식들이 뷔페로 꾸며지며 바비 굴링, 사테, 각종 그릴 메뉴, 샐러드 등이 있다. 인기 코너는 단연 랍스터, 새우, 게 등이 있는 시푸드 그릴 메뉴. 더불어 발리 전통 디저트와 음료도 즐길 수 있다. 전통 춤 공연은 매일 저녁 7시 30분부터 1시간가량 열리며 께짝 댄스, 레공 댄스, 바롱 댄스 등 요일에 따라 다르다. 레스토랑 입구에서는 수공예품을 파는 나이트 마켓도 열린다. 뷔페 음식 종류는 다양하지만 기대보다 맛은 보통 수준이다. 아름다운 야외 테라스에서의 식사와 전통 공연의 만족도가 단연 높다. 예약제로 운영되며 야외에서 진행되는 만큼 날씨의 영향을 받으니 방문 전 일정을 확인하는 것이 좋다.

위치 그랜드 하얏트 내 위치
운영 18:30~22:00, 공연 19:30
요금 **공연 & 뷔페** 어른 672K,
어린이(만 6~12) 336K, 만 6세 미만 무료(어른 2인 요금 지불 시)
공연(19:30~20:30)
175K(웰컴 드링크 포함)
뷔페(20:30~22:00)
어른 550K, 어린이 225K
주소 Kawasan Wisata Nusa Dua BTDC, Nusa Dua
전화 0361-771-234
홈피 www.pasar-senggol.com, www.hyatt.com

Food

⑩

자잔 비스트로 Ja'jan Bistro

라운지 형태로 테이블이 세팅되어 있어 저녁이면 바닷바람을 맞으며 여유로운 식사를 즐길 수 있다. 웨스턴과 아시안 메뉴로 구성되어 있는데 가격대가 합리적이고 맛도 좋은 편. 직접 구워내는 식전 빵도 훌륭하고 태즈메이니아 연어나 부라타 치즈 등 애피타이저 메뉴 구성도 좋다. 특히 완탕, 라멘, 쌀국수, 락사로 구성된 아시아 누들 사총사는 추천 메뉴 중 하나. 음료로는 이곳에서 직접 천연재료를 이용해 구성해낸 아이스티 중 하나를 맛보길 추천한다.

위치 이나야 뿌뜨리 리조트 내, 로비 아래층에 위치
운영 11:00~02:00
요금 1인 150~200K(Tax & SC 21%)
주소 Kawasan Wisata Nusa Dua, Lot S-3, Nusa Dua
전화 0361-774-488
홈피 inayaputribali.com

Food

⑪

크리스털 블루 오션 그릴 Crystal Blue Ocean Grill

압도적인 오션뷰를 감상하며 프레스코 스타일의 특별한 정찬을 즐길 수 있는 사마베 부속 레스토랑이다. 모던 유럽 스타일의 메뉴가 주를 이루며 특히 오후 5시부터 시작되는 단품 4코스의 메뉴는 오세트라 캐비어 블리니, 푸아그라 파르페, 랍스터 라비올리 등의 고급 식재료를 이용한 수준 높은 요리들이다. 런치 타임에는 디너보다 가볍고 경쾌한 분위기로 와규 비프 버거와 시그니처 자이언트 샐러드 등이 추천 메뉴. 식당 한쪽에는 메인 풀과 바다 전망을 감상하며 식사를 즐길 수 있는 작은 정자도 마련되어 있다.

위치 사마베 내에 위치
운영 11:00~23:00(LO 22:30)
요금 런치 75K~, 디너 110K~ (Tax & SC 21%)
주소 Jl. Pura Barong-Barong Sawangan, Nusa Dua
전화 0361-846-8633
홈피 www.samabe.com

Food

⑫

찹스틱 레스토랑 Chopstick Restaurant

일정 내내 인도네시안 메뉴가 부담스럽다면 한 끼쯤은 우리 입맛에 익숙한 차이니스 푸드로 푸짐하게 즐겨보자. 꽤 여유로운 공간에 전형적인 중식당 스타일이다. 스프링롤, 마요네즈 새우, 해파리 냉채, 로스티드 덕 등 5가지의 베스트 애피타이저를 모은 콤비네이션 애피타이저는 여럿이 즐기기에 좋다. 수조에서 바로 건진 싱싱한 해산물 요리도 권할 만하다. 바삭하게 튀긴 생선 요리 Flying Fish with Salted Egg도 고소하고 맛있다.

위치 그랜드 미라지 리조트 내 위치. 도로 쪽에 별도의 입구가 있다.
운영 11:00~22:00
요금 콤비네이션 애피타이저 90K~, Flying Fish with Salted Egg 95K(Tax & SC 21%)
주소 Jl. Pratama 74, Tanjung Benoa
전화 0361-772-147, 0361-771-888
홈피 www.grandmirage.com

Food

⑬

사칼라 비치 클럽 Sakala Beach Club

바다와 접해 있는 사칼라는 들어서자마자 보이는 쭉 뻗은 수영장과 그와 이어진 바다 전망으로 여행자를 들뜨게 만든다. 실내에는 잘 갖추어 입고 정찬을 즐기는 사람이 많으며 수영장에는 선베드에 앉아 가벼운 메뉴를 주문해 시간을 보내는 사람이 대부분이다. 수영장 이용 시간대에는 샌드위치 같은 간단한 풀사이드 메뉴를 시킬 수 있다.

위치 더 사칼라 리조트의 부속 레스토랑, 길 건너 해변 쪽에 있다.
운영 런치 11:00~17:00, 디너 18:00~23:00,
수영장 09:00~17:30
요금 풀 타파스 35K, 2코스 메뉴 198K(Tax & SC 21%)
주소 Jl. Pratama 88, Tanjung Benoa
전화 0361-775-216 홈피 www.sakalabali.com

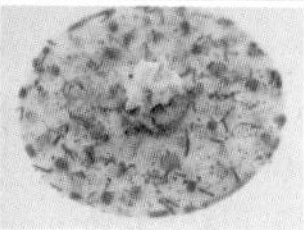

Food

⑭

남푸 Nampu

그랜드 하얏트 내 정통 일식당으로, 깔끔하고 담백한 일본 요리를 맛볼 수 있으며 저녁에만 문을 연다. 일본식 건물의 중앙 연못 주위에는 테이블이 있고 데판야키룸과 스시룸, 프라이빗 다다미로 나누어진다. 프라이빗 다다미는 15인 정도가 이용할 수 있고 예약만 하면 추가 요금 없이 사용 가능하다. 참치, 문어, 도미 등으로 준비되는 사시미 모둠은 언제든 변함없는 맛을 유지한다.

위치 그랜드 하얏트 내 위치 운영 18:00~23:00
요금 1인 190K~(Tax & SC 21%)
주소 Kawasan Wisata Nusa Dua BTDC, Nusa Dua
전화 0361-771-234 홈피 www.hyatt.com

Food

⑮

붐부 발리 I Bumbu Bali I

누사두아에 묵으면서 붐부 발리를 그냥 지나치면 서운하다. 오로지 인도네시안 푸드만을 고집하는 자부심 강한 레스토랑이다. 가격대는 약간 높지만 멋진 분위기에서 최상의 인도네시안 푸드를 맛보려면 감수할 만하다. 월 · 수 · 금요일에 열리는 쿠킹 스쿨의 인기만 봐도 이 집의 음식 맛을 짐작할 수 있다. 수 · 금요일에는 저녁 8시부터 1시간 동안 전통 공연도 진행한다. 누사두아 지역 내에서 셔틀을 운행하고 있으나 변동이 심하므로 전화로 문의하자.

위치 쁘라타마 로드에 위치,
니코 발리 브노아 비치 호텔에서
약 150m 떨어져 있다.
운영 11:00~16:00, 18:00~22:00(LO)
요금 1인 130K~(Tax & SC 21%)
주소 Jl. Pratama, Tanjung Benoa
전화 0361-774-502
홈피 www.balifoods.com

Food

19

파이럿츠 베이 Pirates Bay Bali

해변가의 멋진 해적선과 모험심을 불러일으키는 나무집! 어른들도 동심으로 돌아가게 만드는 곳이다. 특히 아이를 동반한 가족 여행자라면 방문해보자. 이곳의 보물찾기 액티비티는 18개의 숨겨진 단서를 하나씩 따라가며 보물(초콜릿, 선물을 추가로 넣을 수도 있음)을 찾는데 2~10명의 어린이와 해적 분장을 한 가이드가 참여한다. 영어로 진행되지만 단서를 확인하고 찾는 단순한 놀이라 부담 없이 즐길 수 있다. 보통 1시간 정도 소요되며 오전 11시와 오후 3시, 하루 두 번(월 · 금 오후 3시 1회) 열린다(예약 필수). 액티비티 요금에는 웰컴 드링크와 음식이 포함되어 있다. 저녁 6~9시에는 어쿠스틱 공연(목 · 일 제외)도 열린다.

위치 더 베이 발리 엔터테인먼트 단지 내에 위치
운영 10:00~21:00
요금 보물찾기 액티비티 어린이(만 4~12세) USD35, 피자 73~85K(Tax & SC 21%)
주소 The Bay Bali ITDC Area Lot C-0, Nusa Dua
전화 0361-894-8138
홈피 www.thepiratesbaybali.com

Food

20

더 베이 The Bay

발리 컬렉션과 이웃하듯 생겨난 다이닝 단지이다. 비치 클럽과 레스토랑이 포진해 있다. 바삭한 오리 요리로 유명한 우붓의 베벡 벵일 분점과 비치 클럽인 아젠다즈Agendaz, 미니 워터파크인 서프 & 터프Surf & Turf, 파이럿츠 베이, 중식당 훙싱Hong Xing 등 총 6개의 식당이 운영 중이다. 비치 클럽에서는 음식만 주문하면 꽤 큰 규모의 수영장과 해변 앞 선베드를 무료로 이용할 수 있다. 모든 식당이 해변 앞에 있는데도 손님도 적어 썰렁하고 어수선한 분위기가 감도는 건 사실이다.

위치 발리 컬렉션 뒤쪽 해변, 누사두아 시어터와 가깝다.
운영 10:00~22:00(점포마다 다름)
주소 ITDC Lot C-0, Nusa Dua
전화 0361-894-8200 홈피 www.thebaybali.com

Food

21

도빌 Dobil

현지식에 가장 가까운 최고의 바비 굴링을 맛보려면 주저 없이 도빌로 향하자. 흔히 알려져 있는 우붓의 이부 오카가 관광객 입맛에 맞게 순화되었다면 이곳은 100% 현지 스타일이다. 뒤편에선 쉴 새 없이 돼지고기와 사테가 구워져 나오지만 워낙 손님이 많아 12시가 넘으면 음식이 금세 동난다.

위치 코트야드 매리어트 바로 옆 게이트를 나와 직진하다 첫 번째 사거리에서 우회전하여 250m 정도 직진하면 초등학교 바로 전 오른쪽에 있다.
운영 09:00 전후~16:00 전후(재료가 떨어지면 닫음)
요금 바비 굴링 20K(포장)/40K(착석), 사테 2K(1개)
주소 Jl. Srikandi 9, Nusa Dua
전화 0361-771-633

Special Festival

갈룽안-꾸닝안 그리고 녜삐

Galungan-Kuningan, Nyepi Day

발리는 인도네시아의 국가 지정 공휴일은 물론 발리 캘린더에 따른 특정일을 모두 쉬기에 공휴일이 꽤 많고 길다. 그 가운데 발리의 가장 큰 연중행사는 '발리 힌두'의 새해인 '갈룽안-꾸닝안'과 '녜삐'로 이어지는 긴 명절이다.

✖ 조상 혼과 만나는 특별한 의식

갈룽안은 조상들의 혼이 땅에 내려와 후손을 방문하는 날이다. 이에 맞춰 땅에서 살고 있는 후손들은 음식과 의식을 준비하여 이들을 대접한다. 조상들의 혼은 열흘 동안 집 안에 머물다가 꾸닝안에 다시 하늘로 올라간다. 행여 하늘로 올라가지 않은 혼들이 남아있을 수 있어 꾸닝안 다음 날 저녁 오고오고 퍼레이드를 하며 이들을 위협해 하늘로 돌려보낸다. 퍼레이드 마지막은 오고오고를 부시거나 불태우는 의식을 한다. 다음 날은 녜삐라 불리는데, 이날 밖에 돌아다니면 남아있던 악귀들이 인간을 하늘로 데리고 갈 수 있기에 마을에 인간이 살고 있지 않은 것처럼 조용히 지낸다.

✖ 이 시기 발리를 방문한다면?

녜삐 당일에는 관광객도 예외 없이 길거리를 돌아다닐 수 없으며, 리조트 안에서만 지내야 한다. 당일 오전 6시부터 다음 날 오전 6시까지 외출할 수 없으며, 전기 사용도 금지된다. 이 시기에는 발리의 공항 문도 닫힌다. 다만 관광객을 위해 호텔이나 리조트 내의 최소한의 조명 사용은 허용된다. 게스트하우스나 빌라에서 지내는 경우, 조명이 실외로 새 나가지 않도록 해야 한다.

이 긴 명절 기간에 발리 여행을 계획한다면, 각종 제사와 행사로 도로가 통제되기도 하고, 이로 인한 교통체증을 감수해야 한다. 종종 오픈하는 곳들도 있지만 대부분 관광지, 쇼핑몰, 스파, 슈퍼마켓 등은 갈룽안, 꾸닝안, 녜삐 당일에는 휴일이라고 생각하고 여행을 계획해야 차질이 없다.

Spa
1
헤븐리 스파 Heavenly Spa by Westin

웨스틴의 시그니처 스파로 트리트먼트룸과 하이드로 풀, 고급스러운 리셉션 등 헤븐리 스파의 명성답게 세련되고 화려한 분위기를 유지하고 있다. 최고급 시설에서 받는 발리니스 마사지도 훌륭하지만 해조류, 진흙, 커피 등 로컬에서 공수되는 다양한 재료를 활용한 보디 랩, 스크럽 등의 트리트먼트도 한번 받아볼 만하다. 다양한 구성의 패키지와 할인 혜택 등의 프로모션을 자주 시행하니 방문 전 홈페이지를 체크하면 큰 도움이 된다.

위치	웨스틴 누사두아 내에 위치
운영	10:00~22:00
요금	헤븐리 스파 시그니처 마사지 1,000K(60분)/1,300K(90분)
주소	Kawasan Pariwisata Nusa Dua, BTDC Lot N-3, Nusa Dua
전화	0361-849-8888
홈피	www.heavenlyspabali.com
메일	spa.bali@westin.com

Spa
2
물리아 스파 Mulia Spa

물리아 발리의 부속인 물리아 스파는 고급스러운 분위기에 최신 시설을 완비했다. 이색적인 아이스룸, 음악과 향기 테라피를 결합한 스팀룸, 그리고 냉온수가 모두 가능한 하이드로테라피 풀까지 갖추고 있다(기본 트리트먼트룸 외에 각종 테라피룸을 이용하려면 추가 요금을 내야 한다). 리조트 느낌을 그대로 닮은 20개의 트리트먼트룸은 편안하고 아늑한 분위기이다. 무엇보다 테라피스트들의 실력도 여느 곳에 뒤지지 않는데, 체계적인 고객 관리 시스템으로 서비스 만족도 또한 높다.

위치	물리아 발리 내에 위치
운영	09:00~23:00
요금	아시안 블렌드 마사지 1,425K, 발리니스 마사지 1,425K (Tax & SC 21%)
주소	Jl. Raya Nusa Dua Selatan, Kawasan Sawangan, Nusa Dua
전화	0361-301-7777
홈피	www.themulia.com

Spa
3
소 스파 So Spa

소피텔의 시그니처 스파 브랜드인 소 스파가 발리에 상륙했다. 커플룸과 싱글룸으로 구성된 트리트먼트룸은 높은 천장과 황금색 벽면으로 웅장하면서도 고급스럽고 차분하게 꾸며져 있다. 특히 시그니처 트리트먼트는 소 이그지러레이팅 마사지So Exhilarating Massage와 소 레주베네이팅 페이셜So Rejuvenating Facial로 구성되어 있는데, 추천 메뉴 중 하나다. 전신 근육을 자극해 혈액순환을 촉진하고 꿀과 오이를 사용해 프린체 테크닉으로 얼굴색을 맑게 해준다.

위치 소피텔 누사두아 내 위치
운영 09:00~22:00
요금 소피텔 시그니처 트리트먼트 1,750K(90분)(Tax & SC 21%)
주소 Lot N5 Nusa Dua Tourism Complex, Nusa Dua
전화 0361-849-2888
홈피 www.accorhotels.com

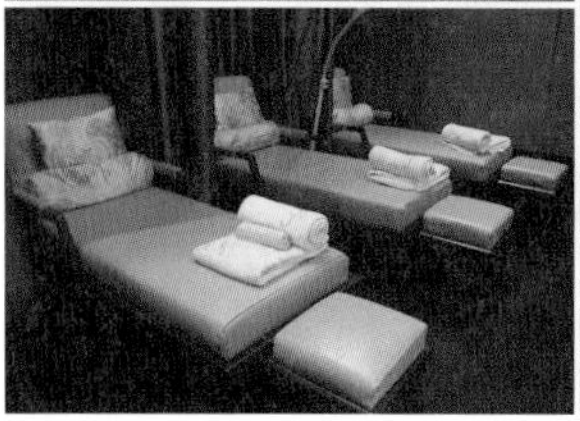

Spa
4
로즈힐 스파 Rosehill Spa

합리적인 가격으로 호텔급 시설과 트리트먼트를 받을 수 있는 곳이다. 한국인이 운영하고 있어 한국인의 취향을 정확히 파악하며 체계적이고 꼼꼼한 관리로 만족도가 높은 곳으로 꼽힌다. 입구에 들어서면 안쪽으로 작은 레스토랑이 자리하고 있는데 한국 음식을 포함한 다양한 음식을 취급하고 있다. 스파 전 미리 주문해놓으면 끝나는 시간에 맞추어 식사를 즐길 수 있다. 건물 중앙에는 수영장과 자쿠지, 사우나가 설치되어 있는데 스파 트리트먼트를 받는 손님이라면 누구나 무료로 이용할 수 있다. 트리트먼트룸은 굉장히 여유로운 공간을 자랑하며 욕조와 화장실, 샤워부스까지 꼼꼼히 갖추어져 있다. 공항 포함 주변 지역은 픽업 서비스를 신청할 수 있는데 누사두아는 픽업이 무료이고 그 외 지역은 2인 이상일 경우에만 무료이다.

위치 힐튼 발리 리조트 맞은편 50m 거리에 위치
요금 로즈힐 시그니처 USD50(120분), 프레시 내추럴 페이셜 마사지 USD23(60분)(Tax 12.5%)
운영 11:00~22:00
주소 88x Jl. Raya Nusa Dua Selatan, Sawangan, Nusa Dua
전화 0822-3744-0111
카카오톡 ID rosehillspa
홈피 www.rosehillspa.com

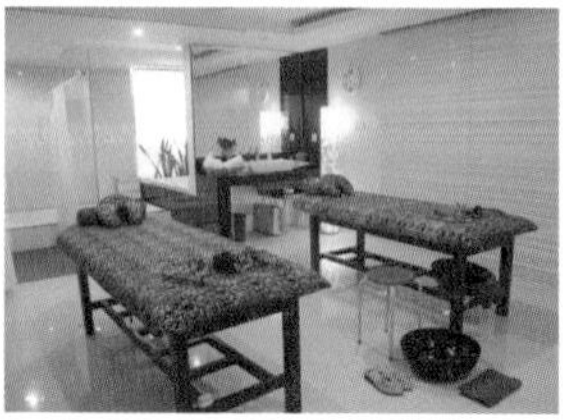

Spa

5

자리 메나리 누사두아 Jari Menari Nusa Dua

특색 있고 강렬한 마사지로 많은 인기를 얻고 있나. 테라피스트가 모두 남성으로 강도 높은 마사지를 원한다면 자리 메나리는 최고의 선택이 될 것이다. 일반적인 발리니스 마사지인 The Favorite Massage도 훌륭하지만, 이곳에서만 경험할 수 있는 Connoisseurs Massage는 강력 추천. 요가를 접목한 마사지인데 마치 태국 마사지처럼 근육이 시원하게 풀어지는 느낌이다. 매주 목요일에는 식사가 포함된 마사지 스쿨이 있으니 관심이 있다면 참여해보자.

위치 쁘라타마 로드의 콘래드를 지나 조금 더 북쪽으로 가다 보면 왼쪽에 보인다.
운영 09:00~22:00
요금 Signature Massage 485K(75분), Connoisseurs Massage with Movement 485K(90분)(Tax 12.5%)
주소 Jl. Pratama 88X, Tanjung Benoa
전화 0361-778-084 홈피 www.jarimenarinusadua.com

Spa

6

크리야 Kriya

그랜드 하얏트의 부속 스파로 리조트만큼 스파 또한 대형급이다. 마치 빌라촌을 연상시킬 만큼 큰데, 중앙의 연꽃 연못 주변으로 총 24개의 스파 빌라가 평화롭게 마을을 이룬다. 스파룸은 원목과 대리석으로 꾸며져 고급스럽고 밝은 분위기이다. 실외에는 널찍한 데이 베드와 플런지풀, 욕조, 엑스트라 스파 베드가 준비되어 있다.

위치 그랜드 하얏트 내 위치
운영 09:00~21:00
요금 트래디셔널 힐링 마사지 1,315K(60분), 로열 자바 룰루 1,260K (Tax & SC 21%)
주소 Kawasan Wisata Nusa Dua BTDC, Nusa Dua
전화 0361-771-234
홈피 www.hyatt.com

Spa

7

루마 스파 Rumah Spa

2층짜리 단독 건물에 13개의 스위트 커플룸을 갖춘 대형 스파다. 모든 스파룸에 자쿠지가 마련되어 있으며 쾌적하고 아늑한 분위기에서 스파를 받을 수 있다. 총 30명의 여성 테라피스트로 구성되어 있는데 트리트먼트 메뉴도 다양하다. 특히 등나무 마사지 도구를 이용한 라탄 마사지는 신체 주요 부분들을 자극해 시원하다. 2인 이상 이용 시 꾸따, 스미냑, 짐바란, 사누르 지역까지 무료 차량 서비스를 제공하며 1인의 경우는 3시간 30분 이상 이용해야 한다.

위치 쁘라타마 로드에 위치, 붐부 발리 I 식당 맞은편
운영 09:00~23:00
휴무 12월 31일
요금 Hot Rattan Massage 825K(90분), Natural Hair Spa Treatment 450K(60분)(Tax 12.5%)
주소 Jl. Pratama 79X, Tanjung Benoa
전화 0361-472-8540
카카오톡 +62-812-3636-3698
홈피 www.rumahspabali.com

Spa

8

티트리 스파 Tea Tree Spa

홀리데이 인 브노아의 부속 스파로 리조트만큼이나 인지도가 높은 세계적인 체인 스파이다. 꾸따 지역의 홀리데이 인 리조트 바루나에도 지점이 있다. 총 6개의 조용한 트리트먼트룸과 네일 전용 살롱, 휴게실 등이 세련된 스타일로 꾸며져 있으며 전통적인 발리 로컬 재료를 사용해 자연 치료법을 위주로 한 트리트먼트를 받을 수 있다. 커플, 임산부 등을 위한 특별 트리트먼트 메뉴도 준비되어 있다.

위치	홀리데이 인 브노아 내 위치
운영	09:00~21:00
요금	티트리 시그니처 1,095K(150분), 발리 하모니 795K(120분)
주소	Jl. Pratama 86 Tanjung Benoa
전화	0361-894-7888
홈피	balibenoa.holidayinnresorts.com/tea-tree-spa
메일	spamanager@holidayinnbenoa.com

Shopping

1

발리 컬렉션 Bali Collection

누사두아 리조트 밀집 지역에 위치한 쇼핑센터로 각종 의류 매장, 소고 백화점, 마트, 레스토랑, 카페, 스파, 아트 숍, 서점 등이 모여 있다. 시설 재정비를 마치고 분위기가 한층 산뜻해졌는데, 무료 공연도 열리니 저녁 무렵 산책 삼아 나와봐도 좋겠다. 매력적인 상점이 그리 많지는 않으나 꾸따나 스미냑까지 가지 않고 가볍게 둘러보기 무난하다. 딴중 브노아, 누사두아 지역 내 대부분 호텔에서 발리 컬렉션 셔틀버스가 1시간 간격으로 운행된다. 호텔 데스크에서 셔틀버스를 이용할 수 있는지 문의해보자. 발리 컬렉션에서 호텔로 돌아가는 셔틀버스는 밤 9~10시까지 있다(호텔에 따라 운행 시간이 다름).

위치	발리 컬렉션 무료 셔틀버스를 이용할 수 있다. 멜리아 발리와 그랜드 하얏트 사이에 있다.
운영	10:00~23:00(상점마다 다름)
주소	Kawasan Pariwisata BTDC, Nusa Dua
전화	0361-771-662~3
홈피	bali-collection.com

Tip 발리 컬렉션 입점 매장

의류 & 잡화 매장
퀵실버, 나이키, 뱀부 블론드, 빌라봉, 리바이스, 발리 서프, 센사시아 등

카페 & 레스토랑
트로피컬 레스토랑, 배스킨라빈스 31, 피카피카, 코코 비스트로, 마이 마이 레스토랑, 베벡 뜨삐 사와 등

백화점 & 마트
소고 백화점, 코코 슈퍼마켓 등

❶

세인트 레지스 발리 St. Regis Bali Resort

발리에서뿐 아니라 세계적으로도 손꼽히는 럭셔리 호텔로 우리에게도 잘 알려진 W 리조트보다 더 높은 등급에 속한다. 총 123개의 객실을 갖추고 있는데 객실은 크게 풀이 딸리지 않은 스위트룸과 풀이 딸린 빌라 형태로 구분된다. 가장 하위 카테고리인 스위트룸도 충분히 만족스러울 만큼 객실 컨디션과 사이즈, 어메니티, 인테리어 등을 완벽하게 갖추고 있다. 특히 라군 빌라는 객실에서 바로 라군 풀로 연결돼 있어 인기가 많으며 스트랜드 빌라는 비치 프런트 빌라로 해변에 객실 전용의 선베드가 마련되어 있다. 또한 세인트 레지스의 레스토랑들은 트립 어드바이저에서도 호평을 받고 있을 정도로 인기가 좋다. 이곳에 묵는다면 하루를 온전히 할애해 모든 레스토랑을 경험해보는 것도 좋다.

위치	발리 내셔널 골프 클럽 아래쪽에 위치. 물리아 발리 가기 바로 전 왼쪽에 보인다.
요금	스위트룸 USD630~
주소	Kwasan Pariwisata, Lot S6, PO Box 44, Nusa Dua
전화	0361-847-8111
홈피	www.marriott.com

Stay : 5성급

2

물리아 발리 The Mulia Nusa Dua Bali

순수 인도네시아 로컬 자본으로 만들어진 곳으로 거대한 규모와 높은 수준으로 오픈 당시부터 큰 기대와 이슈를 만들었던 고급 리조트다. 물리아 발리는 9만 평의 발리 최대 면적을 자랑하며, 111개 스위트룸으로 구성된 더 물리아The Mulia, 526개의 객실과 부대시설이 갖춰진 물리아 리조트Mulia Resort, 그리고 108개의 개인용 풀이 갖춰진 단독 빌라로 이루어진 물리아 빌라Mulia Villas로 구분된다. 가장 합리적인 가격의 물리아 리조트도 객실 수준이나 수영장 등 부대시설이 전혀 빠지지 않지만 이왕이면 다양한 혜택과 한 차원 높은 프라이빗한 서비스를 누릴 수 있는 더 물리아를 추천한다. 각 시설 간은 언제든지 로비에서 버기 서비스로 이동할 수 있다.

물리아 발리의 최고 자랑거리 중 하나인 거대하고 아름다운 수영장은 해변 앞으로 펼쳐져 있으며 새하얀 인도네시안 전통 캐릭터의 석상은 웅장하면서도 아름답다. 리조트의 아침 식사는 뷔페식으로 제공되며 회, 초밥, 한국 음식 코너 등 특별하면서도 고급스러운 라인업이 돋보인다.

위치	공항에서 차로 약 30분 소요. 누사두아 리조트 단지에서 남쪽으로, 발리 내셔널 골프 클럽을 지나서 있다.
요금	시그니처 오션 코트 USD240~
주소	Jl. Raya Nusa Dua Selatan, Kawasan Sawangan, Nusa Dua
전화	0361-301-7777
홈피	www.themulia.com

3

그랜드 하얏트 Grand Hyatt Bali

전형적인 대형 리조트로 가족 단위 여행객이 머물기 무난하다. 총 면적이 22ha에 달하며 그 크기를 가늠하기 어려울 정도로 넓다. 객실의 크기나 조건은 비슷하지만 클럽룸 게스트는 프라이빗 수영장, 라운지 이용 같은 혜택이 따로 주어진다. 모든 객실에 발코니가 마련되어 있고 우드 톤의 편안한 분위기가 아늑한 느낌을 준다. 잘 가꾸어진 리조트 정원으로 나가면 50m 워터 슬라이드와 함께 리버 풀이 있고 해변 쪽으로 길이 120m의 라군 풀이 하나 더 있다. 리조트에서 바로 650m에 달하는 비치로 나갈 수 있어 편리하다.

키즈 클럽은 유료로 운영되며 피트니스 센터가 꽤 잘 갖춰져 있다. 특색 있는 레스토랑이 여럿인데, 이탈리안 레스토랑 살사 베르데Salsa Verde가 있고, 일식당 남푸Nampu에서 데판야키 코너와 스시 바를, 파사르 생골Pasar Senggol에서는 인도네시안 뷔페와 발리 전통 공연을 즐길 수 있다. 리조트 규모에 상응해 조식당도 군데군데 마련돼 있는데 기대보다 조식은 평범하다.

위치	누사두아 리조트 단지에 위치, 발리 컬렉션과 200m 정도 떨어져 있다.
요금	그랜드 킹 USD200~
주소	Kawasan Wisata BTDC Lot 1, Nusa Dua
전화	0361-771-234
홈피	www.hyatt.com

Stay : 5성급

4

더 라구나 The Laguna Resort & Spa

스타우드 그룹 계열인 럭셔리 컬렉션, 더 라구나는 2006년 쉐라톤에서 더 라구나로 업그레이드한 후 차츰차츰 고급 숙소로 변모하고 있다. 2010년 12월에 선보인 10개의 럭셔리 풀 빌라는 넉넉한 크기의 객실에 침실과 욕실은 물론 거실과 다이닝 공간까지 있다. 개인 정원과 가제보, 여유로운 사이즈의 풀 등 규모나 시설, 모던하면서 럭셔리한 분위기, 최상의 서비스 등을 고려하면 발리의 그 어느 풀 빌라와 비교해도 손색이 없을 정도로 최고 수준이다. 더불어 리조트 내의 모든 시설을 공유할 수 있으며 빌라 손님만을 위한 프라이빗 비치까지 마련해 허니문을 위한 고급 빌라로 손색이 없다는 평이다. 일반 리조트 객실은 세월의 흔적이 다소 느껴지지만 중후하면서도 잘 관리된 느낌이다. 특히 리조트 객실에서 수영장에 바로 나갈 수 있는 라군 액세스룸이 인기. 해변이 바로 앞에 있으며 아름다운 수영장 또한 이곳의 자랑. 특히 아이들이 놀기에 더없이 좋다.

위치 누사두아 리조트 단지에 위치. 웨스틴 리조트와 가깝다.
요금 가든뷰 USD250~
주소 Kawasan Pariwisata, Nusa Dua
전화 0361-771-327
홈피 www.marriott.com

Stay : 5성급

5

웨스틴 누사두아 The Westin Resort Nusa Dua

어린 자녀를 둔 부모라면 귀가 솔깃해질 리조트. 키즈 클럽, 아이들 눈높이에 맞춘 조식, 그리고 키즈 스파까지 잘 갖추고 있다. 특히 12세 이하의 어린이라면 체크인 시 받을 수 있는 키즈 백에는 키즈 어메니티가 담겨 있다. 그중 웨스틴 물병에는 언제든 소프트드링크를 무료로 담아주니 아이들이 좋아한다. 이탈리안 레스토랑 프레고Frego에서 열리는 선데이 브런치(11:30~15:00)는 아이들과 시간을 보내기 좋고, USD10의 키즈 밀(점심과 저녁 포함)은 가족의 식사비 부담을 덜어준다. 객실은 다소 좁지만 헤븐리 베드Heavenly Bed로 불리는 폭신한 침구는 만족스러운 잠자리를 제공한다. 패밀리 스위트룸은 가족 여행객을 배려했고, 신축 건물의 프리미엄룸은 더 쾌적하다. 일찍 도착하고 늦게 떠나는 손님들을 위한 리빙룸에는 키즈 코너와 라운지, 샤워실, 수영장까지 있으니 대만족.

위치 누사두아 리조트 단지에 위치
요금 디럭스 USD270~, 패밀리 스위트 USD600~
주소 Kawasan Pariwisata, BTDC Lot N-3, Nusa Dua
전화 0361-771-906
홈피 www.marriott.com

Stay : 5성급

6

이나야 뿌뜨리 발리 Inaya Putri Bali

녹색의 푸른 잔디밭과 아름다운 수영장이 압권인 이나야 뿌뜨리 발리는 합리적인 가격에 격소 높은 객실과 부대시설이 자랑거리. 총 460개의 객실 중 한 종류인 디럭스룸은 사이즈가 여유로우며 특히 욕실이 상당히 넓은 편이다. 1층에는 디럭스 풀 액세스룸이 자리하는데 테라스에서 수영장으로 바로 연결되어 특히 아이를 동반한 가족 여행자들에게 인기다. 스위트룸 이외에도 1베드룸과 2베드룸으로 구분된 풀 빌라가 있다. 또한 아시안 퓨전 요리가 훌륭한 자잔 비스트로를 비롯해 총 4개의 바와 레스토랑이 있으며 스파, 미팅룸 등 다양한 부대시설을 충실히 갖추었다.

위치 공항에서 차로 약 20~30분
요금 디럭스 USD150~
주소 Kawasan Wisata Nusa Dua Lot 5-3
전화 0361-200-2900
홈피 inayaputribali.com

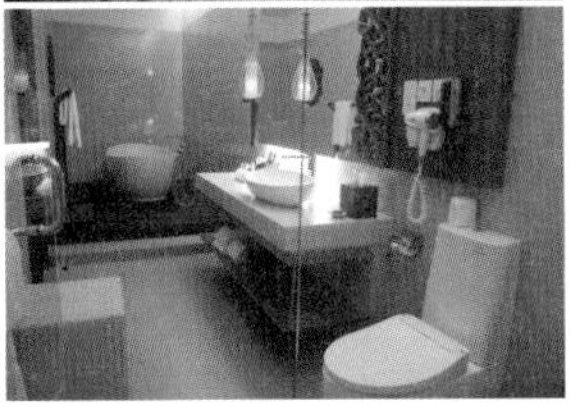

Stay : 5성급

7

사마베 Samabe Bali Suites & Villas

한적한 바닷가에 자리를 잡은 사마베는 럭셔리한 콘셉트로 고급스러움과 프라이빗한 시설을 지향한다. 오션뷰로 설계된 전 객실은 모던한 분위기에 발리 특유의 아름다움을 살짝 가미했다. 객실은 총 39개의 스위트룸과 35채의 빌라, 7채의 펜트하우스로 세분화된다. 부대시설로는 2개의 레스토랑과 2개의 바, 스파, 웨딩 채플 등을 갖추고 있다. 투숙객에게는 미니 바가 무료이며 애프터눈 티, 무제한 음료 서비스 등을 제공하고 있는데 올 인클루시브 패키지를 구매하면 이에 더해 룸서비스와 레스토랑 식사, 세탁 서비스 등도 누릴 수 있다.

위치 물리아 발리와 같은 해변 라인에 있다. 차로 약 5분, 해변 끝에 있다.
요금 1베드룸 오션 사마베 스위트 USD417~
주소 Jl. Pura Barong-Barong Sawangan, Jl. Raya Nusa Dua Selatan
전화 0361-846-8633
홈피 www.samabe.com

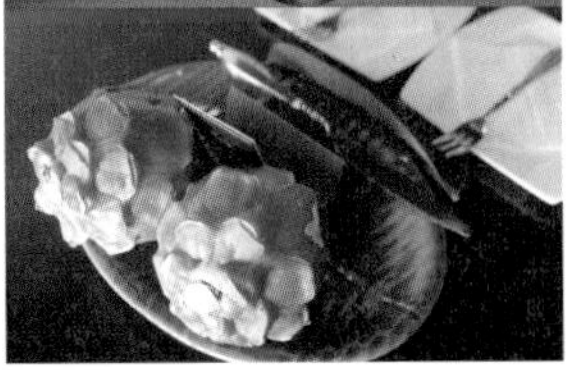

Stay : 5성급

8

소피텔 누사두아 Sofitel Bali Nusa Dua Beach Resort

누사두아 해변에 위치한 대형 리조트로 크게 리조트 객실과 풀 빌라로 구성되어 있다. 리조트 객실은 럭셔리룸과 스위트로 나뉘며 럭셔리룸은 오션뷰, 풀 액세스, 플런지 풀 여부에 따라서 다시 구분되는데 객실 크기는 동일하다. 다만 럭셔리룸 풀 액세스는 클럽 라운지를 무료로 이용할 수 있다. 스위트는 프레스트지, 허니문 객실로 나뉘며 허니문 객실이 보다 밝고 화사한 분위기이고 프레스트지는 진중한 느낌이 든다. 여유로운 크기의 스위트 객실에는 간이 주방이 딸려 있고, 에르메스 어메니티가 준비된다. 풀 빌라는 리조트 건물에서 살짝 떨어져 있어 보다 조용하게 머물 수 있다.

위치	누사두아 리조트 단지 내 위치
요금	럭셔리룸 USD260~
주소	Lot N5 Nusa Dua Tourism Complex 80363 Nusa Dua
전화	0361-849-2888
홈피	www.accorhotels.com

Stay : 5성급

9

홀리데이 인 브노아 Holiday Inn Resort Bali Benoa

어린 자녀와 함께하는 가족 여행자에게 안성맞춤인 호텔이다. 패밀리 프렌들리 Family Friendly라는 명확한 콘셉트의 호텔로 가족 단위의 여행객이라면 마음에 쏙 들 혜택이 많다. 일일 프로그램들로 알차게 채워진 키즈 클럽, 모든 연령대의 아이들이 즐길 수 있는 게임룸, 워터 슬라이드가 갖춰진 키즈 풀, 그리고 가장 솔깃한 혜택은 어린이 식사 무료 제공이다. 만 12세 이하 어린이는 무료로 식사할 수 있는데 메인 요리와 디저트, 음료가 모두 포함되어 있다(어른 1명당 어린이 2명에게 무료 식사 제공, 최대 어린이 4명까지 혜택 가능. 단, 어른 1명당 1메뉴 주문 시 적용됨).

딴중 브노아 해변을 끼고 있는 리조트에는 스파, 오션뷰 수영장, 피트니스 클럽, 레스토랑 등 부대시설들이 채워져 있다. 객실은 총 171개로 클래식 리조트, 오션뷰, 풀 액세스 등이 있으며 키즈 콘셉트가 두드러진 객실 또한 갖추고 있다. 객실을 아이에게 맞추고 싶다면 딴중 패밀리 어드벤처 스위트 객실을 추천한다. 24평의 넓은 스위트 객실로 어린이 용품이 채워진 키즈 웰컴 팩이 주어지고 PS4 게임 콘솔이 준비되며 어린이 전용 욕실까지 있다.

위치	콘래드와 로열 산트리안 사이에 위치
요금	클래식 리조트 USD150~, 풀 액세스 USD190~, 오션뷰 USD200~, 스위트 USD220~
주소	Jl. Pratama 86, Tanjung Benoa
전화	0361-894-7888
홈피	balibenoa.holidayinnresorts.com

Stay : 5성급

⑩

콘래드 Conrad Bali

객실은 뷰에 따라 가격에 차등이 있으나 객실의 사이즈나 인테리어는 대동소이하다. 전용 라운지와 수영장 등을 갖춘 콘래드 스위트도 옆쪽에 자리하고 있다. 콘래드의 가장 큰 장점은 시원한 전망의 아름다운 수영장. 로비 앞쪽의 바다를 향해 펼쳐진 거대한 메인 풀을 필두로 양옆의 라군 풀 등 엄청난 규모를 자랑한다. 수영장 물을 받는 데만 무려 1주일이 걸린다고 한다. 체크아웃 후에도 편안히 휴식할 수 있는 리플렉션 라운지가 있어 비행 출발 시간이 늦은 한국인에게 유용하다(무료).

위치	쁘라타마 로드를 따라 북쪽으로 가다 보면 오른쪽에 위치
요금	디럭스 가든뷰 USD196~
주소	Jl. Pratama 168, Tanjung Benoa
전화	0361-778-788
홈피	www.conradbali.com

Stay : 5성급

⑪

아만 빌라 Aman Villas at Nusa Dua

아만Aman은 산스크리트어로 '평화롭다'는 뜻이다. 누사두아의 대형 리조트들이 대부분 해변에 위치한 것과 달리 이곳은 누사두아가 내려다보이는 언덕에 있어 마치 작고 조용한 성에 온 듯한 기분이 든다. 총 35개의 빌라가 드문드문 위치해 있어 프라이빗하며, 적당한 규모의 객실이 안정감을 준다. 넓은 수영장과 치밀하면서도 고급스러운, 그리고 친근한 서비스는 아만 빌라의 특별한 매력이다.

위치	발리 내셔널 골프 클럽과 바로 접해 있다.
요금	3베드룸 빌라 USD2,500
주소	Jl. Nusa Dua, Benoa
전화	0361-846-8585
홈피	www.aman.com/villas/nusa-dua

Stay : 5성급

⑫

코트야드 매리어트 누사두아

Courtyard by Marriott Bali Nusa Dua

비교적 거품이 없이 합리적인 가격대에 알차게 관리되는 호텔이다. 규모가 크진 않지만 유선형의 수영장은 아름답게 꾸며져 있다. 객실은 4개의 카테고리로 구분되어 있으며 하위 객실인 디럭스 가든뷰도 컨디션이 좋은 편. 수영장과의 접근이 용이한 디럭스 풀 테라스는 가족 여행객에게 특히 인기가 높다. 모모 카페에서 조식을 제공하는데 면, 계란 요리를 비롯해 과일 등이 충실히 갖춰져 있다. 비치를 끼고 있진 않으나 30분에 한 번씩 비치로 무료 셔틀을 운행한다.

위치 누사두아 리조트 단지 내, 아요디아 리조트 건너편, 노보텔 누사두아와 이웃하고 있다.

요금 디럭스 가든뷰 USD160~

주소 Kawasan Pariwisata Lot SW1, Nusa Dua

전화 0361-300-3888

홈피 www.marriott.com

Stay : 5성급

⑬

까유마니스 누사두아

Kayumanis Nusa Dua

로컬 브랜드임에도 세계 굴지의 호텔 브랜드에 전혀 밀리지 않고 꾸준하게 사랑받아온 까유마니스는 짐바란, 우붓, 누사두아 지역에 각각 하나씩 자리하고 있다. 총 20채의 풀 빌라를 운영하고 있는데 평화롭고 따뜻한 집이라는 콘셉트에 맞게 마치 집에 머무는 듯한 편안함을 느낄 수 있다. 웰컴 마사지, 쿠키와 과일, 버틀러, 미니 바, 와이파이, 짐바란과 누사두아 지역까지의 무료 차량 서비스 등 다양한 혜택이 있어 편리하다. 모던한 이탈리안 레스토랑 Piasan은 질 좋은 오가닉 푸드로 호평받고 있다.

위치 누사두아 비치 호텔 바로 옆에 있다.

요금 1베드룸 풀 빌라 USD780~

주소 BTDC Nusa Dua, PO Box 777, Nusa Dua

전화 0361-770-777 홈피 www.kayumanis.com

Stay : 5성급

⑭

더 발레 The Balé

젠 스타일의 끝을 보여주는 화사한 느낌의 리조트. 넓은 부지에 단 20채의 빌라를 운영하고 있어 호젓하고 프라이빗한 분위기다. 특히 16세 이하의 어린이는 투숙 자체가 금지되어 있어 오붓한 느낌을 찾는 연인들에게 좋은 선택이 될 수 있다. 공항 픽업이 제공되며 빌라 내 위치한 레스토랑 Faces는 오가닉한 컨템포러리 메뉴로 좋은 평가를 받고 있다.

위치 세인트 레지스를 지나 조금만 더 가면 오른쪽에 위치

요금 1베드룸 파빌리온 USD411~

주소 Jl. Raya Nusa Dua Selatan, PO Box76, Nusa Dua

전화 0361-775-111 홈피 www.thebale.com

Stay : 5성급

⑮

힐튼 발리 Hilton Bali Resort

객실에서 보는 웅장한 바다 전망이 탄성을 자아낸다. 규정상 발리에서는 건물을 야자수 키 높이 이상 올릴 수 없지만 흥미롭게도 절벽 위부터 층수를 계산해 법적인 문제를 피했다고 한다. 최근에는 그랜드 니코 발리에서 힐튼으로 변경되면서 일부 시설을 리노베이션했다. 키즈 풀과 워터 슬라이드를 비롯, 4개의 수영장이 하나로 연결돼 물놀이를 즐기기 좋다.

위치 더 발레에서 남쪽 방향으로 이동하면 보인다.

요금 가든뷰 USD150~

주소 Jl. Raya Nusa Dua Selatan, Nusa Dua

전화 0361-773-377 홈피 hilton.com

Stay : 5성급

⑯

노보텔 누사두아 Novotel Nusa Dua

깔끔하고 화사한 리조트로 직원들도 친절하고 시설 관리도 잘 되어 있어 누구에게나 무난하게 추천할 만한 리조트다. 특히 2베드룸 스위트룸에는 주방 시설이 갖추어져 있고 프라이빗 풀도 있어 가족 여행자에게 추천할 만하다. 2단으로 된 공용 풀도 꽤 넓은 편이고 투숙객에게 제공되는 무료 액티비티가 풍성한 편이다.

위치 누사두아 리조트 밀집 단지 내에 위치.
아요디아 리조트와 마주 보고 있다.

요금 디럭스 USD160~

주소 Jl. Pantai Mengiat, ITDC Complex, Nusa Dua

전화 0361-848-0555

홈피 www.novotelnusaduabali.com

Stay : 5성급

⑰

아요디아 리조트 Ayodya Resort Bali

총 면적 11.5ha 부지에 541개의 객실을 갖춘 초대형 리조트로, 중앙의 대형 연못을 따라 발리식 건물들이 이어진 그랜드 발리니스 콘셉트다. 객실은 크게 디럭스와 그랜드, 아요디아, 스위트로 나뉘며 전망에 따라 다시 가든뷰와 오션뷰로 나뉜다. 모든 객실에 발코니가 있으며 아요디아와 스위트 객실 손님은 클럽 라운지 혜택이 주어진다. 해변과 잔디밭이 잘 갖춰져 있어 휴식을 취하거나 일광욕하기에 그만이다.

위치 누사두아 리조트 단지에 위치.
노보텔 누사두아와 마주 보고 있다.

요금 디럭스 USD165~

주소 Jl. Pantai Mengiat, Nusa Dua

전화 0361-771-102

홈피 www.ayodyaresortbali.com

Stay : 5성급

⑱

로열 산트리안 The Royal Santrian

발리적인 요소를 가미시킨 외관에 미니멀한 매력을 살린 풀 빌라로 2009년 문을 열어 누사두아에 새 바람을 일으켰다. 특히 국내 신혼여행객들에게 사랑받는 풀 빌라로 손꼽힌다. 총 22개의 객실로 구성, 디럭스 빌라와 로열 빌라 두 가지 타입으로 모던하고 고급스러운 분위기다. 로열 빌라는 오션뷰로 디럭스에 비해 수영장이 좀 더 큰 편이며 디럭스 빌라는 모두 가든뷰이다. 해변을 향해 난 미니멀한 수영장이 말해주듯 모던함을 선호하는 커플 여행자에게 어울리는 숙소다.

위치 쁘라타마 로드에 위치

요금 디럭스 빌라 USD380~, 로열 빌라 USD615~

주소 Jl. Pratama, Tanjung Benoa, Nusa Dua

전화 0361-778-181 홈피 www.theroyalsantrian.com

Stay : 5성급

⑲

누사두아 비치 호텔 Nusa Dua Beach Hotel & Spa

오랜 세월 누사두아를 지켜온 터줏대감 리조트로 2010년 대대적인 리노베이션을 통해 상당히 깔끔한 모습으로 거듭났다. 400여 개에 달하는 객실도 모던하고 군더더기 없는 느낌이다. 수영장이 상당히 넓은 편이고 해변 상태도 좋다. 특히 리노베이션을 통해 고급스러워진 스파에는 전용 풀이 있고 트리트먼트룸도 한층 고급스러워졌다.

위치 까유마니스 누사두아와 붙어 있다.

요금 디럭스 USD200~

주소 Kawasan Pariwisata Lot North 4, Nusa Dua

전화 0361-771-210 홈피 www.nusaduahotel.com

사누르는 꾸따처럼 복잡하지도, 누사두아처럼 너무 여유롭지도, 스미냑처럼 비싸지도 않다.
발리 현지인과 외국인 거주자, 관광객들로 적당히 분주하고 한가로운 곳.
바, 식당, 슈퍼마켓이 잘 갖춰져 있으니 장기 여행자라면 사누르를 베이스캠프로 삼아도 좋다.
들과 숲이 생각날 땐 우붓으로, 아름다운 바다가 생각날 땐 쁘니다 섬으로 소풍을 떠날 수 있다.

현지인 반, 여행자 반

Sanur

사누르

사누르

우붓 · 빠당바이
팟 초콜릿 사누르
더 사마타(5.4km)
코마네카 끄라마스(18km)
사르바기따 버스 정류장
뻐라마 여행사(버스 & 보트)
퍼블릭 보트 선착장
렘봉안 · 쁘니다
와룽 막 벵 Warung Mak Beng
록키 패스트 크루즈
스코트 패스트 크루즈
패스트 보트 선착장
렘봉안 · 쁘니다 · 길리 · 롬복
르 마이어 미술관
Museum Le Mayeur
Jl. Hang Tuah
프라임 플라자 호텔 사누르
Prime Plaza Hotel Sanur Bali
Jl. Danau Beratan
발리 비치 골프장
Bali Beach Golf Course
Jl. Wira
Jl. Danau Buyan
Jl. Segara Ayu
Jl. Danau Tondano
Jl. Danau Toba
Jl. Pantai Sindu
코피토코
Kopitoko
소울 온 더 비치
Soul on the Beach
파사르 신두
Pasar Sindhu
와룽 리틀 버드 Warung Little Bird
모나 홈스테이
Mona Homestay
사누르 비치
Sanur Beach
까유 수기 게스트 하우스
Kayu Sugih Guest House
바이 패스 응우라이 Jl. By Pass Ngurah Rai
Jl. Batur Sari
울루와뚜
Uluwatu
포치 카페 The Porch Cafe
Jl. Pungutan
발리타자 Balitaza
브래드 바스켓 Bread Basket
젱갈라 사누르 Jenggala Sanur
Jl. Pantai Karang
와룽 낙사
Warung De Naksa
Jl. Bumi Ayu
하디스
Hardy's
카페 스몰가스 Cafe Smorgas
Gg. Jasmine
오아시스 라군 사누르 The Oasis Lagoon Sanur
애브얀 게스트 하우스
Abyan Guest House
만다라 스파
카페 바투짐바 Cafe Batujimbar
메종 오렐리아
Maison Aurelia Sanur, Bali – by Préférence
다나우 땀블링안 Jl. Danau Tamblingan
뿌리 히로미
Puri Hiromi
Jl. Kesari
코코야
Kokoya
마야 사누르
Maya Sanur Resort & Spa
트리 바
Tree bar at MAYA
나가 에잇
Naga Eight
쿠우
마야 스파
사누르 비치
Sanur Beach
하얏트 리젠시 발리
Hyatt Regency Bali
Jl. Tirta Nadi
Jl. Tambak Sari
Jl. Tirta Ening
소울 인 어 볼 Soul in a Bowl
Jl. Duyung
아이시스 스파
Aisis Spa
강남 한식당
Gangnam Restaurant
꾸따
사르바기따 버스 정류장
바이 패스 응우라이 Jl. By Pass Ngurah Rai
와룽 끄칠 Warung Kecil
말라이카 시크릿 목샤
Malaika Secret Moksha Restaurant
글로 데이 스파
Glo Day Spa
마시모 Massimo
릴라 판타이 Lila Pantai
탁수 사누르
Taksu Sanur Hotel
다나우 포소 Jl. Danau Poso
아토텔 사누르 Artotel Sanur Bali
뿌리 산트리안
Puri Santrian
쯔마라 Jl. Cemara
Jl. Kusuma Sari
페어몬트 사누르 비치
Fairmont Sanur Beach Bali
파퓨러 마켓
Popular Market
선하우스 게스트 하우스
Sunhouse Guest House
Jl. Sekar Waru
수다말라 사누르
Sudamala Suites & Villas Sanur
수다말라 Jl. Sudamala
까무엘라 사누르
Kamuela Villas and Suite Sanur
와룽 베이비 몽키스 Warung Baby Monkeys
Jl. Mertasari
머큐어 리조트 사누르
Mercure Resort Sanur Bali
파워 오브 나우 오아시스
Power of Now Oasis

✚ 사누르 Sanur

1. 사누르로 이동하기

택시
꾸따, 스미냑, 누사두아 등지에서 차로 쉽게 도착할 수 있는 지역이라 미터 택시 이용이 가장 편리하다. 공항에서 사누르까지 요금은 150K~, 꾸따에서는 120K 정도.

오토바이
오토바이로도 충분히 다닐 수 있다.

렌터카
바이 패스 응우라이 로드가 잘 나 있어 운전하기 쉽다. 꾸따에서 차로 25분 소요.

사설 미니버스
꾸따에서 사누르까지 요금은 50K~.

쁘라마 버스
꾸따에서 하루 4회 출발하며 35K이다. 우붓에서는 50K, 짠디다사에서는 75K.

2. 사누르 안에서 이동하기

도보
메인 로드인 다나우 땀블링안 로드는 걸어서도 다닐 만한데 끝에서 끝까지 걸으면 30분 정도로 제법 거리가 있다.

자전거
걷기엔 살짝 멀고 택시를 타기엔 가까운 경우가 많다. 그래서 자전거 라이딩은 사누르에서 가장 적합하며 숙소나 렌털 숍에서 빌릴 수 있다. 오토바이를 이용한 날치기도 발생하니 가방은 자전거에 잘 고정시키고, 소지품도 신경 쓰자.

오토바이
오토바이로 사누르뿐 아니라 인근 꾸따, 스미냑까지 다 둘러볼 수 있다. 다나우 땀블링안 로드에 렌털 숍이 있다.

택시
하디스 슈퍼마켓 주변에 택시가 많다.

자가용 택시
사누르 해변 선착장 주변에서 주로 볼 수 있다. 보트에서 내리는 여행자들을 대상으로 흥정하는 사람이 많다.

3. 사누르 엿보기

액티비티 & 관광
특별히 할 일을 찾기보다 조용히 자기만의 시간을 가져보자. 현지인들이 많은 사누르 해변으로 산책하러 나가도 좋다.

식당
다나우 땀블링안 로드에 식당과 바가 몰려 있다. 다양한 국적과 콘셉트의 식당이 골고루 있어 선택의 폭이 넓다. 주변에 한국 식당도 있다.

숙소
젊은 세대보다 주로 중년의 여행객과 가족 단위 여행객들이 장기로 머무는 사누르. 오래된 리조트부터 새로 생긴 리조트, 레지던스까지 숙소가 다양하다. 장기 여행자가 많은 지역이라 저가 숙소도 입맛대로 고를 수 있다.

Writer's Tip :)

사누르에서
꼭 해야 할 일 체크!

- ☐ 조용하고 한적한 사누르에서 나만의 휴양 즐기기
- ☐ 가까운 렘봉안 섬이나 쁘니다 섬으로 1일 투어하기

APPROVED Writer's Tip APPROVED

4. 사누르 추천 1일 코스

한가로운 휴양지에서의 소소한 하루를 보내보자.

08:00

사누르 비치 산책로 걷기

해변을 따라 난 산책로를
걷거나, 뛰거나
자전거로 달려보자.

09:00

사누르 비치에서 아침 식사

산책 후엔 바다를 보며
아침을 먹자.

10:00

르 마이어 미술관 관람

발리와 사랑에 빠진
어느 벨기에 화가의 아름다운
그림들을 만나보자.(p.245)

13:30

와룽 끄칠에서 점심 식사

여행자, 현지인 모두 찾는
음식점에서 한 끼 해결!
(p.250)

14:30

시원한 카페에서 휴식

다나우 땀블링안 로드에
카페가 많다.

17:00

파워 오브 나우 오아시스에서 요가

요가 스튜디오에서
몸을 풀어보자.(p.245)

20:00

와룽 베이비 몽키스에서 저녁 식사

조금 늦은 저녁 식사
(p.247)

22:00

파사르 신두 구경

영업을 마친 재래시장에
포장마차가 선다. 로컬 분위기를
살짝 맛보자.(p.245)

Activity

1

파워 오브 나우 오아시스

Power of Now Oasis

사누르의 장기 체류 여행자나 현지 거주 외국인들이 주로 찾는 요가 센터이다. 대나무로 만든 넓고 아늑한 느낌의 요가 스튜디오가 인상적이다. 해변에 위치해 있어 사누르 비치의 산책길을 걸으며 요가 센터를 오가는 것도 소소한 기쁨. 클래스는 보통 오전 8시, 9시 30분, 오후 5시, 세 차례 1시간~1시간 30분 동안 진행된다. 하타 플로우Hatha Flow, 하타 요가Hatha Yoga, 빈야사 플로우Vinyasa Flow가 주를 이룬다.

위치 머큐어 리조트 옆 해변에 위치
운영 08:00~18:30 요금 1회 120K, 5회 550K
주소 Jl. Merta Sari, Sanur
전화 0878-6153-4535
홈피 www.powerofnowoasis.com

Sightseeing ★

1

사누르 비치 Sanur Beach

꾸따나 스미냑 비치의 번잡스러움을 피하고 싶다면 한적하고 소박한 사누르 비치를 방문해보자. 물빛이 아주 예쁜 편은 아니지만 꾸미지 않은 민낯을 보는 듯 마음이 평안해진다. 바닷가를 따라 산책로가 비교적 잘 정돈되어 있어 석양 무렵 산책하거나 달리는 사람들도 꽤 있는 편이며 산책로를 따라 리조트와 식당, 상점 등이 적당히 들어서 있다.

위치 공항에서 약 차로 30~40분,
사누르 지역 동쪽 해안가에 길게 뻗어 있음

Sightseeing ★

2

파사르 신두 Pasar Sindhu

사누르의 작은 재래시장으로 새벽부터 비린내와 푸성귀 냄새로 가득 찬다. 밤이 되면 시장 한쪽에 포장마차가 들어서는데 그 수가 많지는 않다. 야시장 분위기가 물씬 풍기는 걸 기대하긴 어렵지만 그래도 약간의 노점 분위기는 느껴볼 수 있다. 현지인이나 장기 체류 여행자들이 주로 찾으며 인도네시아 빙수인 에스 짬뿌르, 생과일주스를 파는 곳도 있어 군것질하며 밤에 산책 삼아 가봐도 좋다.

위치 하디스 슈퍼마켓에서 도보로 약 15분 소요,
다나우 땀블링안 로드 맨 끝에 위치
운영 06:00~00:00
주소 Jl. Danau Tamblingan, Sanur

Sightseeing ★

3

르 마이어 미술관 Museum Le Mayeur

1932년 발리에 온 벨기에 출신 화가, 르 마이어는 발리의 종교와 문화, 자연에 심취했다. 그는 레공 무용수 뇨만 폴록을 만나 사랑에 빠졌고 3년 뒤 결혼해 해변의 작업실 겸 집(지금의 미술관)에서 평생을 살았다. 그는 아내를 비롯해 여성을 주로 그렸으며, 발리의 화사한 색감을 놓치지 않고 화폭에 담았다. 작품들의 보관 상태가 떨어지고 더위를 견뎌야 하는 등 관람 환경은 열악하다.

위치 사누르 KFC 사거리에서 바다 방향으로 직진한 후,
오른쪽 해변을 따라 100m 정도 걷는다.
운영 월~목 · 주말 08:00~15:30, 금 08:30~12:30
휴무 공휴일
요금 어른 50K, 어린이 25K
주소 Jl. Hang Tuah, Sanur 전화 0361-286-201

Food

1

쿠우 Kuu

깔끔하고 신선한 일본 음식으로 완벽한 식사를 하고 싶다면 쿠우를 추천한다. 일단 메뉴가 다양해 선택의 폭이 넓으며 가격대가 상당히 저렴한 편이다. 어느 곳보다 신선한 사시미와 스시는 물론이고 일본식 덮밥인 돈부리와 소바, 라멘 등 면 종류, 일본식 애피타이저까지 다양하게 갖추어져 있다. 저녁 시간엔 식사와 함께 술 한잔 즐기기에도 좋은데 다양한 재료를 꼬치에 꿰어 구운 꼬치 요리는 반드시 맛보길 바란다. 숯불 향 가득 머금은 닭 꼬치, 네기마 야키토리Negima Yakitori는 풍미가 훌륭하다.

위치	마야 사누르 입구
운영	11:00~23:00
요금	1인 200K~(Tax & SC 15.5%)
주소	Jl. Danau Tamblingan, Sanur
전화	0361-849-7826
홈피	www.kuubali.com

Food : 추천

2

트리 바 Tree bar at MAYA

마야 리조트 내의 비치 프런트 바이다. 식사를 해도 좋지만, 사누르에서 석양을 바라보며 칵테일을 즐기기에 더없이 좋다. 오후시간에 탐블링안 거리에서 쇼핑하고 지칠 즈음 들러서 여유시간을 보내기에 최적의 위치에 있다. 주변에 비해 와인 가격이 비싸지만 셀렉션이 꽤 좋으며, 음식은 샌드위치와 버거류가 인기이다.

위치	마야 호텔 내에 있다.
운영	07:00~22:00
요금	100~250K
주소	Jl. Danau Tamblingan, Sanur
전화	0361-849-7800
홈피	www.mayaresorts.com

Food : 추천

3

카페 바투짐바 Cafe Batujimbar

사누르의 장기 체류자들이 자주 찾는 카페로 노천 자리는 언제나 인기다. 샐러드, 샌드위치, 스파게티, 인도네시아 음식 등 식사 메뉴가 다양하고 노천 자리 안쪽으로 베이커리도 운영하고 있어 마음에 드는 케이크를 골라 주문할 수 있다. 목요일에는 라이브 재즈 공연이, 화요일과 토요일에는 살사 공연이 열리고, 일요일에는 선데이 인도네시안 브런치(09:00~13:00)도 있다.

위치 히디스 슈퍼마켓 건너편
운영 07:00~23:00
요금 1인 100K~(Tax & SC 15.5%)
주소 Jl. Danau Tamblingan 75A, Sanur
전화 0361-287-374
홈피 www.cafebatujimbar.com

Food

4

와룽 베이비 몽키스 Warung Baby Monkeys

단골집으로 삼고 싶을 만큼 포근하고 아기자기한 분위기의 작은 식당이다. 저렴한 가격대에 건강하고 깔끔한 음식, 직원들의 친절한 서비스로 특히 저녁 시간대에는 손님이 몰려 자리를 잡기 힘들 때도 있다. 인도네시안 메뉴부터 웨스턴 메뉴, 바비큐까지 두루 갖추고 있고 아침에는 간단한 아침 식사 메뉴도 즐길 수 있다. 감자튀김과 함께 제공되는 베이비 몽키스의 버거류는 가격도 50K 이하로 맛볼 수 있어 인기 있으며 커리 메뉴와 포크 스테이크, 튜나 스테이크도 추천할 만하다.

위치 수다말라 사누르 근처에 있다.
운영 08:00~23:30
요금 1인 70K
주소 Jl. Sudamala 37, Sanur
전화 0819-3436-9309
홈피 www.facebook.com/warungbabymonkeys

Food

5

말라이카 시크릿 목샤 Malaika Secret Moksha Restaurant

사누르에서 손꼽히는 오가닉 카페이다. 참신한 로푸드(날 음식)를 비롯해 비건 인디안 요리, 베지테리안 요리를 한다. 생소하지만 흥미로운 발리 전통 음료도 맛볼 수 있고 디저트 메뉴도 평이 좋다. 건강식에 관심이 있다면 셰프 말라이카의 쿠킹 클래스를 들어볼 수 있겠다. 에어컨이 없는 2층은 한낮엔 덥지만 해 질 무렵엔 아름다운 노을을 볼 수 있다.

위치 탁수 사누르 호텔과 가깝다.
운영 09:00~22:00
요금 메뉴 37~105K
주소 Jl. Danau Poso 68, Sanur
전화 0812-3834-1000
메일 malaikasecretmoksha.wordpress.com

Food

6

소울 인 어 볼 Soul in a Bowl

사누르의 외국인 거주자와 여행자들의 취향을 저격한 브런치 카페. 맛도 좋지만 음식 사진 찍기 좋아하는 여행자라면 눈까지 행복해지는 식당이다. 아침 메뉴가 상당히 다양하고 (오후 3시까지 주문 가능) 샌드위치나 파스타, 버거 같은 식사 메뉴도 함께 판다. 사누르 해변에 소울 온 더 비치Soul on the Beach라는 이름의 분점이 생겼다.

위치 다나우 땀블링안 로드에 위치, 마시모 레스토랑과 200m 떨어짐
운영 08:00~23:00
요금 아침 메뉴 55~95K(Tax & SC 16.6%)
주소 Jl. Danau Tamblingan 180, Sanur
전화 0361-472-0063
홈피 soulcafes.com

Food

7

브래드 바스켓 Bread Basket

건강한 빵과 식사 메뉴들을 맛볼 수 있는 곳이다. 베이커리, 버거류도 맛있지만 가벼운 식사에 제격인 라이징 선Rising Sun을 추천한다. 양념된 고소한 치킨과 당근, 양파 등 채소와 버섯이 어우러져 맛도 있고 양도 푸짐하다.

위치 다나우 땀블링안 로드, 하디스에서 도보 약 5분
운영 월~토 07:00~17:00 휴무 일요일
요금 1인 50K~
주소 Jl. Danau Tamblingan 51, Sanur
전화 0361-282-339
홈피 www.trenton-food.com/bread-basket

Food

8

릴라 판타이 Lila Pantai

합리적인 가격의 비치 프런트 레스토랑이다. 인도네시안과 웨스턴 음식을 모두 취급하며 메뉴가 굉장히 방대하다. 맛집 수준은 아니지만 음식 맛이 깔끔하고 해변 풍경도 예뻐서 늘 손님들로 붐빈다.

위치 Jl. Duyung 끝의 해변에서 오른쪽으로 100m 정도 걷는다.
운영 08:00~23:00 요금 1인 100K~
주소 Pantai Sanur, Sanur 전화 0821-4457-9142

Food

9

포치 카페 The Porch Cafe

분위기, 메뉴 모두 캐주얼하다. 간단히 샌드위치, 피스디로 식사를 하거나 커피를 한잔 즐기러 갈 때도 부담 없이 들를 만한 곳이다. 이미 여행자와 현지 거주 외국인의 입맛에는 합격점! 시원한 에어컨 바람과 차분한 빈티지 인테리어로 장기 여행자라면 금세 아지트로 삼고 싶어질 것이다.

위치 하디스 슈퍼마켓을 등지고 오른쪽으로 직진하다 보면, 오른쪽에 있다.
운영 06:30~22:30
요금 샌드위치 69K, 커피 25K~
주소 Jl. Danau Tamblingan 110, Sanur
전화 0361-281-682
홈피 www.flashbacks-chb.com

Food

10

와룽 낙사 Warung De Naksa

101 오아시스 뒤쪽에 위치한 작지만 동네에서 꽤 유명한 와룽이다. 대부분의 음식에 조미료를 거의 쓰지 않아 먹고 나면 매우 속이 편하다. 시푸드 찹차이에 고추를 추가해 달라고 하면, 해장하기에도 딱 좋은 맛이 완성된다. 메뉴에 없는 음식도 재료가 있을 경우에는 이것저것 주문할 수 있다. 작은 와룽이기에 재료가 떨어지면 주문이 안 되는 경우가 꽤 있지만, 음식 퀄리티는 극찬할 만하다.

위치 The 101 뒤쪽 골목에 위치
운영 06:30~21:00
요금 50~80K
주소 Jl. Bumi Ayu, Sanur
전화 0822-3660-3144

Food

⑪

마시모 Massimo

오너이자 셰프인 마시모 본인의 이름을 내건 이탈리안 식당이다. 캐주얼하고 편안한 분위기로 부담 없이 식사하기 좋으며 대표 메뉴라 할 수 있는 피자와 파스타 모두 훌륭한 수준이다. 특히 피자는 화덕에서 바로 구워져 나오니 마시모에 왔다면 꼭 주문해보자. 비프 카르파치오와 루꼴라, 파마산 치즈가 어우러진 샐러드 Carpaccio di Manzo con Parmigiano e Rucola와 게 한 마리가 통째로 올라가는 Linguini Culli Caurri가 마시모의 추천 메뉴.

위치	다나우 땀블링안 로드 남단에 위치
운영	11:00~23:00
요금	1인 120K~(Tax & SC 16%)
주소	Jl. Danau Tamblingan 228, Sanur
전화	0361-288-942
홈피	www.massimobali.com

Food : 추천

⑫

와룽 끄칠 Warung Kecil

간소하지만 맛있는 나시 짬뿌르 때문에 점심시간이면 앉을 자리가 없다. 밥과 3가지 반찬을 얹은 메뉴가 22K로 저렴하다. 장기 체류 여행자나 젊은 현지인 손님이 대부분이며 포장 손님도 많다. 하지만 오전이나 점심이 지난 오후에는 조용히 시간 보내기 좋은 카페가 된다. 파니니와 판나 코타(이탈리아 푸딩)가 인기 메뉴다.

위치	하얏트 리젠시 호텔에서 도보로 약 4분 소요
운영	08:00~22:00
요금	1인 40K~
주소	Jl. Duyung 3, Sanur
전화	0361-202-0002

Food

⑬

와룽 막 벵 Warung Mak Beng

1941년에 문을 연 오래된 와룽으로 식당 벽을 가득 메운 인도네시아 유명인의 사진이 이 식당의 명성을 말해준다. 우리나라의 백반집 같은 이곳의 식사 메뉴는 생선튀김과 생선국이다. 매운 삼발을 곁들인 바싹 튀긴 생선튀김과 밍밍할 것 같은 생선국이 나오는데 생선국은 제법 매운맛이다. 식당 안이며 음식이며 비린내가 끊임없이 올라와 생선을 좋아하는 사람이 아니라면 방문하기 쉽지 않다.

위치 르 마이어 미술관에서 도보로 약 2분 소요

운영 08:00~22:00

요금 1인 70K

주소 Jl. Hang Tuah 45, Sanur

전화 0361-282-633

Food

⑭

와룽 리틀 버드 Warung Little Bird

가격이 저렴하고 음식 맛이 뛰어나 사누르의 인기 식당으로 자리 잡았다. 실내와 실외 합쳐 테이블은 10개 남짓으로 식사 시간이면 대기해야 할 정도로 인기가 많다. 특히 닭고기를 그릴에 구워 새콤달콤매콤한 소스와 함께 곁들여내는 아얌 바까르 탈리왕Ayam Bakar Taliwang은 우리 입맛에도 잘 맞아 추천할 만하다. 직원들도 활기차고 친절한 편. 실내가 조금 덥다는 점이 단점이다.

위치 다나우 땀블링안 로드 끝자락에 위치

운영 11:00~23:30 요금 메인 40K~

주소 Jl. Danau Tamblingan 34, Sanur

전화 0815-5819-5445

홈피 warung-little-bird.business.site

Food

⑮

카페 스몰가스 Cafe Smorgas

스웨덴어로 '샌드위치'라는 뜻을 가진 스몰가스는 스웨덴식 샌드위치를 파는 카페다. 스웨덴 부부가 2006년 작은 커피숍으로 시작해 이제는 사누르에서 모르는 사람이 없는 번듯한 카페로 성장시켰다. 점심시간이 지난 시간에도 손님이 끊이질 않으며 깔끔하고 아늑한 분위기에 시간 가는 줄 모르고 수다를 떨게 된다. 직접 만들어 파는 케이크와 빵도 맛있어 식사 후 디저트로 좋다. 실내보다는 나무 그늘이 있는 야외 자리가 늘 인기다.

위치 하디스를 등지고 왼쪽으로 100m 정도 직진하면 오른쪽에 있다.

운영 07:00~22:00

요금 스웨디시 미트볼 62K

주소 Jl. Danan Tambligan 56, Sanur

전화 0361-289-361

홈피 www.cafesmorgas.com

Food

⑯

코코야 Kokoya

스미냑과 사누르, 2곳에 지점이 있는데 스미냑은 규모가 상당히 크고 화려한 분위기인 반면 사누르 본점은 조용하고 작은 규모이다. 주문을 하면 애피타이저와 물수건이 제공되며 꼬치부터 면, 가정식, 스키야키까지 다양한 메뉴를 맛볼 수 있다. 특히 오전 11시부터 오후 3시까지는 다양한 런치 세트를 즐길 수 있다. 가격도 저렴한 데다 구성이 풍성해 인기가 많다.

위치 하디스를 등지고 오른쪽으로 도보 3분 소요

운영 11:00~23:30

요금 1인 50K~(Tax & SC 16%)

주소 Jl. Danau Tamblingan 178, Sanur

전화 0361-289-252

Food

⑰

나가 에잇 Naga Eight

안다즈 발리 맞은편에 위치한 중국 음식 전문점으로 오리 요리가 메인이다. 고추기름이나 향신료 등이 정통 중국식으로 만들어졌으며, 다양하게 준비된 소스들이 현지 음식과도 꽤 잘 어울린다. 주차장으로 운영되고 있는 공터 바로 아래쪽에 위치하고 있어서 레스토랑 자체가 꽤 크게 느껴진다. 가족 단위 방문객이라면 고기류와 함께 마포 토푸와 브로콜리 마늘 요리를 추천한다.

위치 안다즈 건너편에 위치

운영 07:00~22:00 요금 100~250K

주소 Jl. Danau Tamblingan 89, Sanur

전화 0812-3788-8089 홈피 www.nagaeight.com

Food

⑱

코피토코 Kopitoko

게스트 하우스가 삼삼오오 모여 있는 판타이 신두 거리의 작은 카페이다. 커피 맛도 좋고 매장 분위기도 아기자기해서 근처라면 잠시 쉬어가기 좋다. 요기할 수 있는 샌드위치 메뉴도 있다.

위치 파사르 신두에서 도보 3분 거리

운영 07:00~20:00

요금 커피 25~35K

주소 Jl. Pantai Sindhu 4, Sanur

전화 0816-196-0968

홈피 facebook.com/pg/kopitokobali

Spa

1

글로 데이 스파 Glo Day Spa

다양하고 수준 있는 글로 데이의 네일 케어 메뉴는 집중적인 케어가 필요한 사람들에게 반응이 좋다. 매니큐어, 페이셜 케어뿐만 아니라 보디 트리트먼트도 다양하게 마련되어 있다. 그중에서도 딱딱하게 굳은 근육의 피로를 풀어주는 글로 마사지가 인기. 포 핸즈 마사지는 사누르점에서만 받아볼 수 있는 메뉴다.

위치 다나우 포소와 다나우 땀블링안이 만나는 사거리 전에 있다.
운영 10:00~20:00
요금 스파 매니큐어 290K(60분), 글로 마사지 335K(75분) (Tax & SC 21%)
주소 Gopa Town Squre, Jl. Danau Poso 57, Sanur
전화 0361-282-826
홈피 www.glospabali.com

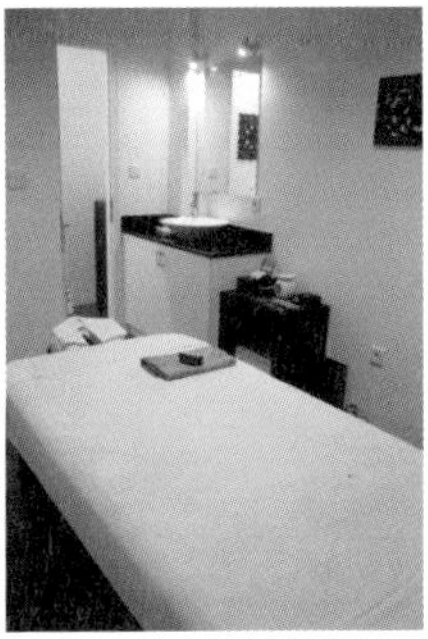

Spa

2

아이시스 스파 Aisis Spa

누사두아와 사누르의 꼬끼 레스토랑 옆에 있는 스파이다. 식당과 연계해 일정을 짜기도 편하고 한국인 손님이 많아 한국어가 가능한 직원이 응대해준다. 한국인 취향의 꼼꼼하고 강한 마사지를 받을 수 있다는 것이 장점. 화장실, 샤워실이 방 안에 따로 마련되어 있어 프라이빗한 편이다.

위치 바이 패스 응우라이 로드의 꼬끼 레스토랑 옆에 위치
운영 10:00~22:00(LO 21:00)
요금 아로마 에센셜 경락 마사지 USD40(120분), 아이시스 천연 코코넛 스파 USD55(120분)
주소 Jl. By Pass Ngurah Rai 21x, Sanur
전화 0361-287-257, 0812-380-6288, 카카오톡 ID aisischoi

Spa

3

만다라 스파 Mandara Spa

해외에도 여러 지점이 있는 스파 브랜드 만다라 스파는 메종 오렐리아 외에도 힐튼 누사두아, 아요디아 리조트에서 만나볼 수 있다. 세 지점의 분위기는 각각 다르며 가격도 조금씩 다르다. 이곳의 만다라 스파는 시설 면에서는 가장 평범하게 느껴질 수 있지만 동시에 3개의 지점 중 가장 합리적인 가격에 트리트먼트를 받을 수 있는 곳이다. 엘라미스Elamis 브랜드를 사용하는 페이셜 트리트먼트를 비롯해 다양한 메뉴를 갖췄다. 트리트먼트룸이 몇 개 되지 않아 미리 예약하는 것이 좋으며 트리트먼트룸은 커플룸, 싱글룸으로 나뉜다.

위치 메종 오렐리아 내에 위치
운영 10:00~21:00 요금 마사지 449K~(50분)
주소 Jl. Danau Tamblingan 140, Sanur
전화 0361-472-1111
홈피 www.mandaraspa.com/spa/Bali-Maison-Aurelia.aspx

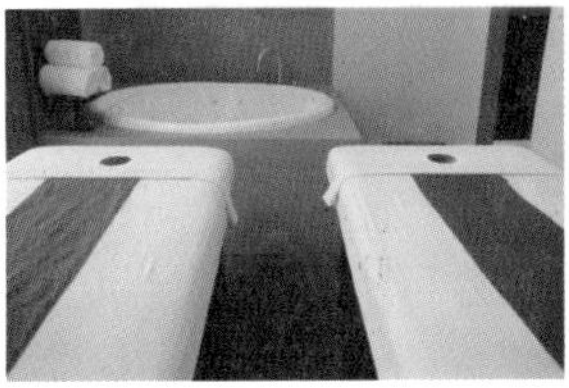

Shopping

❶

하디스 Hardy's

사누르에서 가장 큰 슈퍼마켓으로 다나우 땀블링안 로드 중심에 있다. 현지인과 장기 체류자들이 많이 이용한다. 총 3층으로, 1층에는 식료품과 의류를 비롯한 생활용품을, 2층과 3층에는 주로 기념품, 화장품, 수공예품 등을 판매한다. 대체로 가격이 저렴한 편이며 상품도 다양하다. 여행 중에 살까 말까 고민했던 사롱(인도네시아 전통 의상)이나 발리 티셔츠도 구입해볼 만하다. 매장 입구에 서점이 있고, 슈퍼마켓 입구에는 ATM이 몰려 있다.

위치 다나우 땀블링안 로드 중심에 있다.
운영 08:00~22:00
주소 Jl. Danau Tamblingan 136, Sanur
전화 0361-281-914
홈피 hardyssanur.wordpress.com

Shopping : 추천

❷

팟 초콜릿 사누르 Pod Chocolate Sanur

팟 발리는 긴 준비 끝에 2012년 첫 지점을 내며 고급스러운 패키지와 수준 높은 초콜릿 맛으로 꾸준히 인기 상승세를 얻고 있는 발리의 초콜릿 브랜드다. 몇몇 고급 호텔의 미니 바에도 제공되고 있으며 발리 국제공항 면세점, 국내선 청사, 페피토, 까르푸 등에서 만날 수 있다.

팩토리 아웃렛은 발리 중부에 있지만 선셋 로드에 위치한 이곳에서는 각종 초콜릿 상품들도 구매할 수 있고 초콜릿 관련 음식들도 맛볼 수 있는 카페로 운영되고 있다. 상점 내의 초콜릿은 시식이 가능하며 선물용 패키지도 훌륭한 편으로 한 번쯤 들러볼 만하다.

위치 사누르 던킨도너츠에서 북쪽으로 약 600m 떨어짐
운영 09:00~21:00
주소 Jl. By Pass Ngurah Rai 25, Sanur
전화 0361-449-2400
홈피 www.podchocolate.com

❶ 마야 사누르 Maya Sanur Resort & Spa

주변 자연환경을 십분 활용해 꾸준한 사랑을 받고 있는 마야 우붓에 이어 두 번째 오픈한 마야 리조트이다. 오픈하자마자 스타일리시한 비치 프런트 리조트 콘셉트로 사누르 지역의 최고 리조트로 자리매김했다.
객실은 비치 프런트 풀 스위트룸을 제외하곤 모든 객실이 디자인과 사이즈가 동일하다. 뷰와 위치에 따라 디럭스 가든뷰룸, 디럭스 라군뷰룸, 디럭스 라군 액세스룸으로 구분된다. 특히 라군 풀로 객실이 직접 연결되는 디럭스 라군 액세스룸이 인기가 많은 편. 객실은 군더더기 없이 깔끔하고 모던한 스타일에 포인트 컬러를 활용했다.
라군 풀 이외에 해변 쪽으로 시원스레 메인 수영장이 자리하고 있으며 특히 해변 앞에 위치한 트리 바Tree Bar는 오후에는 애프터눈 티를, 해 질 무렵에는 선셋 칵테일을 즐기기에 좋다. 해변 이용을 원하면 직원들이 컬러풀한 쿠션 등을 세팅해준다. 또한 꾸준한 인기를 누리고 있는 마야 스파도 운영하고 있으며 입구 쪽의 쿠우Kuu와 그레이즈Graze는 합리적인 가격에 수준 높은 요리로 추천할 만하다.

위치	다나우 땀블링안 로드
요금	디럭스 USD260~
주소	Jl. Danau Tamblingan, Sanur
전화	0361-849-7800
홈피	www.mayaresorts.com/sanur

Stay : 5성급

2

수다말라 사누르 Sudamala Suites & Villas Sanur

과거 작은 어촌이었던 사누르에 서양 예술가들이 들어와 활동하기도 했다. 수다말라는 그런 옛 사누르의 특징 한 조각을 되살려 갤러리 콘셉트의 숙소를 만들었다. 비정기적으로 전시회를 여는 갤러리를 운영하며 객실 곳곳엔 회화 작품을 아낌없이 걸어 두었다.

호텔 입구의 레스토랑에서는 수다말라 거리가 내려다보이고, 거리를 배경 삼아 조식을 즐길 수 있다. 입구의 갤러리와 메인 정원을 지나면 바깥 소음이 완전히 차단된 평화로운 수영장이 나온다. 바로 옆에 아담한 스파도 마련되어 있다. 모든 객실은 스위트 타입으로 크게 디럭스 스위트, 스튜디오 스위트, 빌라 스위트가 있다. 넓은 욕실과 포근한 침구로 무장한 침실이 특징인데, 특히 스튜디오 스위트는 널찍한 발코니와 욕조를 갖춰 커플 여행자에게 추천하고 싶다. 투숙객에게 자전거를 무료로 대여해주며, 도보 8분 거리에 있는 작은 전용 비치도 이용할 수 있다. 전반적으로 객실 수가 많지 않아 조용히 쉴 수 있다.

위치	머큐어 리조트에서 약 400m 거리
요금	디럭스 스위트 USD130~
주소	Jl. Sudamala 20, Sanur
전화	0361-288-555
홈피	www.sudamalaresorts.com

3

메종 오렐리아 Maison Aurelia Sanur, Bali - by Préférence

사누르 지역에서 가성비가 좋은 숙소를 고르라면 이곳을 추천한다. 프렌치 콜로니얼 스타일의 우아한 분위기의 호텔로 객실은 크게 1베드룸인 카멜리아Camellia와 2베드룸인 매그놀리아Magnolia로 나뉘는데 기본룸인 카멜리아는 전 객실 킹 사이즈 베드가 놓여 있다. 매그놀리아는 중앙에 거실을 공유하며 2개의 침실이 연결되어 있는 구조로 한 객실은 트윈베드, 나머지는 킹 사이즈 베드가 놓여 있다. 기본 객실도 꽤 넓고 고급스러운 분위기이다. 특히 침구가 훌륭하며 욕실용 어메니티도 핫한 발리 브랜드 센사시아를 사용한다.
이 밖에 아기자기하게 꾸며진 수영장과 피트니스 센터를 갖추고 있고 조식은 1층에 위치한 레스토랑에서 알라카르트로 제공된다. 또 글로벌 스파 브랜드인 만다라 스파도 자리하고 있다. 사누르 하디스와 바투짐바와 이웃하고 있어 위치적으로도 훌륭한 편이다.

위치	사누르 땀블링안 로드 중간 즈음, 하디스 옆
요금	카멜리아 USD80~
주소	Jl. Danau Tamblingan 140, Sanur
전화	0361-472-1111
홈피	artotelgroup.com/hotels/artotel/sanur-bali

Stay : 4성급

4

더 사마타 The Samata

발리에 두 번째로 가게 된다면 더 사마타는 어떨까? 어느 정도 발리를 경험한 여행자라면 이제는 번잡한 곳을 피해 한적한 장소에서 발리의 여유를 누리고 싶을 테니 말이다. 더 사마타는 사누르 중심에서 약 8km 떨어져 있어 너무 외지지 않으면서도 평화롭다. 특히 리조트 앞에 펼쳐진 바다와 라이스 테라스는 그 존재만으로도 힐링이다.
크게 풀 빌라와 스위트 객실로 구분되어 있는데 1~2베드룸의 풀 빌라는 확실히 프라이빗하고, 스파 스위트는 객실과 스파룸이 연결돼 스파를 자주 받는 이라면 편리하다. 오션뷰 스위트는 메인 빌딩에 있어 바다와 라이스 테라스 전망이 멋지고, 레스토랑과 수영장도 편리하게 이용할 수 있다. 전반적으로 모든 객실의 컨디션이 좋고 욕실 어메니티가 알차며 서비스도 안정적이다. 레스토랑 젠소[Zenso]에서는 수준 높은 음식을 내놓으니 한 번쯤은 이곳에서 식사해보길 추천! 알라 카르트로 제공되는 조식도 훌륭하다. 피트니스 센터가 상당히 크며 기구가 다양하고 안쪽에 테니스 코트도 있다. 공항 왕복 차량, 미니 바를 무료로 제공하며 사누르 지역 이동 시, 픽업 · 드롭 서비스를 해준다.

위치	사누르 중심에서 북쪽으로 8km 정도 떨어짐
요금	오션뷰 스위트 USD135~
주소	Jl. Pucuk I 67, Tangtu, East Denpasar, Kesiman Kertalangu
전화	0361-466-229
홈피	www.thesamata.com

5 아토텔 사누르 Artotel Sanur Bali

예술[Art]과 호텔[Hotel]이 만나, 말 그대로 아토텔[Artotel]이 되었다. 현지 아티스트들의 작품으로 객실 내부를 꾸미고, 2~3달에 한 번씩 호텔 로비에서 현대 미술 전시를 연다. 이렇게 아토텔 그룹은 인도네시아 현대 예술가들과 끊임없이 작업하면서 호텔에 묵는 전 세계 사람들에게 이들의 작품을 알려 나가고 있다.
아티스트의 작품 덕분에 객실은 더욱 세련된 분위기가 나며 객실에는 iPod 도킹 스테이션, 커피 머신이 준비되어 있다. 모든 객실에는 발코니가 딸려 있고 크기에 따라 스튜디오 30, 스튜디오 40, 스튜디오 55 타입으로 나뉜다(스튜디오 55에만 욕조가 있음). 호텔 식당은 24시간 운영되는데 바, 카페, 레스토랑을 모두 겸한다. 옥상에는 스파, 바, 수영장이 있고, 2층에는 환전 · 투어 데스크가 있다. 조식은 간소한 뷔페로 차려진다.

위치	다나우 포소 로드와 쯔마라 로드가 만나는 사거리에 위치
요금	스튜디오 30 USD80~
주소	Jl. Kusuma Sari 1, Sanur
전화	0361-472-1000
홈피	www.artotelindonesia.com/sanur-bali

Stay : 5성급

6

페어몬트 사누르 비치 Fairmont Sanur Beach Bali

페어몬트 사누르 비치는 사누르 해변과 마주하고 있으며 럭셔리한 객실과 24시간 버틀러 서비스 등 차별화된 서비스를 제공한다. 스위트와 빌라로 구성된 120여 개의 객실은 발리의 전통미를 가미한 모던하면서도 차분한 분위기로 무엇보다 넓은 테라스가 인상적이다. 이 숙소에서 가장 럭셔리한 곳인 비치 프런트 빌라는 280평대로 그 규모만큼이나 업그레이드된 서비스를 제공한다. 사누르 내 셔틀버스를 운영하고 자전거 무료 대여 서비스도 있어 사누르 내 이동도 편리하다.

위치 다나우 땀블링안 로드에서 꺾어지는 쿠스마 사리 로드 안쪽에 자리하고 있다. 하디스에서 도보 약 15분.
요금 가든뷰 USD305~, 오션뷰 USD350~, 1베드룸 풀 빌라 USD600~
주소 Jl. Kusuma Sari 8, Sanur
전화 0361-301-1888
홈피 www.fairmont.com/sanur-bali

Stay : 5성급

7

코마네카 끄라마스 Komaneka at Keramas Beach

코마네카 비스마, 코마네카 몽키 포레스트 등을 연달아 인기 숙소 반열에 올려낸 코마네카 그룹에서 우붓 이외 지역에서는 처음으로 오픈한 럭셔리 숙소로 사누르 시내에서 조금 떨어진 끄라마스 해변을 거의 독점하다시피 한 넓은 부지에 전 객실 바다 전망에 개인 풀과 테라스를 갖추고 있다. 리셉션이 위치한 건물과 레스토랑이 자리 잡은 빌딩은 긴 다리로 연결되어 있는데 이 또한 특색 있는 분위기를 연출한다. 해변 바로 앞에는 시원스러운 메인 수영장을 따로 마련해놓았다.

위치 사누르 시내에서 차로 약 15분, 끄라마스 해변에 위치
요금 1베드룸 USD350~
주소 Jl. Prof Dr. Ida Bagus Mantra, Keramas
전화 0361-479-4460
홈피 keramas.komaneka.com

Stay : 4성급

8

오아시스 라군 사누르 The Oasis Lagoon Sanur

사누르 해변에 대한 기대를 비운 여행자라면 이 숙소의 깔끔하고 모던한 분위기와 위치가 매력적으로 다가올 것이다. 식당과 상점들이 모여 있는 사누르 메인 거리에 있어 젊은 여행자와 가족 여행자들이 선호하는 곳으로 무엇보다 여행 취향이나 목적에 맞는 다양한 룸 타입으로 여행자의 여러 입맛을 맞춘 것이 특징. 테라스에서 바로 수영장으로 풍덩 들어갈 수 있는 라군 액세스, 가족 여행객을 위한 복층 패밀리 디럭스, 작은 개인 수영장이 딸려 신혼 여행객들에게 좋은 카바나 등이 있다. 해변까지는 걸어서 12분 정도 걸린다.

위치 다나우 땀블링안 로드 중심에 위치, 하디스 슈퍼마켓과 가깝다.
요금 디럭스 USD151~
주소 Jl. Danau Tamblingan 136A, Sanur
전화 0361-282-264
홈피 www.theoasislagoon.com

Stay : 4성급

9

머큐어 리조트 사누르 Mercure Resort Sanur Bali

사누르 지역의 인기 리조트로 자리매김하고 있는 세계적인 체인 호텔이다. 객실은 크게 일반 객실과 코티지 형식의 객실로 나뉜다. 외관만 다를 뿐 내부는 대동소이하다. 작지만 테라스와 데이 베드도 갖추고 있고 객실 컨디션도 상당히 좋은 편이다. 특히 해변 바로 앞의 널찍한 수영장과 아이들을 위한 부대시설이 잘 되어 있어 가족 여행자들에게 크게 어필하고 있다.

위치 메르타사리 로드, 사누르 남쪽에 위치
요금 슈피리어 USD107~
주소 Jl. Mertasari, PO Box 3476, Sanur
전화 0361-288-833
홈피 www.mercureresortsanur.com

Stay : 4성급

10

뿌리 히로미 Puri Hiromi

장기 체류자가 많은 사누르에는 저가 게스트 하우스부터 고급 리조트까지 숙소가 다양한데 최근에는 레지던스 숙소들이 속속 출현하고 있다. 뿌리 히로미는 수영장에 주방이 딸린 빌라형 레지던스로 아늑한 집을 연상케 한다. 2층 건물로 된 객실은 1층의 풀 스위트와 2층의 일반 스위트를 분리하여 각각 예약할 수 있고, 빌라 1채를 통으로 사용할 수도 있다. 사누르의 메인 로드에 위치해 주변 식당과 상점 이용이 편리하지만 길과 가까운 빌라는 소음이 있다. 소음에 민감한 여행자라면 안쪽 빌라를 이용할 것. 우붓의 뿌리 울란다리와 함께 운영돼 동시 예약을 하면 우붓까지 무료 픽업 서비스를 받을 수 있다.

위치 다나우 땀블링안 로드에 위치. 마야 사누르에서 북쪽으로 40m 떨어져 있으며 왼쪽에서 찾을 수 있다.
요금 1베드룸 레지던스 USD210~
주소 Jl. Danau Tamblingan 152, Sanur
전화 0361-288-521
홈피 www.purihiromi.com

Stay : 4성급

11

뿌리 산트리안 Puri Santrian

누사두아의 로열 산트리안과 같은 계열로, 그곳보다는 조금 더 편안한 분위기의 리조트다. 객실은 크게 일반 객실, 방갈로, 클럽룸으로 구분되는데 뷰와 위치에 따라 가격 차이가 있다. 방갈로에는 세미 오픈 욕조가 설치되어 있다. 수영장 3개는 널찍한 편이고 해변에 접한 메인 수영장 쪽엔 레스토랑 테이블이 놓여 있다. 이곳에서 종종 쿠킹 스쿨이 열리기도 해 사람들로 활기가 넘친다.

위치 쯔마라 로드, 머큐어 사누르에서 도보 약 7분
요금 슈피리어 USD150~
주소 Jl. Cemara 35, Sanur
전화 0361-288-009
홈피 santrian.com/puri-santrian

Stay : 5성급

⑫

까무엘라 사누르 Kamuela Villas and Suite Sanur

아스톤 레전드라는 원래 이름을 버리고 까무엘라로 단장해 오픈한 숙소. 독특하고 넓은 객실로 여행자들에게 어필하고 있다. 12개의 스위트룸과 6개의 빌라로 구성되어 있는데 하위 카테고리인 스위트룸도 상당히 넓은 편이다. 특히 객실 문을 열면 바로 자쿠지가 설치된 휴식 공간이 나오고 안쪽으로 객실 문이 연결되는 독특한 구조다.

위치 뿌리 산트리안에서 북쪽으로 도보 3분, 마시모 가기 전에 있다.
요금 1베드룸 풀 빌라 USD184~
주소 Jl. Cemara 33, Sanur
전화 0361-270-567
홈피 www.kamuelavillas.com

Stay : 2성급

⑬

모나 홈스테이 Mona Homestay

싸고 깨끗한 숙소를 찾는다면 추천! 다나우 땀블링안 로드에서 살짝 골목 안쪽에 위치해 조용하기도 하다. 방마다 큰 냉장고와 에어컨, 화장대가 잘 구비되어 있고 청결도가 아주 높다. 하지만 발리니스 정원과 마주한 테라스 외에 특별한 시설도 조식도 없다. 부킹닷컴, 에어비앤비 등 숙소 예약 사이트에서 확인 및 예약 가능.

위치 다나우 땀블링안 로드의 스타벅스와 가깝다.
요금 더블룸 300K~
주소 Jl. Danau Tamblingan 60B, Sanur
전화 0813-3719-5597

Stay : 3성급

⑭

탁수 사누르 Taksu Sanur Hotel

특색 있는 숙소는 아니지만 객실이 크고 깨끗하다. 소파와 업무용 책상도 있고 주니어 스위트를 고르면 발코니도 쓸 수 있다. 작은 수영장이 하나 있고 1층에 발리 베이커리도 있다. 조식은 뷔페로 준비되는데 맛은 아쉽지만 기본적인 메뉴들은 골고루 갖추고 있다.

위치 수다말라 로드(일방통행)로 진입한 후, 다나우 포소 로드 방향으로 직진하다 보면 좌측에 있다.
요금 탁수 스위트 USD80~
주소 Jl. Sudamala 26, Sanur
전화 0361-283-401
홈피 www.taksusanur.com

Stay : 2성급

⑮

선하우스 게스트 하우스 Sunhouse Guest House

노부부가 운영하는 숙소로 깔끔한 객실이 실속 여행자의 만족도를 높인다. 발리 스타일의 조각이 장식된 2채의 주홍빛 건물에 작은 수영장, 가제보, 그리고 앞마당의 야외 테이블이 마련돼 있다. 꽃 이름을 붙인 총 7개 객실은 천장에 선풍기가 달린 스탠더드, 에어컨이 설치된 슈피리어, 2층에 위치해 발코니까지 갖추고 다른 방보다 넓은 디럭스가 있다. 아침은 제공되지 않지만 게스트 하우스 입구에 작은 주방이 있어 조리가 가능하고 차와 커피가 무료로 제공된다. 숙소 자전거를 이용하면 주변 이동도 수월한 편, 해변까지는 걸어서 5분 정도 걸린다.

위치 머큐이 리조트에서 가깝다.
요금 스탠더드 USD30~, 슈피리어 USD34~
주소 Jl. Mertasari 36, Sanur
전화 0361-287-413
홈피 www.balisunhouse.com

Stay : 2성급

⑯

까유 수기 게스트 하우스 Kayu Sugih Guest House

한눈에 호기심을 자극하는 독특하고 아름다운 대나무 숲길을 지나 고급 숙소 파빌리온과 이웃하고 있다. 3개의 에어컨룸, 2개의 팬룸, 1개의 트윈 베드룸으로 구성되어 있는 작은 게스트 하우스다. 객실이 상당히 깔끔하고 침실과 거실이 작지만 분리되어 있다. 작은 테라스도 딸려 있다. 저렴한 가격임에도 애프터눈 티, 아침 식사, 무선 인터넷 등 다양한 서비스를 제공한다.

위치 울루와뚜 숍을 지나 왼쪽, 파빌리온과 같은 입구를 쓴다.
요금 스탠더드 팬룸 USD50~, 에어컨룸 USD60~
주소 Jl. Danau Tamblingan 76, Sanur
전화 0361-282-916, 0812-387-6076
홈피 kayusugihguesthouse.blogspot.com

Stay : 2성급

⑰

애브얀 게스트 하우스 Abyan Guest House

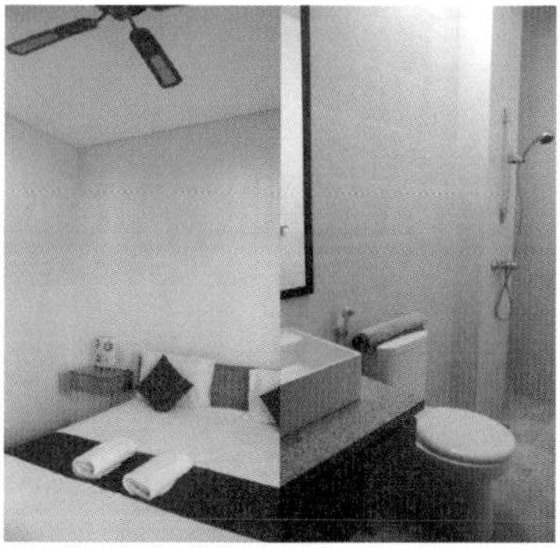

저가임에도 상당히 깔끔하게 관리되는 곳이다. 침구도 청결하고 선풍기와 에어컨, TV, 냉장고 등이 충실히 갖추어져 있다. 작지만 수영장도 하나 마련되어 있다. 골목길을 따라 걸으면 하디스까지 5분이면 닿아 위치적으로도 나쁘지 않다. 자체 홈페이지를 운영하지 않으며 각종 호텔 예약 사이트에서 예약이 가능하다.

위치 하디스에서 도보 약 5분
요금 2인실 USD25~
주소 Jl. Pungutan, Gang Gardenia 9, 80228 Sanur

만타와 함께 헤엄치는 섬

Nusa Lembongan & Nusa Penida

렘봉안 섬 & 쁘니다 섬

모험과 휴식이 손짓하는 섬이다. 본섬 발리보다 더 투명한 물빛, 흥미로운 다이빙 포인트가 많다. 특히 쁘니다 섬은 아름다운 해변과 때 묻지 않은 정글이 그대로, 만타와 몰라 몰라를 볼 수 있는 다이빙 포인트가 있어 더욱 흥미롭다. 두 섬 모두 당일치기로 1일 크루즈나 데이 투어, 다이빙과 스노클링 투어로 떠나기 좋다. 그래도 이곳을 제대로 느끼고 싶다면 2~3일은 머물러보자.

렘봉안 섬
쯔닝안 섬
토야파케
Toyapakeh
삼팔란
Sampalan
SD
Ped
Sental
Buyuk
나마스테 방갈로
부킷 문디
Bukit Mundi
고아 기리 뿌뜨리 사원
Pura Goa Giri Putri
크리스털 베이
Crystal Bay
파시 우욱
Pasih Uug(Broken Bay)
말리부
Malibu
쁘니다 섬
올드 만타
Old Manta
카랑 다와
Karang Dawa
끌링킹 비치
Kelingking Beach
아뚜 비치
Atuh Beach
뜨믈링 숲
Temeling Forest
땅랏 마을
Tanglad
수웨한 비치
Suwehan Beach
만타
Manta
블루 코너
Blue Corner
마하기리 리조트 누사 렘봉안
Mahagiri Resort Nusa Lembongan
뇨만스 와룽 Nyoman's Warung
맹그로브
서레너티 요가
Serenity Yoga
Jl. Jungutbatu
블루 코너 다이브
Blue Corner Dive
맹그로브 투어
맹그로브 숲
Mangove Forest
Shipwrecks
인디아나 끄낭아
렘봉안 다이브 센터
Lembongan Dive Center
중웃 바뚜 비치
Jungut Batu Beach
발리 에코 델리 Bali Eco Deli
폰독 바루나 와룽 Pondok Baruna Warung
월드 다이빙 렘봉안
World Diving Lembongan
타이거릴리스 Tigerlillys
Lacerations
렘봉안 섬
Nusa Lembongan
더 덱 카페 앤 바
The Deck Cafe & Bar
Playgrounds
바뚜 까랑 Batu Karang
Jl. Mangrove
머시룸 비치
Mushroom Beach
파노라마 언덕
파노라마
Panorama Bar & Restaurant
사덱 렘봉안 빌라
Sadeg Lembongan Villa
꼬지 가든 헛 Koji Garden Huts
스쿠바 센터 아시아
Scuba Center Asia
Jl. Lembongan
Jl. Mushroom Beach
빌라 트란키야
Villa Tranquilla
까끼앙 게스트 하우스
Kakiang Guesthouse
렘봉안 빌리지
Lembongan Village
샌디 베이 비치 클럽
Sandy Bay Beach Club
카페 판단
데빌스 티어
Devil's Tear
드림 비치 헛 Dream Beach Hut's
갈라 갈라 언더그라운드 하우스
Gala Gala Underground House
드림 비치
Dream Beach
Jl. Sea Weed
옐로 브리지
Yellow Bridge
쯔닝안 섬
Nusa Ceningan
가맛 베이
Gamat Bay
르 피라트 쯔닝안
Le Pirate Nusa Ceningan
더 팜스 쯔닝안
The Palms Ceningan Hotel
블루 라군
Blue Lagoon
짚 라인
Zip Line
나마스테 방갈로
Namaste Bungalows
N
쁘니다 섬
Nusa Penida
크리스털 베이
Crystal Bay
크리스털 베이 비치
Crystal Bay Beach

렘봉안 섬 & 쁘니다 섬

✚ 렘봉안 섬 & 쁘니다 섬 Nusa Lembongan & Nusa Penida

1. 렘봉안 섬 & 쁘니다 섬으로 이동하기

패스트 보트 : 렘봉안 섬

보통 사누르 비치에서 패스트 보트를 타고 렘봉안 섬으로 간다. 90분이나 걸리는 퍼블릭 보트보다 쾌적하고 빠르다. 패스트 보트로는 25분 정도 소요, 왕복 450~650K 선. 브노아 항, 롬복, 길리, 빠당바이에서도 보트가 오가며 롬복이나 길리에선 1시간 30분 정도가 걸린다.

보트업체

렘봉안 파라다이스 크루즈 Lembongan Paradise Cruise
www.lembongancruise.com

스코트 패스트 크루즈 Scoot Fast Cruises
www.scootcruise.com

록키 패스트 크루즈 Rocky Fast Cruise
rockyfastcruise.com

패스트 보트 : 쁘니다 섬

사누르 해변에서 마루티 익스프레스 Maruti Express 사의 보트를 타고 25분 소요, 왕복 550K. 빠당바이, 렘봉안 섬에서도 보트가 다닌다.

보트업체

마루티 Maruti Group Fast Boats
전화 0361-938-1438

크루즈 선박

크루즈 여행이 주목적이지만, 섬에서 숙박할 계획이라면 교통수단으로도 활용해볼 수 있다. 대부분 렘봉안 섬으로 운항하며 퀵 실버, 발리 하이 크루즈는 쁘니다 섬에 정박하기도 한다.

2. 렘봉안 섬 & 쁘니다 섬 안에서 이동하기

도보

숙소 주변의 해변과 일대는 걸어서 다닐 만하지만 그 외 주요 관광지들은 차량을 이용해야 한다.

오토바이

마땅히 탈거리가 없는 이곳에서 오토바이는 최적의 교통수단이다. 비포장도로며 좁은 길도 척척. 하지만 이정표가 잘 되어 있지 않아 길 찾기에 애먹을 수 있다. 오토바이 렌털 70K 정도.

오토바이 택시

이정표가 전무하고 도로 사정이 좋지 못한 쁘니다 섬에서는 가이드 딸린 오토바이 렌털을 가장 추천하고 싶다. 오토바이 택시(기사 + 오토바이) 하루 8시간 기준 250K.

베모 & 버기

일행이 여럿이면 트럭을 개조한 베모, 골프 버기를 이용하자. 섬을 둘러보는 용도로 주로 쓰이며 스노클링, 다이빙 시 애용한다.

Writer's Tip

Writer's Tip :)

렘봉안 섬 & 쁘니다 섬에서 꼭 해야 할 일 체크!

☐ 쁘니다 섬 크리스털 베이에서 스노클링하기
☐ 쁘니다 섬 만타 포인트에서 다이빙하기(중상급 다이버에게 추천)
☐ 렘봉안 섬의 아름다운 해변에서 시간 보내기
☐ 쁘니다 섬 오토바이로 일주하기

3. 렘봉안 섬 엿보기

액티비티 & 관광

다이빙, 스노클링 포인트와 에메랄드빛 해변이 섬 곳곳에 있다. 보통 보트를 빌려 렘봉안 섬과 쁘니다 섬의 다이빙 포인트를 한꺼번에 즐긴다. 조류가 급변하는 일이 많아 경험 많은 다이버에게 알맞다. 스노클링은 누구나 즐길 수 있으며 다리를 건너 쯔닝안 섬까지 가볼 수 있다.

식당

렘봉안 섬, 쯔닝안 섬, 쁘니다 섬, 이 세 섬 가운데 렘봉안 섬이 가장 관광지다운 면모를 갖추고 있다. 푸른 바다 전망을 가진 식당도 많다.

숙소

숙소는 중웃 바뚜 비치, 머시룸 비치, 드림 비치 주변에 몰려 있다. 다리 건너 쯔닝안 섬에 또한 점차 늘어나고 있는 추세인데, 예전만큼 한적함은 사라졌지만 그만큼 선택의 폭은 넓어졌다. 게스트 하우스, 중저가 방갈로, 리조트, 고급 빌라까지 다양하다. 아직까지는 쁘니다 섬보다 렘봉안 섬에 숙소나 식당 같은 여행자 편의시설이 더 많아 렘봉안 섬 숙소에 머무르면서 쁘니다 섬으로 다이빙을 떠나는 여행자가 많다.

4. 쁘니다 섬 엿보기

액티비티 & 관광

섬 원주민 대부분이 농업이나 어업에 종사한다. 상의를 걸치지 않은 여성들도 종종 눈에 띈다. 개발이 덜 된 쁘니다 섬은 관광지라기보다 미지의 섬에 가까운 느낌이다(오토바이를 빌려 섬 투어에 나서도 좋다). 울루와뚜를 연상시키는 멋진 바다 풍경과 사람의 발길이 뜸한 푸른 해변들은 둘만의 사랑을 속삭이기에 좋은 파라다이스랄까. 보트를 빌려 만타와 몰라 몰라, 총천연색 산호와 조우하고 한적한 숙소와 해변에서 고요한 휴식에 빠져 볼 것. 단순한 일과이지만 자연이 주는 경이로움과 즐거움을 맛보는 것이 이 섬을 가장 잘 느끼는 방법이다.

식당

섬 북쪽에 식당이 좀 있긴 하지만, 여행자의 입맛을 만족시키기엔 턱없이 부족하다. 매번 식사하러 나갈 만한 곳이 마땅치 않으니 숙소 내 식당이 가장 편하다.

숙소

과거와 비교해 숙소가 몰라보게 많이 생겨나 쁘니다 섬에 머물다 가는 여행자도 그만큼 늘었다. 숙소 대부분은 섬 북쪽 해안가에 자리해 있으며 방갈로 타입의 객실이 주를 이룬다.

렘봉안 섬 & 쁘니다 섬
Nusa Lembongan & Nusa Penida

Activity
1
크루즈 & 1일 투어 Cruise & One Day Tour

크루즈나 1일 투어로 당일치기 여행을 떠나봐도 좋다. 하루 일정 크루즈는 브노아 항에서 출발해 1~2시간 항해한 후 렘봉안 섬이나 쁘니다 섬에서 시간을 보낸다. 대부분 크루즈가 렘봉안 섬으로 도착하는데 현지 숙소와 연계해 수영장 이용, 점심 식사, 빌리지 투어, 스노클링, 카약 등 액티비티를 제공한다. 잠시 즐기는 크루즈와 물놀이, 빌리지 투어로 섬을 가볍게 훑는 정도이다. 아무래도 대형 선박 크루즈보다 소규모 인원만 승선하는 요트형 크루즈가 만족도는 높다. 패스트 보트를 이용한 1일 투어는 보트 업체나 투어 업체에서 진행하는데, 렘봉안 섬과 쁘니다 섬 모두 투어가 가능하다. 렘봉안 섬 투어는 상품마다 조금씩 다르지만 빌리지 투어를 비롯해 섬의 주요 명소를 둘러보고 비치 클럽 이용 또는 스노클링으로 구성된다. 쁘니다 섬은 섬 서쪽의 아름다운 해변과 절벽을 둘러보고, 크리스털 베이에서 스노클링을 즐기는 것이 일반적이다.

Tip **패스트 보트로 즐기는 1일 투어 업체**
렘봉안 섬 1일 투어
성인 850K~, 어린이 650K~
스코티 패스트 크루즈
www.scootcruise.com
쁘니다 섬 1일 투어 USD120~(1인)
마루티
marutigroupfastboat.com

Activity
2
스노클링 & 다이빙 Snorkeling & Diving

렘봉안과 쁘니다 섬은 세계적 수준의 다이빙 스폿이다. 특히 몰라 몰라(개복치), 만타 레이(쥐가오리) 같은 심해성 어종을 보기 위해 다이버가 많이 찾는다. 만타 레이와 몰라 몰라는 7~9월에 주로 출몰, 8~9월에는 몸 청소를 하는 몰라 몰라가 수면 가까이 올라오기도 한다. 몰라 몰라는 렘봉안 섬의 블루 코너, 쁘니다 섬의 크리스털 베이, 가맛 베이 등지에서 볼 수 있고 만타 레이는 쁘니다 섬의 만타 포인트, 페드에 주로 나타난다. 쁘니다 섬에서 빼놓을 수 없는 크리스털 베이는 '산호 카펫', '산호밭'이라는 별명으로 불린다. 총천연색 산호와 열대어들을 만날 수 있는 곳으로 물이 맑고 수심이 낮아 스노클링만으로도 황홀하다. 하지만 다이빙할 때는 무엇보다 안전을 살펴야 한다. 급변하는 조류 때문에 일대 섬에서의 다이빙은 초보 다이버보다 경험 많은 다이버에게 알맞다.

Tip **스노클링 & 다이빙 업체**
렘봉안 다이브 센터 Lembongan Dive Center
www.lembongandivecenter.com
빅 피시 Big Fish
www.bigfishdiving.com
월드 다이빙 렘봉안 World Diving Lembongan
www.world-diving.com

렘봉안 섬
Nusa Lembongan

Activity

❶

맹그로브 투어 Mangrove Tour

중웃 바뚜 마을 외곽에 있는 맹그로브 숲에 들어가 볼 수 있다. 작은 배를 타고 30~40분 정도면 숲을 다 둘러볼 정도로 그리 넓지는 않다. 모터가 아닌 사람이 직접 배를 몰아 고요한 맹그로브 숲을 경험할 수 있다. 뱃삯은 한 배당 150~200K 정도이며 보통 오전 8시에서 오후 6시 사이에 이용할 수 있다.

위치 렘봉안 섬 북쪽에 위치

Activity

❷

렘봉안 빌리지 투어 Lembongan Village Tour

렘봉안 섬 남쪽에 있는 마을로, 마을 사람 대부분이 어업에 종사하고 있다. 바다 위에 떠 있는 조각배나 우뭇가사리를 말리는 풍경을 쉽게 볼 수 있다. 마을 안쪽에는 갈라 갈라 언더그라운드 하우스Gala Gala Underground House라는 지하 동굴 집이 있는데 마데 비아사라는 남자가 15년 동안 오직 망치만 가지고 만든 집이다. 크루즈 투어 액티비티 패키지 프로그램에 포함되어 쉽게 방문할 수 있다.

위치 렘봉안 섬 남동쪽 일대

Sightseeing ★★☆

❶

드림 비치 Dream Beach

렘봉안 섬 남서쪽에 있는 해변으로 이곳 사람들도 렘봉안에서 최고의 해변으로 꼽을 만큼 아름답다. 해변 양쪽으로 절벽이 감싸고 있으며 한낮에 가면 푸른 남국의 바다 빛을 만끽할 수 있다. 하지만 파도가 높아 해수욕을 즐기기에는 적당치 않다. 더욱 멋진 전망을 보고 싶다면 절벽 위의 카페 판단Cafe Pandan을 추천한다.

위치 렘봉안 섬 남서쪽에 위치

Sightseeing ★☆☆

❷

중웃 바뚜 비치 Jungut Batu Beach

렘봉안 섬 중웃 바뚜 마을에 있는 해변으로 섬 서쪽에 길게 뻗어 있다. 해변 좌측 언덕에는 전망 좋은 숙소와 오션뷰 카페가 몇 곳 있다. 해변 초입은 패스트 보트가 오가서 분주하고, 정박된 보트도 많아 번잡한 분위기이다. 이 부근 간이 매점에서 패들보드를 빌려 타볼 수도 있다. 해변을 따라 북쪽으로 숙소와 레스토랑들이 이어져 있고, 북쪽으로 갈수록 조용하다.

위치 렘봉안 섬 서쪽, 중웃 바뚜 마을에 위치

Sightseeing ★★☆

3

머시룸 비치 Mushroom Beach

렘봉안 섬 서쪽에 위치한 해변으로, 해변 끝에 있는 절벽의 모습이 마치 버섯과 같아 여행자들이 머시룸 비치로 부르기 시작했다. 원래 이름은 딴중 상향 비치Tanjung Sanghyang Beach로, 지금은 파도 때문에 버섯 모양을 찾아보기 어렵다. 물빛이 맑고 모래가 고우며 멀리 아궁 산을 볼 수 있는데 일몰 풍경이 아름답다. 해변을 따라 숙소와 전망 좋은 레스토랑들이 모여 있다.

위치 렘봉안 섬 서쪽에 위치

Sightseeing ★★☆

4

파노라마 언덕 Panorama Point

중웃 바뚜 해변과 마을이 한 폭의 그림처럼 펼쳐지는 곳, 렘봉안 섬 최고의 전망 포인트이다. 섬을 가로지르는 메인 로드로 이어져 있어 이동할 때 잠시 내려 구경하면 좋다. 경사가 상당히 급하고 길도 구불구불하니 운전에 유의하자. 언덕에는 간이매점 서너 곳과 식당이 한 곳 있다.

위치 파노라마 레스토랑 일대

Sightseeing ★★☆

5

데빌스 티어 Devil's Tear

자연이 만들어내는 특별한 모습은 때론 사람들의 상상력을 자극한다. 악마의 눈물이라는 이름이 붙은 이곳은 파도가 절벽 안쪽의 동굴을 통과하면서 하얀 물보라를 일으킨다. 눈물보다는 악마의 입김이라고 하는 게 더 어울리기도 하는데 섬에서 큰 볼거리로 꼽힐 만큼 장관이다. 난간 같은 안전장치가 없으므로 유의하자.

위치 드림 비치 주차장에서 드림 비치 반대편으로 걸어가자.

Sightseeing ★☆☆

6

블루 라군 Blue Lagoon

거대한 둥근 절벽 안으로 물감을 푼 듯한 푸른 바닷물이 가득 찬다. 눈앞에 시원하게 펼쳐지는 바다 경치가 특별하지만 사람에 따라서 싱겁게 느낄 수도 있겠다. 게다가 찾아가는 길도 험하니 궁금한 사람만 가보자.

위치 쯔닝안 섬 서쪽에 위치

Food

❶

뇨만스 와룽 Nyoman's Warung

로컬 스타일의 해산물 요리를 깔끔하게 먹을 수 있는 해변가의 작은 식당이다. 구이, 튀김, 탕, 커리, 사테 등 메뉴가 다양한데 고르기가 망설여질 땐 생선구이가 가장 무난하다. 대부분 밥과 함께 나오니 든든하게 한 끼를 채워보자. 웨스턴과 일반적인 인도네시안 음식도 판다.

위치 섬 북쪽에 위치, 맹그로브 숲 가는 길에 있다.
운영 09:00~22:00
요금 1인 70K~
주소 Jl. Jungutbatu, Nusa Lembongan
전화 0822-3629-3577
홈피 nyomanswarunglembongan.com

Food

❷

폰독 바루나 와룽 Pondok Baruna Warung

섬에서 맛있는 현지 음식을 먹고 싶다면 이곳을 추천한다. 외국인 여행자 사이에서 음식 평이 좋은데 웨스턴보다는 인도네시안 메뉴들이 맛있고 음식도 깔끔하게 나온다.

위치 중웃 바뚜 메인 로드에 위치
운영 07:30~22:00
요금 1인 70K~(Tax 10%)
주소 Jl. Jungutbatu, Nusa Lembongan

Food

❸

발리 에코 델리 Bali Eco Deli

유기농 재료와 공정 거래 작물을 사용해 건강식을 만들고, 환경 운동도 자처하는 착한 카페이다. 아침 메뉴와 볼, 샐러드, 주스, 커피 등을 팔며 매일매일 직접 굽는다는 빵도 맛있다. 전체적으로 양이 적은 것은 아쉽다. 플라스틱 물병을 가져오면 10%를 할인해주고, 카페를 이용한 손님은 물병에 생수를 무료로 담아갈 수 있다(손님이 아닐 경우 2K).

위치 중웃 바뚜 메인 로드에 위치
운영 07:00~21:00
요금 1인 60K~(Tax & SC 20%)
주소 Jl. Jungutbatu, Nusa Lembongan
홈피 www.baliecodeli.net

Food

4

카페 판단 Cafe Pandan

드림 비치 헛에서 숙소와 함께 운영하는 레스토랑으로 드림 비치 전망이 끝내준다. 최근에는 낡은 건물을 콘크리트 건물로 리모델링해 새단장을 마쳤다. 낮 시간대에는 1일 투어로 섬을 방문한 단체 관광객이 많아 분주한 편이다. 1인당 50K를 지불하면 수영장과 선베드를 이용할 수 있다.

위치 드림 비치 언덕 위에 위치. 드림 비치 헛 입구 오른쪽에 있다.
운영 07:00~21:00 요금 1인 80K~(Tax & SC 10%)
주소 Dream Beach, Nusa Lembongan
전화 0821-2122-7157
홈피 www.dreambeachlembongan.com

Food

5

찬틴 키친 Canteen Kitchen & Bar

블루 코너 다이브 숍의 비치 프런트 레스토랑이다. 중읏 바뚜 비치 끝에 위치해 있어 정박된 보트도 많지 않고 관광객도 적어 보다 한가롭다. 해변에는 비치 쿠션들이 자유롭게 널브러져 있어 해질녘 아름다운 노을을 감상하기에도 좋다. 다이브 숍의 수영장도 함께 이용할 수 있다.

위치 중웃 바뚜 비치 북쪽에 위치
운영 월~목 · 일 07:00~22:00, 금 07:00~24:00, 토 07:00~23:00
요금 메뉴 30~85K(Tax & SC 15%)
주소 Jungutbatu Beach
전화 0877-6137-7718

Food

6

더 덱 카페 앤 바 The Deck Cafe & Bar

고급 리조트인 바뚜 까랑에서 운영하는 더 덱은 렘봉안 섬에서 가장 세련된 바이다. 멋진 바다 전망과 어우러진 심플한 인테리어, 종일 나오는 감각적인 음악은 물론 음료도 다양하다. 매주 일요일(5~10월 17:00~20:00)마다 열리는 선셋 세션에는 디제잉도 있으니 참고하자. 중웃 바뚜 선착장에서 해안선을 따라 낮은 언덕을 걷다 보면 만날 수 있다. 오후 5시부터는 무료 픽업 서비스도 해준다.

위치 바뚜 까랑 리조트 앞에 위치
운영 07:30~22:00
요금 메뉴 60~130K(Tax & SC 21%)
주소 Jungutbatu, Nusa Lembongan
전화 0366-559-6377, 0855-390-4830
홈피 thedecklembongan.com

Stay : 3성급

❶

타이거릴리스 Tigerlillys

부티크 호텔을 표방하는 타이거릴리스는 감성적이고 아늑한 분위기가 가장 큰 매력이다. 룸붕 스타일로 지어진 객실과 정원 속 아담한 수영장, 식당이 조화롭게 어우러져 머무는 내내 편안하다. 지도를 펼치고 손님 한 명 한 명에게 섬을 안내해주는 등 스태프들은 언제나 당신의 여행 조력자가 되길 자처한다. 중웃 바뚜 메인 로드에 위치해 주변 카페나 식당 이용도 쉽고 해변도 걸어서 5분이면 닿는다. 객실은 스위트와 스탠더드(더블 또는 트윈)로 단순하다. 스위트는 단독 건물 1채를 모두 사용하는데 1층에는 거실과 욕실이 있고 2층에 침실이 있다. 스탠더드는 1층과 2층 중에 선택할 수 있으며 룸붕 스타일의 나무집이라 층간 소음이 있다. 욕실은 모두 1층에 있기 때문에 2층 객실에 머문다면 계단을 오르내려야 하는 불편함이 있다. 전반적으로 방이 넓고 욕실은 모두 세미 아웃 도어이다. 최대 2명까지만 머물 수 있으며 12세 미만 어린이는 예약이 불가능하다.

위치 중웃 바뚜 메인 로드에 위치

요금 스탠더드 USD100~

주소 Jl. Jungutbatu, Nusa Lembongan

전화 0812-4664-0343

홈피 www.tigerlillyslembongan.com

Stay : 4성급

❷

바뚜 까랑 Batu Karang

럭셔리 빌라 리조트를 표방하는 바뚜 까랑은 렘봉안 섬에서 인기 있는 세련된 숙소이다. 중읏 바뚜 비치가 내려다보이는 언덕에 위치해 시원한 전망을 가지고 있다. 총 23개의 객실로 모던하고 고급스러운 분위기인데 트윈 셰어룸을 제외하고는 아궁 산과 바다를 전망할 수 있다. 특히 3개나 되는 수영장과 풀 바는 보는 것만으로도 상쾌하며 레스토랑, 바, 스파, 영화관까지 스타일리시한 부대시설도 만족스럽다.

위치 중읏 바뚜 비치 언덕에 위치
요금 트윈 셰어룸 USD264~
주소 Jungut Batu Beach, Nusa Lembongan
전화 0366-559-6377
홈피 www.batukaranglembongan.com

Stay : 3성급

❸

드림 비치 헛 Dream Beach Hut's

렘봉안 섬에서 가장 아름답다는 드림 비치에 있는 숙소다. 총 11개의 객실로 스탠더드 헛, 디럭스 헛, 패밀리 하우스가 있다. 2층 구조로 된 디럭스 헛은 1층에 마루가 있고, 2층에 침실이 있으며 2층 입구에 작은 발코니가 딸려 있는데 욕실을 이용하려면 침실 뒷문 계단을 통해 아래층으로 내려가야 해 다소 불편하다. 바다와 하나가 된 듯한 드림 비치 헛의 인피니티 풀은 그림 같이 멋있다.

위치 드림 비치 언덕에 위치
요금 스탠더드 가든뷰 1,050K
주소 Dream Beach, Nusa Lembongan
전화 0821-2122-7151
홈피 www.dreambeachlembongan.com

Stay : 5성급

❹

마하기리 리조트 누사 렘봉안 Mahagiri Resort Nusa Lembongan

리조트 객실 80개, 라군 풀로 연결된 빌라 12채, 프라이빗 풀 빌라 4채를 보유한 중급형 리조트이다. 너른 백사장이 호텔과 바로 연결되어 있고, 객실과 레스토랑, 수영장이 모두 널찍하다. 2016년에 문을 열어 시설도 모두 깨끗한 편이다. 데이 투어로 렘봉안 섬에 온 단체 관광객들도 호텔 부대시설을 함께 이용해 종종 번잡해지기도 한다.

위치 중읏 바뚜 비치 북쪽 끝에 위치 요금 더블 USD100~
주소 Jl. Jungutbatu, Nusa Lembongan
전화 0815-5870-9888
홈피 www.mahagiriresortnusalembongan.com

쁘니다 섬
Nusa Penida

Activity
❶
쁘니다 섬 투어 Nusa Penia Tour

몇 년 전만 하더라도 쁘니다 섬에는 제대로 된 관광 상품이 하나도 없었다. 개발되지 않은 섬 모습을 그대로 느낄 수 있어 좋았지만, 속속들이 둘러보고 싶은 여행자에게는 그저 막막했다. 관광 안내표지나 이정표가 거의 없고 비포장도로 상태가 썩 좋지 않아 가장 좋은 방법은 현지 지리에 밝은 현지인과 오토바이 투어를 나서는 것뿐이었는데, 쁘니다 섬의 매력이 입소문을 타면서 쁘니다 섬 투어가 속속 생겨나고 있다. 대부분 투어가 사누르에서 보트를 타고 이동해, 섬 서쪽의 역동적이고 아름다운 바다를 즐기는 구성으로 짜여 있다. 절벽 아래 숨겨진 해변이 아름다운 장관을 연출하는 카랑 다와Karang Dawa(Bukit Kelingking)와 파도가 만들어 낸 기묘한 지형이 호기심을 자극하는 파시 우욱Pasih Uug(Broken Bay) 일대, 열대어와 산호를 맘껏 볼 수 있는 크리스털 베이 비치Crystal Bay Beach는 꼭 빼놓지 말고 둘러봐야 하는 명소! 이 섬의 중앙이자 가장 높은 곳인 부킷 문디Bukit Mundi에서는 일대를 내려다볼 수 있는데, 맑은 날엔 롬복까지 보인다(1일 투어 업체 p.269 참조).

Activity
❷
뜨믈링 Temeling

지금이야말로 모험심을 발휘해야 할 때다. 섬마을 소년들이 숨겨둔 그들의 아지트로 가기 위해서는 먼저 울창한 숲부터 헤쳐야 하니까. 작은 숲길이 나 있으니 안심하자. 이 소박한 정글 탐험 끝에 발견할 수 있는 것은 숨겨진 폭포와 호수이다. 대단한 위용의 폭포는 아니지만 절벽 위에서 떨어지는 물이 작은 호수를 이뤘다. 혈기 왕성한 아이들은 올챙이처럼 호수를 헤엄치기도 한다. 호수에서 파도 소리를 따라 조금만 더 걸으면 절벽 위에서만 봤던 웅장한 해안선도 눈앞에 펼쳐진다. 쁘니다 섬의 자연을 몸소 느끼고자 하는 여행자에게 추천.

위치 쁘니다 섬 서쪽에 위치, 선착장에서 오토바이로 약 30분 소요

Sightseeing ★☆☆
❶
고아 기리 뿌뜨리 사원
Pura Goa Giri Putri(Karangsari Cave Temple)

쁘니다 섬 북동쪽 까랑사리Karangsari 마을에 있는 동굴 사원이다. 독특한 동굴의 기운 때문에 쁘니다 섬은 물론 발리 사람들도 배를 타고 순례를 온다. 동굴 입구는 몸을 움츠리고 간신히 들어갈 만큼 매우 작다. 하지만 빛을 따라 안으로 들어가면 예상보다 큰 크기에 놀라고 만다. 5,000명이나 들어갈 만큼 넓고 천장도 제법 높다. 아름다운 느낌은 아니지만 거대한 동굴 속 사원이라는 점 때문에 방문해볼 만하다.

위치 쁘니다 섬 북동쪽에 위치, 선착장에서 차로 20분 소요
운영 08:00~18:00
요금 입장료는 없지만 기부금을 받는다.

Sightseeing ***

❷

크리스털 베이 비치 Crystal Bay Beach

쁘니디 섬에서 가장 손꼽히는 해변이다. 몇 년 전만 해도 비치 파라솔 하나 없는 순수의 해변이었는데, 최근 섬에 개발 붐이 일면서 해변도 전보다 여행객을 맞을 준비가 되었다. 백사장에 맑고 투명한 바닷물이 반짝이는데, 진짜 보물은 바닷속에 있다. 산호밭을 연상시키는 수면 아래는 색색의 산호와 수많은 열대어로 마치 아쿠아리움에 들어온 듯한 착각을 일으킨다. 다이빙을 하면 더 가까이서 볼 수 있겠지만 스노클링만으로도 충분하다. 왼쪽 언덕에 나 있는 계단으로 올라가면 일대 바다와 크리스털 베이 비치를 한눈에 내려다볼 수 있다.

위치 쁘니다 섬 북서쪽에 위치.
선착장에서 차로 약 20분 소요

Stay : 3성급

❶

나마스테 방갈로 Namaste Bungalows

크리스털 베이 비치에서 멀지 않은 나마스테 방갈로는 그 이름처럼 평화로운 휴식을 선사한다. 프랑스 부부의 손길로 만들어진 10여 채의 방갈로는 에코 빈티지 가구로 꾸민 침실, 은은한 빛이 들어오는 욕실, 테라스 공간으로 단순하고 깔끔하다. 객실은 크게 슈피리어와 디럭스로 구분되는데, 슈피리어는 선풍기만 마련되어 있고, 디럭스는 데이베드(엑스트라 베드로 사용 시 150K 추가)와 에어컨이 설치되어 있다. 최근에는 4인이 함께 머물 수 있는 복층형 패밀리 방갈로도 증축했다. 이 작은 숙소의 부대시설로는 뭐든 푸짐하게 나오는 식당과 아궁 산이 보이는 수영장이 전부. 스노클링 투어나 쁘니다 섬 투어 등은 유료로 진행한다. 크리스털 베이 비치까지는 걸어서 20분, 오토바이로 5분이 걸린다.

위치 쁘니다 섬 북서쪽에 위치.
사누르에서 마루티 익스프레스 Maruti Express의 보트를 탄 후, 쁘니다 섬 선착장에서 방갈로 차량으로 이동할 수 있다.
사누르에서 숙소까지 35분 소요
요금 디럭스 650K~
주소 Jl. Raya Sakti, Sakti-Nusa Penida
전화 0813-3727-1615
홈피 www.namaste-bungalows.com

푸른 자연 속에서의 힐링

Ubud

우붓

마치 우붓은 이곳과 사랑에 빠진 한 외계인의 정착지처럼 느껴진다. 푸른 정글과 빼곡히 퍼즐을 끼운 듯한 들, 그 그림 같은 자연 속에 들어앉은 숙소, 아기자기한 상점, 별별 국적의 식당들까지. 우붓에는 푸른 자연과, 빛바랜 왕궁과, 오래된 사원들이 현재 사람들이 틔운 불빛과 만나 아름답게 공존하고 있다.

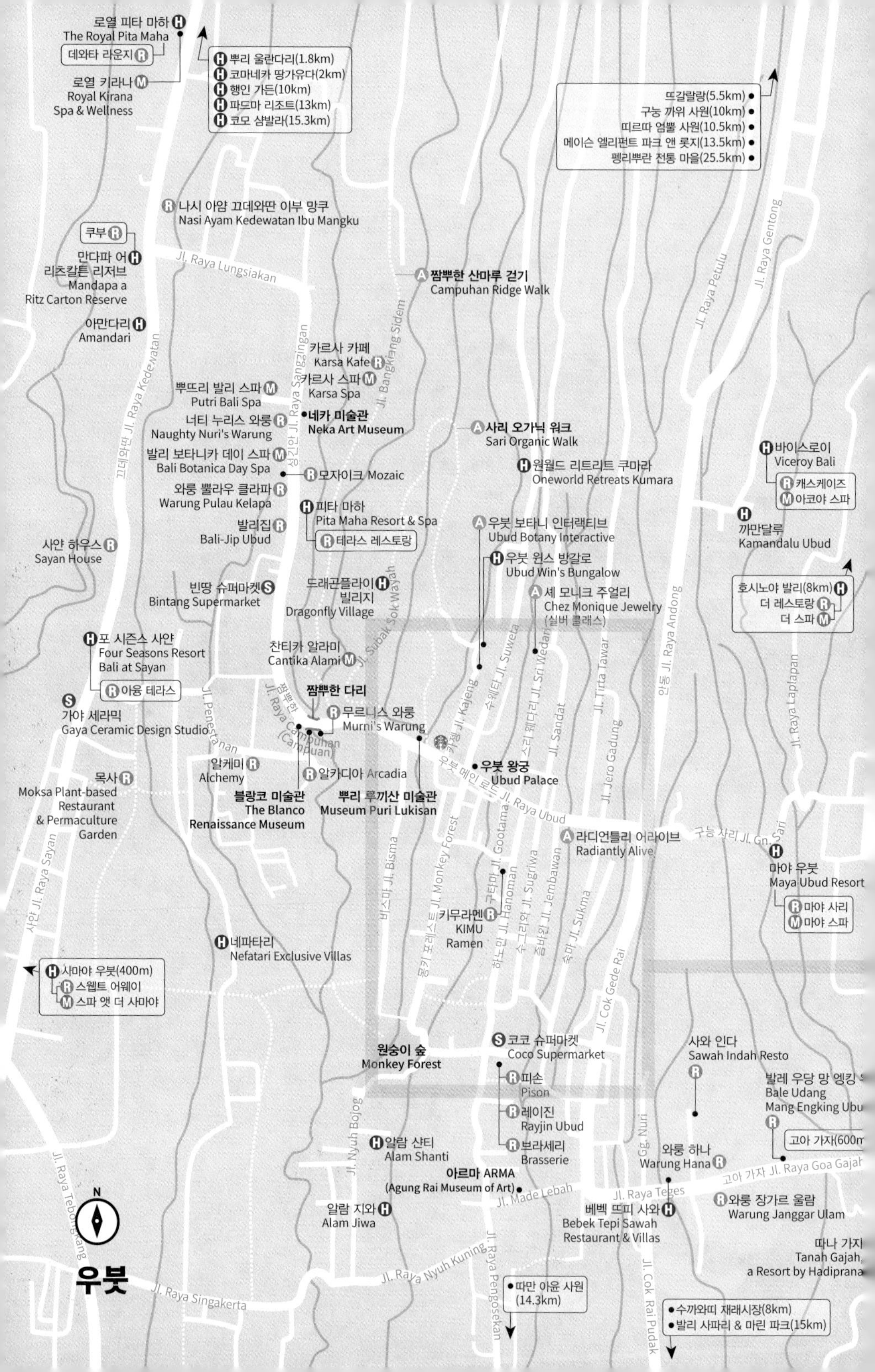

로열 피타 마하 H
The Royal Pita Maha
데와타 라운지 R
로열 키라나 M
Royal Kirana
Spa & Wellness
H 뿌리 울란다리(1.8km)
H 코마네카 땅가유다(2km)
H 행인 가든(10km)
H 파드마 리조트(13km)
H 코모 샴발라(15.3km)
뜨갈랄랑(5.5km)
구눙 까위 사원(10km)
띠르따 엠뿔 사원(10.5km)
메이슨 엘리펀트 파크 앤 롯지(13.5km)
펭리뿌란 전통 마을(25.5km)
R 나시 아얌 끄데와딴 이부 망쿠
Nasi Ayam Kedewatan Ibu Mangku
쿠부 R
만다파 어 H
리츠칼튼 리저브
Mandapa a
Ritz Carton Reserve
Jl. Raya Lungsiakan
A 짬뿌한 산마루 걷기
Campuhan Ridge Walk
Jl. Raya Petulu
Jl. Raya Gentong
아만다리 H
Amandari
카르사 카페
Karsa Kafe R
카르사 스파 M
Karsa Spa
끄데와딴 Jl. Raya Kedewatan
상긴안 Jl. Raya Sangzingan
Jl. Bangkiang Sidem
뿌뜨리 발리 스파 M
Putri Bali Spa
너티 누리스 와룽 R
Naughty Nuri's Warung
네카 미술관
Neka Art Museum
A 사리 오가닉 워크
Sari Organic Walk
발리 보타니카 데이 스파 M
Bali Botanica Day Spa
R 모자이크 Mozaic
H 원월드 리트리트 쿠마라
Oneworld Retreats Kumara
H 바이스로이
Viceroy Bali
R 캐스케이즈
M 아코야 스파
와룽 뿔라우 클라파 R
Warung Pulau Kelapa
H 피타 마하
Pita Maha Resort & Spa
R 테라스 레스토랑
발리집 R
Bali-Jip Ubud
A 우붓 보타니 인터랙티브
Ubud Botany Interactive
H
까만달루
Kamandalu Ubud
사얀 하우스 R
Sayan House
H 우붓 윈스 방갈로
Ubud Win's Bungalow
빈땅 슈퍼마켓 S
Bintang Supermarket
드래곤플라이 H
빌리지
Dragonfly Village
Jl. Subak Sok Wayah
A 셰 모니크 주얼리
Chez Monique Jewelry
(실버 클래스)
호시노야 발리(8km) H
더 레스토랑 R
더 스파 M
H 포 시즌스 사얀
Four Seasons Resort
Bali at Sayan
R 아융 테라스
찬티카 알라미
Cantika Alami M
Jl. Tirta Tawar
안동 Jl. Raya Andong
Jl. Raya Laplapan
짬뿌한 다리
S
가야 세라믹
Gaya Ceramic Design Studio
Jl. Penestanan
짬뿌한 Jl. Raya Campuhan (Campuan)
R 무르니스 와룽
Murni's Warung
까젱 Jl. Kajeng
수웨타 Jl. Suweta
스리 웨다리 Jl. Sri Wedari
Jl. Sandat
Jl. Jero Gadung
알케미 R
Alchemy
R 알카디아 Arcadia
우붓 왕궁
Ubud Palace
우붓 메인 로드 Jl. Raya Ubud
목사 R
Moksa Plant-based
Restaurant
& Permaculture
Garden
블랑코 미술관
The Blanco
Renaissance Museum
뿌리 루끼산 미술관
Museum Puri Lukisan
A 라디언틀리 어라이브
Radiantly Alive
구눙 사리 Jl. Gn. Sari
H
마야 우붓
Maya Ubud Resort
R 마야 사리
M 마야 스파
사얀 Jl. Raya Sayan
비스마 Jl. Bisma
몽키 포레스트 Jl. Monkey Forest
구타마 Jl. Gootama
하노만 Jl. Hanoman
수그리와 Jl. Sugriwa
줌바완 Jl. Jembawan
숙마 Jl. Sukma
키무라멘 R
KIMU
Ramen
Jl. Cok Gede Rai
H 네파타리
Nefatari Exclusive Villas
H 사마야 우붓(400m)
R 스웹트 어웨이
M 스파 앳 더 사마야
원숭이 숲
Monkey Forest
S 코코 슈퍼마켓
Coco Supermarket
R 피손
Pison
R 레이진
Rayjin Ubud
R 브라세리
Brasserie
사와 인다
Sawah Indah Resto
R
발레 우당 망 엥킹
Bale Udang
Mang Engking Ubu
R
고아 가자(600m
Jl. Nyuh Bojog
H 알람 샨티
Alam Shanti
Gg. Nuri
와룽 하나
Warung Hana R
고아 가자 Jl. Raya Goa Gajah
아르마 ARMA
(Agung Rai Museum of Art)
Jl. Made Lebah
Jl. Raya Teges
R 와룽 장가르 울람
Warung Janggar Ulam
Jl. Raya Tebongkang
N
알람 지와 H
Alam Jiwa
베벡 뜨삐 사와 H
Bebek Tepi Sawah
Restaurant & Villas
따나 가자
Tanah Gajah,
a Resort by Hadiprana
우붓
Jl. Raya Singakerta
Jl. Raya Nyuh Kuning
Jl. Raya Pengosekan
따만 아윤 사원
(14.3km)
Jl. Cok Rai Pudak
수까와띠 재래시장(8km)
발리 사파리 & 마린 파크(15km)

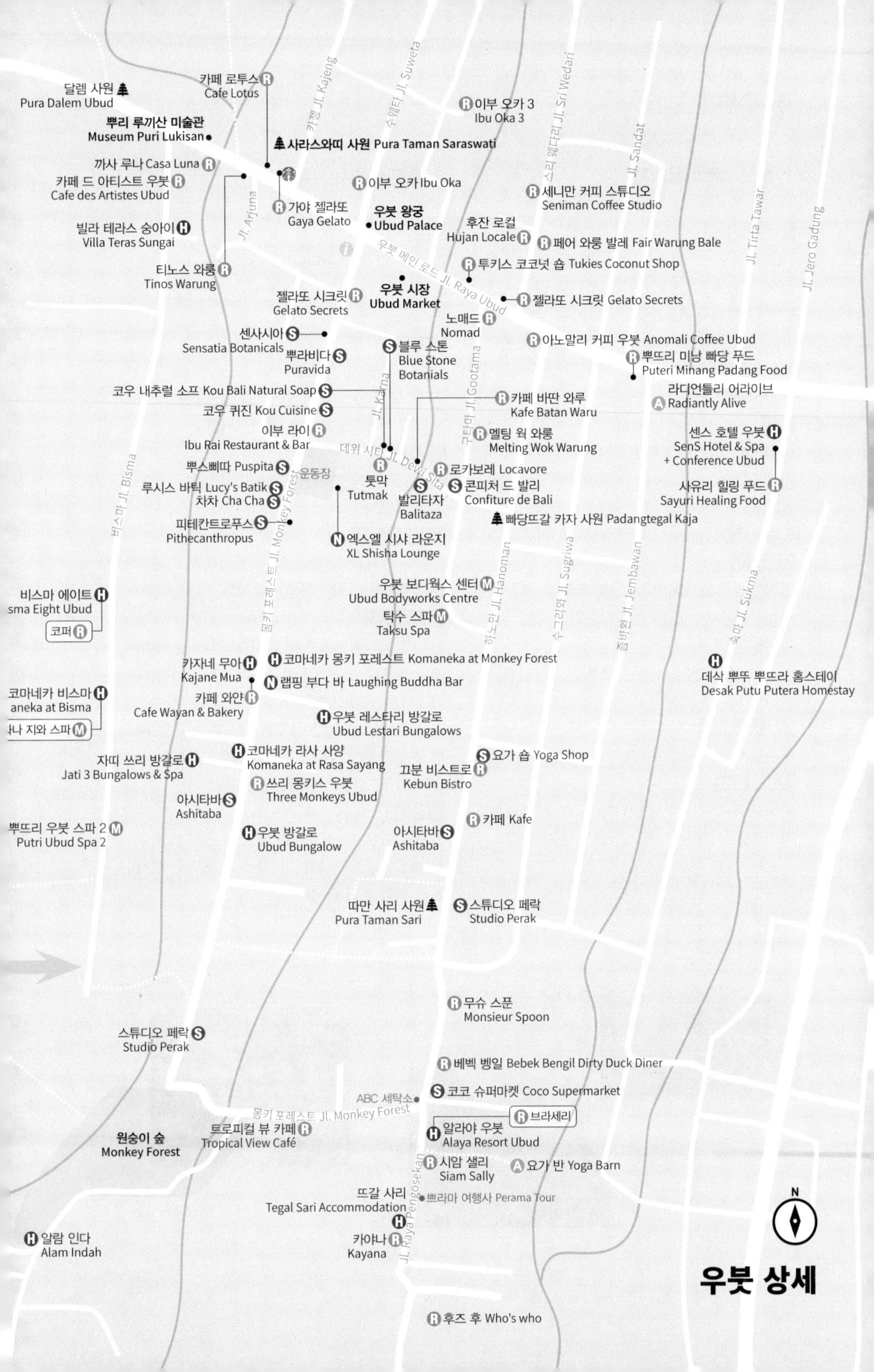
우붓 상세
달렘 사원
Pura Dalem Ubud
뿌리 루끼산 미술관
Museum Puri Lukisan
카페 로투스
Cafe Lotus
카젱 Jl. Kajeng
수웨타 Jl. Suweta
사라스와띠 사원 Pura Taman Saraswati
이부 오카 3
Ibu Oka 3
스리 웨다리 Jl. Sri Wedari
Jl. Sandat
까사 루나 Casa Luna
카페 드 아티스트 우붓
Cafe des Artistes Ubud
가야 젤라또
Gaya Gelato
이부 오카 Ibu Oka
세니만 커피 스튜디오
Seniman Coffee Studio
Jl. Arjuna
우붓 왕궁
Ubud Palace
빌라 테라스 숭아이
Villa Teras Sungai
후잔 로컬
Hujan Locale
페어 와룽 발레 Fair Warung Bale
Jl. Tirta Tawar
Jl. Jero Gadung
우붓 메인 로드 Jl. Raya Ubud
투키스 코코넛 숍 Tukies Coconut Shop
티노스 와룽
Tinos Warung
우붓 시장
Ubud Market
젤라또 시크릿
Gelato Secrets
젤라또 시크릿 Gelato Secrets
노매드
Nomad
센사시아
Sensatia Botanicals
뿌라비다
Puravida
블루 스톤
Blue Stone
Botanials
아노말리 커피 우붓 Anomali Coffee Ubud
뿌뜨리 미낭 빠당 푸드
Puteri Minang Padang Food
코우 내추럴 소프 Kou Bali Natural Soap
라디언틀리 어라이브
Radiantly Alive
구타마 Jl. Gootama
Jl. Karna
카페 바딴 와루
Kafe Batan Waru
코우 퀴진 Kou Cuisine
이부 라이
Ibu Rai Restaurant & Bar
멜팅 웍 와룽
Melting Wok Warung
센스 호텔 우붓
SenS Hotel & Spa
+ Conference Ubud
데위 시타 Jl. Dewi Sita
뿌스삐따 Puspita
운동장
로카보레 Locavore
루시스 바틱 Lucy's Batik
차차 Cha Cha
툿막
Tutmak
발리타자
Balitaza
콘피처 드 발리
Confiture de Bali
사유리 힐링 푸드
Sayuri Healing Food
비스마 Jl. Bisma
빠당뜨갈 카자 사원 Padangtegal Kaja
피테칸트로푸스
Pithecanthropus
엑스엘 시샤 라운지
XL Shisha Lounge
몽키 포레스트 Jl. Monkey Forest
하누만 Jl. Hanoman
수그리와 Jl. Sugriwa
잠바완 Jl. Jembawan
숙마 Jl. Sukma
우붓 보디웍스 센터
Ubud Bodyworks Centre
비스마 에이트
sma Eight Ubud
코퍼
탁수 스파
Taksu Spa
코마네카 몽키 포레스트 Komaneka at Monkey Forest
카자네 무아
Kajane Mua
데삭 뿌뚜 뿌뜨라 홈스테이
Desak Putu Putera Homestay
랩핑 부다 바 Laughing Buddha Bar
코마네카 비스마
aneka at Bisma
카페 와얀
Cafe Wayan & Bakery
나 지와 스파
우붓 레스타리 방갈로
Ubud Lestari Bungalows
코마네카 라사 사양
Komaneka at Rasa Sayang
요가 숍 Yoga Shop
자띠 쓰리 방갈로
Jati 3 Bungalows & Spa
끄분 비스트로
Kebun Bistro
쓰리 몽키스 우붓
Three Monkeys Ubud
아시타바
Ashitaba
카페 Kafe
뿌뜨리 우붓 스파 2
Putri Ubud Spa 2
우붓 방갈로
Ubud Bungalow
아시타바
Ashitaba
따만 사리 사원
Pura Taman Sari
스튜디오 페락
Studio Perak
무슈 스푼
Monsieur Spoon
스튜디오 페락
Studio Perak
베벡 벵길 Bebek Bengil Dirty Duck Diner
코코 슈퍼마켓 Coco Supermarket
ABC 세탁소
몽키 포레스트 Jl. Monkey Forest
브라세리
트로피컬 뷰 카페
Tropical View Café
알라야 우붓
Alaya Resort Ubud
원숭이 숲
Monkey Forest
시암 샐리
Siam Sally
요가 반 Yoga Barn
뜨갈 사리
Tegal Sari Accommodation
뻐라마 여행사 Perama Tour
Jl. Raya Pengosekan
알람 인다
Alam Indah
카야나
Kayana
N
후즈 후 Who's who

✚ 우붓 Ubud

1. 우붓으로 이동하기

가이드 차량

우붓으로 가는 길에 주변 관광지를 둘러볼 수 있으니 하루나 반나절 단위로 기사 딸린 차량을 섭외해보자. 짐바란, 누사두아 등 발리 남부에서 출발한다면 택시보다 기사 있는 차량을 이용하는 것이 여러보로 합리적이다. 10시간 기준 USD60~.

택시

공항에서 380K~, 교통 상황에 따라 1~2시간 소요.

렌터카

도로 사정이 괜찮아 렌터카 이용도 어렵지 않다.

오토바이

현지인들은 오토바이로 우붓을 자주 오간다. 사누르에서 40~50분이면 닿는다.

숙소 차량

때때로 고급 숙소에서는 무료 픽업 차량을 제공하기도 하니 사전에 문의하자.

사설 미니버스

꾸따에서 50K~이다.

쁘라마 버스

꾸따에서 하루 6회 운행하며 60K. 우붓의 쁘라마 버스 사무실은 하노만 로드 남쪽에 있다.

2. 우붓 안에서 이동하기

도보

우붓 메인 로드, 하노만 로드, 몽키 포레스트 로드의 상점들은 보통 걸어 다니면서 구경할 수 있다.

자전거

숙소나 렌털 숍에서 빌려 탈 수는 있지만 자전거 탈 도로 환경이 썩 좋지 않다. 언덕도 많고, 차들과 함께 달려야 하니 만만치 않다.

오토바이

장기 우붓 여행자라면 오토바이를 빌려 이곳저곳 둘러보자.

오토바이 택시

우붓에는 미터 택시가 없다. 저렴하게 이동하려면 오토바이 택시를 이용할 것.

자가용 택시

한두 명이라면 오토바이 택시를 이용하는 것이 저렴하겠지만 일행이 여럿이라면 자가용 택시가 경제적이다. 우붓에서 우버나 그랩 같은 스마트폰 앱을 이용한 자가용 택시를 이용할 때는 주의가 필요하다. 기존 우붓의 기사들과 마찰이 있기도 하니 눈치껏 이용하자.

숙소 차량

외곽에 있는 숙소 대부분은 우붓 센터까지 무료 셔틀버스를 운행한다. 숙소 셔틀버스 시간표를 미리 받아 둘 것.

3. 우붓 엿보기

액티비티 & 관광

정글과 계곡이 곳곳에! 평화로운 자연이 가장 큰 매력인 우붓에서는 자연과 벗할 수 있는 트레킹, 래프팅은 물론 요가나 명상의 시간을 갖기에도 좋다. 예술의 숨결이 대대로 이어지는 우붓답게 미술관도 풍성하다.

식당

몸에 좋은 오가닉 식당, 논뷰와 정글뷰가 멋진 식당, 프렌치 비스트로, 로컬 식당 등. 우붓에는 정말 다양한 식당이 있다. 우붓 메인 로드를 중심으로 몽키 포레스트 로드, 하노만 로드, 스리 웨다리 로드에 식당이 많다.

숙소

우붓에는 정글, 들 등의 스펙터클한 자연 풍경을 살린 멋진 숙소가 많다. 정글이나 계곡처럼 진입하기 어려운 곳엔 고가의 숙소가 많은 편. 하지만 정겨운 시골 정취를 가진 저렴한 숙소도 많다. 홈스테이부터 초호화 빌라까지 숙소의 스펙트럼이 넓다.

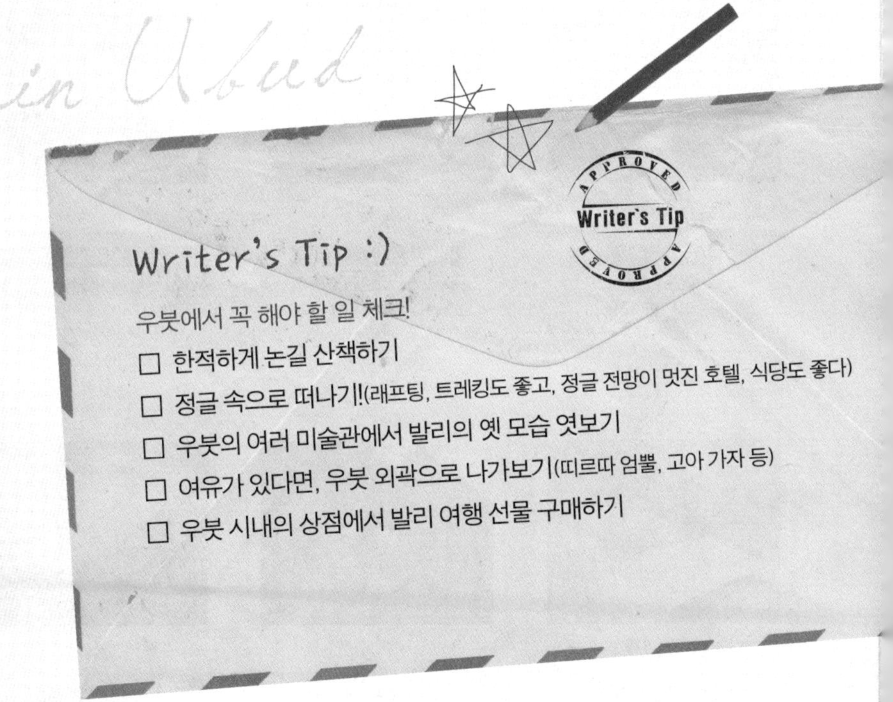

4. 우붓 추천 1일 코스

아침부터 밤까지 우붓의 자연과 함께하는 에코 힐링의 하루.
자연이 주는 기쁨, 그리고 우붓에서 만난 사람들이 주는 따뜻함을 꼭 발견해보자.

06:30

짬뿌한 산마루 걷기

다소 이른 시간이지만
강한 햇볕이 없는 이른 아침이
트레킹하기 가장 좋다.
이른 아침에 만나는 싱그러운
논과 숲의 풍경을 만나보자.(p.285)

09:00

느긋하게 아침 식사

숙소로 돌아와 아침 먹기.
짬뿌한 산마루 루트에 있는 카르사
카페에서 아침을 먹어도 좋다.

10:30

숙소에서 휴식

부족한 잠도 살짝 자고,
수영장에도 풍덩!

13:00

페어 와룽 발레에서 점심 식사

음식 맛도 뛰어나지만 수익금은
모두 인도네시아의 의료 복지를 위해
기부하는 착한 식당.
(p.303)

14:30

세니만 커피 스튜디오 커피 한잔

오후의 나른함을 진한 커피로
날려버리자.
(p.304)

15:30

원숭이 숲 산책

바나나 하나 준비하고
원숭이를 만나러~
(p.294)

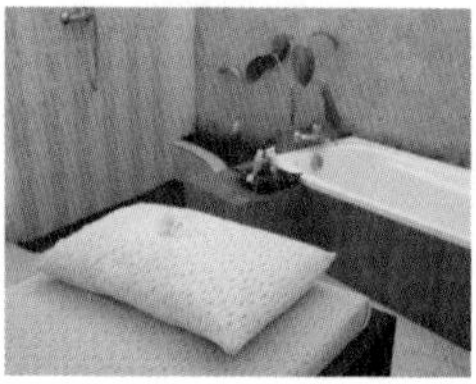

16:30

뿌뜨리 발리 스파 마사지

손맛 좋은 이곳에서의
마사지는 놓치지 말자.
(p.324)

19:00

목사에서 저녁 식사

유기농 재료로 맛있고 아름답게
만드니 꼭 방문해보자.
(p.300)

20:30

숙소로 귀환

숙소로 돌아와 가만히
풀벌레 소리에
귀 기울여보자.

Activity

1 짬뿌한 산마루 걷기 Campuhan Ridge Walk

우붓 시내에서 접근성이 좋아 이른 아침 한두 시간 산책하고 돌아오기 좋다. 울창한 열대림과 논 풍경을 모두 볼 수 있는 산책로로, 무엇보다 길이 잘 닦여 있고 가파르지 않아 트레킹하기에 부담이 없다.

이바Ubah 빌라 입구에서 출발해 잘 닦인 산등성이를 30분쯤 걷는다. 산마루 양쪽으로 계곡이 흘러 열대림이 울창한데 이른 아침 안개와 나무들이 멋진 풍경을 만들어낸다. 그 후 마을 하나를 지나면 카르사 카페Karsa Kafe가 나온다. 카페 위쪽으로는 '논들의 합창'이라는 표현이 어울릴 만큼 풍부한 논 풍경이 펼쳐진다. 여기서 5~10분 더 올라가도 같은 풍경의 논과 마을들이 이어진다. 이쯤에서 발길을 돌려 다시 카페로 내려와 간단하게 아침을 먹거나 음료를 마시면 좋다. 다시 왔던 길로 내려오면서 발리 아트 숍들을 구경해보자. 여기서 중요한 팁! 한낮의 태양은 너무 뜨거우니 이른 아침에 길을 나서자.

위치 우붓 메인 로드에서 짬뿌한 다리 방향으로 가다가 다리가 나오기 바로 직전, 오른쪽 이바 빌라 입구에 루트 간판이 있다.

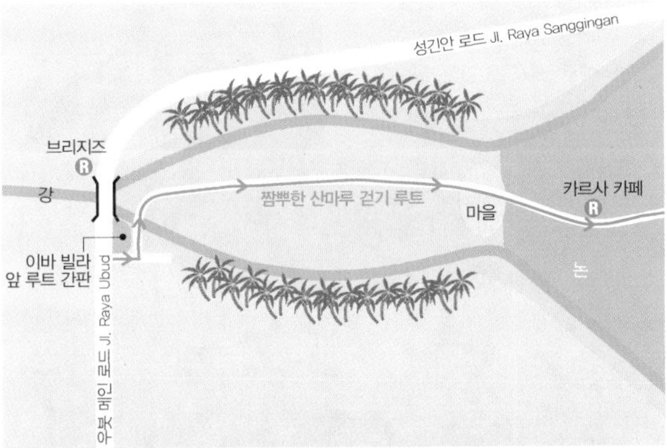

카르사 카페

Activity : 추천

2

사리 오가닉 워크 Sari Organic Walk

걷기에 자신이 없거나 체력이 약한 여행자도 가벼운 마음으로 즐길 수 있는 우붓 지역의 대표적인 워킹 루트. 사리 오가닉 워크 루트의 시작은 짬뿌한 다리 못 미처 있는 아방안 방갈로Abangan Bungalows 입구에서 시작하는 것이 좋다. 해가 높아지면 너무 더워 빨리 지칠 수 있으니 오전 7시 30분~8시에 일정을 시작하는 것이 좋다.

노선은 대부분 외길로 되어있어 초보자도 쉽게 찾아갈 수 있다. 걷는 것보다는 한가로이 경치를 감상하고 휴식을 취하는 데 목적을 두면 좋다. 전망 좋은 카페에서 건강 음료를 마시면서 여유로운 휴식을 만끽하자. 마지막으로 찬티카 스파에서 시원한 헤어 배스를 받고 날아갈 듯한 기분으로 돌아오는 오전 일정이라면 더할 나위 없이 완벽하다. 찬티카 스파는 전화로 미리 예약하거나 사리 오가닉 워크로 가는 길에 미리 시간을 정해두고 가면 좋다.

포마그래닛Cafe Pomegranate

운영 09:00~21:00

전화 0878-6080-3632

홈피 http://cafepomegranate.org

찬티카 스파(알라미점) Cantika Spa alami(p.325)

운영 09:00~19:00

전화 0851-0094-4425

홈피 www.cantikazestbali.com

Tip 사리 오가닉 워크 루트

아방안 방갈로 입구 --약 800m, 도보 20~25분--> 주변 카페에서 건강 음료 한잔 혹은 아침 식사 --도보 15~20분--> 찬티카 스파에서 시원한 헤어 배스

Activity

3

아융 강 래프팅 Ayung River Rafting

우붓 서쪽에 위치한 아융 강에서 즐기는 래프팅은 우리나라에서의 래프팅과는 또 다른 느낌이다. 물살이 세지 않고 강이 험하지 않아 다이내믹하다고 할 수 없지만 아융 강 주변의 열대림과 폭포 경치를 감상하며 래프팅을 즐길 수 있다는 점이 매력적이다. 래프팅 중간에 만나는 원숭이들과 바위에 조각된 신비로운 그림들도 흥미로운 구경거리다. 래프팅 업체에서는 오전과 오후로 나누어 2~3차례 래프팅 스케줄을 진행한다. 보통 아침 스케줄은 오전 7~8시에 픽업 서비스를 시작해 래프팅 장소에 도착하는데, 10km 상당의 코스를 2시간 동안 체험한 후 점심 식사가 제공된다. 래프팅을 하려면 계단을 통해 계곡 아래까지 걸어서 내려가야 하고 래프팅이 끝나면 다시 계곡 위로 이동해야 해 체력 소모가 많은 편이다. 안전을 위해서는 아쿠아 슈즈를 착용하는 것이 좋으며 물에 젖었을 때 갈아입을 여벌 옷을 챙기는 것도 잊지 말자. 발리 동부의 뜰라기 와자 강Telaga Waja River에서는 아융 강보다 좀 더 스펙터클한 래프팅을 즐길 수 있다.

Tip 1 좀 더 저렴하게 예약하기

직접 래프팅 업체에 예약하면 USD 80(성인) 안팎이다. 액티비티 예약을 전문적으로 대행하는 업체에 문의하면 좀 더 저렴하게 예약할 수 있다.

Tip 2 래프팅 추천 업소

발리 바다 Bali Bada(예약 대행)
balibada.tistory.com
소벡Sobek
www.balisobek.com

Activity : 추천

4

뻐넷 강 튜빙 Penet River Tubing

우붓 시내에서 차로 40분 거리의 뻐넷 강으로 올라가 튜브를 타고 내려오는 짜릿한 액티비티. 래프팅을 할 수 없는 좁은 계곡에서 튜브의 진가가 발휘되어, 래프팅과는 또 다른 맛이다. 일행들의 튜브가 서로 부딪기도 하고 바위틈에 끼인 튜브를 빼내려 협동심을 발휘하게 돼 끈끈한 연대감까지 생긴다. 7~8명의 안전 가이드가 튜빙을 이끌며 헬멧, 보호대, 구명조끼를 착용하고 간단한 안전 교육까지 받기 때문에 안전하게 즐길 수 있다. 래프팅과 마찬가지로 계곡까지 어마어마한 계단을 오르내리기 때문에 어르신이라면 힘이 들 수 있다. 보통 1시간 30분 정도 튜빙을 즐기고, 액티비티가 끝나면 점심을 제공한다. 요금에는 타월과 샤워실, 점심 식사, 차량 서비스가 포함되어 있다. 예약 문의는 발리 바다(balibada.com).

요금 성인 USD45,
어린이(6~12세) USD35
(팁은 손님 2명당 가이드 1명에게 50K 정도 준다)

© bio

Activity

5

낀따마니 자전거 투어 Kintamani Bicycle Tour

발리 북동쪽에 위치한 낀따마니에서 시작해 우붓으로 돌아오는 자전거 투어다. 길 대부분이 내리막길이어서 자전거를 탈 수만 있다면 도전해볼 만한 코스다. 가장 먼저 루왁 커피로 유명한 낀따마니 커피 농장을 둘러보고, 바뚜르 산과 호수가 보이는 전망대에서 아침 식사를 마치면 우붓 근처로 다시 이동해 본격적인 자전거 투어를 2시간가량 즐기게 된다. 이동 중간중간에는 가이드가 발리의 사원, 농작물, 동물에 대해 이것저것 설명해주기도 한다. 자전거 투어가 끝나면 점심을 먹고 마무리하는데 보통 우붓 숙소까지는 오후 3~4시 안에 도착할 수 있다. 우붓 지역 외에도 꾸따, 누사두아에서 픽업 서비스를 이용해 자전거 투어에 참가할 수 있다. 발리의 농촌을 달리며 한층 가까워진 발리를 느껴보자.

Tip 자전거 투어 추천 업소

발리 바이크 바이크 Bali Bike Baik

발리 현지인이 직접 운영하는 자전거 투어 전문 업체로 국내 여행자들의 만족도가 높은 편이다. 우붓에서 픽업 서비스를 받을 경우, 어른 550K(꾸따, 사누르, 누사두아, 스미냑, 짐바란, 짱구 픽업 600K), 만 12세 미만 350K이며 우붓 지역은 아침 8시경 픽업 차량을 운행한다.

홈피 www.balibike.com

Activity

6

요가 반 Yoga Barn

우붓에서 가장 잘 알려진 요가 스튜디오. 숲으로 둘러싸인 부지 위에 요가 스튜디오뿐 아니라 카페, 숍, 스파도 갖추고 있다. 요가 프로그램이 다양하고 워크숍도 자주 열려 활기찬 분위기이다. 수업은 아침 7시부터 저녁까지 15차례 넘게 열린다. 수강 카드는 1/3/5/10/20회, 30일 무제한 클래스가 있어 일정에 맞춰 끊을 수 있다.

위치 우붓 메인 로드에서 숙마 로드로 들어와 직진한다. 또는 알라야 리조트와 시암 샐리 레스토랑 샛길을 걸어서 도착할 수 있다.

운영 07:00~21:00 요금 1회 130K, 3회 360K

주소 Jl. Pengosekan, Ubud

전화 0361-971-236 홈피 www.theyogabarn.com

Activity

7

라디언틀리 어라이브 Radiantly Alive

요가 반과 함께 우붓의 요가 클래스를 이끄는 요가 스튜디오. 입구는 작지만 안쪽에 말끔한 요가 교실들이 마련되어 있다. 하루 10차례 이상 요가 클래스를 열며 초보자를 위한 요가 프로그램을 따로 진행하기도 한다. 요가 수업은 횟수(1/3/5/10/20회)와 기간(1주~2달 무제한) 단위로 끊어 참여할 수 있다. 요가 프로그램과 스케줄, 수강비 등 자세한 정보는 홈페이지를 확인하자.

위치 우붓 시장에서 도보로 10분 소요

운영 07:00~20:00

요금 1회 USD10, 3회 USD28, 일주일(무제한) USD73

주소 Jl. Jembawan 3, Ubud

전화 0361-978-055 홈피 www.radiantlyalive.com

Activity

8

실버 클래스 Silver Making Classes

실버 숍, 은공예 공방에서 운영하는 클래스나 문화센터에서 진행하는 수업에 직접 참가해볼 수 있다. 보통 3시간 클래스로 진행되며 소량의 은과 도구를 준비해 준다. 본인이 원하는 디자인으로 액세서리를 만들어볼 수 있기 때문에 미리 스케치해 가면 좋다. 은공예도 배우고 세상에 하나뿐인 나만의 액세서리도 가져볼 수 있어 만족도가 높다.

스튜디오 페락 Studio Perak

요금 400K(3시간)

주소 Jl. Dewisita

전화 0812-3651-809

홈피 www.facebook.com/studioperak

셰 모니크 주얼리 Chez Monique Jewelry

요금 500K(2~3시간)

홈피 chezmoniquejewelry.com

Activity

9

우붓 보타니 인터랙티브 Ubud Botany Interactive

어릴 적부터 농장에서 나고 자란 데위는 우다야 대학교Udayana University of Denpasar에서 식물학 및 농업학 학사 학위를 받은 후 이곳을 열었다. 우붓 보타니 인터랙티브에서는 다양한 액티비티 패키지를 선택할 수 있는데 이 중 가장 추천할 만한 것은 보타니컬 프로덕트 클래스Botanical Products Class. 총 60~90분 정도의 시간이 소요되는데 로컬에서 채취한 다양한 천연 재료를 이용해 샴푸, 선크림, 스크럽과 발리 전통 천연치료제인 볼레Boleh를 만들어 각자 소장할 수 있다. 매일 11시와 2시 두 차례 클래스가 열리며 요금은 1인당 300K이다. 클래스는 소규모로 진행이 되므로 미리 예약은 필수.

또 보타니 웍스Botany Walks는 60분과 90분 코스 두 가지로 나뉘는데 빌리의 라이스 테라스 사이를 걸으며 실제 음식과 화장품 등에 사용되는 다양한 식물에 관한 이야기를 전해들을 수 있다. 이 밖에 쿠킹 클래스를 비롯한 다양한 클래스 정보는 홈페이지를 통해 확인이 가능하다. 이렇게 만들어진 천연 제품은 매장 내에서 판매도 하니 클래스에 참여하지 않더라도 한 번 들러볼 만하다.

위치	우붓 왕궁에서 도보 약 10분
운영	09:00~17:00
요금	보타니컬 프로덕트 클래스 350K
주소	Jl. Kajeng 32, Ubud
전화	0856-3719-259
홈피	www.ubudbotany.com

Special Sightseeing

우붓의 미술관

: 우붓의 미술관에서 발리를 만나다

예술인의 마을이라고 불리는 우붓. 이곳에는 우리가 생각한 것보다 많은 미술관과 갤러리가 있다. 우붓의 대표 미술관이라고 할 수 있는 뿌리 루끼산 미술관부터 네카 미술관, 아르마, 블랑코 미술관 등등. 국내에서는 쉽게 접할 수 없었던 발리 예술가들의 독특한 표현이 흥미로우며 그림 속에 등장하는 발리인의 모습은 신비롭다.

Ubud Museum

1

네카 미술관 Neka Art Museum

미술품 수집가인 네카Neka에 의해 설립된 미술관으로 총 7개의 전시관이 있다. 고전 회화부터 미국인 사진가 로버트 에이 코케가 찍은 발리의 사진을 비롯해 국내외 화가들의 작품이 전시되어 있다. 특히 5전시관의 압둘 아지Abdul Aziz가 그린 「Mutual Attraction」은 네카 미술관을 찾는 이유가 될 만큼 유명하다. 미술관 전체를 다 둘러보고 싶다면 2시간 정도 여유를 가지고 천천히 돌아보자.

위치	성긴안 로드, 너티 누리스 와룽 맞은편에 위치
운영	월~토 09:00~17:00, 일 12:00~17:00
휴무	공휴일
요금	입장료 150K
주소	Jl. Raya Sanggingan, Kedewatan, Ubud
전화	0361-975-074
홈피	www.museumneka.com

Ubud Museum

❷

뿌리 루끼산 미술관 Museum Puri Lukisan

뿌리 루끼산 미술관은 우붓에서 가장 오래된 아트 미술관으로 우붓 메인 로드에 있어 부담 없이 들를 수 있다는 것이 가장 큰 장점이다. 입장권과 함께 음료나 식사를 패키지로 묶어 판매하고 있어 요금이 만만치 않게 느껴지지만 음료 패키지의 경우 음료와 함께 간단한 디저트까지 제공되어 손해 보는 느낌은 아니다.

1956년 공식적으로 대중들에게 개방된 이후, 1972년 2개의 새로운 윙이 전시홀로 추가되었다. 실내는 관람이 어려울 정도로 더운 편인데 최근에 지어진 건물은 나름 냉방 시설을 잘 갖추고 있다. 그림 옆에는 인도네시아어, 영어, 일본어로 제목이 적혀 있고 그림의 배경이 되는 재미있는 설화도 언급되어 있는 경우가 있으니 시간을 두고 여유롭게 관람해보자.

빌딩 1에는 1930~1945년 전쟁 전의 발리니스 작품이, 나머지 빌딩에는 1945년부터 현재까지의 전쟁 후 모던 발리니스 작품이 전시되어 있다.

위치 우붓 메인 로드를 따라 왕궁을 등지고 오른쪽으로 가다가 스타벅스 지나서 있다.
운영 09:00~18:00
휴무 녜삐, 갈룽안, 꾸닝안(p.428 참고)
요금 입장료 성인 50K, 어린이(15세 이하) 무료
주소 Jl. Raya Ubud, Ubud
전화 0361-971-159
홈피 www.museumpurilukisan.com

Tip 주요 작가와 작품

❶ I Gusti Nyoman Lempad
혁명가이자 아티스트였던 그는 수많은 아티스트에게 영감을 주었다. 그림뿐 아니라 조각에도 능해 우붓의 여러 왕궁과 사원을 디자인하고 뿌리 루끼산 미술관의 일부 또한 디자인하였다. 대표작은 「The Dream of Dharmawangsa」(1957).

❷ Ida Bagus Nyana
재능 있는 나무 조각가이자 댄서였다. 디테일한 표현을 자제하고 유려한 선과 절제된 표현으로 역동적인 느낌을 주는 조각 작품이 주를 이룬다. 대표작은 「Goddess Pertiwi」(1933).

❸ Anak Agung Gde Sobrat
그림자 인형극을 하던 아버지의 영향을 받아 여린 선과 감성 돋는 옅은 색을 주로 사용했다. 대표작은 「Balinese Market」(1955).

Ubud Museum

3

아르마 ARMA(Agung Rai Museum of Art)

개인 수집가인 아궁 라이Agung Rai가 만든 미술관으로 2개의 전시관에 인도네시아 국내외 화가들의 고전·현대 작품들이 전시되어 있다. 특히 발리의 미술, 음악, 무용 등에 많은 영향을 끼쳤던 독일인 화가 월터 스피스Walter Spies의 작품들도 만나볼 수 있다. 입장료에는 미술관 내 카페에서 사용할 수 있는 음료 쿠폰이 포함되어 있으니 좀 더 여유롭게 시간을 보낼 수 있다.

위치	우붓 시내 남쪽에 위치. 원숭이 숲에서 걸어서 약 12분 소요
운영	09:00~18:00
요금	입장료 150K
주소	Jl. Pengosekan, Ubud
전화	0361-976-659
홈피	www.armabali.com/museum

Ubud Museum

4

블랑코 미술관 The Blanco Renaissance Museum

발리의 달리로 불리는 스페인 출신 화가 안토니오 블랑코Antonio Blanco의 개인 미술관이다. 그는 대부분의 작품에서 여성을 다루었고 여성을 신이 만든 가장 뛰어난 작품으로 생각했다고 한다. 그는 발리에 정착해 발리 댄서인 부인을 만나 가정을 이루었으며 실제 부인이 그림에 자주 등장한다. 그림뿐만 아니라 독특한 미술관 건물도 직접 디자인했다. 2층 구조의 메인 건물에는 블랑코의 작품들이 전시되어 있고, 메인 건물 옆에는 그의 작업 공간이 있다. 화가로 활동하는 그의 아들 마르코 블랑코의 작품도 함께 전시되어 있다.

위치	짬뿌한 다리 근처이며, 브리지즈 레스토랑 옆에 큰 입구가 있다.
운영	09:00~17:00
요금	입장료 100K
주소	Jl. Raya Penestanan 8, Sayan, Ubud
전화	0361-975-502
홈피	www.blancomuseum.com

Sightseeing ★☆☆

❶

원숭이 숲 Monkey Forest

이름처럼 원숭이가 모여 사는 숲으로, 우붓 인기 관광 코스 중 하나로 꼽힌다. 원래 이름은 만달라 위사타 웨나라 와나Mandala Wisata Wenara Wana로 신성한 원숭이 사원이다. 고목과 다양한 식물들로 우거진 숲은 12.5ha, 축구장 17개 정도의 크기이고, 야생 원숭이 600여 마리가 살고 있다. 자유롭게 숲에 살고 있는 원숭이들을 직접 걸어 다니며 볼 수 있다는 게 가장 흥미롭다. 가끔 원숭이 숲을 탈출해 바깥 도로를 자유롭게 활보하는 원숭이들도 목격하기도 한다. 숲 입구에서 원숭이들을 위한 바나나를 준비해 들어가는 것도 좋다. 간혹 원숭이들이 먹을거리나 물병, 모자, 선글라스, 카메라를 채 가기도 하니 신경 쓰도록 하자. 안쪽에는 사원도 있으며 한 바퀴를 다 돌아보는 데 1시간이 채 걸리지 않아 우붓 초행이라면 한 번쯤 부담 없이 둘러볼 만하다.

위치 몽키 포레스트 로드를 따라 남쪽으로 내려가다 보면 오른쪽에 있다.
운영 08:30~18:00
요금 성인 80K, 어린이(3~12세) 60K
주소 Jl. Monkey Forest, Ubud
전화 0361-971-304
홈피 www.monkeyforestubud.com

Sightseeing ★☆☆

❷

우붓 왕궁 Ubud Palace

16세기에 지어진 왕궁으로 우붓의 마지막 왕이 살던 곳이며 현재도 왕의 후손들이 살고 있다. 정식 명칭은 사렌 아궁 궁전Puri Saren Agung이다. 내부는 일반인에게 입장료 없이 공개되고 있으며 왕궁 내에 숙소도 운영하고 있다. 내부는 정원과 소박한 건물로 이루어져 있어 화려한 왕궁과는 거리가 멀지만 저녁이 되면 전통 무용 공연(유료)이 열리는 등 우붓의 문화 중심지 역할을 톡톡히 하고 있다.

위치 몽키 포레스트 로드와 우붓 메인 로드가 만나는 지점, 우붓 시장 맞은편
요금 무료(19시 이후부터는 공연이 열리므로 입장료를 내야 한다)
주소 Jl. Raya Ubud 8, Ubud

Sightseeing ★

③

우붓 시장 Ubud Market

우붓 시장은 남녀노소 누구나 즐겁게 돌아볼 수 있는 우붓의 대표적인 명소다. 원래는 현지인들이 과일이며 직접 만든 음식 등을 사고파는 그야말로 시장 본연의 모습이었으나 점차 관광객들이 늘어나면서 아주 이른 아침만 지나면 기념품이며 그림, 의류, 액세서리 등 관광객들을 위한 상품을 갖추고 전혀 다른 모습으로 탈바꿈한다. 좁디좁은 우붓 시장의 통로를 따라 한 바퀴 돌다보면 어느새 두 손 가득 전리품들이 들려 있을지도. 여기서 기억해야 할 것! 우붓 시장은 관광객들이 많이 찾는 장소이다 보니 가격에 거품이 끼어 있는 것은 당연하다. 불평하기보다는 기분 좋게 흥정에 임해보자. 시간이 허락한다면 이른 새벽 시간(오전 8시 이전)에 한 번, 그 후로 한 번 방문해 우붓 시장의 각기 다른 매력을 맛보는 것도 좋겠다.

위치 우붓 왕궁 앞 갈림길, 왕궁 바로 앞에 위치
운영 이른 아침~17:00(점포마다 다름)
주소 Jl. Raya Ubud, Ubud

Sightseeing ★★

④

사라스와띠 사원 Pura Taman Saraswati

카페 로투스 뒤편에 자리하고 있는 아름다운 힌두 사원이다. 건축가 구스띠 뇨만 렘파드가 지었으며 힌두교에서 지혜와 예술의 여신으로 불리는 사라스와띠[Dewi Sarswati]를 기리고 있다. 아름다운 조각이 장식되어 있고 늘 그녀와 함께 등장하는 연꽃(연못)이 사원을 둘러싸고 있다. 입장료 없이 무료로 둘러볼 수 있으며, 매일(금요일 제외) 저녁 사원 앞 무대에서 전통 공연이 열린다(유료, 카페 로투스에서 예약 가능).

위치 우붓 메인 로드의 스타벅스와 카페 로투스 샛길로 들어가면 정면에 나온다.

Sightseeing ★

⑤

짬뿌한 다리 Campuhan Bridge

우붓 메인 로드와 성긴안 로드를 잇는 짬뿌한 다리는 현지인과 여행자가 사이좋게 오가는 곳이다. 깊은 계곡 위에 지어진 나무 다리로 튼튼하지는 않지만 계곡 풍경과 어울려 로맨틱한 느낌이 난다. 현지인들은 다리 위에 제물을 올리고 여행자들은 흐르는 강을 보며 이야기꽃을 피운다.

위치 우붓 메인 로드에서 빈땅 슈퍼마켓으로 가는 길에 있다.

Sightseeing : Around Ubud ★☆☆

6

띠르따 엄뿔 사원 Pura Tirta Empul

띠르따 엄뿔은 '성스러운 물'이라는 의미다. 이름처럼 신비로운 용천대에 지어진 이 사원은 지어진 지 1,000년이 넘었다고 한다. 띠르따 엄뿔 사원의 물은 신성한 의미를 가졌을 뿐 아니라 치유의 샘물로 여겨지고 있다. 그래서 마치 인도의 갠지스 강의 모습처럼 온몸을 물에 담그고 난 뒤 신에게 기도하는 현지인의 모습을 심심치 않게 볼 수 있다. 이렇게 현지인들은 신성한 물에 몸을 깨끗하게 한 후 본격적으로 신에게 기도를 올리기도 한다. 사원의 정면 왼쪽에 있는 현대식 건물은 1954년 수까르노 대통령의 방문을 기념하여 지어졌는데 현재는 귀빈의 별장으로 사용된다.

위치 우붓 시내에서 차로 약 30분 소요
운영 08:00~17:00
요금 **입장료** 어른 50K, 어린이 25K
주차비 2K
주소 Jl. Tirta, Manukaya, Tampaksiring

Sightseeing : Around Ubud ★☆☆

7

구눙 까위 사원 Pura Gunung Kawi

구눙 까위는 11세기에 세워진 사원 복합체로 바위산을 안쪽으로 깎아 만든 10여 개의 작은 찬디Candi(성지)로 이루어져 있다. 록키 템플이라는 별명을 가지고 있을 정도로 험난한 급경사의 계단을 내려가야 모습을 드러내는데 힘들게 닿은 만큼 아름다운 모습이다. 역사가 묻어나는 기암괴석 안쪽에 정교하게 만들어진 사원의 모습은 신비스럽다. 사롱을 대여할 땐 입장료와 별도로 기부금을 요구한다.

위치 우붓 시내에서 차로 약 30분 소요
운영 08:00~18:00
요금 **입장료** 어른 50K, 어린이 20K
주차비 오토바이 2K, 자동차 5K
주소 Jl. Werkudara, Penaka, Tampaksiring, Gianyar
홈피 www.penaka.com

8

펭리뿌란 전통 마을 Penglipuran Traditional Village

바뚜르 산 초입에 있는 펭리뿌란 마을은 해발 700m에 위치해 한낮에도 서늘하다. 발리 도심에서 멀리 떨어져 있고, 외곽 지역이라 아직도 옛 모습을 많이 간직하고 있다. 특히 발리의 옛 가옥이 그대로 남아 이곳을 찾는 관광객이 제법 많은데 예전과 달리 이제는 입장료를 내고 마을 안으로 들어가야 한다. 작은 마을 내에 남북으로 나 있는 길을 따라 집들이 마주 보며 나란히 뻗어 있는 풍경이 무척 아름답다. 마을은 서늘한 기후 때문에 대나무 산지로도 유명해 대나무를 사용한 발리 전통 가옥을 많이 볼 수 있으며 주차장에서 마을 메인 로드로 들어가면 오른쪽 길 끝에 사원이 있고, 사원 너머에 대나무 숲이 있다. 그 밖에 현지 주민들이 하는 작은 식당과 게스트 하우스도 만날 수 있다. 마을 둘러보는 데는 1시간도 채 걸리지 않으며, 낀따마니 지역을 오갈 때 중간에 들르면 좋다.

위치	우붓에서 북동쪽으로 약 30km 떨어져 있으며 차로 약 1시간 소요
요금	입장료 50K
주소	Desa Penglipuran, Kelurahan Kubu, Kecamatan Bangli

발리 전통 대문인 앙꿀 앙꿀(Angkul Angkul)

Sightseeing : Around Ubud ★☆☆

9

고아 가자 Goa Gajah

고아 가자는 우붓 시내에서 접근성이 좋고 아기자기한 볼거리가 많아 여행자들에게 인기 있는 관광지 중 하나다. '코끼리 동굴'이라는 의미를 가진 고아 가자는 11세기경 지어진 것으로 추정된다.
입장료를 내면 입구에서 사롱을 빌려 입을 수 있으며 계단을 따라 한참을 내려가면 커다란 동굴이 보인다. 동굴 입구에는 성스러운 동물인 바롱의 얼굴이 조각되어 있어 대부분의 관광객이 동굴 입구에서 기념사진을 찍는다. 동굴 안에는 힌두교의 신을 상징하는 석상이 놓여 있다.

위치	몽키 포레스트 로드 남쪽 끝으로 내려와 좌회전하여 직진하면 오른쪽에 보인다. 우붓 시내에서 차로 약 10분 거리
운영	07:30~17:00
요금	**입장료** 성인 50K, 어린이 25K **주차비** 오토바이 2K, 자동차 5K
주소	Jl. Raya Goa Gajah, Blahbatu

Sightseeing : Around Ubud ★☆☆

10

따만 아윤 사원 Pura Taman Ayun

따만 아윤 사원은 멩위Mengwi 왕국의 호국 사원으로 1634년에 세워졌다. 왕실의 선조를 모시고 있으며 사원 내부에는 아궁 산을 표현한 10개의 높이가 다른 다층탑이 서 있다. 일반인은 사원 내부로 들어갈 수 없고 사원의 담을 따라 걸으면서 안을 들여다볼 수 있다. 울루와뚜 사원이나 따나 롯 사원처럼 볼거리가 많지 않지만 왕실 사원답게 안정되고 여유로운 분위기를 느낄 수 있다. 마을의 방위를 담당했던 탑과 전통 양식으로 지어진 마을 회관도 둘러볼 수 있다.

위치	발리 중서부에 위치, 우붓에서 차로 30~40분 정도 소요
운영	08:00~18:00
요금	입장료 50K
주소	Jl. Ayodya, Mengwi

Sightseeing : Around Ubud ★

⑪

뜨갈랄랑 Tegallalang Rice Terraces

뜨갈랄랑 지역은 발리 전통 계단식 논을 볼 수 있는 곳으로 우붓 시내에서 차로 20분 정도면 닿을 만큼 가깝다. 하지만 계단식 논 풍경이 생각만큼 장관은 아니어서 실망할 수도 있으니 큰 기대는 말자. 일부 여행자들은 계단식 논과 함께 수공예품을 쇼핑하기 위해 뜨갈랄랑을 찾기도 하는데 목각, 거울, 조명 등 인테리어 소품을 파는 도매점들이 몰려 있다. 일부 물건들은 우붓 시내보다 저렴하게 판매하기도 하지만 대량 구매만 취급하는 곳도 있어 소량 구매가 어렵기도 하다. 상점들은 보통 오전 9~10시경 문을 열어 오후 5~6시경에 닫는다. 논 풍경을 즐길 수 있는 카페와 식당이 성업 중이니 잠시 쉬어 갈 수 있다.

위치 우붓 시내에서 북쪽으로 차로 20분 정도 소요
요금 **입장료** 성인 10K, 어린이 5K
주소 Jl. Raya Tegallalang, Tegallalang

Sightseeing : Around Ubud ★

⑫

발리 사파리 & 마린 파크
Bali Safari & Marine Park

발리 기아냐르 지역의 숲에 위치한 대형 테마파크로 40ha 면적에 사파리, 엔터테인먼트 어트랙션, 마린 파크가 있으며 레스토랑과 호텔을 함께 운영하고 있다. 사파리에서는 원숭이, 호랑이, 낙타, 얼룩말, 하마, 코모도 등 60여 종의 동물을 만날 수 있다. 그 밖에도 코끼리 쇼나 발리 전통 공연을 관람하고 아쿠아리움을 즐길 수 있다. 발리 주요 지역에서 셔틀버스를 운행하니 홈페이지에서 정류장과 시간을 확인하자.

위치 꾸따, 스미낙, 사누르, 우붓, 누사두아에서 오전 9시경에 셔틀버스를 운행한다. 홈페이지에서 스케줄을 참고할 것
운영 09:00~17:30(나이트 사파리 18:00~21:00)
요금 **정글 호퍼 패키지** 1인 650K~
주소 Jl. Bypass Prof. Dr. Ida Bagus Mantra Km. 19
전화 1500-212
홈피 www.balisafarimarinepark.com

Sightseeing : Around Ubud ★

⑬

수까와띠 재래시장 Sukawati Market

우붓 남쪽에 위치한 수까와띠 재래시장은 우붓에서 차로 20분 정도 걸린다. 옷, 기념품, 수공예품, 발리 회화, 과일, 빵, 과자 등을 파는데 2층 구조로 된 시장 모습과 분위기가 우붓 시장과 비슷하다. 일부러 시간을 내어 찾아갈 만한 시장은 아니지만 발리 동부나 남부로 이동할 때 들러보는 것도 좋다.

위치 발리 중남부에 위치. 우붓에서 차로 20분, 스미냑에서 차로 30분 정도 소요
운영 07:00~18:00(점포마다 다름)

Food : 추천

1

목사 Moksa Plant-based Restaurant & Permaculture Garden

실력과 철학, 좋은 재료로 건강하고 맛있는 음식을 만드는 깊이 있는 채식 식당이다. 우붓 중심에서 거리가 있는 편이지만 방문할 가치가 충분하다. 셰프 마데 루나타Made Runatha는 로푸드의 어머니로 불리는 셰리 소리아Cherie Soria에게서 가르침을 받은 실력 있는 요리사. 그는 재료도 식당 내 유기농 텃밭에서 기르거나 마을 농장에서 가져온 것을 사용한다. 이들의 비전처럼 '감각을 깨우는 건강한 음식'은 역시 맛있고, 신선하며 보기에도 아름답다. 대표 메뉴로는 Sweet Potato Pancake, Masala Pumpkin Uttapam, Jerky Mignon이다. 마데 셰프가 직접 쿠킹 클래스도 진행하는데 불을 사용하지 않는 로푸드 위주다. 수요일과 금요일에 열리고 예약은 필수다.

위치 우붓 사얀 지역에 위치,
우붓 중심에서 차로 20분 정도 소요
운영 10:00~21:00(LO 20:30)
요금 애피타이저 60K~, 메인 65~190K
(Tax & SC 15%)
주소 Puskesmas Ubud II,
Gang Damai, Sayan, Ubud
전화 0813-3977-4787
홈피 www.moksaubud.com

Food

2

사얀 하우스 Sayan House

오리엔탈 호텔 등을 탄생시킨 일본의 그룹 플랜 두 시Plan Do See에서 운영하고 관리하는 곳으로 철저한 식재료와 음식의 맛 관리, 그리고 수준 높은 직원들의 서비스가 어우러져 최고의 다이닝 스폿으로 손꼽아도 부족함이 없다. 정원에 자리한 2층 가정집 분위기의 레스토랑으로 앞쪽으로는 밀림이 펼쳐져 있다. 독특하고 창의적인 아시안 퓨전 요리가 주를 이루는데 코리앤더와 라임 등을 넣어 청량한 맛이 나는 사얀 스쿼시Sayan Squash는 더운 날씨에 지친 몸과 마음을 한 번에 리프레시해준다. 포르치니 수프는 눈앞에서 치킨 육수를 직접 끓여 즉석에서 부어주는데 깊은 맛과 더불어 식감이 부드러워 식전에 먹기 좋다. 푸아그라 스시니기리 같은 독특한 스시 메뉴와 파스타도 준비되어 있으며 특히 달달한 소스에 입에서 살살 녹는 고기가 일품인 포크 스페어립은 강력 추천 메뉴. 식후에는 레몬그라스 판나 코타로 달콤하게 마무리해보자. 점심시간에 한해 120~200K 정도의 가격대에 런치 세트를 즐길 수 있다.

위치 우붓 시내에서 차로 15~20분,
포 시즌스 호텔과 가깝다.
운영 12:00~15:00, 17:00~22:00
(15시부터 17시까지는 음료와
디저트만 주문 가능)
요금 애피타이저 40~150K,
메인 90~280K(Tax & SC 16%)
주소 Jl. Raya Sayan 70, Sayan, Ubud
전화 0361-479-2592, 0822-4737-0344
홈피 www.thesayanhouse.com

Food : 추천

3

스웹트 어웨이 Swept Away

사마야에서 운영하는 레스토랑으로 규모는 크지 않지만 수준 높은 음식 솜씨와 서비스로 여행자들에게 좋은 평가를 받고 있는 곳이다. 오픈 에어 레스토랑으로 아융 강을 코앞에 두고 있어 저녁이면 더욱 로맨틱한 분위기로 변신한다. 가볍게 먹을 수 있는 피자와 파스타 같은 서양식 메뉴도 준비되어 있지만 인도네시안 메뉴와 시푸드도 상당히 맛있는 편. 바삭하게 튀긴 푸짐한 양의 아얌 베투투도 고소하고 담백한데 매운 삼발과 함께 곁들이면 더욱 맛있다.

위치	사마야 우붓 내에 위치
운영	11:00~16:00, 17:30~22:00
요금	메인 요리 120~295K, 4코스 요리 550K(Tax & SC 21%)
주소	The Samaya Ubud, Banjar Baung, Desa Sayan, Ubud
전화	0361-973-606
홈피	thesamayabali.com/ubud/dining/swept-away

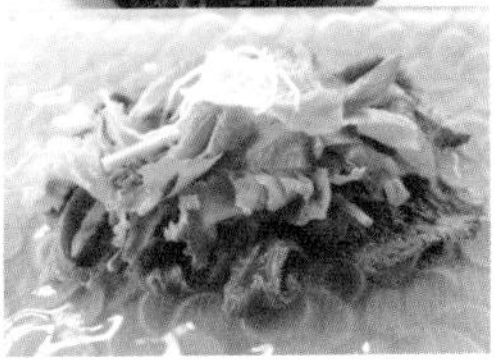

Food

4

로카보레 Locavore

다양한 레스토랑에서 경력을 쌓은 레이[Ray], 아디[Adi], 엘케[Eelke]가 힘을 모아 오픈한 창의적인 퓨전 레스토랑이다. 3개월에 한 번씩 메뉴가 바뀌며 메뉴판에는 그 시즌에 가장 신선도가 뛰어난 요리 재료의 이름이 기재되어 있고 손님은 그중 5가지나 7가지를 선택하는 식으로 주문을 받는다. 요리 하나하나 심혈을 기울여 예술작품 같은 느낌이 들고 양은 적게 느껴져도 코스에 나오는 아뮤즈 부시나 빵 등이 추가로 많이 제공되어 전체를 본다면 양이 적은 편은 아니다. 근처에 로카보레 투 고[Locavore To Go]에서는 가벼운 메뉴와 직접 만든 잼과 빵을 판매한다.

위치	데위 시타 로드 선상에 위치
운영	월 18:30~22:00, 화~토 12:00~14:30, 18:30~22:00
휴무	일요일
요금	6종 895K, 9종 1,195K (Tax & SC 21%)
주소	Jl. Dewi Sita 10, Ubud
전화	0361-977-733
홈피	www.locavore.co.id

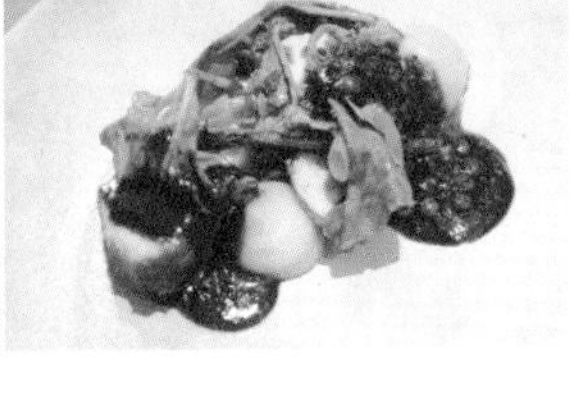

Food : 추천

5

후즈 후 Who's who

캐주얼한 분위기에 친절하고 활기찬 주인아저씨 톰의 환대와 저렴하고 맛있는 음식까지 삼박자가 고루 갖추어져 특히 서양인에게 인기가 많은 곳이다. 작은 정원 위에 세워진 아담한 집 같은 분위기에 나무 테이블로 심플하면서도 깔끔하게 꾸며져 있다. 좌식으로 마련된 공간도 있어 널브러져 간단히 음식을 먹으며 책을 읽거나 휴식을 취하는 여행자들에게 좋다. 샐러드부터 슈니첼 등 유러피안 메뉴들이 대부분을 이룬다.

위치 펭고스칸 로드, 원숭이 숲에서 도보 약 15분
운영 10:00~22:00(LO 21:10)
요금 샐러드 65K~, 메인 요리 70K~ (Tax & SC 16%)
주소 Jl. Raya Pengosekan, Ubud
전화 0812-3721-2235
홈피 www.whoswhosworld.com

Food

6

코퍼 Copper Kitchen & Bar

우붓의 새로운 파인다이닝 명소로 최근 사랑받고 있는 레스토랑이다. 비스마 에이트의 조식당으로도 사용되는데 한쪽은 바로, 한쪽은 다이닝 공간으로 활용하고 있다. 양쪽 모두 실내석과 별도로 앞쪽으로 쭉 뻗어 있는 야외석이 인기가 좋은데 저녁이면 조명을 밝혀 조금 더 로맨틱한 분위기가 난다. 메뉴는 상당히 심플한 편으로 육류보다는 생선 요리를 추천한다. 테라스석은 인기가 많은 편이어서 특히 저녁에는 미리 예약을 하는 편이 좋으며 어느 정도 의상을 갖춰 입고 갈 것을 권한다.

위치 비스마 에이트 내에 위치
운영 07:00~23:00
요금 런치 메인 100K~, 디너 메인 125K~(Tax & SC 21%)
주소 Jl. Bisma 24, Ubud
전화 0361-479-2888 홈피 www.copperubud.com

Food

7

피손 Pison

몽키 포레스트로 향하는 삼거리 정션에 위치한 레스토랑이다. 주차 공간이 넓고, 레스토랑 안쪽으로 그린뷰가 넓게 펼쳐져 있어 외국인은 물론 로컬 관광객에게도 사랑받는 곳이다. 근방에서 길을 잃으면 피손 앞에서 만나자고 할 정도로 지역의 랜드마크로 빠르게 자리잡고 있다. 음식이 우와 할 정도로 맛나는 것은 아니지만, 외부에서 풍기는 레스토랑 분위기가 왠지 꼭 가봐야 할 것 같은 엠비앙스를 가지고 있어 주변 교통이 마비될 정도로 항상 붐비는 곳이다.

위치 코코마트 옆에 있다.
운영 07:00~23:00 요금 100~200K
주소 Jl. Hanoman 10X, Ubud 전화 0813-3774-9328
홈피 https://desty.page/pisonbali

Food : 추천

8

페어 와룽 발레 Fair Warung Bale

인도네시아 보건 복지 비영리단체인 페어 퓨처 재단Fair Future Foundation에서 운영하는 곳으로 식당에서 나오는 모든 수익금은 현지인들의 의료 서비스 제공에 쓰인다. 이곳에서 일하는 모든 직원 또한 자원봉사자들로 이루어져 있어 그 어느 식당의 직원들보다 열정적이고 친절하다. 사실 이런 것쯤은 몰라도 좋다. 다른 걸 다 떠나서 페어 와룽 발레의 음식은 맛있고, 신선하다. 놀라울 정도로 푸짐한 튜나 타르타르, 새우 요리 등 모두 맛있어 찾지 않을 이유가 없다.

위치	노매드 맞은편, 스리 웨다리 로드 안쪽으로 조금 들어가면 우측에 있다.
운영	09:30~22:30
요금	1인 150K~
주소	Jl. Sriwedari 6, Ubud
전화	0361-975-370
홈피	www.fairfuturefoundation.org the-fair-warung-bale.business.site

Food

9

멜팅 웍 와룽 Melting Wok Warung

비교적 여행자들에게 덜 알려졌던 구타마 로드 안쪽에 최근 들어 예쁜 숍과 괜찮은 식당을 찾고자 하는 외국인들의 발길이 잦아지고 있다. 이런 변화를 이루어낸 일등 공신이 바로 멜팅 웍 와룽이다. 프랑스인 여주인의 상냥한 응대와 적극적인 서비스, 간결한 메뉴와 딱 떨어지는 음식이 어우러져 우붓의 잘나가는 레스토랑의 면모를 갖추고 있다. 아시안 퓨전 요리를 전문으로 하는데 매일매일 달라지는 투데이 스페셜 메뉴와 독특한 채소를 곁들인 커리가 일품. 피크 타임에는 예약이 꽉 차는 경우가 많으므로 미리 예약할 것을 권한다.

위치	노매드 옆 구타마 로드를 따라 직진하면 왼쪽에 있다. 데위 시타 로드에서도 구타마 로드로 진입할 수 있다.
운영	화~일 10:00~22:00
휴무	월요일
요금	커리 50K~
주소	Jl. Gootama 13, Ubud
전화	0821-4417-4906, 0813-3973-0363
메일	meltingwokwarung@gmail.com

Food

⑩

알카디아 Arcadia

오랫동안 사랑받던 브리지스가 알카디아로 이름을 바꾸었다. 셰프와 레스토랑 콘셉트는 그대로이기에 예전 명성을 이어가고 있다. 점심은 단품 음식을 오더할 수 있으며, 저녁 시간은 코스 요리가 서빙된다. 과거 정글뷰 레스토랑이 많이 없던 시절 이 레스토랑을 방문하는 관광객이 꽤 많았으나, 현재는 예전만큼의 인기를 얻지는 못하고 있다.

위치	짬뿌안 브릿지 시작점에 있다.
운영	11:00~23:00
요금	점심 100~250K, 저녁 400~600K
주소	Jl. Raya Campuhan, Sayan
전화	0813-1117-7882

Food

⑪

세니만 커피 스튜디오 Seniman Coffee Studio

우리나라 홍대 뒷골목에 있더라도 전혀 뒤질 법하지 않은 독특한 분위기의 매력적인 카페. 무엇보다 직접 볶은 원두로 커피를 뽑는 프로페셔널한 커피 스튜디오로 유명하다. 마치 실험실에 온 양 다양한 기구로 진지하게 커피를 추출하는 바리스타의 모습은 믿음직스럽다. 커피를 주문하면 기다란 목판에 물과 간단한 전통 디저트가 곁들여 나온다. 커피에 관심이 많은 이라면 다양한 원두를 맛볼 수 있는 드립 커피 샘플도 흥미롭다. 이곳에서 로스팅한 원두도 구매 가능.

위치	노매드 대각선 방향의 스리 웨다리 로드로 진입해 걷다 보면 왼쪽에 보인다.
운영	07:30~22:00
요금	커피 32K~(SC 10%)
주소	Jl. Sriwedari 5, Ubud
전화	0361-972-085
홈피	senimancoffee.com

Food : 추천

⓬

카페 와얀 Cafe Wayan & Bakery

30년 넘게 여행자들의 사랑을 듬뿍 받아온 레스토랑이다. 우붓에 묵는다면 최소 한 끼 이상은 이곳에서 식사해보길 권한다. 입구만 봐서는 안쪽 분위기가 짐작도 되지 않는데, 소박한 입구를 따라 들어서면 마치 비밀의 화원에라도 온 듯 넓은 정원이 펼쳐지며 곳곳에 정자 자리와 테이블이 배치되어 있다. 기본적인 나시 고렝, 미 고렝부터 커리, 스테이크까지 인도네시안과 타이, 웨스턴 메뉴들이 있으며 양도 맛도 훌륭하다. 인도네시안 음식을 다양하게 먹어보고 싶다면 발리니스 라이스타플(1인도 주문 가능)을 주문해보자.

위치 몽키 포레스트 로드 중간 즈음. 카자네 무아 옆에 있다.
운영 08:00~22:30
요금 1인 100K~(Tax & SC 15%)
주소 Jl. Monkey Forest, Ubud
전화 0361-975-447, 0812-3873-0135
홈피 www.alamindahbali.com/cafe_wayan.htm

Food

⓭

와룽 장가르 울람 Warung Janggar Ulam

와룽 가격으로 즐기는 레스토랑 수준의 음식이라는 모토를 내건 와룽 장가르 울람은 우붓 센터에서는 조금 떨어져 있지만 한 번쯤 방문해볼 만하다. 가구 숍을 함께 경영하는 주인 덕에 직접 만든 느낌 좋은 나무 탁자들로 내부가 정갈하게 꾸며져 있고 안쪽에는 시원한 전망의 오두막 자리가 있다. 매일 직접 삼발과 바비큐 소스를 만드는데, 가격에 비해 황송할 정도로 정갈하게 차려져 나오는 나시 짬뿌르를 비롯해 음식 대부분이 맛있는 편. 특히 숯에서 바로 구워낸 새우며 조개, 생선 등의 요리는 달달한 양념으로 입에 착착 감긴다. 코코넛, 아보카도 등이 듬뿍 들어 있는 열대 빙수 에스 텔레Esteler로 식사를 마무리해보자.

위치 우붓에서 고아 가자 가는 길 베벡 뜨삐 사와를 등지고 좌측으로 약 150m 이동
운영 09:00~22:00
요금 1인 50K~(Tax & SC 15%)
주소 Jl. Raya Goa Gajah, Br. Teges Kanginan, Peliatan, Ubud
전화 0361-972-092

Food

⓮

테라스 레스토랑 Terrace Restaurant

피타 마하 내에 위치한 시그니처 레스토랑으로 호텔 조식당으로도 이용되고 있다. 로열 피타 마하의 데와타 라운지의 축소판이라고 느껴질 만큼 비슷한 구조로 되어 있는데 역시나 뒤지지 않는 압도적인 전망을 가지고 있다. 피자와 파스타를 시작으로 다양한 웨스턴 메뉴도 갖추고 있지만 인도네시안을 포함한 아시아 메뉴가 강세. 디저트의 플레이팅이나 맛도 괜찮은 편이다.

위치 피타 마하 내에 위치
운영 11:00~23:00(LO 22:30)
요금 런치 메인 85~145K(Tax & SC 21%)
주소 Jl. Raya Sanggingan, Kedewatan, Ubud
전화 0361-974-330
홈피 www.pitamahadining.com

Food

⓯

더 레스토랑 The Restaurant at Hoshinoya Bali

호시노야에 묵게 된다면 이곳에서의 디너는 한 번쯤 경험해보길 권한다. 우붓 시내에서 꽤 먼 거리에 있지만 호화로운 디너를 경험하고 싶다면 일부러 찾아 방문해도 좋겠다. 레스토랑 내부는 군더더기 없이 심플한데 오히려 그 점이 음식에 집중되는 느낌이기도 한다. 이곳의 시그니처인 베벡 베투투 등 다양한 단품 메뉴도 있지만 이왕 이곳을 찾았다면 큰 맘 먹고 디너 코스를 경험해보길. 1인 1,200K 정도의 고가이지만 코스의 시작부터 끝까지 플레이팅과 맛이 마치 하나의 퍼포먼스를 보는 듯한 느낌이다. 음식의 대부분은 일식과 인도네시아의 퓨전으로 이루어지며 시즌에 따라 코스 구성 메뉴가 변동되기도 한다.

위치 호시노야 발리 내
운영 아침 07:00~10:30, 점심 12:00~14:00, 저녁 18:00~20:30
요금 1인 400K~(Tax & SC 21%)
주소 Jl. Pejeng Kangin, Tampaksiring, Gianyar
전화 0361-849-3080, 0815-03786-1144
홈피 hoshinoyabali.com

Food

16

브라세리 Brasserie

알라야 우붓에서 운영하는 레스토랑으로 호텔 조식당으로도 이용되고 있다. 하노만 로드변에 입구가 있어 독립적인 느낌이 강하며 내부는 오픈에어로 빈티지한 감성이 충만한 아기자기한 인테리어로 꾸며져 있다. 주말 저녁 시간에는 라이브 공연을 즐길 수 있다. 디저트도 꽤 맛있는 편이니 길을 걷다 잠시 쉬어 가 보는 것은 어떨까.

위치 알라야 내에 있다.
운영 07:00~23:00
요금 100~250K
주소 Jl. Hanoman, Ubud
전화 0853-3387-1447
홈피 https://desty.page/Brasserieubud

Food

17

후잔 로컬 Hujan Locale

사롱 레스토랑과 마마산 등 걸출한 레스토랑을 성공 가도에 올린 사롱 그룹에서 우붓에 처음으로 선보인 레스토랑이다. 2층으로 된 건물은 빈티지하면서도 시골 농가의 여유로운 분위기가 느껴지도록 꾸몄다고 한다. 음식 가격은 조금 비싼 편이지만 양도 푸짐하고 그들만의 터치가 가해져 창의적이면서도 수준 높은 음식을 맛볼 수 있다. 특히 오리고기를 바삭하게 튀겨 삼발과 야채와 함께 버무려 먹는 베벡 고렝 발리를 추천한다.

위치 잘란 스리 웨다리로 진입해 조금만 가면 왼편에 있다.
운영 점심 12:00~15:00, 저녁 17:30~23:00
요금 1인 180K~(Tax & SC 17.5%)
주소 Jl. Sri Wedari 5, Ubud
전화 0813-3972-0306
홈피 hujanlocale.com

Food : 추천

18

이부 오카 Ibu Oka

우붓에서 빼놓지 않고 꼭 들러야 할 식당 삼총사 중 하나인 와룽 이부 오카. 이부 오카는 새끼 돼지를 바비큐하여 여러 부위의 살코기와 부속물들을 발라내 야채, 삼발 소스와 함께 밥 위에 얹어 먹는 바비 굴링으로 유명하다. 특히나 이곳의 수제 삼발 소스는 매콤하고 알싸해 바비 굴링을 더욱 맛깔나게 한다. 왕궁 앞 1호점은 불규칙적으로 오픈하여 좀 더 넓고 깨끗하게 단장한 3호점으로 가는 것이 좋다. 규모가 커지며 맛보기가 쉬워졌지만 오후 5시 전에는 방문할 것을 권한다.

위치 우붓 왕궁 왼쪽 골목으로 조금 들어가면 왼쪽에 보인다.
운영 11:00~재료가 떨어질 때
요금 바비 굴링 55K~(Tax 10%)
주소 Jl. Suweta, Ubud
전화 0361-207-7490

Food : 추천

19

너티 누리스 와룽 Naughty Nuri's Warung

네카 미술관 앞에 있는 너티 누리스 와룽. 오히려 누리스 와룽을 가는 길에 네카 미술관을 찾는 사람이 많을 정도로 인기 있는 식당이다. 두말할 것 없이 이곳에선 달콤하고 부드러운 맛이 그만인 커다란 돼지 갈비 바비큐(스페어 립)를 주문해야 한다. 그 밖에 치킨 바비큐, 햄버거, 나시 고렝 등도 맛있다. 단, 가끔 음식 맛의 편차가 심해 운이 나쁘면 질긴 립이 나오는데 요청하면 다시 요리해주기도 한다. 조금 떨어진 곳에 너티 누리스 와룽 2호점인 나쵸 마마가 있다.

위치 네카 미술관 바로 맞은편에 위치 운영 10:00~22:00
요금 스페어 립 130K(Tax & SC 15%)
주소 Jl. Sanggingan, Ubud 전화 0361-977-547

Food

20

투키스 코코넛 숍 Tukies Coconut Shop

우붓에 여러 매장을 두고 있어 어렵지 않게 만날 수 있는 코코넛 숍이다. 코코넛 과육과 코코넛 워터를 활용한 음료와 디저트를 파는데 가장 인기가 좋은 것은 역시 코코넛 아이스크림! 코코넛 프레이크, 버터, 스낵, 오일, 무슬리 같은 코코넛 가공 식품도 함께 판매하니 코코넛을 좋아하는 이라면 잠시 방문해보자.

위치 우붓 메인 로드에 위치, 우붓 왕궁과 200m 떨어짐
운영 09:00~23:00
요금 코코넛 아이스크림 28K(Tax & SC 15.5%)
주소 Jl. Raya Ubud 14, Ubud
전화 0361-908-3562

Food

21

마야 사리 Maya Sari

마야 우붓 리조트의 대표 레스토랑으로, 식당 테라스에서 시원한 계곡과 우거진 숲 전망을 함께 즐길 수 있다. 인도네시아 요리를 비롯해 일본, 태국, 중국, 인도 등의 아시아 요리와 서양 요리를 선보인다. 개성이나 특색이 있는 음식들은 아니지만 전반적으로 보통 이상의 실력을 갖추었다. 호텔 부속 레스토랑답게 직원들의 안정적인 서비스와 여유로운 레스토랑 분위기는 만족스러운 식사를 하기에 부족함이 없다. 혹시 이곳에서 뷔페 다이닝을 연다면, 꼭 즐겨보자. 서양 투숙객 비중이 높아 이들의 입맛을 만족시키는 뷔페도 알차게 준비된다.

위치	마야 우붓 리조트 내 위치
운영	07:00~23:00
요금	1인 200K~(Tax & SC 21%)
주소	Jl. Gunung Sari Peliatan, Ubud
전화	0361-977-888
홈피	www.mayaresorts.com/ubud

Food

22

끄분 비스트로 Kebun Bistro

'정원 식당'이라는 뜻의 이름처럼 문을 활짝 열어 놓은 정원 테라스를 닮았다. 안쪽으로 들어가면 프랑스의 올드 비스트로 콘셉트로 꾸민 내부가 로맨틱하다. 프렌치, 이탈리안 중심의 웨스턴 메뉴들을 다루며 제법 다양한 와인 리스트를 갖추고 있다. 격식 없는 캐주얼한 분위기 속에서 편안하게 식사할 수 있다. 타파스 메뉴가 있어 와인 한잔 곁들여도 좋으며 주말에는 간소한 브런치 메뉴도 내건다.

위치	하노만 로드, 카페 옆에 위치
운영	11:00~23:00
요금	1인 150K~(Tax & SC 15%)
주소	Jl. Hanoman 44, Ubud
전화	0361-972-490
홈피	www.kebunbistro.com

Food

23

캐스케이즈 CasCades

바이스로이의 부속 레스토랑으로, 멋진 자연경관과 수준 높은 음식 솜씨로 꾸준히 사랑받고 있는 곳이다. 왼쪽으로는 하얀 테이블보가 깔린 테이블을 놓아 차분하게 파인다이닝을 즐길 수 있는 분위기로 꾸며 놓았으며 바 옆에는 편안하게 앉아 시간을 보낼 수 있는 좌석 테이블도 놓여 있다. 음식은 과하게 장식하지 않아 군더더기 없이 깔끔한 느낌이다. 맛 또한 훌륭하다. 울창한 정글에 있는 느낌을 주는, 멋진 수영장 주변에 놓인 발레석은 최고 인기 좌석이다.

위치	바이스로이 내에 위치
운영	점심 11:00~15:00, 저녁 18:00~21:30
요금	1인 350K~(Tax & SC 21%)
주소	Jln. Lanyhan, Br. Nagi, Ubud
전화	0361-972-111
홈피	www.cascadesbali.com

Food
㉔
카야나 Kayana

빠당푸드(뷔페식 현지음식)를 파는 곳이다. 이전 Kedaton이 이름을 변경해 운영하고 있다. 길거리에 즐비하는 다른 빠당푸드에 비해 깨끗하게 매장 관리를 하는 곳이라 현지음식을 체험하고는 싶은데 마땅히 갈 곳을 못 찾을 때 방문하기 좋다. 보통 닭 요리와 돼지고기 요리가 맛이 있고, 쇠고기는 보는 것과 달리 육질이 뻑뻑하다. 테이크아웃과 매장 내 식사 모두 가능하다.

위치 타코카사 주변에 위치
운영 08:00~21:00
요금 50~80K
주소 63 X, Jl. Raya Pengosekan Ubud
전화 0823-4077-8052

Food
㉕
키무라멘 KIMU Ramen

일본식 라멘을 파는 곳이다. 기본 메뉴는 라멘과 계란볶음밥뿐인 아주 작은 곳이지만, 관광객들이 테이블을 쉐어하면서까지 음식을 맛볼 정도로 붐빈다. 주 메뉴는 해물 라멘인데 한국의 짬뽕과 맛이 비슷하다. 여행을 하며 뜨끈한 국물이 필요할 때 방문하기 좋다.

위치 골든 몽키 로드에 있다.
운영 11:30~23:00
요금 80~100K
주소 Jl. Goutama Sel. 2, Ubud
전화 0812-4617-5378

Food
㉖
사유리 힐링 푸드 Sayuri Healing Food

몇 해 전부터 핫 키워드로 자리 잡은 오가닉, 힐링을 몸소 실천하고 있는 곳으로 특히 외국인들에게 인기가 많은 편. 모든 메뉴는 비건, 글루텐 프리 음식들로 채워져 있어서 사실 건강에는 좋으나 맛이 뛰어나진 않다. 이곳에선 별도로 요가 클래스, 로푸드Raw Food 클래스 등을 운영하고 있다.

위치 우붓 왕궁에서 도보 약 7분
운영 08:00~23:00(LO 22:00)
요금 1인 120K(Tax & SC 15%)
주소 Jl. Sukma Kesuma 2, Br. Tebesaya, Ubud
전화 0822-4048-5154
홈피 sayurihealingfood.com

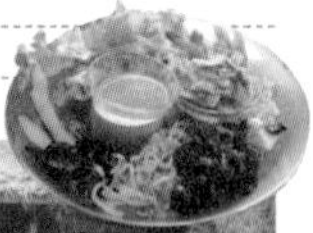

Food
㉗
까사 루나 Casa Luna

꽤 오랜 역사를 자랑하는 우붓의 터줏대감이지만 의외로 한국 여행자들의 발길이 드문 편. 쿠킹 스쿨 프로그램을 운영하고 있을 정도로 음식 맛에 자부심을 가지고 있다. 좁은 입구와는 달리 안쪽으로 들어가면 생각보다 여유로운 공간이 나타나는데 저녁이 되면 더욱 분위기가 좋아진다. 바삭하게 튀겨낸 고소한 스프링롤은 가볍게 즐기기에 안성맞춤.

위치 우붓 메인 로드에 위치, 우붓 왕궁에서 도보로 약 3분
운영 08:00~23:00
요금 메인 50~155K(Tax & SC 15%)
주소 Jl. Raya Ubud, Ubud
전화 0361-977-409
홈피 casalunabali.com/casa-luna-bali

Food

28

아융 테라스 Ayung Terrace

포 시즌스 사얀의 메인 레스토랑으로, 거대한 야자수가 원형 다이닝을 둘러싸고 있어 근사한 느낌이다. 약간의 웨스턴 메뉴와 함께 발리 음식을 주로 다루며 고급스럽고 정갈한 발리의 맛을 느낄 수 있다. 특히 이곳의 사테는 입맛을 돋우어 다른 곳의 사테 리릿(재료를 다져 만든 사테)과 비교해도 수준이 높다. 더운 한낮보다는 일몰 전이 좀 더 시원해 식사하기 좋다.

위치	포 시즌스 사얀 내에 위치
운영	조식 06:30~11:00, 런치 11:00~15:00, 디너 18:00~22:00
요금	1인 220K~(Tax & SC 21%)
주소	Jl. Raya Sayan, Sayan, Ubud
전화	0361-977-577
홈피	www.fourseasons.com/sayan

Food

29

카페 로투스 Cafe Lotus

연꽃 연못과 사원 전망이 아름다워 식당 안으로 들어서야 그 진가를 알 수 있다. 서양 요리보다 인도네시안 음식들을 주로 다루며 세트 메뉴가 다양하다. 사원 앞에선 금요일을 제외하고 매일 밤 7시 30분부터 전통 공연(유료)이 열린다(공연 시 연못가 테이블과 정자 자리에는 미니멈 차지가 있다).

위치	우붓 메인 로드의 스타벅스 옆에 위치
운영	09:30~23:00
요금	1인 110K~(Tax & SC 15%)
주소	Jl. Raya Ubud, Ubud
전화	0361-975-660
홈피	www.cafelotusubud.com

Food

30

쓰리 몽키스 우붓 Three Monkeys Ubud

몽키 포레스트 로드를 걷다 보면 만날 수 있는 쓰리 몽키스 우붓. 입구는 단출하지만 안쪽에는 멋진 공간이 펼쳐진다. 1층의 실내석 안쪽에는 논으로 돌출된 시원한 야외석이 놓여 있고 2층은 다락방 느낌으로 꾸며져 있다. 스테이크를 비롯한 메뉴가 맛있는 편이며 잠시 들러 쿠키와 함께 음료를 마시거나 늦은 밤 조용하게 와인 한잔하기에 부족함이 없다.

위치	몽키 포레스트 로드 중간 즈음, 카자네 무아에서 남쪽으로 조금 내려가다 보면 왼쪽에 있다.
운영	07:00~23:00
요금	샐러드 60K~, 메인 105~149K (Tax & SC 16%)
주소	Jl. Monkey Forest, Ubud
전화	0361-975-554
홈피	threemonkeyscafebali.com

Food

31

레이진 Rayjin Ubud

알라야 옆쪽에 위치한 테판야키 전문점이다. 주변의 다른 일식집보다 업그레이드된 분위기와 규모를 자랑한다. 그만큼 가격도 높은 편인데, 한 그릇 음식을 먹기에 비용 부담이 크진 않다. 테판야키가 메인 요리인 집이라 스시류는 가격 대비 다른 곳과 큰 차이가 없다. 테이블 간격이 넓직하고 두 층으로 되어있어 가족 단위로 여행하는 경우 여유롭게 식사하기에 좋다.

위치 피손 옆에 위치
운영 12:00~22:00
요금 100~250K
주소 Jl. Hanoman, No. 10Y, Ubud
전화 0811-366-007
홈피 www.rayjinbali.com

Food

32

노매드 Nomad

맛, 서비스, 분위기 모두 합격점을 줄 만한 레스토랑이다. 샌드위치, 파스타, 바비큐 등 인도네시안 요리보다 웨스턴 요리를 주로 다룬다. 12가지의 발리 전통 음식이 조금씩 담겨 나오는 발리니스 타파스는 다양한 발리 음식을 한 번에 맛볼 수 있는 인기 메뉴. 또 두툼하고 푸짐한 참치 스테이크는 가격도 저렴하고 맛도 훌륭해 추천할 만하다.

위치 우붓 왕궁을 등지고 우붓 메인 로드를 따라 왼쪽으로 조금 가다 보면 길 건너편에 위치
운영 09:00~23:00
요금 1인 150K~(Tax & SC 15%)
주소 Jl. Raya Ubud 35, Ubud
전화 0361-977-169 홈피 nomadubud.com

Food

33

아노말리 커피 우붓 Anomali Coffee Ubud

우붓뿐 아니라 발리 여러 지역에서 지점을 만날 수 있는 인기 커피 체인점이다. 1~2층으로 구성되어 있는데 특히 2층에는 널찍한 테이블이 있어 오래 책을 읽거나 시간을 보내기에 좋다. 다만 낮에는 햇볕이 강하다. 커피 맛은 이미 많은 이에게 인정받고 있는 곳이다.

위치 우붓 시장을 등지고 오른쪽으로 조금 걷다 보면 바로 오른쪽에 보인다.
운영 07:00~22:00(금 · 토 23:00)
요금 커피 23~46K(SC 10%)
주소 Jl. Raya Ubud, Ubud 전화 0361-972-263

Food

34

카페 바딴 와루 Kafe Batan Waru

'나무 아래 카페'라는 이름처럼 데위 시타 로드를 따라 나무 아래 자리한 모습이 운치 있다. 카페 바딴 와루에서는 전통적인 인도네시안 푸드를 맛볼 수 있는데 그 중 조리 시간이 오래 걸려 하루 전 예약해야 하는 베벡 베투투는 이곳의 시그니처 메뉴다. 고소한 오징어 튀김인 쭈미 쭈미 고렝도 부담 없으며, 매콤해서 우리 입맛에 잘 맞는 아얌 리까 리까도 추천할 만하다. 디너 타임에는 본격적으로 시푸드 요리를 다양하게 즐길 수 있다.

위치 운동장에서 데위 시타 로드로 우회전하여 들어가서 조금만 가면 왼쪽에 보인다.
운영 08:00~00:00
요금 인도네시안 메인 요리 45~175K, 베벡 베투투 350K (Tax & SC 15.5%)
주소 Jl. Dewi Sita, Ubud
전화 0361-977-528
홈피 www.batanwaru.com

Food

35

바니글리아 Vaniglia

각종 젤라또와 함께 빵과 디저트 등을 파는 곳이다. 2층으로 올라가면 하노만에서 펭고세칸으로 이어지는 길을 한눈에 볼 수 있다. 긴 자띠 테이블과 라탄으로 만든 조명 등 발리의 전형적인 모던 인테리어가 반영되어 있다. 빈번히 길이 막히는 정션에 위치하고 있는데, 스쿠터를 운전하는 여행자라면 잠시 휴식을 취하기에 좋다.

위치 타코카사 주변에 위치
운영 08:00~22:00 요금 50~100K
주소 Jl raya Pengosekan, Ubud
홈피 www.instagram.com/vanigliabali

Food

36

무슈 스푼 Monsieur Spoon

짱구, 쁘띠뜽읏, 스미냑, 우말라스, 우붓 등에 운영하고 있는 정통 프렌치 베이커리 카페이다. 높은 수준의 베이커리를 경험하고자 하는 여행자라면 이곳에서 달콤한 휴식을 계획해 보자. 베이커리는 물론이며 커피의 맛도 좋은 편이다.

위치 몽키 포레스트 남쪽에서 하노만 로드로 꺾어지는 코너에 있다.
운영 07:00~21:00
요금 프렌치 조각 케이크 38~45K (Tax & SC 16%)
주소 Jl. Hanoman, Ubud
전화 0819-9971-0384
홈피 www.monsieurspoon.com

Food

37

트로피컬 뷰 카페 Tropical View Cafe

일부러 찾아가려 해도 무심코 지나치기 십상인 트로피컬 뷰 카페는 탁 트인 논 전망 하나로 우붓에서 열 손가락 안에 꼽히는 레스토랑이다. 하지만 이곳의 음식과 음료 가격은 황송할 정도로 저렴하다. 걸쭉하게 뽑아낸 아보카도 주스 한 잔을 앞에 놓고 시원한 논 바람을 맞으며 시간을 보내다 보면 저절로 입가에 미소가 떠오른다.

위치	몽키 포레스트를 등지고 오른쪽으로 조금 가다 보면 오른쪽에 작은 간판이 보인다. 입구를 지나치기 쉬우니 유심히 살펴야 한다.
운영	07:00~23:00
요금	인도네시안 55~95K(Tax & SC 15%)
주소	Jl. Monkey Forest, Ubud
전화	0361-974-040
홈피	tropicalviewubud.com

Food

38

티노스 와룽 Tinos Warung

우붓 팔래스와 로투스 카페 건너편 작은 도로 안쪽에 위치하는 로컬 음식집이다. 주차하기 힘든 우붓에서 당당히 반지하의 널찍한 주차공간을 가진 것이 장점 중 하나이다.

위치	로투스 카페 건너편에 위치
운영	08:30~22:00
요금	80~150K
주소	Jl. Arjuna, Ubud
전화	0821-4466-1834

Food

39

젤라또 시크릿 Gelato Secrets

발리의 열대 과일이 이탈리아 손맛을 만나 더욱 달콤해졌다. 기본적인 젤라또 아이스크림 메뉴를 비롯해 레몬그라스, 망고, 아보카도(계절에 따라 유무)도 있다. 홈메이드 콘을 사용한다는 점도 독특하다. 우붓 메인 로드와 스미냑, 사누르 등에도 각각 분점이 있다.

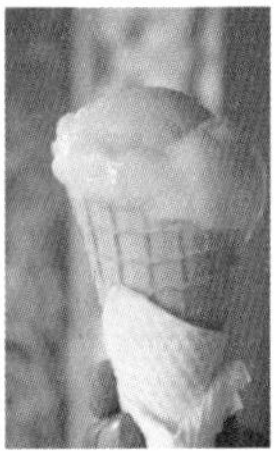

- 위치 우붓 메인 로드에서 시장을 끼고 몽키 포레스트 로드로 들어오면 왼쪽에서 찾을 수 있다.
- 운영 10:00~22:30
- 요금 젤라또 33K(1스쿱)
- 주소 Jl. Monkey Forest, Ubud
- 전화 0812-3677-3817
- 홈피 www.gelatosecrets.com

Food

40

모자이크 Mozaic

프랑스 요리를 기초로 한 퓨전 레스토랑으로 우붓에서 손꼽히는 파인다이닝이다. 정원 자리와 반실내 좌석이 있는 레스토랑과 입구에서 가까운 모던한 라운지를 갖추고 있다. 메뉴는 모두 코스로 서브되며 추천 코스는 디스커버리 메뉴다. 맛과 분위기가 훌륭한 만큼 가격대가 높은 편이며 예약은 필수다.

- 위치 성긴안 로드에 위치. 빈땅 슈퍼마켓에서 너티 누리스 와룽 방향으로 직진하다 보면 왼쪽에 있다.
- 운영 점심 목~일 12:00~14:00, 저녁 18:00~21:45
- 휴무 1인 800K~(Tax & SC 21%)
- 주소 Jl. Raya Sanggingan, Ubud
- 전화 0361-975-768
- 홈피 www.mozaic-bali.com

Food

41

베벡 벵일 Bebek Bengil Dirty Duck Diner

인도네시아 전직 대통령 메가와띠의 방문으로 유명세를 타기 시작한 베벡 벵일은 시간을 가리지 않고 분주하다. 넓게 펼쳐진 논 전망과 한가로운 가제보는 우리나라의 가든형 식당과 비슷한 느낌을 준다. 간판 메뉴인 베벡 벵일은 오리 한 마리를 바삭바삭하게 구워낸 크리스피 덕으로, 기름기가 쫙 빠진 다소 뻣뻣한 느낌은 호불호가 갈린다. 더티 덕Dirty Duck이라는 별칭에는 재밌는 일화가 있는데, 레스토랑 오픈을 준비하던 중 논에서 나온 오리들이 진흙 묻은 발로 들이닥치는 사건이 발생, 본의 아니게 첫 고객이 된 더티 덕을 기념해 지은 것이다. 가제보 자리는 언제나 인기가 좋으니 예약 필수.

- 위치 하노만 로드와 몽키 포레스트 로드가 만나는 근처다.
- 운영 10:00~23:30
- 요금 베벡 벵일 130K 선(Tax & SC 15%)
- 주소 Jl. Hanoman, Padang Tegal, Ubud
- 전화 0361-975-489
- 홈피 www.bebekbengil.co.id

Food

42

데와타 라운지 Dewata Lounge

로열 피타 마하의 압도적인 정글뷰를 즐기고 싶다면 주저하지 말고 이곳으로 향하자. 뷰도 그렇지만 최고급 호텔임을 감안했을 때 상당히 합리적인 가격대의 메뉴를 갖추고 있다. 음식 또한 훌륭한 편. 로열 피타 마하 내 로열 카다사 라운지 Royal Kadasa Lounge에서는 오후 2시부터 6시까지 2단 트레이에 제공되는 하이 티를 1인당 300K(최소 2인 이상 주문)에 즐길 수 있다.

위치 로열 피타 마하 내에 위치
운영 11:00~15:00, 18:00~23:00 (하이 티 15:00~17:00)
요금 인도네시안 100K~(Tax & SC 21%)
주소 Jl. Raya Kedewatan, Kedewatan, Ubud
전화 0361-980-022
홈피 www.pitamahadining.com

Food

43

시암 샐리 Siam Sally

바딴 와루, 친타 그릴이 속해 있는 bgf의 네 번째 레스토랑으로 모던한 분위기에서 태국 음식을 즐길 수 있다. 태국 현지에 가까운 맛이라기보다는 이곳 입맛에 맞게 변형된 맛이다. 팟타이는 우리에겐 다소 달게 느껴질 수도 있으며 쏨땀은 맵기 정도를 조절할 수 있다. 런치 메뉴로 태국 피자와 샐러드, 샌드위치 등을 저렴한 가격에 즐길 수 있고 매주 토요일 저녁 7시 30분부터 라이브 재즈 공연이 열린다.

위치 하노만 로드 남단에 위치. 알라야 우붓과 가깝다.
운영 10:00~00:00(LO 23:30)
요금 1인 150K(Tax & SC 15.5%)
주소 Jl. Hanoman, Ubud
전화 0361-980-777
홈피 www.siamsally.com

Food

44

사와 인다 Sawah Indah Resto

오리와 생선 요리가 유명한 곳으로 넓은 부지에 정자가 몰려 있고 한가운데 연못이 있는 모양이 꾸따의 발레 우당 망 엥킹의 미니 버전 같다. 연못에서는 낚시를 해 1kg당 돈을 내고 요리를 부탁하는 시스템도 있어 특히 아이들이 좋아한다. 새우, 생선 등을 튀기거나 구워 밥과 함께 선택한 양념에 곁들여 나오는 식인데 가격도 저렴하다. 핸드메이드 삼발도 맛이 괜찮으니 함께 달라고 할 것.

위치 고아 가자 로드, 베벡 뜨삐 사와를 지나쳐 왼쪽에 사와 인다 사인 보드가 있는 작은 골목으로 들어간다.
운영 10:00~21:00
요금 1인 60K~
주소 Jl. Raya Goa Gajah, Teges Peliatan, Ubud
전화 0361-972-547

Food

45

와룽 하나 Warung Hana

와룽 장가르 울람처럼 놀랄 만한 가격의 밥집이다. 게다가 내부가 깔끔하고 번듯한 데다가 아이들을 위한 간단한 놀이 시설까지 갖추고 있다. 메뉴도 다양하여 선택의 폭이 넓은 편. 추천 메뉴를 꼽는 것이 무의미하긴 하지만 개인적으로 달달하게 구워낸 닭 다리, 아얌 데리야키Ayam Teriyaki가 맛있다.

위치	베벡 뜨삐 사와에서 약 100m 정도 떨어진 와룽 장가르 울람 맞은편에 있다.
운영	07:00~22:30
요금	1인 50K 선
주소	Jl. Raya Teges, Peliatan, Ubud
전화	0361-970-124

Food

46

카페 드 아티스트 우붓 Cafe des Artistes Ubud

비스마 로드 초입에 위치한 레스토랑으로, 한적하게 식사할 수 있는 다이닝이다. 가격도 합리적인 편으로 인터내셔널 메뉴를 제공한다. 노르웨이 연어에 프렌치 머스타드 소스를 올린 Grilled Norwegian Salmon Fillet과 로크포르 치즈 소스 위에 스테이크를 올린 Roquefort가 추천 메뉴. 카페 드 아티스트 우붓이라는 이름처럼 6주마다 전시회를 열며 작품 구입도 가능하다.

위치	우붓 메인 로드에서 비스마 로드로 진입하여 길 초입에 있다.
운영	11:00~00:00(LO 23:45)
요금	1인 150K~(Tax & SC 15%)
주소	Jl. Bisma 9X, Ubud
전화	0361-972-706
홈피	www.cafedesartistesbali.com

Food

47

쿠부 Kubu

만다파 어 리츠칼튼 리저브 내에 위치한 레스토랑이다. 저녁에만 오픈하는데 특히 아융 강이 내려다보이는 9개의 프라이빗한 코쿤은 로맨틱한 디너를 꿈꾸는 커플들에게 완벽한 분위기를 제공한다. 세계 여러 나라에서 경력을 쌓은 남이탈리아 출신 셰프의 신선하고도 감각적인 요리들을 맛볼 수 있는데 단품보다 코스 요리가 셰프의 손맛을 느끼는 데 더 좋다.

위치 만다파 어 리츠칼튼 리저브 내에 위치
운영 18:00~10:30
요금 메인 280~550K, 4코스 890K(Tax & SC 21%)
주소 Jl. Raya Kedewatan, Banjar Kedewatan, Ubud
전화 0361-479-2777
홈피 www.ritzcarlton.com/en/hotels/indonesia/mandapa/dining/kubu

Food

48

무르니스 와룽 Murni's Warung

무르니스 와룽은 1974년 처음 문을 열어 40년 넘게 운영 중인 곳이다. 짬뿌한 다리 옆에 위치해 계곡과 울창한 밀림을 감상하며 식사하기 좋으며 계곡과 가까운 4층 정자 자리가 가장 인기 있다. 정통 발리니스 음식이 주를 이루는데 그중 나시 짬뿌르와 베벡 베투투가 대표 메뉴다. 무르니스 빌라와 하우스를 함께 운영하고 있다.

위치 우붓 메인 로드에서 짬뿌한 다리 방향으로 가다가 짬뿌한 다리 건너기 직전, 왼쪽에 있다.
운영 09:00~23:00(LO 22:00)
요금 49~125K(Tax & SC 15%)
주소 Jl. Raya Campuan, Ubud
전화 0361-975-233 홈피 www.murnis.com

Food

49

투막 Tutmak

데위시타에서 몽키 포레스트로 들어가기 직전에 위치한 오래된 레스토랑이다. 데위시타 길 쪽으로는 계단식으로 테이블이 준비되어 있고, 몽키 포레스트 쪽 테이블은 축구장의 탁 트인 그린뷰를 가졌다. 로컬푸드는 물론 서양 요리도 꽤 맛나는 곳이다. 고타마와 데위시타를 따라 쇼핑하다가 걷는 것이 피곤할 즈음 머물기에 딱 좋다.

위치 몽키 포레스트 로드 축구장 옆에 위치
운영 09:00~22:00
요금 80~150K
주소 Jl. Dewisita No.Desa, Ubud
전화 0361-975-754

Food

50

카페 Kafe

이름만큼이나 담백하고 심플한 메뉴들과 아기자기한 분위기로 언제나 발 디딜 틈 없다. 카페는 발리 어린이를 위한 발리 스피릿 재단에서 오픈한 곳으로 식사나 차, 음료 등을 즐길 수 있는 레스토랑 겸 카페이다. 외국인들도 쉽게 먹을 수 있는 카페 나시 짬뿌르와 간단한 버거 등이 인기 메뉴다. 식사 시간을 피해 무료 인터넷을 즐길 수 있다.

위치 하노만 로드 중간 즈음, 우붓 메인 로드에서 하노만 로드로 진입하여 직진, 끄분 비스트로 옆에 있다.
운영 07:30~23:00 요금 45~165K(Tax & SC 15%)
주소 Jl. Hanoman 44B, Ubud
전화 0811-179-3455 홈피 kafe-bali.com

Food

51

알케미 Alchemy

알케미 요가센터와 마주보고 있는 오가닉 레스토랑이다. 각종 디톡스 주스를 판매하는 곳으로 유명하다. 다양한 메뉴가 준비되어 있지만, 뷔페식으로 먹을 수도 있다. 브런치는 꼭 즐겨볼 만하다. 오가닉 푸드가 주를 이루는 채식 카페이며, 거의 눕다시피 앉을 수 있는 큰 소파의 테이블도 준비되어 있다. 혼자나 둘이 앉기에 너무 큰 테이블이라 생각되어도 주저하거나 미안해 할 필요 없이 이용해도 무방하다. 손님이 많을 때는 스탭들이 알아서 테이블 쉐어를 요청한다.

위치 짬뿌한 다리를 건너 블랑코 미술관을 지나면 왼쪽으로 언덕길이 나온다. 언덕 초입에서 약 400m 더 가면 왼쪽 위치
운영 07:00~21:00(LO 20:30)
요금 80~150K
주소 Jl. Penestanan Kelod 75, Ubud
전화 0821-4690-8910
홈피 www.alchemybali.com

Food

52

나시 아얌 끄데와딴 이부 망쿠 Nasi Ayam Kedewatan Ibu Mangku

서너 가지의 닭고기 반찬에 계란, 치킨 사테를 얹은 닭고기 나시 짬뿌르를 전문적으로 파는 로컬 식당이다. 이 집의 나시 짬뿌르는 입술에 매운기가 감도는 정도로 살짝 매콤한 편. 여기에 닭고기를 좀 더 얹은 스페셜로 피사Pisah가 있다. 로컬 식당치고는 외관이나 내부가 깔끔해 소문을 듣고 찾아오는 여행자도 상당수다.

위치 네카 미술관에서 코마네카 땅가유다 방면 차로 3분 소요, 오른쪽에 위치
운영 08:00~19:00
요금 1인 30K~
주소 Jl. Raya Kedewatan 18, Ubud
전화 0361-974-795

Food

53

이부 라이 Ibu Rai Restaurant & Bar

웨스턴과 아시안 메뉴를 고루 갖춘 레스토랑으로 서양인 손님이 많다. 음식도 그들의 입맛에 맞추어 전체적으로 풍성하게 나온다. 추천 메뉴인 그릴드 시푸드는 킹 프라운, 오징어, 대구, 조개를 함께 맛볼 수 있는데 음식 맛이 담백해 와인을 곁들이면 좋다. 레스토랑 옆으로는 이부 라이 갤러리가 있다.

위치	몽키 포레스트 로드에 위치. 코우 퀴진과 운동장 사이에 있다.
운영	08:00~23:00
요금	1인 110K~(Tax & SC 15%)
주소	Jl. Monkey Forest 72, Ubud
전화	0361-973-472
홈피	iburai.business.site

Food

54

와룽 뿔라우 클라파 Warung Pulau Kelapa

옛 자바 가옥으로 지어진 와룽 뿔라우 클라파는 전통 인도네시안 음식을 다룬다. MSG를 일체 사용하지 않는 담백한 음식 맛이 특징이며 다소 낯선 인도네시안 전통 음료들을 다양하게 접할 수 있다. 실내의 나무 벽은 앤티크한 소품들로 멋을 냈다. 정원과 테라스 자리가 있는데 한낮엔 더운 편이다.

위치	성긴안 로드에 위치. 모자이크 레스토랑과 가깝다.
운영	10:00~22:00
요금	1인 100K~(Tax & SC 15%)
주소	Jl. Raya Sanggingan, Ubud
전화	0361-971-872

Food

55

뿌뜨리 미낭 빠당 푸드 Puteri Minang Padang Food

현지 음식을 뷔페식으로 골라 먹을 수 있는 로컬 식당이다. 식당 입구에는 탑을 연상시키듯 다양한 반찬이 잔뜩 쌓여 있는데 밥이 담긴 접시에 원하는 반찬들을 골라 담으면 된다. 의외로 외국인이 많아 깜짝 놀라기도. 저렴한 가격에 배불리 먹을 수 있어 인기가 좋다.

위치	우붓 메인 로드에 위치
운영	09:00~22:00
요금	보통 한 접시에 35K 정도
주소	Jl. Cok Gede Rai, Ubud
전화	0361-975-577

Night Life

❶

엑스엘 시샤 라운지 XL Shisha Lounge

심심하다 싶을 정도로 조용한 우붓의 나이트 라이프를 흥미롭게 해주는 고마운 곳이다. 천장에 풍성한 천을 드리우고 푹신한 쿠션을 둔 좌석을 여유롭게 배치하여 몇 시간이고 편안히 누워 시간을 보낼 수 있다. 물 담배인 시샤도 체험할 수 있는데 전혀 독하지 않고 다양한 과일 맛이 있어 한 번쯤 재미 삼아 도전해볼 만하다. 마땅한 식사 메뉴는 없지만 부담스럽지 않은 양으로 조금씩 맛볼 수 있는 메뉴들은 짭짤해서 맥주 안주로 그만이다.

위치	데위 시타 로드를 따라 걷다 운동장 뒤쪽으로 난 작은 길로 진입하여 조금만 걸으면 왼쪽에 위치 (몽키 포레스트 로드에서 운동장 너머로 입구가 보인다)
운영	11:00~02:00
요금	1인 100K~(Tax & SC 15%)
주소	Jl. Monkey Forest 129, Ubud
전화	0361-908-0745

Night Life

❷

랩핑 부다 바 Laughing Buddha Bar

매일 밤 소란스러운 수다와 음악으로 몽키 포레스트 로드를 환하게 밝히는 곳이다. 라이브 음악과 캐주얼한 분위기로 여행자는 물론 우붓의 장기 체류자들도 삼삼오오 몰려든다. 블루스, 재즈, 록, 살사 등 거의 매일 밤마다 라이브 공연이 열린다. 가벼운 타파스나 디저트 메뉴에 음료를 즐기기 좋다. 2층엔 마루 좌석도 있으며 특히 젊은 커플들에게 인기가 좋다. 공연은 저녁 8시에 시작되며, 오후 4시부터 7시까지는 해피 아워로 칵테일 프로모션을 진행하니 참고하자.

위치	몽키 포레스트 로드에 위치
운영	08:30~02:00(LO 01:00)
요금	스낵 39~65K,메인 55~135K (Tax & SC 15%)
주소	Jl. Monkey Forest, Ubud
전화	0361-970-928
홈피	laughingbuddhabali.com

Spa
1
더 스파 The Spa at Hoshinoya Bali

호시노야 발리에 묵는다면 이곳에서의 스파 또한 빼놓을 수 없다. 스파 리셉션에 도착해 간단히 체크를 한 후 트리트먼트룸으로 이동하게 되는데 언덕 아래쪽으로 곤돌라를 타고 내려가 더욱더 프라이빗한 느낌이 든다. 트리트먼트룸은 호시노야답게 지나친 장식 없이 정갈하게 꾸며져 있다.
이곳의 시그니처 메뉴는 보디 릴렉세이션Body Relaxation. 시트러스와 갖가지 꽃들로 신선하게 만들어진 오일을 사용한다. 트리트먼트는 오일 마사지와 스크럽, 랩과 플라워 배스가 포함되어 있다. 호시노야의 스파에서는 강한 강도의 마사지보다는 힐링과 릴렉스에 초점을 맞춘 스파 메뉴를 추천한다.

위치 호시노야 발리 내
운영 10:15~17:15(LO)
요금 마사지 1,400K~(90분)
(Tax & SC 21%)
주소 Jl. Pejeng Kangin, Tampaksiring, Gianyar
전화 0815-03786-1144, 0361-849-3080
홈피 hoshinoyabali.com

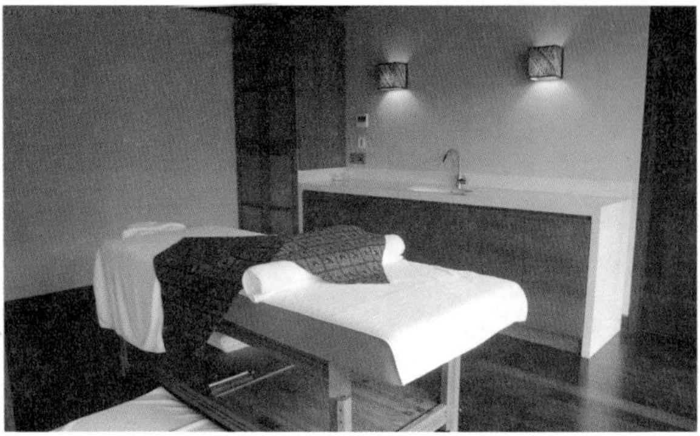

Spa
2
마야 스파 Spa at Maya

마야 우붓 내에 있는 스파로 푸른 숲과 작은 강이 흐르는 자연 속에서 스파를 받을 수 있다. 로비까지는 엘리베이터를 타고 내려가야 하며 각각의 스파 빌라는 걸어서 이동한다. 총 11개의 스파 빌라로 이루어져 있고 야외 샤워 공간, 욕조, 탈의실, 화장실이 따로 준비되어 있다. 기본적인 마사지 메뉴를 비롯해 스파 패키지, 스크럽, 페이셜 마스크 등이 있으며 페보니아 보타니카Pevonia Botanica를 사용하는 남녀 트리트먼트도 마련되어 있다. 이용객이 많은 만큼 예약은 필수이며 스파 건너편의 리버 카페에서는 스파 퀴진도 맛볼 수 있다.

위치 마야 우붓 내에 위치
운영 08:00~20:00
요금 릴렉싱 발리니스 마사지
940K(60분),
허브 트리트먼트 940K(60분)
(Tax & SC 21%)
주소 Jl. Gunung Sari, Peliatan, Ubud
전화 0361-977-888
홈피 www.spaatmaya.com/ubud

Spa

3

로열 키라나 Royal Kirana Spa & Wellness

우붓 아니, 발리를 통틀어 가장 럭셔리한 스파를 꼽자면 단연 로열 키라나 스파다. 시세이도 오너가 개업한 이 스파에서는 페이셜 트리트먼트에 사용되는 모든 제품은 물론 탈의실에 비치된 기초 화장품까지 모두 시세이도 제품을 쓴다.
스파 트리트먼트 대부분(로열 키라나 시그니처 트리트먼트 제외)은 트리트먼트 외에도 공용 스파 라운지 & 가든 이용 혜택을 무료로 주고 있다. 트리트먼트 전후로 3시간 동안 이용할 수 있으며 수영장, 가든 바, 자쿠지, 사우나, 탈의실 등의 시설을 갖추었다.

위치	로열 피타 마하 입구 안쪽에 위치
운영	09:00~21:00
요금	릴렉싱 아로마틱 마사지 1,100K(60분) 풀 보디 스크럽 & 마사지 1,300K(90분) (Tax & SC 23.7%)
주소	Jl. Raya Kedewatan, Kedewatan, Ubud
전화	0361-976-333
홈피	www.royalkirana.com

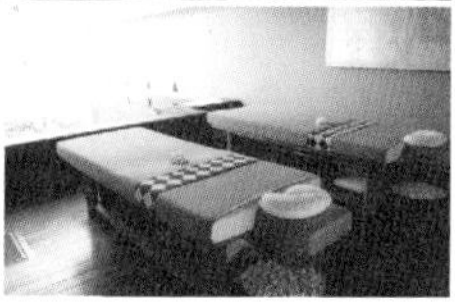

Spa

4

스파 앳 더 사마야 Spa At The Samaya

우붓 거리를 걷다 보면 저렴한 마사지 숍이 많지만 일정 중 한 번쯤은 제대로 된 서비스와 훌륭한 제품, 실력을 가진 스파에서 트리트먼트를 받아보는 것도 좋다. 사마야 안에 위치한 스파 앳 더 사마야는 아융 강 앞에 자리하고 있어 평화롭고 호젓한 기분으로 스파를 받을 수 있다. 발리니스 마사지와 사마야 포 핸즈 마사지 등 강한 강도의 마사지도 준비되어 있지만 이왕이면 고급 스파에서만 느낄 수 있는 스페셜한 메뉴를 선택해보자. 타이 허브 볼을 이용한 허벌 콤프레스 센세이션도 인기가 많은 편이며 안티에이징 보디 마사지도 이곳에서만 접할 수 있는 트리트먼트. 가성비가 좋은 커플 패키지도 준비되어 있다.

위치	사마야 우붓 내에 위치
운영	09:00~22:00
요금	허벌 콤프레스 센세이션 950K(90분), 안티 에이징 보디 마사지 650K~(60분) (Tax & SC 21%)
주소	Jl. Raya Sayan, Sayan, Ubud
전화	0361-973-606
홈피	thesamayabali.com/ubud/spa

Spa

5

뿌뜨리 발리 스파 Putri Bali Spa

우붓에서 마사지 실력으로 인정받았던 넬라가 2010년 성긴안 로드에 자신의 스파 숍을 열었다. 한국어 가이드로 알려진 시아룰의 아내이기도 한 그녀는 자신만의 마사지 방법을 테라피스트들에게 트레이닝시켜 만족도 높은 마사지와 저렴한 가격, 깔끔한 시설로 인기를 끌고 있다. 대표 마사지는 Exotic Bali Massage로, 뭉친 근육과 신체 주요 부위를 강하게 자극해 몸을 가뿐하게 해준다. 그 밖에도 스크럽, 페이셜 트리트먼트, 크림 배스, 네일 케어, 왁싱 등의 메뉴가 있다. 인기가 많은 만큼 예약은 필수이며 우붓 센터 지역 내, 2인 이상에 한해 무료 픽업 서비스를 제공한다. 우붓 비스마 로드에 뿌뜨리 우붓 스파 2[Putri Ubud Spa 2](Jl. Bisma, 97) 지점이 있고, 스미냑에도 뿌뜨리 우붓 스파 스미냑[Putri Ubud Spa Seminyak](Jl. Kayu Jati)이 새로 생겼다.

위치 성긴안 로드에 위치, 레스토랑 미나미 옆 골목 안에 있다.
운영 10:00~21:00(LO 19:30)
요금 Exotic Bali Massage 150K(60분), Four Hands Massage 300K(60분)
주소 Jl. Raya Sanggingan, Ubud
전화 0361-978-960, 0819-3631-8394 (라인, 왓츠앱 가능)
홈피 www.putribalispa.com

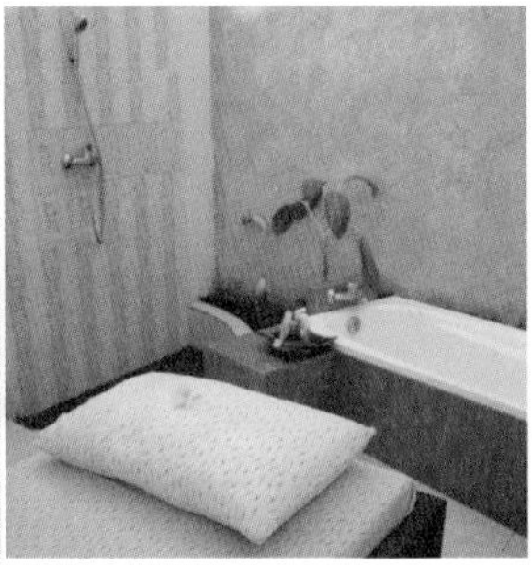

Spa

6

와나 지와 스파 Wana Jiwa Spa

코마네카 비스마에 위치한 스파로 와나는 '숲'을, 지와는 '영혼'을 의미한다. 스파 빌라는 짬뿌한 강이 보이는 정글 한가운데 있으며 럭셔리 콘셉트로 지어졌다. 이곳에서는 고대 인도네시안 허벌 레시피를 이용한 다양한 트리트먼트를 받을 수 있는데 허벌 스팀과 천연재료를 이용한 스크럽, 마사지, 제트 밀크 배스 등의 과정이 모두 포함되어 있는 3시간짜리 비스마 로열[Bisma Royal]은 와나 지와 스파에서 강력 추천하는 시그니처 트리트먼트이다.

위치 코마네카 비스마 내에 위치
운영 09:00~21:00
요금 Bisma Royal 1,400K, Herbal Refreshing Massage 920K, Energizing Massage 960K(Tax & SC 23.75%)
주소 Jl. Bisma, Ubud
전화 0361-971-933
홈피 bisma.komaneka.com

Spa

7

발리 보타니카 데이 스파 Bali Botanica Day Spa

우붓에서 꾸준한 사랑을 받고 있는 스파로 합리적인 가격대에 깔끔한 시설과 만족스러운 마사지를 받을 수 있다. 가장 기본이 되는 시그니처 허브 마사지부터 아유르베다 마사지, 페이셜, 헤어 크림 배스 트리트먼트, 네일 등의 메뉴가 있다. 7개의 스파룸이 모두 계곡을 향해 있어 창문을 열면 우거진 나무가 보이고 고요한 분위기다. 인기가 많으니 예약은 필수.

위치 모자이크 레스토랑과 너티 누리스 와룽 사이에 있으며 모자이크 레스토랑과 20m 정도 떨어져 있다. 입간판을 따라 골목으로 들어가면 된다.
운영 09:00~21:00
요금 발리니스 마사지 190K(60분), 아유르베다 시로다라 마사지 450K(45분)
주소 Jl. Raya Sanggingan, Ubud
전화 0361-976-739 홈피 www.balibotanica.com

Spa
8
아코야 스파 Akoya Spa

바이스로이 내에 있는 아코야 스파는 우거진 숲이 한눈에 보이는 전망 좋은 곳에 자리하고 있다. 여러 개의 스파 패키지 중 로맨틱 커플 스파 트리트먼트는 발리니스 마사지로 시작해 발리니스 룰루 스크럽 후에 요구르트 마사지로 마무리되는데 한층 보드라운 피부를 경험하게 해준다.

위치 바이스로이 내에 위치 운영 10:00~22:00(LO 20:00)
요금 로맨틱 커플 스파 세트 3,300K(커플당/120분),
런치(또는 디너) 스파 패키지 2,000K(120분)(Tax & SC 21%)
주소 Jln. Lanyahan, Br Nagi, Ubud
전화 0361-971-777 홈피 www.lembahspa.com

Spa
9
찬티카 알라미 Cantika Alami

찬티카 스파 1호점의 성공에 힘입어 2011년 오픈한 2호점이다. 1호점에 비해 시설도 좋아지고 사리 오가닉과 가까워 앞에 소개한 하이킹, '사리 오가닉 경유 워킹'을 하면서 돌아오는 길에 방문해봐도 좋다. 이곳의 인기 넘버원은 유기농 식물을 이용하는 헤어 배스다.

위치 사리 오가닉으로 가는 오솔길 중간에 위치. 차량 진입이 어려워 도보로 이동해야 한다.
운영 09:00~19:00
요금 Hair Treatment 175K(60분),
Full Body Massage 175K(60분)(SC 10%)
주소 Jl. Sok Wayah, Ubud
전화 0851-0094-4425, 0813-3972-9980
홈피 www.cantikazestbali.com

Spa
10
장 스파 Jeans Spa

저렴한 가격에도 안정된 서비스와 깔끔한 시설로 쏠쏠하게 인기를 얻고 있는 스파다. 노란 벽을 따라 들어서면 나름 운치 있게 잔디와 미니 연못 등으로 꾸며져 있고 트리트먼트룸에는 욕조 등도 갖추어져 있다. 무료 픽업 서비스는 최소 2인 이상, 스파 패키지를 이용하는 고객에 한해 제공한다.

위치 써클K 옆에 있다.
운영 09:00~21:00
요금 300~500K
주소 Jl. Raya Pengosekan Ubud
전화 0821-4443-9147
홈피 https://jaensspa.com

Spa
11
우붓 보디웍스 센터 Ubud Bodyworks Centre

힐링 요법이 가미된 마사지로 유명한 끄뜻 아르사나Ketut Arsana가 운영하는 스파 중 한 곳이다. 마사지 숍이라기보다는 일반 가정집처럼 중앙에 마당이 있고 주변으로 트리트먼트룸이 배치되어 있는 구조다. 총 12개의 룸은 샤워 시설과 욕조 등을 갖추고 있지만 시설은 다소 낡은 편이다. 끄뜻 아르사나에게 직접 마사지를 받지 않는다면 가격은 저렴하다.

위치 하노만 로드에 위치. 우붓 메인 로드에서 하노만 로드로 진입하면 도보로 약 4분 소요, 오른편에 있다.
운영 08:00~20:00
요금 딥 티슈 테라피 마사지 230K(60분)(Tax 15%)
주소 Jl. Hanoman 25, Padang Tegal, Ubud
전화 0361-975-720, 0813-3917-5388
홈피 www.ubudbodyworks.com

Shopping

1

코우 퀴진 Kou Cuisine

데위 시타 로드에 있는 코우가 유기농 비누를 전문으로 취급한다면 몽키 포레스트 로드의 코우 퀴진은 잼, 꿀, 소금 등의 유기농 식료품을 전문으로 하는 곳이다. 선물용으로도 인기가 높은 잼은 딸기, 망고, 그레이프 & 부니, 애플 시나몬, 밀크 캐러멜 등 종류가 다양하고 한 병(110ml)에 40K 선으로 가격도 합리적이다. 그릇, 컵 받침대, 액자, 바구니, 비누, 에코 백 등도 판매한다.

위치	우붓 시장에서 몽키 포레스트 로드를 따라 운동장 방향으로 걷다 보면 왼쪽에서 찾을 수 있다.
운영	09:00~20:00
주소	Jl. Monkey Forest, Ubud
전화	0361-972-319

Shopping

2

차차 Cha Cha

고양이 목각 인형을 전문으로 파는 숍으로 많은 여행자가 발리 기념품을 이곳에서 구매한다. 작은 것부터 대형 고양이까지 모양도 크기도 다양하다. 작은 목각 인형은 20~40K 정도로 가격도 적당하다. 지인들에게 줄 선물이 고민이라면 차차를 찾아가보자.

위치	몽키 포레스트 로드, 운동장 부근에 위치. 코우 퀴진에서 남쪽으로 약 200m 떨어져 있다.
운영	09:00~21:00
주소	Jl. Monkey Forest, Ubud
전화	0361-977-781

Shopping

3

피테칸트로푸스 Pithecanthropus

다채로운 바틱 의류 제품을 한자리에서 만날 수 있다. 바틱 Batik은 수공으로 염색하는 인도네시아 전통 기법으로, 대개 패턴이 화려하고 기하학적인데 고급스런 멋이 난다. 문양 하나하나를 손으로 그리며 염색을 되풀이하는 작업이라 가격대가 조금 높은 편이다. 아동 의류에서부터 남성용 셔츠, 여성 원피스, 사롱 등 바틱 천으로 만든 의류와 인형, 슬리퍼, 가방까지 쇼핑욕을 부추긴다.

위치 몽키 포레스트 로드의 운동장에서 원숭이 숲 방향으로 조금만 걸으면 왼쪽에서 찾을 수 있다.
운영 09:00~20:00
주소 Jl. Monkey Forest, Ubud 전화 0361-970-990

Shopping

4

스튜디오 페락 Studio Perak

스튜디오 페락은 액세서리 전문점으로 발리 로컬 브랜드이다. 가격이 합리적이고 품질이 좋은 데다가 디자인도 심플하고 세련돼 인기가 많다. 하노만 숍에서는 자체적으로 실버 액세서리 만들기 클래스를 진행하기도 한다. 몽키 포레스트 로드, 데위 시타 로드에도 실버 숍이 있다.

위치 하노만 로드에 위치. 원숭이 숲에서 도보로 약 8분
운영 09:00~20:30
주소 Jl. Hanoman, Ubud 전화 0812-365-1809
홈피 www.facebook.com/studioperak

Shopping

5

콘피처 드 발리 Confiture de Bali

저렴하고 질 좋은 핸드메이드 잼과 꿀을 파는 파는 가게이다. 바나나, 코코넛, 비그나이, 드래곤 프루트, 구아바, 망고, 파파야, 타마린드 등 열대 과일을 재료로 한 트로피컬 잼이 주를 이룬다. 수제 잼은 한 병(40~330ml)에 17~52K 정도. 가게 규모는 작지만, 상품의 종류는 다양한 편이며 안쪽에 직접 맛을 보고 고를 수 있도록 시식 코너도 마련되어 있다. 프랑스 정통 방식의 달달한 크레이프나 부드러운 푸딩 등 그날그날 맛볼 수 있는 간단하고 달콤한 메뉴들도 선보인다.

위치 데위 시타 로드에서 구타마 로드로 접어들면 바로 왼쪽에 있다.
운영 09:00~22:00
주소 Jl. Gootama, Ubud
전화 0812-3646-6269
홈피 www.confituredebali.net

Stay : 5성급

❶ 코마네카 비스마 Komaneka at Bisma

코마네카에서 내놓은 세 번째 야심작이다. 2개의 수영장을 보유하고 있는데 스파 바로 앞 수영장은 아기자기한 분위기이고, 메인 수영장은 주변 자연경관과 어우러져 시원스러운 전망을 자랑한다. 객실은 크게 풀 빌라 타입과 일반 객실로 나뉜다. 비스마 스위트라는 명칭의 일반 객실은 공간이 상당히 넓고 고급스러운 데다 공용 풀장이 워낙 잘 되어 있어 풀 빌라를 고집하지 않아도 만족감을 느낄 수 있다.

단점이라면 우붓 중심과 약간 떨어져 있다는 것인데 정기적인 무료 셔틀을 운행하고 있고 차량 여부에 따라 융통성 있게 시간 외에 서비스를 해주기도 하니 큰 불편함은 없다.

위치	비스마 로드, 우붓 왕궁에서 차로 3분
요금	비스마 스위트 USD315~
주소	Jl. Bisma, Ubud
전화	0361-971-933
홈피	bisma.komaneka.com

Stay : 5성급

2

마야 우붓 Maya Ubud Resort & Spa

우붓 메인 로드에서 그리 멀지 않은 뻬따누Petanu 강과 접하고 있는 리조트로 일반 객실과 빌라가 함께 있다. 리조트 양옆으로는 계곡과 논이 감싸고 있으며 말끔하게 가꾼 가든이 인상적이다. 총 108개의 객실로 일반 객실이 48개, 빌라가 60채이다. 일반 객실은 로비와 연결된 건물에 있으며 슈피리어와 디럭스로 나뉘고 굉장히 심플한 느낌이다. 빌라는 크게 2가지 타입으로 슈피리어 가든 빌라와 디럭스 풀 빌라가 있는데, 개인 풀이 작은 것이 아쉽게 느껴지지만, 다행히도 리조트 내에 밸리뷰와 리버뷰가 있는 매력적인 수영장이 2개나 있다. 수영장 외에도 마야 사리 레스토랑, 리버 카페, 스파 등 부대시설이 훌륭한 편이며 테니스, 요가, 트레킹, 사이클링, 전통 댄스, 회화 레슨, 쿠킹 등 액티비티 또한 다양하다.

위치	우붓 메인 로드에서 동쪽으로 차로 5분 소요
요금	디럭스 USD310~
주소	Jl. Gunung Sari, Peliatan, Ubud
전화	0361-977-888
홈피	www.mayaresorts.com

3

만다파 어 리츠칼튼 리저브 Mandapa a Ritz Carton Reserve

리츠칼튼이 우붓에 진출해 오픈한 이곳은 100개 이하의 소규모 객실로 치밀하고 집중적인 서비스가 강점이다.
우붓의 마을 하나를 뚝 떼어다 놓았는지, 마을 안에 리조트를 지은 건지 분간이 안 될만큼 리조트 자체가 하나의 촌락을 연상시킨다. 발리의 전통미를 리조트 안에 자연스럽게 녹이고 우붓의 자연환경을 최대한 살려 라이스 필드가 리조트 곳곳에, 아융 강 계곡과 열대 우림이 사방으로 둘러져 있다.
객실은 스위트와 빌라로 총 60개이다. 35개의 스위트는 전망과 객실 크기에 따라 리저브 스위트와 만다파 스위트로 나뉜다. 미닫이문으로 침실과 거실이 분리되며 발코니, 거실, 욕실이 모두 넓다. 25채의 빌라는 모두 1베드룸 풀 빌라로 일반 풀 빌라, 라이스 테라스 풀 빌라, 리버 프런트 풀 빌라로 객실 컨디션은 동일하고 위치와 전망에 따라 나뉜다. 라이스 테라스 뷰가 인상적인 아담한 규모의 메인 수영장 주변으로 바와 조식당이 있고 아융 강 계곡 쪽에 로맨틱한 분위기가 일품인 쿠부 레스토랑이 있다. 요가 등 무료 액티비티도 운영하고 있으니 관심이 있다면 활용해보자.

위치	로열 피타 마하와 포 시즌스 사얀의 중간에 위치, 우붓 중심에서 차로 약 15분 소요
요금	리저브 스위트 USD575~
주소	Jl. Kedewatan, Banjar Kedewatan, Ubud
전화	0361-479-2777
홈피	www.ritzcarlton.com

Stay : 5성급

4

호시노야 발리 Hoshinoya Bali

호시노야는 일본의 유명 호텔 기업인 호시노 리조트의 최고급 브랜드로 주변 환경과 조화가 뛰어난 명작 리조트로 평가받는다. 교토, 가루이자와, 도쿄 등 일본에만 있던 호시노야가 발리에 문을 열었으니 이곳은 호시노야의 첫 해외 진출작인 셈이다.

호시노야 발리는 푸른 정글과 강이 내려다보이는 우붓의 푸른 언덕 위에 살포시 안착했다. 3ha의 부지에 총 30개의 빌라가 부촌을 연상시키듯 정갈하고 평화롭다. 빌라는 70m의 운하 수영장과 연결되어 있으며 각각의 빌라에서 바로 수영장으로 나갈 수 있다(유네스코 세계문화유산인 발리의 전통 관개 수로 '수박Subak'이 실제 리조트 안에 흐르고 있다. 이 수로에서 모티브를 얻어 운하 수영장을 설계했다고 한다). 빌라는 3가지 타입으로 잘락, 소카, 불란이 있다. 잘락은 정글뷰가 있으며 침실과 거실이 분리되어 있고 식당, 스파 같은 부대시설과 가장 가깝다. 소카는 2층 구조로 거실과 침실이 분리되어 있고, 불란은 침실과 거실이 한 공간에 있다. 정글을 따라 레스토랑, 카페 가제보, 요가 가제보, 스파, 라이브러리 같은 부대시설이 길게 줄지어 있다. 그중 정글 속의 새장을 연상시키는 카페 가제보는 전망도 시원하고 음료 메뉴도 뛰어나니 꼭 이용해보자. 인도네시아 전통차 체험, 요가, 전통 공연, 차낭 만들기 등 액티비티가 알차며 우붓 시내까지는 무료 셔틀 차량을 제공한다.

위치	우붓 중심에서 북동쪽으로 11km 떨어져 있으며 차로 약 30분 소요
요금	빌라 불란 USD510~
주소	Jl. Pejeng Kangin, Tampaksiring, Gianyar
전화	0815-03786-1144(예약), 0361-849-3080
홈피	hoshinoyabali.com/en

Stay : 5성급

5

사마야 우붓 The Samaya Ubud

사마야 스미냑에 이은 우붓의 두 번째 사마야이다. 스미냑의 사마야가 고급스럽고 모던하다면 이곳은 미니멀한 빌라들이 우붓의 자연과 어우러져 묘하게 시크하다. 우붓 시내에서 떨어진 사얀 지역의 숲과 논이 보이는 계곡 중턱에서 시작해 아융 강 아래까지 빌라 16채가 놓여 있다. 모두 개인 수영장을 갖춘 풀 빌라로 1~3베드룸으로 이루어져 있다. 1베드룸 빌라는 크게 힐 사이드 빌라, 힐 뷰 빌라 그리고 아융 강 전망이 있는 아융 빌라로 나뉜다. 이중 아융 빌라가 살짝 작지만 전반적으로 크기와 객실 컨디션은 비슷하다. 공용 수영장은 규모가 크지 않은 편이고 스파와 레스토랑이 훌륭하다. 특히 매일 무료로 제공되는 애프터눈 티와 무제한 주문식의 아침 식사 등 식음료 면에서 강세를 보인다. 아융 강을 바로 옆에 두고 식사를 즐길 수 있는 스웹트 어웨이는 외부손님들에게도 사랑받는 곳이다. 투숙객에게는 원하는 때에 우붓 시내 왕복 픽업 서비스를 제공한다.

위치	우붓 사얀 지역에 위치, 아융 강과 접하고 있으며 우붓 시내에서 차로 10분 정도 소요
요금	힐 사이드 1베드룸 빌라 USD570~
주소	Jl. Raya Sayan, Sayan, Ubud
전화	0361-973-606
홈피	www.thesamayabali.com

Stay : 5성급

6

파드마 리조트 Padma Resort Ubud

파드마는 11ha에 달하는 큰 규모의 리조트로 우붓 시내에서 북서쪽으로 더 들어가는 파양안 지역 열대 우림 속에 있다. 우붓의 푸른 정취를 맘껏 누릴 수 있지만, 우붓 시내와는 멀어 호텔 안에서 시간 보내기를 좋아하는 여행자에게 알맞다(우붓 시내까지 무료 셔틀 운행). 객실은 총 149개로 크게 프리미어와 스위트로 이루어져 있다. 프리미어는 기본 프리미어 객실 외에 프리미어 디럭스와 프리미어 클럽으로 다시 나뉘는데 객실 크기는 같다. 1층에 있는 프리미어 디럭스는 발코니에서 바로 호텔 정원으로 나갈 수 있으며 수영장과도 가장 가깝다. 전망에 욕심을 내는 여행자라면 2층과 3층에 있는 프리미어 클럽을 추천한다.

이 호텔에서 가장 아름다운 장소로 손꼽히는 수영장은 열대 우림과 마주하고 있다. 유선형으로 길게 뻗은 인피니티형 수영장으로 크기도 꽤 넓다. 이 외 부대시설로는 키즈 풀, 레스토랑, 카페, 바, 피트니스 센터, 스파, 조깅 코스 등이 있다.

위치	우붓 시내에서 차로 약 40분 소요
요금	프리미어 USD200~
주소	Banjar Carik, Desa Puhu Payangan, Ubud
전화	0361-301-1111
홈피	www.padmaresortubud.com

Stay : 5성급

❼

로열 피타 마하 The Royal Pita Maha

2005년 우붓 왕가가 문을 연 로열 피타 마하는 아융 강이 한눈에 내려다보이는 계곡 중턱에 있다. 로비 층에서 보이는 아융 강과 열대림은 말로 표현하지 못할 만큼 웅장하다. 총 52채의 빌라로 크게 풀 빌라와 힐링 빌라로 나뉘며, 풀 빌라 객실이 대부분이다. 아융 강 전망을 가진 3개의 레스토랑도 이곳의 자랑거리지만 로열 피타 마하에서 빼놓을 수 없는 건 다양한 수영장이다. 메인 수영장을 비롯해 계곡 풀과 긴 라군 풀이 아융 강 주변에 있다.

위치 우붓 시내에서 서북쪽 방향으로 차로 10분 정도 소요
요금 디럭스 풀 빌라 USD495~
주소 Jl. Raya Kedewatan, Kedewatan, Ubud
전화 0361-980-022
홈피 www.royalpitamaha-bali.com

Stay : 5성급

❽

피타 마하 Pita Maha Resort & Spa

짬뿌한 계곡에 있는 예스러운 부티크형 빌라 리조트이다. 빌라들이 모두 전통 발리식으로 꾸며져 리조트가 하나의 마을처럼 느껴진다. 이 마을 주변으로 열대 우림이 펼쳐져 우붓다운 휴식을 누릴 수 있다. 로열 피타 마하의 자매 호텔로 비슷한 듯하지만 규모는 작고 좀 더 세심한 서비스를 받을 수 있다.

총 24채의 빌라는 가든 빌라, 가든 풀 빌라, 풀 듀플럭스 빌라, 스파 빌라로 나뉜다. 발리의 전통미가 물씬 나는 객실에는 발리의 예술품이 가득하고 전반적으로 깔끔하게 관리되어 있다. 개인 수영장을 갖춘 풀 빌라가 가장 선호도가 높고, 풀 듀플럭스 빌라는 5명 이하의 가족들이 머물기 적합하다. 스파 빌라는 심신의 여유가 필요한 여행자에게 탁월한 선택. 객실 빌라 외에 야외 스파 발레와 스팀룸, 냉탕과 온탕 플런지 풀을 갖추고 있다. 수영장, 풀 바, 레스토랑, 스파가 부대시설로 있으며 우붓 시내까지 이동할 수 있는 무료 셔틀 차량을 운영한다.

위치 우붓 중심에서 차로 5분 소요
요금 1베드룸 가든 빌라 USD360~, 1베드룸 풀 가든 빌라 USD430~
주소 Jl. Raya Sanggingan, Kedewatan, Ubud
전화 0361-974-330
홈피 www.pitamaha-bali.com

Stay : 4성급

9

비스마 에이트 Bisma Eight Ubud

2015년 4월 비스마 로드에 우붓에서는 좀처럼 보기 힘든 디자인 호텔이 문을 열었다. 비스마 에이트는 모던 트로피컬 부티크 호텔로 젊고 감각적인 스타일이며 스위트 객실 38개만 소규모로 알차게 운영한다.
객실은 모던하고 편안한 분위기이며 욕실에는 일본식 히노키 욕조에서 착안한 속이 깊은 나무 욕조가 있고 객실에 따라 거실과 침실이 분리되거나 한 공간에 있다. 위치에 따라 포레스트 스위트, 캐노피 스위트, 가든 스위트 3개의 타입으로 나뉜다. 포레스트 스위트는 로비 건물과 분리된 호텔 서쪽에 있는데 푸른 정글뷰가 장점이다. 다른 스위트에 비해 좀 더 크고 전용 발코니에서 보는 일몰이 아름답다. 호텔 로비 건물 2층에는 캐노피 스위트가 있고 1층에는 가든 스위트가 있는데 가든 스위트는 거실과 침실 앞에 정원이 있어 바로 호텔 뜰로 나갈 수 있다. 열대 우림과 마주한 인피니티 풀이 호텔 옥상에 있고 그 외에 레스토랑, 카페, 풀 바, 작은 피트니스 센터가 부대시설로 있다. 특히 이 호텔의 레스토랑, 코퍼는 요즘 우붓에서 핫 플레이스로 손꼽힌다.

위치 비스마 로드에 위치, 코마네카 비스마와 가깝다.
요금 가든 스위트 USD240~
주소 Jl. Bisma, Ubud
전화 0361-479-2888
홈피 bisma-eight.com

Stay : 5성급

10

까만달루 Kamandalu Ubud

하루가 다르게 화려한 빌라와 리조트들이 속속 들어서는 우붓이지만 까만달루는 그중에서도 손꼽힐 정도로 관리가 잘된 럭셔리 부티크 빌라이다. 총 53개의 빌라는 우붓 샬레, 가든 빌라, 풀 빌라, 디럭스 풀 빌라 등으로 운영되고 있다. 전체적으로 소박하면서도 기품 있는 분위기이다. 빌라와 빌라 사이의 정원이나 골목도 아름다운 꽃나무들로 정성스레 가꾸어져 있다. 또 2개의 수영장이 별도로 마련되어 있는데 규모도 꽤 크고 운치가 있어 풀 빌라가 아니더라도 만족도가 높다. 우붓 샬레는 1층과 2층으로 구분되며 창을 통해 아름다운 우붓의 풍경을 즐길 수 있고 객실도 깔끔하고 여유롭다. 풀 빌라는 객실 외부의 풀과 정원 사이즈가 넉넉하고 샬레와 함께 멋진 분위기가 연출된다. 풀 사이즈나 모양, 위치는 객실마다 다르다.

위치 우붓 센터에서 차로 10~15분 소요, 바이스로이 가기 전에 위치
요금 우붓 샬레 USD245~
주소 Jl. Andong, Br. Nagi, Ubud
전화 0361-975-825
홈피 www.kamandaluresort.com

Stay : 4성급

⓫

알라야 우붓 Alaya Resort Ubud

합리적인 가격대의 숙소를 찾는 여행자에게 추천할 만한 리조트이다. 하노만 로드 끝에 자리하고 있으며 3층 건물에 60개의 객실을 갖추고 있다. 무채색으로 꾸며져 심플하면서도 깔끔한 분위기이며 객실 크기도 꽤 넉넉하다. 객실 타입은 디럭스와 알라야룸 두 가지로 객실 컨디션은 거의 같지만 디럭스에는 욕조가 없고 샤워 부스만 있다. 알라야룸은 2, 3층에 있어 디럭스룸보다는 주변 라이스 필드 전망이 좋다. 숙소 규모는 작으나 아기자기한 수영장과 세련된 분위기의 레스토랑, 최고급 스파로 알려진 달라 스파가 있다. 우붓 시내 중심까지 운영되는 무료 차량 서비스는 원할하진 않은 편.

위치 하노만 로드 끝에 위치
요금 디럭스 USD160~
주소 Jl. Hanoman, Ubud
전화 0361-972-200
홈피 www.alayahotels.com/alayaubud

Stay : 5성급

⓬

따나 가자 Tanah Gajah, a Resort by Hadiprana

(구) 더 체디 클럽

엄청나게 넓은 부지에 20채 남짓의 빌라가 자리하며 서비스 또한 24시간 버틀러 형태로 밀착된 서비스를 제공한다. 1베드룸은 다소 소박한 인테리어에 테라스만 딸려 있지만 1베드룸은 꽤 큰 규모의 수영장과 야외 가제보, 키친 등이 딸려 있고 객실도 고급스럽다. 특히 레스토랑은 논 한가운데 자리하고 있어 가슴이 확 트이는 멋진 전망을 자랑한다. 공용 수영장도 상당히 넓은 편이며 낮 시간에 수영장 주변에서는 알코올을 제외한 음료가 무제한 무료로 제공된 이 밖에도 1인 6장씩 세탁 서비스, 우붓 센터까지 트랜스퍼, 애프터눈 티 서비스 등 이용할 수 있는 혜택이 많은 편이다.

위치 우붓에서 고아 가자 가는 길로 직진하다 보면 우측에 있다.
요금 1베드룸 클럽 스위트 USD500~
주소 Jl. Goa Gajah, Tengkulak Kaja, Ubud
전화 0361-975-685
홈피 www.tanahgajahubud.com

Stay : 5성급

13

포 시즌스 사얀 Four Seasons Resort Bali at Sayan

포 시즌스 체인이 주는 스케일과 안정감은 우붓에서도 이어진다. 바다도, 도시도, 산도 아닌 들과 계곡에서 포 시즌스의 상상력이 아름답게 발휘돼 푸른 자연 속에 유선형의 건물로 안착했다. 총 60개의 객실이 메인 빌딩에 모여 있는데 18개의 스위트룸과 프런지 풀을 갖춘 42개의 빌라로 이루어져 있다. 넉넉한 공간에 편안한 느낌의 가구와 패브릭으로 아늑한 분위기를 주는 객실이다. 부대시설로는 아융 강이 바로 보이는 2단 수영장과 근사한 분위기의 메인 레스토랑 아융 테라스, 실력과 서비스를 갖춘 더 스파 등이 있다.

위치	우붓 사얀 지역에 위치, 아융 강과 접하고 있으며 우붓 시내에서 차로 10분 정도 소요
요금	1베드룸 복층 디럭스 스위트 USD540~
주소	Jl. Raya Sayan, Sayan, Ubud
전화	0361-977-577
홈피	www.fourseasons.com/sayan

Stay : 5성급

14

바이스로이 Viceroy Bali

2005년 오픈한 럭셔리 빌라로 우붓의 산속 깊은 곳에 있다. 그 덕에 야생의 숲 전망과 조용하고 프라이빗한 분위기가 보장된다. 모든 빌라는 시원스러운 대리석과 고급스러운 가구들로 완비되어 있어 럭셔리하다. 객실 분위기가 화사하고 특히 말끔하게 단장한 디럭스 빌라는 넓고 풀 위에 아기자기한 정자도 있어 신혼여행객에게 큰 인기를 얻고 있다. 외부 손님들에게도 인기가 많은 캐스케이즈 레스토랑과 름바 스파는 바이스로이에 투숙하는 이들이라면 꼭 한번 경험해봐야 한다. 우붓 센터까지 운행하는 무료 왕복 트랜스퍼 서비스와 함께 저녁에는 캐스케이즈 바에서 이브닝 칵테일도 제공되니 호젓한 저녁을 보낼 수 있다. 우붓 센터까지 무료 왕복 차량 서비스를 운영하고, 저녁에는 캐스케이즈 바에서 이브닝 칵테일도 제공하니 호젓한 저녁을 보낼 수 있다.

위치	우붓 센터에서 차로 약 15분 소요
요금	풀 스위트 USD600~
주소	Jln. Lanyahan, Br. Nagi, Ubud
전화	0361-971-777
홈피	www.viceroybali.com

Stay : 4성급

⑮

카자네 무아 Kajane Mua

꾸준한 인기를 유지하며 고객의 재방문 비율도 높은 곳이다. 카자네의 인기 비결은 단연 위치와 서비스다. 몽키 포레스트 로드 한가운데에 위치해 이리저리 움직이기 편하다. 또한 원하면 어디든 데려다주고 데리러 오는 서비스가 있어 별다른 교통수단이 없는 우붓에선 환영할 만하다. 객실의 위치, 크기나 스타일에 따라 다양한 카테고리가 있는데 비교적 신축 빌라의 경우 시설은 훨씬 낫지만 입구에서 멀어 불편할 수 있다.

위치 몽키 포레스트 로드 중심, 우붓 왕궁에서 도보 5분 소요
요금 디럭스 USD150~
주소 Jl. Monkey Forest, Ubud
전화 0361-972-875 홈피 kajancbali.com

Stay : 5성급

⑯

코마네카 땅가유다
Komaneka at Tanggayuda

코마네카의 두 번째 리조트로 우붓 시내에서 떨어진 땅가유다 마을에 있다. 총 20개의 객실로 4개의 스위트룸과 16개의 풀 빌라가 있다. 풀 빌라는 밸리 풀 빌라와 코트야드 풀 빌라로 나뉘는데 모던한 발리니스 분위기다. 밸리 풀 빌라는 계곡 전망의 풀이 가장 큰 매력이다. 외지다는 것이 단점이 될 수 있지만 그만큼 주변 전망이 아름답다.

위치 우붓 시내에서 차로 15분 정도 소요
요금 가든 빌라 USD320~, 코트야드 풀 빌라 USD340~
주소 Br. Tanggayuda, Kedewatan, Ubud
전화 0361-978-123 홈피 tanggayuda.komaneka.com

Stay : 4성급

⑰

코마네카 라사 사양
Komaneka at Rasa Sayang

우붓 여행자에게 늘 사랑받는 코마네카의 호텔이다. 기존 코마네카 리조트의 서비스나 객실 수준은 물론, 무엇보다 몽키 포레스트 로드에 자리하고 있어 위치 면에서는 별 다섯 개를 주고 싶은 곳이다
객실은 테라스, 욕실, 침실 모두 공간이 넓은 편이지만 테라스에 별다른 뷰가 없는 것이 코마네카 비스마에 비해 아쉽다. 부대시설로는 수영장, 스파, 바, 레스토랑 등이 있으며 숲을 향해 있는 유선형의 수영장은 청량한 느낌을 준다. 투숙객에게는 매일 오후 애프터눈 티가 제공되고 무료 셔틀, 네카 미술관 무료 입장 등의 혜택이 제공된다.

위치 몽키 포레스트 로드 중심에 위치
요금 디럭스 USD183~
주소 Jl. Monkey Forest, Ubud 전화 0361-975-491
홈피 rasasayang.komaneka.com

Stay : 5성급

⑱

코마네카 몽키 포레스트
Komaneka at Monkey Forest

몽키 포레스트 로드 중심에 자리 잡고 있어 최고의 위치를 자랑하면서도 주변이 논으로 둘러싸여 있어 평화롭기까지 하다. 총 20개의 객실로 디럭스룸, 스위트룸, 풀 빌라가 있으며 디럭스룸은 1층 또는 2층에 위치해 있다. 2층에 위치한 스위트룸은 디럭스룸에 비해 객실이 좀 더 크고 발코니도 넓다.

위치 몽키 포레스트 로드에 위치, 우붓 왕궁에서 도보 5분 소요
요금 스위트 USD252~
주소 Jl. Monkey Forest, Ubud
전화 0361-479-2518
홈피 monkeyforest.komaneka.com

Stay : 5성급

19

뿌리 울란다리 Puri Wulandari

우붓 센터에서 차로 20분 정도 떨어져 있다는 점이 다소 불편하지만, 그 어느 곳에서도 느껴보지 못한 특별한 전망과 호젓하고 평화로운 분위기를 만끽할 수 있다. 심플한 로비에서 내려다보이는 웅장한 정글뷰도 멋지지만 빌라마다 수영장 앞으로 떨어지는 정글뷰는 한동안 넋을 잃게 한다. 단 35개의 빌라만 운영하는 부티크 빌라로 1베드룸이 대부분을 이루며 2~3베드룸도 있다.
인기가 많은 1베드룸 빌라는 전통 발리니스 느낌으로 살짝 올드한 느낌이 들지만 방과 분리된 정원에 거실, 수영장, 독특한 가제보 공간이 마련되어 있다.

위치 우붓 센터에서 차량으로 15~20분 소요된다. 끄데와딴 로드를 따라 직진, 로열 피타 마하를 지나 조금만 가면 왼쪽에 있다.
요금 1베드룸 계곡뷰 풀 빌라 USD450~
주소 Banjar Tanggayudha, Desa Kedewatan, Ubud
전화 0361-980-252
홈피 www.hotelpuriwulandari.com

Stay : 5성급

20

베벡 뜨삐 사와 Bebek Tepi Sawah Restaurant & Villas

객실 6개로 시작한 아담한 숙소였지만 꾸준한 관리로 인기를 끌면서 객실 수와 규모를 넓혀가고 있다. 객실은 시설과 사이즈에 따라 5개의 종류로 나뉘는데 하위 카테고리인 바투안 빌라Batuan Villa를 포함한 모든 빌라들에 개인 테라스가 있고 공간도 여유로운 편이다. 특히 타만 빌라Taman Villa는 바투안 빌라보다는 좀 더 모던하고 화사한 분위기로 꾸며져 있다. 크진 않지만 수영장도 레스토랑 주변에 아기자기하게 마련돼 있으며 호텔 부속 레스토랑인 베벡 뜨삐 사와 레스토랑은 오리고기 요리로 평판이 좋다. 이곳에 묵는다면 한번 방문해보자.

위치 몽키 포레스트 로드를 따라 남쪽으로 직진해 고아 가자 방면으로 우회전한다. 조금만 가면 왼쪽에 간판이 보인다.
요금 바투안 빌라 USD140~
주소 Jl. Raya Goa Gajah, Ubud
전화 0361-972-987
홈피 www.bebektepisawahvillas.com

Stay : 5성급

21

알람 인다 Alam Indah

원숭이 숲 뒤편에 자리하고 있어 주변이 모두 푸르다. 1995년 문을 연 알람 계열의 첫 호텔로 다소 낡긴 했지만 객실 수가 많지 않고 분위기도 고요해 한가롭게 휴가 보내기 좋다. 객실은 총 10채인데, 정원이나 계곡 또는 숲을 조망하고 발리 스타일로 꾸며져 있다. 아담한 수영장과 라운지, 정원 등이 부대시설로 있으며 우붓 내 셔틀 차량도 운행한다. 세월의 흔적은 숨길 수 없는 법, 순차적인 보수 공사로 쾌적하게 탈바꿈 중이다.

위치 원숭이 숲과 가깝다. 우붓 왕궁에서 차로 10분 소요
요금 가든뷰 USD65~
주소 Jl. Nyuh Bojog, Ubud
전화 0361-974-629
홈피 www.alamindahbali.com

Stay : 5성급

㉒

아만다리 Amandari

다른 아만 계열 리조트와 비교해서 강한 인상을 주는 곳은 아니다. 하지만 우붓과 잘 어우러지는 숙소로 마치 발리 귀족 마을을 연상시킨다. 객실은 모두 동일한 사이즈와 디자인인데 개인 수영장이 딸려 있는지, 계곡에 위치하는지에 따라 카테고리가 구분된다. 가장 낮은 카테고리인 빌리지 스위트와 밸리 스위트를 제외한 모든 객실에는 꽤 여유로운 개인 풀이 딸려 있다. 내부에는 짐과 스파, 부티크 숍, 라이브러리, 레스토랑, 아름다운 공용 풀까지 시설이 부족함 없이 갖추어져 있다. 외부 활동이 없이 조용하게 휴양을 즐기고 싶은 여행자에게 적격이다.

위치 끄데와딴 로드의 골목 안쪽에 자리해 있다. 우붓 왕궁에서 차로 약 10분
요금 빌리지 스위트 USD730~
주소 Jl. Raya Kedewatan, Kedewatan, Ubud
전화 0361-975-333
홈피 www.aman.com/resorts/amandari

Stay : 5성급

㉓

코모 샴발라 Como Shambhala Estate

최고급 숙소로 꼽을 수 있는 코모 계열의 숙소다(우붓에 있는 또 다른 코모 계열 숙소로 우마 우붓이 있다). 8ha라는 엄청난 부지에 단 15채의 빌라만을 운영하고 있어 여유로운 느낌이다. 부지가 넓다 보니 투숙객끼리 마주치는 일이 드물 정도로 프라이빗하고 조용하다. 비용에 대한 부담만 없다면 완벽한 휴식을 꿈꾸는 여행자들에게 제격인 숙소다.

위치 우붓 센터에서 차로 약 15분 소요
요금 가든 USD460~
주소 Br. Begawan, Desa Melinggih Kelod, Payangan, Gianyar
전화 0361-978-888
홈피 www.comohotels.com/comoshambhalaestate

Stay : 5성급

㉔

행인 가든 Hanging Gardens of Bail

금방이라도 밀림 속으로 빠져들어 갈 것 같은 거대한 2단 수영장으로 유명한 행인 가든은 가장 멋진 뷰를 감상할 수 있는 곳으로 손꼽힌다. 38개의 객실은 뷰와 사이즈에 따라 4개 타입으로 구분된다. 시설은 무난한 편이나 개인 풀장과 거실에서 내려다보이는 풍경이 압권이다. 우붓 센터에서 떨어져 있어 이동이 다소 불편하지만 프라이빗한 분위기를 원하는 연인들에게 인기가 좋다.

위치 우붓 센터에서 차로 약 30분 소요
요금 리버사이드 빌라 USD610~
주소 Desa Buahan Payangan, Gianyar
전화 0361-982-700
홈피 hanginggardensofbali.com

25

센스 호텔 우붓 SenS Hotel & Spa + Conference Ubud

발리스러운 분위기보다는 깔끔하고 현대적인 분위기의 중저가 숙소를 찾고 있다면 센스 호텔을 고려해보자. 스미냑 등지에도 체인을 가지고 있는데 그중 우붓 지점은 좋은 평가를 받고 있다. 위치적으로 우붓 왕궁과 가깝고 걷기 힘든 경우 무료 셔틀도 운영하고 있다. 슈피리어룸은 트윈베드 혹은 더블베드가 놓여 있으며 성인 2명까지만 투숙이 가능하다. 슈피리어 플러스룸은 슈피리어룸보다 살짝 크며 데이베드가 놓여져 있어 성인 3명까지 투숙이 가능하다. 프리미어룸부터 객실 크기 차이가 많이 나는데 객실 사이즈도 크지만 프리미어룸부터 욕조가 설치되어 있고 객실에 테라스가 딸려 있다.
건물 안쪽으로 작은 수영장이 마련되어 있으며 그 옆으로 조식당으로 이용되는 레스토랑이 자리하고 있다. 조식은 뷔페식으로 제공되는데 가짓수가 많지는 않지만 과일, 야채 등 재료가 신선하고 깔끔하게 유지되고 있으며 즉석에서 해주는 계란 요리도 괜찮은 편이다. 이 밖에 규모는 작지만 짐Gym과 스파 등 부대시설도 내실 있게 갖추어져 있는 편이다.

위치	우붓 왕궁에서 도보 약 5분
요금	슈피리어 USD86~
주소	Jl. Sukma, Tebesaya, Ubud
전화	0361- 849-3328
홈피	www.senshotelsresorts.com

Stay : 2성급

26

뜨갈 사리 Tegal Sari Accommodation

21개의 룸을 가진 작은 규모의 숙소이지만 오랜 시간 깨끗하게 잘 관리를 해오고 친절해서 꾸준한 인기를 끌고 있다. 비교적 저렴한 객실 가격도 인기 요인 중 하나. 군더더기 없는 슈피리어룸도 부족함이 없으나 우든룸이 뜨갈 사리의 최고 인기 객실. 창을 통해 시원하게 들어오는 라이스 테라스 뷰도 멋지고 발코니 쪽에 널찍한 데이베드를 두어 호젓한 시간을 보낼 수 있다. 작지만 수영장과 짐도 갖추고 있다.

위치 몽키 포레스트 로드를 따라 남쪽으로 내려와 오른쪽으로 꺾어져 약 3분 정도 걸으면 우측에 사인 보드가 보인다.
요금 슈피리어 350K~, 우든 550K
주소 Jl. Raya Pengosekan, Padang Tegal Ubud
전화 0361-973-318 홈피 www.tegalsari-ubud.com

Stay : 3성급

27

드래곤플라이 빌리지 Dragonfly Village

숙소가 논으로 둘러싸여 평화롭고, 요가 수행자 위한 공간이 잘 마련돼 있다. 요가 워크숍(교육자 트레이닝이 많음. 요가 도구 구비)이 종종 열리며 자체적으로 준비해 오는 그룹 손님도 꽤 있다. 그 외 부대시설은 작지만 알차며 심신의 활력을 채우는 스팀 사우나, 소금물 수영장, 카페가 있다. 객실은 앤티크 방갈로로 실제 자바 섬에 있던 100년도 넘은 가옥의 나무를 공수해 다시 지은 것. 투박하고 멋스럽다.

위치 우붓 메인 로드에서 짬뿌한 다리 방향으로 가다가 다리가 나오기 전에 아방안 방갈로Abangan Bungalows 입구인 오른쪽 언덕길로 올라간다. 차는 언덕 공터까지만 들어갈 수 있다. 그 이후에는 좁은 오솔길을 따라 사리 오가닉 방향으로 걷는다. 숙소에 연락하면 공터까지 오토바이로 픽업을 나온다.
요금 스탠더드 더블 USD980~
주소 Jl. Subak Sok Wayah, Ubud 전화 0851-0045-1689
홈피 www.dragonfly-village.com

Stay : 1성급

28

우붓 레스타리 방갈로
Ubud Lestari Bungalows

일본인이 운영하는 소규모 숙소로 깔끔하고 가격도 합리적이다. 2층 구조의 건물에 1베드룸 객실이 총 6개, 논 전망이 있는 수영장까지 갖추었다. 모든 객실에는 테라스가 있으며 투숙객 대부분이 일본인 여행자다. 골목 안쪽에 위치해 한적하고 여유롭지만 숙소 앞까지 차량이 드나들 수 없다는 점은 아쉽다.

위치 몽키 포레스트 로드, 랩핑 부다 바 옆 작은 골목으로 100m 정도 직진하면 나온다.
요금 스탠더드 400K~(1인)/450K~(2인)
주소 Jl. Monkey Forest, Ubud 전화 0361-972-797
홈피 www.ubud-lestari.com
메일 lestatibungalowa@gmail.com

Stay : 3성급

29

원월드 리트리트 쿠마라
Oneworld Retreats Kumara

푸른 자연에 파묻힌 숙소에서 휴식을 취하며 요가 파빌리온에서 진행되는 수준급의 요가를 경험해보자. 휴가 일정이 여유롭다면 이곳의 6박 7일 리트리트retreat를 눈여겨볼 것. 명상과 요가로 심신의 체증을 푸는데, 숙박을 비롯해 식사(점심 또는 저녁 9회), 요가(11회), 스파(2회), 띠르따 엄뿔 정화의례, 바뚜르 산 일출 & 요가, 논 트레킹, 공항 픽업 차량 등이 포함되어 있다.

위치 우붓 메인 로드에서 북쪽으로 1.5km 정도 떨어진 수웨타 로드에 위치. 우붓 왕궁에서 차로 5분 거리이다.
요금 1박 USD150(싱글)/USD170(트윈), 6박 7일 리트리트 USD1,950(싱글)
주소 Jl. Suweta, Banjar Sambahan, Ubud
전화 0361-289-752
홈피 www.oneworldretreats.com

Stay : 4성급

30

네파타리 Nefatari Exclusive Villas

우붓 시내에서 조금 떨어진 곳에 있지만 친절한 스태프와 편리한 차량 서비스로 리틀 카자네 무아로 불리며 많은 사랑을 받고 있는 곳이다. 9개의 빌라는 리노베이션을 거쳐 수영장과 욕실이 더욱 깔끔하게 변했다. 1베드룸과 2베드룸 빌라를 갖추고 있는데 2베드룸의 수영장이 2m 정도로 길고 좀 더 모던한 느낌이다.

위치 우붓 센터에서 차로 약 10분 정도 소요
요금 1베드룸 풀 빌라 185K~, 2베드룸 풀 빌라 275K~
주소 Br. Katiklantang, Desa Singakerta, Ubud
전화 0361-972-891
홈피 www.nefatari-bali.com

Stay : 1성급

31

우붓 방갈로 Ubud Bungalow

몽키 포레스트 로드에 위치한 깔끔한 방갈로로, 에어컨이 설치된 4개의 슈피리어룸과 선풍기가 설치된 14개의 스탠더드룸을 갖추고 있다. 무엇보다 가격이 저렴한 데다 수영장과 테라스를 갖추고 있으며 직원들도 친절한 편이라 인기가 많다.

위치 몽키 포레스트 로드 남단, 원숭이 숲까지 걸어서 6분 소요
요금 스탠더드 USD31~, 슈피리어 US46~
주소 Jl. Monkey Forest, Ubud
전화 0361-971-298
홈피 www.ubud-bungalow.com

Stay : 2성급

32

자띠 쓰리 방갈로 Jati 3 Bungalows & Spa

몽키 포레스트 로드 중심에 자리 잡아 대중교통이 없는 우붓에서의 가치가 더 빛나는 저가 숙소. 객실은 테라스, 깔끔한 침대, 화장대, 에어컨 등을 갖추고 있으며 드라이어와 냉장고가 없다는 것이 단점. 식당에서는 아침 식사가 제공된다. 가족이 묵을 수 있는 패밀리룸과 에어컨 없는 저렴한 팬룸도 있다.

위치 몽키 포레스트 로드 중심, 로투스 레인 안쪽 골목으로 들어가면 있다(로투스 레인 레스토랑 옆 골목).
요금 스탠더드 더블 USD35~
주소 Jl. Monkey Forest, Ubud
전화 0361-973-249 홈피 www.jati3bungalows.com

Stay : 1성급

33

우붓 윈스 방갈로 Ubud Win's Bungalow

장기 투숙하고 싶은 우붓의 작은 숙소이다. 우붓 메인 로드에서 도보 10분 거리로 위치도 좋은 데다가 방도 넓고 깨끗하다. 객실 발코니에 준비되는 정성스럽고 푸짐한 조식도 만족스럽다. 특히 디럭스 더블룸(샤워실 포함)과 디럭스 킹룸은 노을을 감상하기에 최고다. 에어컨, 냉장고, 소파, 화장대도 구비되어 있으며 단점이라면 욕실이 조금 어둡다.

위치 우붓 메인 로드에서 카젱 로드를 따라 도보 10분, 우측에 있다.
요금 디럭스 더블룸 USD30~
주소 Jl. Kajeng, Ubud
전화 0896-8580-0405
홈피 ubud-wins-bungalow.business.site
메일 winsbungalows@gmail.com

Special Activity

메이슨 엘리펀트 파크 앤 롯지

Mason Elephant Park & Lodge

여행 일정 중 색다른 추억을 원한다면 메이슨 엘리펀트 파크 앤 롯지를 추천한다. 메이슨 엘리펀트 파크 앤 롯지 내에 있는 숙소로 사파리 파크만을 방문할 수도 있지만 숙소를 예약하면 숙소 가격에 공원 입장료와 무료 액티비티 일부가 포함되므로 최소 1박 이상의 여정을 계획하는 것이 좋다. 코끼리 쇼, 나이트 사파리, 코끼리 라이딩, 코끼리 목욕시키기 등 다양한 액티비티가 있어 아이와 함께하는 가족 여행객들에게 특히 적합하다. 또한 이곳에서 관리하고 아융 강에서 진행되는 화이트 워터 래프팅White Water Rafting은 철저하게 안전 관리된 보행로와 깔끔한 라커룸, 상태가 좋은 장비 등 한 단계 업그레이드된 수준으로 투어를 즐길 수 있다.

코끼리와 함께하는 액티비티가 많아 기본적으로 롯지 입구는 2층 높이의 계단 위에 설치되어 있으며 내부는 화려하진 않지만 깔끔하고 자연 친화적인 분위기로 꾸며져 있다. 아담한 규모의 수영장과 바, 레스토랑, 기념품 숍, 박물관 등 부대시설도 잘 갖추어져 있는 편이다. 우붓 시내까지 무료 셔틀버스를 운행한다. 객실은 객실만 예약하거나 식사, 액티비티, 픽업 서비스 등 다양한 옵션을 선택해서 예약할 수 있으니 꼼꼼히 따져보자.

위치 우붓 시내에서 차로 약 30분
주소 Jl. Elephant Park Taro, Taro Village, Tegallalang, Ubud
전화 0361-898-8888, 0361-721-480
홈피 www.masonelephantlodge.com

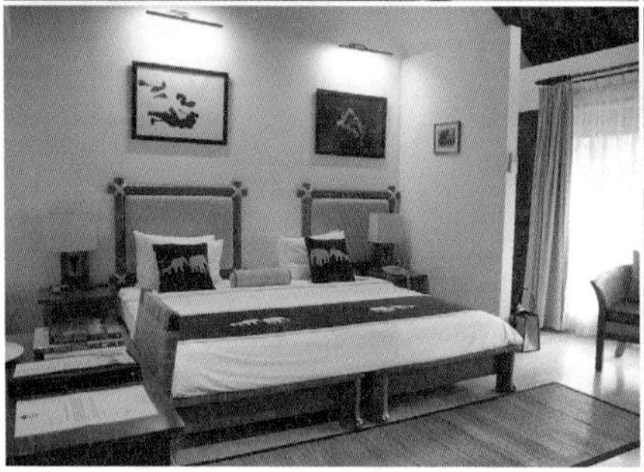

✖ 메이슨 엘리펀트 파크 액티비티

다양한 액티비티 패키지를 운영하고 있으며 웹사이트에서 정보 확인 및 예약이 가능하다.
일부 프로그램의 경우 나이 제한이 있으니 반드시 유의하자.

》 입장료
(모든 시설물 이용, 코끼리 쇼, 런치뷔페, 차량, 보험 등 포함)
성인 1,000K, 어린이 680K

》 엘리펀트 사파리 라이드 (10:00~16:00, 1일 2회)
(모든 시설물 이용, 코끼리 쇼, 조식뷔페, 사파리 라이드, 보험 등 포함)
성인 1,330K, 어린이 900K

》 엘리펀트 점보 워시
(모든 시설물 이용, 코끼리 쇼, 조식뷔페, 코끼리 목욕, 차량, 보험 등 포함)
성인 1,130K, 어린이 730K

발리 북부
Around Ubud

Sightseeing ★★★

❶

낀따마니 & 바뚜르 산 Kintamani & Gunung Batur

위치 발리 북동부에 위치, 우붓에서 북동쪽으로 1시간 20분 정도 소요

낀따마니는 바뚜르 산과 호수를 아울러 일대의 지역을 부르는 이름이다. 바뚜르 산은 아직도 거대한 분화구가 있는 활화산이며 바뚜르 호수는 분화구에 물이 고여 생긴 칼데라호이다. 낀따마니의 뻬네로깐Penerokan 마을에 가면 바뚜르 산과 호수를 조망할 수 있는 전망대가 있다. 사실 낀따마니 화산 지대는 1900년대에만 3번의 큰 분화를 겪으며 수많은 집과 사원이 사라진 슬픈 과거를 갖고 있다. 이제는 폭발로 만들어진 경관을 보러 많은 여행자가 이곳을 찾는다. 낀따마니를 여행할 때는 기념품 상인들을 조심해야 한다. 끈질기게 달라붙는 경우도 있으니 시비에 휘말리지 않도록 주의할 필요가 있다.

Sightseeing ★★☆

2

브두굴 Bedugul

발리 섬 중북부 산악 지역에 위치한 브두굴은 고원지대로, 제법 상쾌한 공기에 생경한 기분이 든다. 한낮에는 덥기도 하지만 흐린 날이나 아침저녁으로는 쌀쌀한 기운이 감돈다. 브두굴 지역에는 울룬 다누 브라딴 사원을 비롯해 발리의 주요 호수라고 할 수 있는 브라딴Beratan, 부얀Buyan, 땀블링안Tamblingan 호수가 있다. 이 중 가장 큰 호수는 브라딴 호수로, 울룬 다누 브라딴 사원과 접해 있다. 브두굴 북쪽에서는 부얀 호수와 땀블링안 호수를 함께 볼 수 있는 전망대가 있으며 땀블링안 호수 너머에는 문둑Munduk이라는 마을이 있는데 약재로 사용하는 정향나무가 많은 곳이다. 고가에 거래되는 정향 때문에 이곳 마을 사람들의 생활수준도 높은 편이다. 문둑을 지날 때 발리 북서부 지역을 내려다볼 수 있는 전망 좋은 식당이 많으니 일정에 참고하자. 브두굴 일대는 당일치기로도 충분히 둘러볼 수 있지만, 른장안이나 로비나 같은 발리 북부 지역을 오갈 때 들르면 더 좋다. 좀 더 시간을 갖고 머무르고 싶다면 문둑에 숙소를 마련하고 한적한 시간을 보내보자. 그 밖에도 브두굴 시장이나 발리 식물원Bali Botanical Garden 등 소소한 볼거리가 있다.

위치 우붓에서 차로 약 1시간 30분 소요

Bedugul

울룬 다누 브라딴 사원 Pura Ulun Danu Beratan

호수 위에 떠 있는 사원이다. 물(호수)의 여신인 데위 다누Dewi Danu를 모시며 11층의 탑이 세워져 있다. 인도네시아 5만 루피아 지폐 뒷면에 이 사원이 그려져 있을 만큼 중요한 곳이다. 보트를 빌려 브라딴 호수 주위를 둘러봐도 좋고, 사원 입구의 짠디 꾸닝 공원에서 브두굴의 맑은 공기를 만끽해도 좋다.

위치 발리 중북부에 위치, 우붓에서 북쪽으로 1시간 30분 정도 소요, 브라딴 호수와 인접해 있다.
요금 입장료 75K
홈피 ulundanuberatan.com

Sightseeing ★★☆

③

자띠루위 계단식 논 Jatiluwih Rice Field Terraces

자띠루위는 발리 중북부, 따바난Tabanan 지역에 자리한 농촌 마을이다. 바뚜카루 산Mount Batukaru을 끼고 있어 이 지역 90%가 완만한 산과 구릉 지대인데, 자띠루위 계단식 논은 이 바뚜카루 산의 등고선을 따라서 만들어졌다. 차곡차곡 쌓인 계단식 논이 광활하게 펼쳐져 장관이며 유네스코 세계문화유산으로 등재된 발리 전통 관개 시스템인 수박Subak이 있다. 고도 700m에 위치하고 있어 다른 지역에 비해 시원한 느낌이 드는데 도로 주변에 차를 세우고 직접 논길로 들어가볼 수 있다. 가볍게 트레킹을 즐기며 경치를 만끽하자.

위치 우붓에서 북서쪽으로 차량 이동 시 약 1시간 30분 소요
요금 입장료 50K
주소 Desa Jatiluwih, Kecamatan Penebel, Kabupaten Tabanan
홈피 jatiluwih.id

Sightseeing ★☆☆

④

문둑 폭포 Munduk Waterfall

발리 북부를 여행한다면 이동 중에 가까운 폭포에 들러 기념사진을 남겨보자. 폭포가 많은 문둑에서는 폭포 트레킹을 즐기는 여행자들도 있는데 주요 폭포 3개(Munduk Waterfall, Golden Valley Waterfall, Melanting Waterfall)를 돌며 4~6시간 동안 트레킹한다. 그중 문둑 폭포는 접근성이 가장 좋은 폭포다. 도로에서 바로 숲길을 따라 10분 정도 내려가면 쉽게 닿을 수 있고, 길도 잘 나 있고 찾기도 쉬워 장비나 가이드가 필요 없다. 브두굴에서 로비나나 믄장안으로 이동할 때 지나는 길에 둘러보면 좋다.

위치 울룬 다누 브라딴 사원에서 15km 떨어져 있다. 폭포 주차장에서 숲길을 따라 도보 10분 소요
요금 **입장료** 성인 20K, 어린이 10K
주소 Jl. Raya Munduk, Munduk, Buleleng

'신들의 섬'에서 느끼는 평온

Candidasa

짠디다사

화려한 불빛이 사라진 소박한 휴양지.
한가롭고 평온한 풍경에 저절로 스며든다.
진정한 매력을 아는 서양인들은 장기간 머물기도 한다.
발리 남부의 복잡함에서 한참 떨어져 나와
조금은 촌티 나는 휴양지, 그래서 더욱 특별하다.
발리의 '마더 템플'로 불리는 브사키 사원,
'물의 궁전' 띠르따 강가의 연못 정원 등에서
'신들의 섬'으로 불리는 발리를 느껴봐도 좋다.

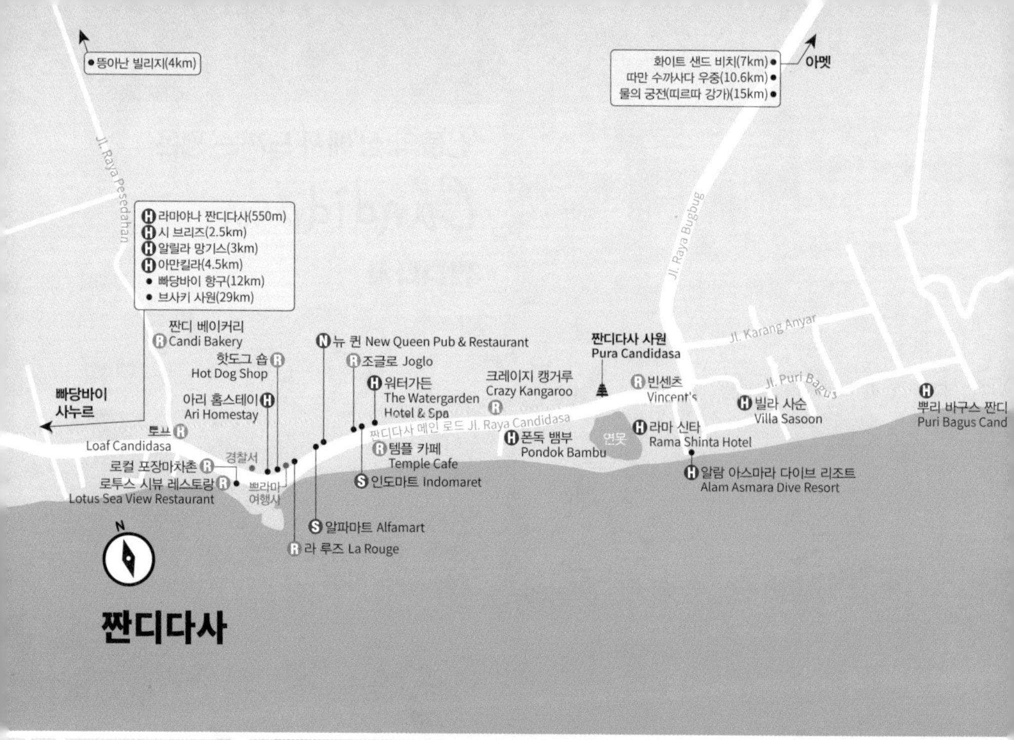
짠디다사
똥아난 빌리지(4km)
화이트 샌드 비치(7km)
따만 수까사다 우중(10.6km)
물의 궁전(띠르따 강가)(15km)
아멧
Jl. Raya Pesedahan
Jl. Raya Bugbug
라마야나 짠디다사(550m)
시 브리즈(2.5km)
알릴라 망기스(3km)
아만킬라(4.5km)
빠당바이 항구(12km)
브사키 사원(29km)
짠디 베이커리
Candi Bakery
핫도그 숍
Hot Dog Shop
아리 홈스테이
Ari Homestay
빠당바이
사누르
로프
Loaf Candidasa
경찰서
로컬 포장마차촌
로투스 시뷰 레스토랑
Lotus Sea View Restaurant
쁘라마 여행사
뉴 퀸 New Queen Pub & Restaurant
조글로 Joglo
워터가든
The Watergarden Hotel & Spa
짠디다사 메인 로드 Jl. Raya Candidasa
템플 카페
Temple Cafe
인도마트 Indomaret
알파마트 Alfamart
라 루즈 La Rouge
크레이지 캥거루
Crazy Kangaroo
폰독 뱀부
Pondok Bambu
연못
짠디다사 사원
Pura Candidasa
빈센츠
Vincent's
라마 신타
Rama Shinta Hotel
알람 아스마라 다이브 리조트
Alam Asmara Dive Resort
Jl. Karang Anyar
Jl. Puri Bagus
빌라 사순
Villa Sasoon
뿌리 바구스 짠디
Puri Bagus Cand

발리 동부
뗌복
Tembok
낀따마니
Kintamani
바뚜르 산
Gunung Batur(1,717m)
바뚜르 호수
Danau Batur
브라딴 호수
Danau Beratan
울룬 다누 브라딴 사원
Pura Ulun Danu Beratan
브두굴
Bedugul
뚤람벤
Tulamben
롬복 · 길리
아궁 산
Gunung Agung
(3,142m)
아멧 Amed
브사키 사원
Pura Besakih
물의 궁전
Tirta Gangga(띠르따 강가)
메이슨 엘리펀트 파크 앤 롯지
Mason Elephant Park & Lodge
띠르따 엄뿔 사원
Pura Tirta Empul
펭리뿌란 전통 마을
Penglipuran Traditoinal Village
암라뿌라
Amlapura
뜨갈랄랑 계단식 논
Tegallalang Rice Terraces
구눙 까위 사원
Pura Gunung Kawi
따만 수까사다 우중
Taman Soekasada Ujung
짠디다사 Candidasa
우붓 Ubud
고아 가자
Goa Gajah
빠당바이
Padangbai
롬복 · 길리
마스 Mas
(목공예)
꿀룽꿀
Klungkung
따만 아윤 사원
Pura Taman Ayun
기아냐르
Gianyar
발리 사파리 & 마린 파크
Bali Safari & Marine Park
롬복 해협
Lombok Strait
쯔룩
Celuk
수까와띠 재래시장
Sukawati Market

✚ 짠디다사 Candidasa

1. 짠디다사로 이동하기

가이드 차량

발리 동부로 향하는 길, 원거리 이동이므로 가는 길에 관광지도 둘러보고 가자. 예를 들어 우붓에서 짠디다사로 가는 길이라면, 구눙 까위, 띠르따 엄뿔, 낀따마니, 브사키 사원 등 발리의 북쪽 관광지에 들렀다가 짠디다사로 갈 수 있다. 보통 1일 10시간 기준 USD60. 외곽 지역이라 추가 요금을 지불해야 할 수도 있다.

택시

공항에서 짠디다사 메인 로드까지 530K 선, 1시간 30분~2시간 정도 소요.

렌터카

꾸따, 사누르에서 짠디다사로 가는 도로는 비교적 잘 닦여 있어 운전이 힘들지 않다. 사누르에서 1시간 정도 소요. 반대로 아멧에서 짠디다사 방향은 언덕이 많고 상당히 구불구불하다.

숙소 차량

고급 리조트에서는 무료 픽업 서비스를 제공하기도 한다. 또한 장기 투숙객이나 그룹 여행객에게 무료 차량 서비스 제공하는 곳도 있으니 사전에 문의하자.

사설 미니버스

보통은 중간 기착지인 빠당바이에서 버스를 한 번 갈아탄다. 꾸따에서 짠디다사까지 100K~이다.

쁘라마 버스

꾸따 출발인 경우 하루 3회 운행하며, 가격은 75K. 짠디다사 메인 로드의 핫도그 숍(p.359) 옆에 쁘라마 여행사가 있다.

2. 짠디다사 안에서 이동하기

도보

짠디다사 메인 로드의 끝에서 끝까지 걸으면 15분 정도 걸린다.

오토바이 택시

거리에서 오토바이로 택시 영업을 하는 사람은 거의 없다. 하지만 현지인 대부분이 오토바이를 갖고 있으므로 주변 누구에게든 오토바이 택시 기사가 없는지 물어보면 금세 찾아준다.

오토바이

짠디다사 메인 로드에 오토바이 렌털 숍이 있다.

자가용 택시

짠디다사에는 미터 택시가 없어 자가용 택시를 이용해야 한다. 길에서 택시비를 흥정하는 것은 상당히 번거로운 일이지만 어쩔 수 없다. 숙소에서 자가용 택시를 불러 이용할 경우, 짠디다사 메인 로드까지 30K 정도 받는다.

숙소 차량

보통 대형 리조트들은 짠디다사 메인 로드까지 셔틀버스를 운행한다.

in Candidasa

3. 짠디다사 엿보기

액티비티 & 관광

해변이 귀한 짠디다사이지만, 20분 거리에 화이트 샌드 비치가 있으니 놓치지 말자. 브사키 사원, 따만 수까사다 우중 등 짠디다사 근교 관광지도 가볼 만하다. 하루 정도 가이드나 기사 딸린 차량을 섭외하여 돌아보거나, 아멧 등지로 이동할 때 둘러보자. 빠당바이나 짠디다사 앞바다에서는 다이빙을 해볼 수 있다. 짠디다사 메인 로드의 다이빙 숍이나 숙소에 문의해보자.

식당

그 수는 많지 않지만 짠디다사 메인 거리에 제법 괜찮은 식당이 몰려 있다. 웬만한 식당들은 무료로 차량 서비스를 제공하니 이 점을 최대한 활용해보자.

숙소

대부분 숙소가 바다 앞에 위치해 탁 트인 바다 전망을 자랑한다. 또 관광객들로 바글대는 지역이 아니라서 좀 더 한가롭게 휴가를 즐길 수 있다. 서양의 장기 여행자들이 많아 중저가 숙소도 많은 편이다.

White Sand Beach

APPROVED Writer's Tip APPROVED

Writer's Tip :)

짠디다사에서 꼭 해야 할 일 체크!

- ☐ 화이트 샌드 비치에서 해수욕 즐기기
- ☐ 물의 궁전, 따만 수까사다 우중, 브사키 사원 등 근교 관광지 둘러보기
- ☐ 짠디다사 앞바다로~ 빠당바이로~ 스노클링 여행 떠나기
- ☐ 심심한 짠디다사의 밤, 즐기고 싶다면
  짠디다사 메인 로드의 라이브 공연장으로 가보자

4. 짠디다사 추천 1일 코스

짠디다사에서 가장 완벽한 하루 보내는 법은 잘 쉬고, 잘 먹고, 잘 놀기!

10:30

화이트 샌드 비치

화이트 샌드 비치에서
푸른 바다를 만끽하자.
해변 식당에서 식사하면
선베드가 무료. 점심까지 즐기자.
(p.354)

14:00

숙소에서 휴식

편안한 숙소로 돌아와
잠시 쉬자.

16:00

뜽아난 빌리지 구경

발리 원주민이 사는
마을을 구경하자.
(p.354)

17:30

핫도그 숍에서 맥주 한잔

개리 할아버지의 핫도그 숍에서
시원한 빈땅 맥주를 마시자.
낯선 타국의 여행자들과
친구도 되어 볼 것.
(p.359)

19:00

빈센츠에서 저녁 식사

로맨틱한 저녁 식사를 즐겨보자.
(p.357)

21:00

뉴 퀸에서 라이브 음악 즐기기

저녁 식사 후엔 뉴 퀸으로 이동!
신나는 라이브 음악에
리듬을 타자.
(p.359)

Sightseeing ★★☆

❶

화이트 샌드 비치 White Sand Beach

눈만 돌리면 바다를 볼 수 있는 짠디다사이지만 해수욕을 즐길 만한 해변을 찾기란 쉽지 않다. 그래서 화이트 샌드 비치의 존재는 더욱 값지다. 찾아가는 길은 수고스러워도 백사장과 푸른 바닷물이 넘실대니 가지 않으면 후회한다. 두 곶 사이에 아늑하게 자리 잡은 해변은 길이가 약 500m로 제법 길다. 특히 물이 맑아 수영이나 스노클링을 하기에도 좋다. 해안으로 부드러운 바닷바람이 한없이 불어와 선베드에서 노곤한 낮잠에 빠지기도 그만. 해변 식당에서 식사만 하면 선베드를 무료로 이용할 수 있다는 것도 좋다. 해변으로 내려가는 언덕까지만 도로포장이 돼 있고, 언덕에서 해변까지는 울퉁불퉁 비포장도로를 내려가야 한다.

위치 짠디다사 메인 로드 시내에서 차로 약 15분 소요
요금 입장료 10K

Sightseeing ★☆☆

❷

뜽아난 빌리지 Tenganan Village

발리의 옛 원주민이 살던 작은 마을이다. 입구에서 기부금 형식으로 입장료를 내고 들어갈 수 있다. 특별한 축제 기간이 아닌 이상 옛 가옥을 둘러보고 특산품을 쇼핑하는 것이 전부이지만, 시간이 된다면 둘러볼 만하다. 특히 하나하나 홈을 파고 색을 입혀 만든 전통 미술품, 발리 지도 등 다양한 패브릭 제품을 파는데 가격도 합리적이다.

위치 짠디다사 시내에서 차량으로 약 15분 소요
요금 자율적으로 기부금을 내고 입장
주소 Jl. Raya Nyuh Tebel, Tenganan

Sightseeing ★☆☆

❸

빠당바이 Padangbai

빠당바이는 해안가에 있는 작은 마을이다. 발리 중심가보다 물가가 쌀 뿐만 아니라 물빛이 곱고 짠디다사에서 차로 10~15분밖에 걸리지 않아 점차 여행자들의 발길이 늘고 있다. 특히 빠당바이에서 롬복과 길리로 들어가는 배를 탈 수 있어 이곳에서 스노클링과 짧은 휴양을 즐긴 후 롬복이나 길리로 들어가는 배낭여행자가 많다. 길리와 롬복까지의 스피드 보트는 에이전시마다 다르지만 대략 1인 편도 660K, 왕복 1,200K이며 1시간 30분 정도 걸린다.

위치 짠디다사 중심에서 차로 10~15분 소요

Tip 롬복, 길리 패스트 보트 업체

에까자야 Ekajaya 0361-849-6222, www.baliekajaya.com

블루워터 익스프레스 BuleWater Express 0361-895-1111, www.directferries.com/bluewater

Sightseeing ★☆☆

4

브사키 사원 Besakih Temple(Pura Besakih)

브사키 사원은 아궁 산 1,000m 중턱에 위치해 가는 길이 쉽지는 않지만 발리 동부를 여행하는 여행자라면 방문해볼 만한 가치가 있다. 한 해 50개 이상의 의례가 열리는 발리의 중요 사원으로 '마더 템플'로 불리며 현지인에게는 의미가 크다. 아궁 산은 힌두교가 발리에 전해지기 전부터 원주민들에게 신성시됐는데, 브사키 사원은 원주민의 토착 신앙과 힌두교가 결합된 사원이다. 사원이 세워진 때는 11세기로 기록되어 있으며 전설에는 스리 당양 말칸다야라는 승려가 명상 장소로 사용했다고 전해지기도 한다. 과거에는 23개의 독립적인 사원이 쁘나따란 아궁 사원Pura Penataran Agung을 중심으로 연결되어 관리됐지만, 현재는 중앙에 있는 쁘나따란 아궁과 우측의 끼둘링 끄레역, 좌측의 바뚜 마덕, 세 사원만이 각각 시바 신, 브리마 신, 비슈누 신을 모시고 있다.

사원 입구로 가는 도로 매표소에서 티켓을 구입하고 다시 사원 입구 안내소에서 티켓을 확인받은 다음, 도보로 15분 정도 언덕길을 올라가야 한다. 외국인 여행자들은 사원 안으로는 들어갈 수 없고 사원 주변만 둘러볼 수 있는데, 사원 주변에 진을 치고 있는 현지 가이드를 이용하면 사원 안으로 들어갈 수 있다. 비용은 20~30K 정도면 적당하다. 고산지대라 오후엔 날이 궂을 때가 많으니 오전 중에 방문하는 것이 좋다.

위치	발리 동부 아궁 산 중턱에 위치. 짠디다사에서 차로 1시간 10분 소요
운영	08:00~18:00
요금	입장료 150K
전화	0823-3919-8076
홈피	www.besakihbali.com

Sightseeing ★★☆

❺

물의 궁전(띠르따 강가) Tirta Gangga

물의 궁전, 띠르따 강가는 인도 갠지스 강의 성스러운 물이라는 의미로, 그 이름처럼 길게 뻗은 직사각형의 부지에 아름다운 연못 정원이 꾸며져 있다. 1946년 까랑아셈Karangasem의 라자라는 왕족에 의해 지어진 피서지 궁전인데, 1963년 아궁 산 화산 폭발로 훼손되고 말았다. 복원된 후 여행자에게 개방되어 지금은 적잖은 사람들이 이곳을 방문하고 있다. 고즈넉한 분위기와 푸른 정원이 꽤 한가롭고 평화롭다. 궁전 내부에는 산에서 내려오는 물을 이용한 수영장(유료)과 빌라 숙소가 운영 중이다.

위치 짠디다사에서 차로 약 40~50분 소요
운영 07:00~18:30
요금 입장료 50K
전화 0363-22503

Sightseeing ★☆☆

❻

따만 수까사다 우중 Taman Sukasada Ujung

발리 동부 까랑아셈의 왕이 휴양을 했던 곳이다. 한동안 방치되었다가 2004년에 리노베이션을 통해 깔끔한 모습으로 돌아왔다. 한때 인도네시아를 지배했던 네덜란드의 영향으로 유럽 스타일이 가미되었는데 현지인들은 수학여행이나 웨딩 촬영 장소로 많이 찾는다. 안쪽으로 들어가면 있는 궁전을 한눈에 내려다볼 수 있는 전망대에서는 바다까지도 조망할 수 있다.

위치 짠디다사에서 차로 20분 정도 소요
운영 07:00~19:00
요금 입장료 50K

Food : 추천

1

크레이지 캥거루 Crazy Kangaroo

20여 종 이상의 칵테일 리스트를 갖춘 바와 정원에 마련된 분위기 좋은 야외석, 실내석을 갖춘 곳으로 가격도 괜찮고 음식 맛도 훌륭한 편이다. 발리에서는 보기 드물게 오픈 키친 형태로 주방에서 분주히 요리하는 모습을 지켜볼 수도 있어 더욱 믿음직하다. 스테이크류와 시푸드 커리 등이 인기 메뉴. 대부분의 음식들이 편차 없이 맛있는 편이며 화, 목, 토요일 밤에는 전통 공연이나 라이브 뮤직을 감상하며 식사를 즐길 수 있다. 짠디다사 지역 내에서는 무료 픽업 서비스를 제공하고 있다. 현지 어린이들을 위한 도네이션 이벤트도 진행 중으로 원하는 사람은 현금이나 장난감과 문구 등의 물품도 식당을 통해 기부할 수 있다.

위치 짠디다사 메인 로드
운영 12:00~23:00
요금 1인 150K~
주소 Jl. Raya Candidasa, Karangasem
전화 0363-41996
홈피 www.crazy-kangaroo.com

Food

2

빈센츠 Vincent's

오랜 세월 짠디다사 인기 레스토랑으로 입지가 굳건하다. 안쪽으로 들어서면 왼쪽의 바를 중심으로 소파와 테이블이 놓여 있다. 야외석에는 가제보가 설치되어 있어 해 질 무렵이 되면 로맨틱한 저녁을 즐기려는 사람들로 하나둘 자리가 차기 시작한다. 가게 내부는 이름처럼 고흐의 그림들로 꾸며져 있는데 은은하게 흘러나오는 재즈 선율과도 잘 어울린다. 매콤한 맛이 일품인 홍합 요리 Green Mussels는 와인과 찰떡궁합이며 게, 킹 프라운, 오징어, 생선 등 다양한 시푸드를 푸짐하게 맛볼 수 있는 Seafood Symphony는 가격이 합리적이라 추천한다.

위치 짠디다사 메인 로드 남단에 위치
운영 10:30~23:00
요금 1인 150K~(Tax & SC 15.5%)
주소 Jl. Raya Candidasa, Karangasem
전화 0363-41368
홈피 www.vincentsbali.com

Food

3

로프 Loaf Candidasa

카페라테, 카푸치노 등 커피 맛이 이 일대에서 가장 괜찮은 편이다. 다양한 랩과 샌드위치류 아침 식사 메뉴를 갖추었으며 수제 쿠키나 케이크도 갖추어져 있어 조식이 불포함된 숙소에 묵는다면 간단한 아침 식사를 즐기기에 좋다.

위치 짠디다사 메인 로드
운영 08:00~18:00
요금 1인 50K~
주소 Jl. Raya Candidasa, Karangasem
전화 0812-4629-9878

Food

4

조글로 Joglo

짠디다사에서 가장 호평을 받는 레스토랑이다. 다양한 메뉴를 만들지만 인도네시아 현지 음식이 가장 맛있다. '조글로'는 인도네시아 전통 가옥 양식 중 하나인데, 건축과 음식 문화에 조예가 깊은 주인이 손수 내부를 꾸며 전통적인 느낌이 물씬 풍긴다. 특히 새우를 튀겨 매콤하면서도 달콤한 소스를 더한 우당발라도는 한국인의 입맛에도 잘 맞는다. 식사 후 바나나와 코코넛으로 만든 달콤한 디저트는 필수! 넉넉하게 끓인 진한 커피와 환상적인 궁합을 이룬다.

위치 짠디다사 메인 로드, 워터가든과 가깝다.
운영 07:00~23:00
요금 1인 100K~(Tax & SC 15%)
주소 Jl. Raya Candidasa, Sengkidu, Karangasem
전화 0363-42181

Food

5

로투스 시뷰 레스토랑 Lotus Sea View Restaurant

발리에 여러 분점을 둔 로투스의 체인 레스토랑 중 하나이다. 로컬스러운 분위기와는 달리 메뉴의 30%가 이탈리안 푸드일 만큼 이탈리안 푸드에 자신감을 보인다. 특히 화덕에서 구워내는 담백한 피자와 파스타는 이곳의 자랑. 이탈리안 셰프가 전 지점을 돌며 엄격하게 관리한다고 한다. 시푸드 그릴 메뉴도 인기 있는데, 바다 바로 앞 바비큐 그릴에서 모락모락 연기가 피어오르면 절로 군침이 돈다. 큼직한 갈릭 버터를 얹어 구워낸 새우는 최고의 인기 메뉴. 바나나 잎에 생선을 싸서 구워낸 페페스 이칸도 촉촉하다.

위치 짠디다사 메인 로드 바다 앞에 위치
운영 08:00~22:00
요금 1인 150K~(Tax & SC 15%)
주소 Jl. Raya Candidasa, Karangasem, Candidasa
전화 0363-41257 홈피 www.lotus-restaurants.com

Food

6

라 루즈 La Rouge

촌스러운 것 같으면서도 우아한 붉은색 인테리어가 돋보인다. 깔끔한 오픈 키친은 예전 모습 그대로이며 인도네시안, 인디언, 멕시칸 음식, 시푸드 등 다양한 메뉴를 맛볼 수 있다. 특히 입맛을 돋워주는 오리엔탈 덕 샐러드는 메인 메뉴 전에 즐기기 좋다. 다양한 칵테일 메뉴가 있고 가격도 저렴한 편이라 식사가 끝나고 한잔하기에 부담이 없다. 다양한 와인을 보유하고 있으니 식사에 어울리는 와인을 추천받아보자.

위치 쁘라마 여행사와 짠디 베이커리 사이에 있다.
운영 08:30~23:30
요금 1인 120K~(Tax & SC 15%)
주소 Jl. Raya Candidasa, Karangasem, Candidasa
전화 0363-41991

Food

7

핫도그 숍 Hot Dog Shop

손님이 바글대지만 않았다면 그냥 지나쳤을 법한 작은 핫도그 가게. 가스레인지와 작은 프라이팬이 전부인 주방에서 기대 이상의 맛있는 버거가 마술처럼 만들어져 나온다. 덜컹거리는 테이블과 플라스틱 의자뿐인 공간이라 새로운 손님이 들어오면 주섬주섬 합석이 시작된다. 주문한 음식을 기다리다 보면 어느새 낯선 여행자들과 이야기를 섞게 되는, 짠디다사의 사랑방 같은 곳이다. 핫도그 숍의 대표 메뉴라 할 수 있는 Aussie Ham Burger에 10K를 더 내면 갖은 토핑을 얹어 푸짐하게 먹을 수 있다. 이제 'No Nasi Goreng'을 외쳐보자!

위치 쁘라마 여행사 옆에 있다.
운영 11:00~20:00(손님이 있으면 문을 늦게 닫기도 함)
요금 Aussie Ham Burger 35K
주소 Jl. Raya Candidasa, Karangasem, Candidasa
전화 0817-970-7339, 0817-975-5231

Food

8

로컬 포장마차촌 Local Warungs

바다 앞 공터에는 현지인을 상대로 하는 포장마차들이 모여 있다. 위생 상태를 보장할 수 없는 털털한 분위기이지만 로컬 틈에 섞여 노점 정취를 느껴볼 수 있다. 박소나 사테, 나시고렝 등 발리 현지 음식들을 판다.

위치 경찰서 맞은편, 바닷가 앞 공터 요금 1인 30K~
주소 Jl. Raya Candidasa, Karangasem, Candidasa

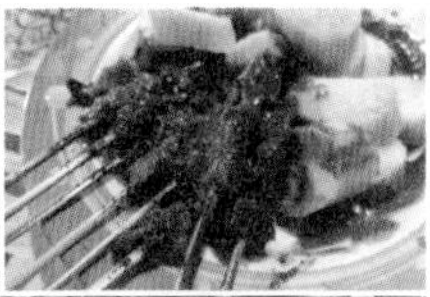

Food

9

레잣 Lezat Beach Restaurant

인도네시아 음식 전문 비치 프런트 레스토랑으로 바나나잎 플레이팅이 인상적이다. 음식마다 서빙되는 삼발들도 모두 잎으로 엮은 작은 볼에 세팅되어 나온다. 짠디다사 비치 사이드에서 보기 드물게 깔끔한 곳이다. 몇 시간씩 마음 편히 눌러앉아 있어도, 식사를 마치고 해변을 거닐다가 돌아와 다시 앉아있어도 웰커밍해준다.

위치 아쉬야나 호텔 내에 위치
운영 07:30~23:00 요금 100~250K
주소 Ashyana Resort, Beach Jl. Raya Candidasa
전화 0819-1390-9365
홈피 www.lezatbeachrestaurant.com

Night Life

1

뉴 퀸 New Queen Pub & Restaurant

해가 지면 마땅히 즐길 거리가 없는 짠디다사에서 라이브 공연은 유일한 유흥이다. 그중 뉴 퀸은 밤이 되면 가장 소란스러운 펍이 된다. 월, 수, 토요일 저녁 7시 반 무렵부터 공연이 시작되는데 신나는 록 밴드가 주로 무대에 오른다. 성별 나이 불문하고 흥에 겨운 사람들은 무대 주변으로 나와 춤을 춘다. 인생무상, 즐길 수 있을 때 맘껏 몸을 흔들자.

위치 짠디다사 메인 로드 시내 중심에 위치
운영 09:00~00:00
요금 1인 100K~(Tax & SC 15%)
주소 Jl. Raya Candidasa, Karangasem, Candidasa
전화 0812-3653-1832

Stay : 5성급

1

아만킬라 Amankila

고급 리조트 그룹인 아만 계열의 짠디다사 리조트다. 킬라Kila는 언덕이라는 뜻으로, 실제 짠디다사 바다가 한눈에 보이는 언덕 위에 자리 잡고 있다. 앞으로는 짠디다사의 짙은 바다가, 뒤로는 숲이 우거져 있어 지리적으로도 훌륭하다. 특히 바다를 향해 자리한 3단 수영장은 보는 것만으로도 가슴을 확 트이게 한다. 언덕 위에 높은 기둥을 세우고 그 위에 각각의 빌라를 올린 뒤 객실과 부대시설들을 미로처럼 이어놓았다. 객실에서 로비까지 이어진 공중 돌길을 걷다 보면 잘 가꾸어진 비밀의 정원에 들어온 기분이다. 총 34개의 스위트 빌라를 갖추고 있는데 가든, 오션, 풀 스위트 크게 3가지 타입이 있다. 모던한 발리니스 분위기로 전망과 개인 수영장의 유무만 다르고 객실 조건은 같다. 메인 수영장 말고도 비치 클럽에 수영장이 하나 더 있으며 도보로 직접 내려가거나 리조트 차량을 이용해 이동할 수 있다.

위치 짠디다사 메인 로드 시내에서 서쪽으로 차로 10분 정도 소요
요금 가든 스위트 USD730~
주소 Manggis, Karangasem, Candidasa
전화 0363-41333
홈피 www.aman.com/resorts/amankila

Stay : 4성급

2

알릴라 망기스 Alila Manggis

망기스(망고스틴) 마을에서 이름을 따온 알릴라 망기스는 알릴라 그룹의 첫 번째 리조트다. 쁘니다 섬이 보이는 바다를 향해 있으며 사각 수영장을 중심으로 키 큰 야자수와 푸른 잔디밭이 펼쳐져 있다. 푸릇푸릇함이 주는 여유로움과 활력 때문인지 여느 리조트보다도 수영장 이용률이 높고 투숙객들도 활기차 보인다. 2층 건물이 총 4개 동으로 이루어져 있으며 슈피리어, 디럭스, 스위트 3가지 타입이 있다. 1층에 있는 슈피리어는 가든뷰로 발코니에서 바로 정원이나 수영장으로 나갈 수 있어 편리하다. 디럭스는 슈피리어 바로 위층으로, 슈피리어와 객실 조건이 같지만 바다 전망이 있는 발코니가 조금 다르다. 전반적으로 객실은 낡은 편이나 군더더기 없이 깔끔하게 관리되고 있다. 요일에 따라 요가, 타이치 같은 무료 액티비티를 진행하며 5분 미니 마사지와 애프터눈 티도 제공한다. 짠디다사 지역에 한해 하루 다섯 차례 셔틀버스를 운행한다.

위치 짠디다사 메인 로드 시내에서 서쪽으로 차로 10분 정도 소요
요금 1킹베드룸 USD150~
주소 Buitan, Manggis, Karangasem, Candidasa
전화 0363-41011
홈피 www.alilahotels.com

3

뿌리 바구스 짠디다사 Puri Bagus Candidasa

바다와 마주한 수영장에 발리식 정원으로 둘러싸인 빌라로 큰 특색은 없지만 한가롭게 쉬기에는 부족함이 없다. 총 47개 빌라는 오션뷰와 가든뷰로 단순하다. 외관은 발리 전통 양식으로 멋을 냈고 내부는 발리적 요소를 뺀 군더더기 없는 일반 객실이다. 욕실은 세미 오픈으로 샤워실과 욕조가 모두 있는데 빨랫줄이나 발을 닦을 수 있는 수도꼭지에선 세심함이 느껴진다. 전체적으로 깨끗하게 관리되어 있지만 세월이 엿보이는 올드한 분위기는 지울 수 없다. 무선 인터넷은 로비, 레스토랑, 수영장에서만 사용 가능하며 짠디다사 시내의 메인 로드까지 무료 픽업 서비스를 제공한다.

위치	짠디다사 메인 로드 시내에서 차로 약 4분 소요
요금	디럭스 가든뷰 USD125~, 디럭스 오션뷰 USD170~
주소	Jl. Raya Candidasa, Karangasem, Candidasa
전화	0363-41131
홈피	www.puribaguscandidasa.com

Stay : 3성급

4

워터가든 The Watergarden Hotel & Spa

짠디다사의 많은 숙소가 바다 전망으로 승부수를 던질 때, 이곳은 연못 정원으로 고즈넉한 휴식처를 선사한다. 12개의 방갈로가 연못과 수풀로 얽혀 숙소 자체가 하나의 거대한 워터가든이다. 객실 앞 테라스에서 누리는 평화로운 시간이 이 숙소의 가장 큰 매력. 특히 이곳에서 즐기는 조식은 그야말로 평화 속 아침이다. 도로변에 있는 호텔 식당은 차 소음으로 소란스럽기도 하지만, 비수기엔 별도의 수수료 없이 조식 룸서비스를 제공하기도 하니 꼭 누려보자(사전에 문의할 것!). 객실은 가장 기본적인 디럭스, 욕조가 딸린 디럭스 슈피리어, 연못 정원보다 수영장에 더 신경을 쓴 2베드룸 스위트가 있다. 따뜻한 분위기로 깔끔하게 관리되어 만족스러운 편이고 욕실은 단계적인 리노베이션 중이다. 끊임없는 연못 관리로 모기 걱정은 조금 덜어도 좋다.

위치 짠디다사 메인 로드 시내 중심에 위치
요금 디럭스 USD150 선
주소 Jl. Raya Candidasa, Karangasem, Candidasa
전화 0363-41540
홈피 www.watergardenhotel.com

Stay : 4성급

5

시 브리즈 Sea Breeze Candidasa

넓은 초록 정원 위로 보이는 확 트인 바다가 가슴을 뻥 뚫리게 한다. 객실 테라스든 수영장이든 가제보든 앉기만 하면 바다가 보인다. 바다와 마주한 긴 부지 위에 지어져 모든 객실이 바다 전망을 가지고 있고 그 이름처럼 언제나 시원한 바람이 불어오는 그림 같은 숙소이다. 멋진 인피니티 풀이 2개나 있어 14개 객실 손님이 붐비지 않고 쓸 수 있다는 것도 장점. 멋진 바다 전망으로 웨딩 그룹 여행객들이 주로 선호하지만, 아이를 둔 가족에게도 장점이 많은 숙소이다. 키즈 풀과 모래 놀이터가 있고 바로 앞 해변은 수심이 낮고 잔잔하다. 특히 잔디밭이 숙소 전체에 깔려 있어 아이들이 맘껏 뛰놀 수 있다.

위치 짠디다사 메인 로드 시내에서 차로 약 5분 소요
요금 슈피리어 USD85~, 디럭스 오션뷰 USD125~
주소 Mendira Beach, Br. Mendira, Desa Sengkidu, Manggis
전화 0363-42149
홈피 www.seabreezecandidasa.com

Stay : 4성급

❻

라마야나 짠디다사 Ramayana Candidasa

비싼 고급 리조트가 부담스럽다면 차선책으로 중형급 리조트인 이곳은 어떨까. 바다 전망을 한껏 살린 수영장이 가장 매력적인데 여기에 리노베이션까지 된 객실을 선점한다면 알찬 선택이 된다. 객실은 가장 경제적인 슈피리어부터 수영장과 가까운 디럭스(방갈로형), 좀 더 쾌적하고 고급스러운 스위트가 있다. 단계적인 리노베이션 중으로 스위트 객실 대부분은 말끔하게 바뀌었다. 부대시설은 바다를 낀 레스토랑, 로비 안쪽의 스파, 라이브러리, 그리고 한적한 가제보 정원 등이 있다. 리조트 규모에 비해 직원들의 서비스 마인드는 조금 아쉽다.

위치 짠디다사 메인 로드 시내에서 차로 약 3분 소요
요금 슈피리어 가든 USD125~
디럭스 코티지 가든뷰 USD145~
주소 Jl. Raya Sengkidu, Karangasem, Candidasa
전화 0363-41974
홈피 ramayanasuites.com/candidasa

Stay : 4성급

❼

빌라 사순 Villa Sasoon

단 4채의 2베드룸 풀 빌라로 이루어진 소형 숙소로 호주 출신 오너에 의해 운영되고 있다. 각 객실은 풀을 기준으로 2개의 침실이 서로 마주 보는 형태다. 거실은 공용이고 인원수에 따라 1베드룸도 예약이 가능하다. 시설은 고급스러운 분위기지만 별다른 부대시설이 없고 수영장도 큰 편이 아니라 다소 심심할 수 있다.

위치 카페 빈센츠를 등지고 왼쪽으로 직진하다 짠디 아궁 맞은편의 작은 골목으로 약 150m 들어가면 오른쪽에 있다.
요금 1베드룸 풀 빌라 USD250~
주소 Jl. Raya Candidasa, Karangasem, Candidasa
전화 0363-41511
홈피 www.villasasoon.com

Stay : 1성급

❽

아리 홈스테이 Ari Homestay

재미난 호주 할아버지 개리[Gary]와 그의 아내 티오[Tyo]가 운영하는 숙소이다. 일부 방은 간단한 주방도 갖춰 짠디다사의 장기 여행자들이 많이 머문다. 더블, 트윈 베드가 있고 선풍기, 에어컨, TV, 주방 유무에 따라 객실 가격이 달라진다. 그 중 냉장고와 에어컨, DVD 시설을 갖춘 슈피리어룸이 가장 좋다. 배낭여행자들의 속을 배불리 채워줄 아침 식사가 제공되며 장기 투숙객에게는 숙박비 할인도 해준다.

위치 짠디다사 메인 로드에 위치, 쁘라마 여행사 옆
요금 스탠더드 260K, 디럭스 290K, 슈피리어 330K
주소 Jl. Raya Candidasa, Karangasem, Candidasa
전화 0817-970-7339 메일 garyv18@hotmail.com
홈피 www.arihomestaycandidasa.com

어촌에서 바닷속 탐험을

Amed

아 멧

일본 애니메이션 〈미래소년 코난〉이 생각나는 작은 어촌, 아멧. 푸른 바다와 바닷속에 가라앉은 난파선은 호기심을 자극한다. 신비로운 바닷속 탐험과 할 일 없는 어촌에서의 휴양, 소박하지만 달콤한 휴가가 기다리고 있다.

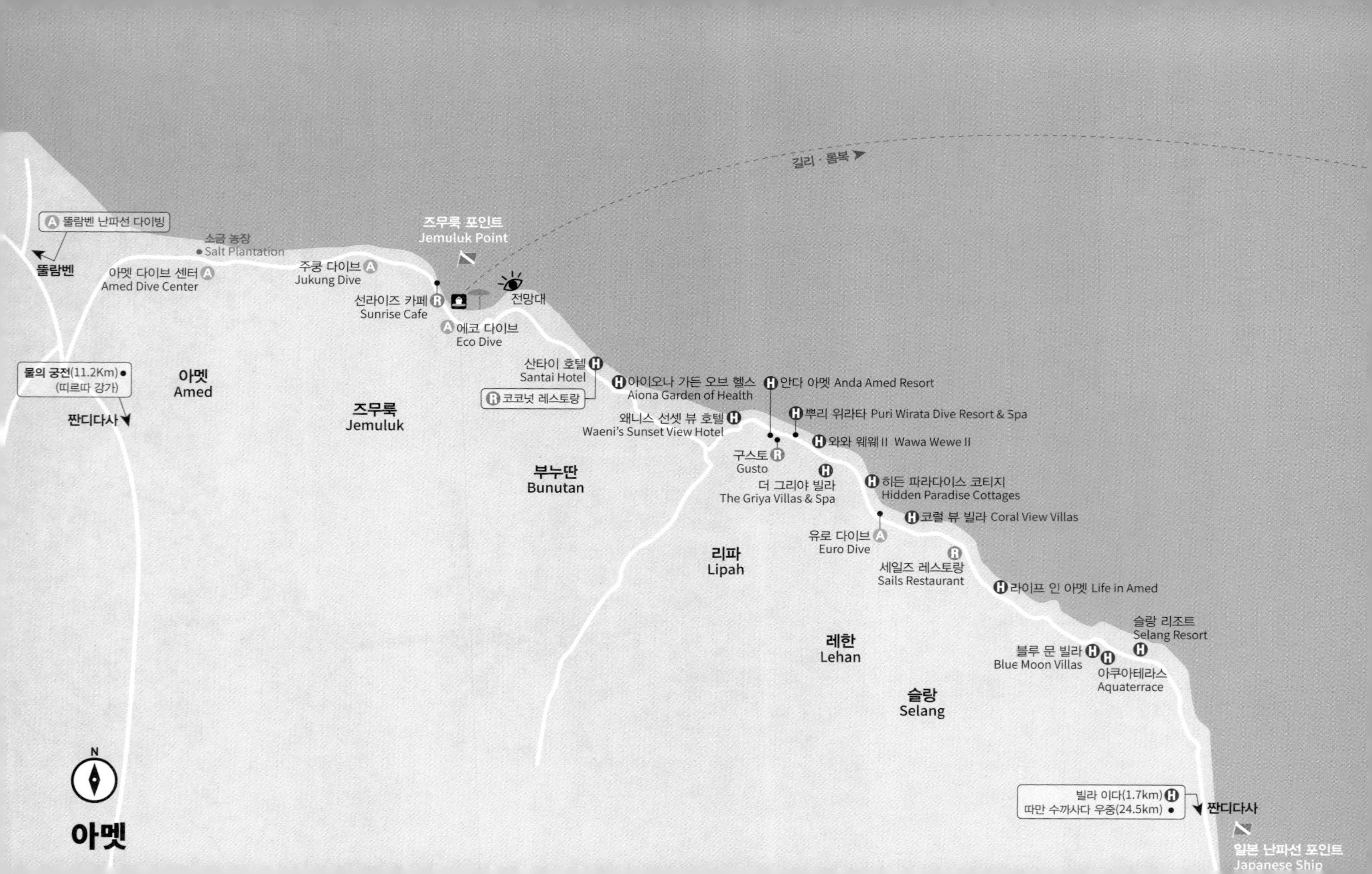
아멧
A 뚤람벤 난파선 다이빙
뚤람벤
소금 농장
Salt Plantation
아멧 다이브 센터 A
Amed Dive Center
물의 궁전(11.2Km)
(띠르따 강가)
짠디다사
아멧
Amed
주쿵 다이브 A
Jukung Dive
조무룩 포인트
Jemuluk Point
선라이즈 카페 R
Sunrise Cafe
전망대
A 에코 다이브
Eco Dive
조무룩
Jemuluk
산타이 호텔 H
Santai Hotel
R 코코넛 레스토랑
H 아이오나 가든 오브 헬스
Aiona Garden of Health
H 안다 아멧 Anda Amed Resort
왜니스 선셋 뷰 호텔 H
Waeni's Sunset View Hotel
H 뿌리 위라타 Puri Wirata Dive Resort & Spa
H 와와 웨웨 II Wawa Wewe II
구스토 R
Gusto
더 그리야 빌라
The Griya Villas & Spa
부누딴
Bunutan
H 히든 파라다이스 코티지
Hidden Paradise Cottages
H 코럴 뷰 빌라 Coral View Villas
유로 다이브 A
Euro Dive
리파
Lipah
세일즈 레스토랑
Sails Restaurant
H 라이프 인 아멧 Life in Amed
레한
Lehan
슬랑 리조트
Selang Resort
블루 문 빌라
Blue Moon Villas
아쿠아테라스
Aquaterrace
슬랑
Selang
길리 · 롬복
빌라 이다(1.7km) H
따만 수까사다 우중(24.5km)
짠디다사
일본 난파선 포인트
Japanese Ship

✚ 아멧 Amed

1. 아멧으로 이동하기

가이드 차량
발리 동부 아멧으로 향하는 길, 원거리 이동이므로 가는 길에 관광지도 둘러보고 가자. 도로 사정이 좋지 않으므로 일단 기사 딸린 차를 이용하는 것이 안전하다. 가는 길에 브사키 사원, 따만 수까사다 우중, 물의 정원 등을 둘러보고 아멧으로 향하자.

택시
공항에서 아멧까지는 800K 선이며 3시간 정도 소요.

렌터카
짠디다사를 지나 아멧으로 향하는 도로는 언덕이 많고 구불구불해 운전하기 어려워 직접 운전은 비추.

사설 미니버스
보통 중간 기착지인 빠당바이에서 버스를 한 번 갈아탄다. 꾸따에서 150K 선이며 2인 이상 예약만 받는 곳이 대부분. 아멧 초입까지만 데려다 주며 숙소까지 가려면 추가 요금을 내야 한다.

쁘라마 버스
꾸따에서 하루 2회 운행하며 185K. 아멧 초입까지만 포함된 금액으로 다시 숙소까지 가려면 추가 요금을 지불해야 한다.

패스트 보트
길리 트라왕안 & 롬복↔아멧 하루 1회 운항, 약 40분 소요. 길리 트라왕안 & 롬복에서 10:30에 출발, 아멧에서 09:30에 출발하며 편도 USD29.

시 익스프레스 Sea Express
www.gili-sea-express.com

2. 아멧 안에서 이동하기

도보
가까운 해변 정도는 걸어서 다닐 만하지만 아멧 자체가 넓고 언덕이 많아 걸어서 다니기 쉽지 않다.

오토바이
아멧에서 가장 알맞은 이동 수단! 식당에 갈 때나 주요 스노클링 포인트에 갈 때 유용하다.

오토바이 택시
미터 택시도, 자가용 택시도 없는 작은 어촌이다. 하지만 길을 걷고 있으면, 오토바이를 가지고 있는 현지인들이 먼저 말을 걸어온다.
"Where are you going? Do you need a transfer?"

in Amed

3. 아멧 엿보기

액티비티 & 관광

동부 여행의 목적, 그 절반은 바닷속 탐험에 있다. 바다 수영이 익숙하지 않은 여행자나 초보 다이버라도 충분히 다이빙과 스노클링을 즐길 수 있다. 파도가 잔잔하고 해변에서 바로 바다로 들어갈 수 있는 포인트가 많기 때문이다.

식당

해안선을 따라 식당이 드문드문 떨어져 있어 여행자 입장에선 불편하다. 장점이라면 다른 지역에 비해 음식값이 살짝 저렴하다는 것.

숙소

다이빙을 즐기러 오는 여행자들이 많은 만큼 고급 숙소보단 중저가 숙소가 많다. 또한 외곽이라 다른 지역과 비교하면 같은 시설이라도 좀 더 저렴한 편이다.

Tulamben Liberty Wreck Diving

APPROVED Writer's Tip APPROVED

Writer's Tip :)

아멧에서 꼭 해야 할 일 체크!

- ☐ 아멧 앞바다에서 스노클링 즐기기
- ☐ 뚤람벤 난파선으로 다이빙 모험 떠나기
- ☐ 아멧 근교 물의 궁전으로 소풍 가기
- ☐ 해 질 무렵 전망대에서 수다 떨기
- ☐ 새벽형 인간이라면, 주쿵 세일링을 추천!

4. 아멧 추천 1일 코스

작은 어촌에서 느끼는 살아 숨 쉬는 바다.
어부들을 따라 새벽엔 고기잡이에 나서고, 낮엔 아름다운 바닷속 생물과 어울려보자.

05:00

주쿵 세일링

실제 어부들의 배, 주쿵을 타고 바다로 나가자. 값진 일출은 물론 수십 척의 주쿵 장관을 볼 수 있다. (p.371)

09:00

아침 식사 후 즈무룩 비치에서 마사지

해변에서 노곳한 마사지로 새벽 주쿵 세일링의 피로를 풀자. 해변 식당에서 식사하면 선베드가 무료이니 선베드부터 선점하자.

10:30

즈무룩 비치에서 스노클링

바닷속 열대어와 푸른 산호와 만나자.

12:00

즈무룩 비치에서 점심 식사

해변 근처 식당 혹은 숙소 레스토랑에서 스노클링으로 허기진 배를 채우자.

13:30

구스토에서 커피 한잔

푸른 바다를 전망 삼아 애프터눈 티를 즐기자. (p.372)

14:30

숙소에서 휴식

숙소로 돌아와 낮잠을 즐기자.

17:30

전망대 일몰

해 질 녘 전망대는 여행자들의 집결지가 된다. 분홍빛 아궁 산을 바라보며 새로운 친구들을 사귀어봐도 좋겠다. (p.371)

19:00

세일즈 레스토랑에서 저녁 식사

탁 트인 이 레스토랑의 바다 전망, 저녁이면 고기잡이 나간 어선들의 불빛이 아름답다. (p.372)

Activity : 추천
1
스노클링 & 다이빙 Snorkeling & Diving

아멧에는 스노클링을 즐기기 좋은 해변이 많다. 해안가 주변 바다에 산호가 많이 남아 있고 물살이 잔잔해 해변에서 바로 헤엄쳐 들어갈 수 있기 때문이다. 즈무룩 비치, 히든 파라다이스 코티지 일대, 일본 난파선 등이 아멧의 주요 스노클링 포인트. 특히 즈무룩 비치에는 식당이 여러 곳 있어 지치면 해변 식당 파라솔에서 쉬고 여러 번 바닷속을 들락날락하기 좋다. 물론 일본 난파선 포인트도 해안에서 접근할 수 있지만 가까이서 보고 싶다면 다이빙을 해보자.

Tip 스노클링 장비 빌리기
상태는 썩 좋지 않지만 숙소나 해변 식당에서 스노클링 장비를 빌릴 수 있다. 대여비는 하루 30K 정도. 장비는 아멧에 도착하기 전에 미리 준비해두는 것이 좋다.

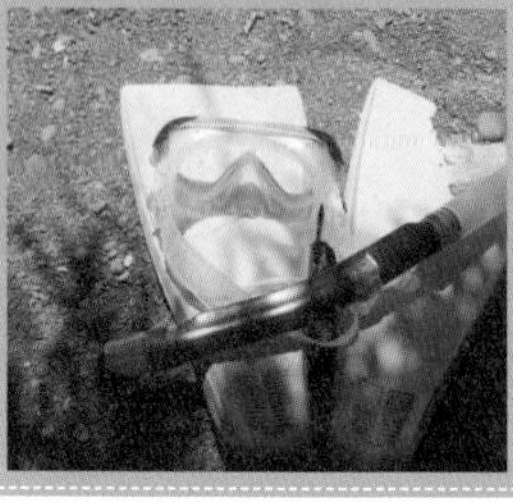

Activity
2
뚤람벤 난파선 다이빙 Tulamben Liberty Wreck Diving

뚤람벤 난파선 다이빙 포인트는 세계적으로 잘 알려진 대중적인 난파선 포인트로 비교적 쉽고 안전하다. 해변에서 20m만 들어가면 바로 난파선을 볼 수 있다는 점이 가장 매력적이다. 난파선은 경사진 바닥에 수심 5~30m에 걸쳐 있어 초보자부터 고급자까지 모두 즐길 수 있다. 아름다운 산호와 엔젤피시, 벳피시, 패럿피시 등 다양한 어종을 볼 수 있는데 몰라 몰라(개복치), 환도상어, 버팔로피시를 보기 위해 새벽이나 밤에 야간 다이빙을 하는 다이버들도 있다. 배를 타지 않고 해안가에서 바로 다이빙 포인트로 이동할 수 있고 파도가 잔잔해 다이빙을 처음 접하는 초보자도 체험 가능하다. 아멧 센터에서 차로 15분이 소요되고 발리 도심에서도 당일치기로 다이빙 여행을 다녀올 수 있다.

위치 아멧 센터에서 차로 15분 소요

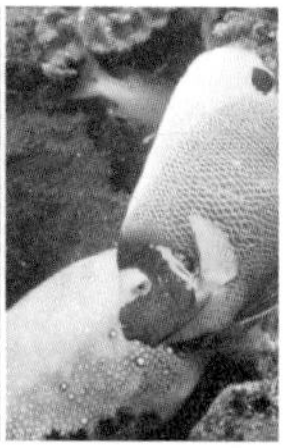

Tip 난파선 이야기
미국의 리버티호가 일본 잠수함의 어뢰에 맞아 침몰 위기에 처했다. 선박 해체 업체가 이 군함을 발리 북쪽 싱아라자로 인양하기로 했는데, 인양이 쉽지 않자 중도에 포기하고 배를 뚤람벤 해변에 두었다고 한다. 그 후 아궁 산 화산 폭발과 잦은 지진으로 해안가에 방치된 배가 조금씩 바닷속으로 밀려갔고 지금의 다이빙 포인트가 되었다.

다이빙 추천 업소

발리 바다 Bali Bada
뚤람벤 난파선 다이빙 2회와 왕복 차량 서비스, 점심, 다이빙 장비 일체를 포함한다. 발리 도심에서 당일치기로 뚤람벤 다이빙을 하려는 여행자에게 추천!
요금 뚤람벤 난파선 다이빙 2회 USD100
전화 0822-4700-6662
홈피 balibada.tistory.com

유로 다이브 Euro Dive
아멧, 뚤람벤 일대의 주야간 다이빙 진행. 아멧이나 뚤람벤 내에서 무료 왕복 차량 서비스, 장비 일체를 제공한다.
요금 뚤람벤 난파선 다이빙 2회 €55~
전화 0363-23605
홈피 www.eurodivebali.com

주쿵 다이브 Jukung Dive
아멧과 뚤람벤 일대의 다이빙 진행. 아멧, 뚤람벤 내에서 무료 왕복 차량 서비스, 장비 일체를 제공한다.
요금 뚤람벤 난파선 다이빙 2회 USD60
전화 0363-23469
홈피 www.jukungdivebali.com

Activity

3

주쿵 세일링 Jukung Sailing

아멧은 고기잡이를 생업으로 하는 사람들이 대부분인 어촌이다. 해변엔 나무 어선인 주쿵이 일렬로 정박해 있는데, 어부들은 이 주쿵을 타고 하루 두 번 고기를 잡으러 나간다. 보통 아침 7~8시와 오후 3~4시쯤 해변으로 돌아오는 주쿵을 볼 수 있으며, 선라이즈 세일링을 통해 직접 주쿵을 타고 바다로 나가 볼 수도 있다. 보통 새벽 5시 30분에 출발해 2시간 정도 배를 타는데 아침노을을 배경으로 수십 척의 주쿵이 장관을 이룬다. 어부의 고기잡이 모습을 구경하거나 그의 훌륭한 조수가 되어 볼 수도 있다. 요금은 300K 정도이며 숙소 리셉션에 문의하면 현지 어부를 연결해주고 예약을 도와준다.

Sightseeing **

1

전망대 View Point

즈무룩 비치와 아멧의 짙은 바다를 한눈에 내려다볼 수 있는 언덕이다. 멀리 아궁 산도 볼 수 있는데 해 질 무렵이 되면 여행자들이 하나둘 전망대 공터로 모여든다. 전망대 안내 표지판이 따로 있지는 않으며 에코 다이브에서 400m 정도 언덕을 오르면 나온다.

위치 에코 다이브를 등지고 오른쪽 언덕을 오르면 공터가 나온다.

Food

1

세일즈 레스토랑 Sails Restaurant

아멧의 푸른 바다를 좀 더 가까이서 볼 수 있는 곳으로 파란 바다와 하얀 테이블이 아름답게 빛난다. 이곳의 대표 메뉴는 돼지고기 스페어 립과 치킨 커리, 가스파초다. 특히 스페인식 수프인 시원한 가스파초는 뜨거운 아멧의 햇볕에 지쳤을 때 제격이다. 전체적으로 음식 맛도 깔끔하고 자극적이지 않아 편안하게 즐길 수 있다. 바다와 가까운 테라스 자리는 차양이 없어 한낮에는 뙤약볕이니 안쪽 자리를 이용하는 편이 낫다. 깔끔한 분위기로 서비스 또한 심플하다. 물이 무료로 제공되며 서비스 차지가 따로 붙지 않는다. 아멧에서 보기 드물게 왕복 차량 서비스를 제공하니 참고하자.

위치	유로 다이브에서 아쿠아테라스 방향으로 가다 보면 오른쪽에 있다.
운영	10:00~22:00
요금	1인 100K~
주소	Lean Beach, Amed, Karangasem
전화	0363-22006

Food

2

코코넛 레스토랑 Coconut Restaurant

산타이 호텔 내에 있는 식당으로 캐주얼한 분위기다. 무엇보다 담백하고 깔끔한 음식 맛이 만족스럽다. 간단하게는 샌드위치와 버거부터 파스타, 시푸드 메뉴 등 웨스턴과 인도네시안 음식을 제공한다. 셰프의 추천 메뉴이기도 한 4×Fish from Amed은 참치, 마이 마이, 킹 프라운 등 4가지 해산물을 동시에 즐길 수 있으며 사이드 메뉴와 소스 2가지를 선택할 수 있다. 직접 토핑과 드레싱을 고를 수 있는 DIY(Do It Yourself) Salad는 만들어 먹는 재미가 쏠쏠하다.

위치	산타이 호텔 내 위치	운영	07:30~22:30
요금	1인 150K~(Tax & SC 15.5%)		
주소	Bunutan, Amed, Karangasem		
전화	0363-23487	홈피	www.santaibali.com

Food

3

구스토 Gusto

헝가리에서 온 부부가 운영하는 작은 식당. 2층으로 올라가면 바다 전망이 고요하게 펼쳐진다. 오후가 되어서야 문을 열기 때문에 커피나 음료, 빵, 디저트를 먹으러 가거나 저녁 식사하기에 좋다. 웨스턴 메뉴와 발리 음식을 함께 다루며 맛은 평범 그 이상도, 이하도 아니다. 주인장이 직접 관리해 깔끔하고 친절하다.

위치	안다 아멧 바로 옆에 위치		
운영	13:00~22:00	요금	1인 120K~(Tax 10%)
주소	Jl. Raya Amed, Desa Bunutan, Amed, Karangasem		
전화	0813-3898-1394		

Food

4

파노라마 레스토 Panorama Resto & Rooftop

아멧에서 최고의 전망을 자랑하는 곳으로 높은 해안 절벽에 있다. 이곳의 전망은 바다와 하늘이 전부로, 아무 장애물 없이 짙푸른 아멧 바다를 한눈에 볼 수 있다. 그저 망망대해에 떠 있는 주쿵을 바라보며 별일 없이 시간 보내기 그만이다. 시푸드, 스테이크, 피자, 파스타, 인도네시안 음식 등을 제공하며 간단하게 음료를 마시며 전망을 감상하기에 부족함이 없다. 레스토랑 아래로 수영장이 딸린 슬랑 리조트를 함께 운영하고 있다.

위치	아쿠아테라스를 지나면 바로 왼쪽에 있다.
운영	07:00~21:00
요금	1인 70K~(Tax & SC 15%)
주소	Selang Bunutan, Amed, Karangasem
전화	0363-430-1009
홈피	www.selangresort.com

Food

5

아쿠아테라스 Restaurant Aquaterrace

서너 개의 테이블이 고작인 작은 규모의 레스토랑이지만 아멧에서 아쿠아테라스의 가치는 빛을 발한다. 바다를 바라보며 식사할 수 있고 아멧에서는 드물게 제대로 된 일본 음식을 맛볼 수 있기 때문이다. 일본식 돈가스, 오코노미야키 등 다양한 일본 음식을 접할 수 있는데 맛도 꽤 괜찮은 편이다.

위치	아쿠아테라스 숙소 1층에 위치
운영	08:00~21:30(LO 20:30)
요금	1인 50K~(Tax 10%)
주소	Selang Bunutan, Amed, Karangasem
전화	0813-3791-1096
홈피	www.aquaterrace-amed.com

Food

6

선라이즈 카페 Sunrise Cafe

선라이즈 숙소와 함께 붙어 있는 선라이즈 카페는 아멧 비치 바로 앞에 있다. 가게 안에서는 세기에도 벅찰 만큼 많은 공예품을 볼 수 있는데, 주인아저씨의 캐나다 친구가 만든 것으로 조개, 소라, 산호 등을 이용해 만든 재기 발랄한 작품들이 눈에 띈다. 이곳의 나시 짬뿌르는 아멧의 물가치고 좀 비싸지만 그만큼 양이 풍성하다. 맛은 투박한 편인데 생선튀김이 한가득 올라가 아멧다운 나시 짬뿌르를 경험할 수 있다.

위치	즈무룩 비치에 위치, 전망대에서 350m 정도 언덕을 내려가면 오른쪽에 있다.
운영	07:00~22:00
요금	1인 70K~
주소	Jemeluk, Amed, Karangasem
전화	0363-23477

Stay : 2성급

❶

아쿠아테라스 Aquaterrace

일본인 부인과 인도네시아인 남편이 함께 꾸려가는 숙소로 깔끔함은 물론 멋진 바다 전망까지 있다. 2개의 객실로 아담하게 시작해 지금은 해변가에 새 건물을 세워 총 7개의 객실과 수영장을 갖추었다. 도로 옆 언덕에 자리한 기존 객실과 해변가에 새로 마련된 비치 사이드 아쿠아테라스 객실 모두 멋진 바다 전망이 압권이다. 객실 요금에는 아침 식사와 애프터눈 티가 포함, 3박 이상 머물면 할인된 가격으로 이용할 수 있다.

위치	산타이 호텔에서 약 4km 떨어져 있다. 블루 문 빌라 옆이다.
요금	힐 사이드룸 680K~, 비치 사이드룸 1,100K~
주소	Selang Bunutan, Amed, Karangasem
전화	0813-3791-1096
홈피	www.aquaterrace-amed.com

Stay : 3성급

❷

안다 아멧 Anda Amed Resort

바다가 보이는 언덕 위에 빌라가 층층이 박혀 있다. 화이트 톤에 발리식 일랑일랑 지붕을 올린 빌라는 전체적으로 깔끔하다. 하지만 2005년에 문을 연 숙소인지라 세월의 흔적이 살짝 엿보인다. 1베드룸 빌라와 2베드룸 빌라가 총 8개, 투숙 정원이 많지 않아 리조트가 여유롭다. 샤워실과 욕조를 모두 갖춘 욕실이 제법 넉넉한 편. 정원 테라스에서도 바다를 볼 수 있다. 빌라와 빌라 사이는 모두 정원으로 꾸며져 있고 부대시설로는 식당과 수영장이 있다. 경제적인 가격으로 빌라에 머물 수 있다는 것이 이 숙소의 장점인데, 허니문 패키지에는 1시간 마사지와 캔들라이트 디너가 합리적인 가격에 포함돼 있다. 부킹닷컴, 아고다 같은 호텔 예약 사이트에서 예약할 수 있다.

위치	아멧 초입에서 약 5km 떨어져 있다. 차로 7분 소요
요금	1베드룸 빌라 USD60~, 2베드룸 빌라 USD114~
주소	Jl. Raya Lipah, Amed, Bunutan, Karangasem
전화	0363-23498

Stay : 3성급

3

산타이 호텔 Santai Hotel

가족적인 분위기가 인상적인 산타이 호텔은 깔끔하고 쾌적한 객실을 갖추고 있다. 총 10개의 객실로 방갈로와 일반 객실이 있으며 오션뷰와 가든뷰로 나뉜다. 특히 트로피컬한 분위기의 방갈로는 복층 구조로 낭만적 느낌이 나는데 2층 다락엔 엑스트라 베드를 넉넉하게 놓을 수 있어 가족 단위 여행객들에게 인기가 좋다. 트레킹, 다이빙, 래프팅, 크루즈 등과 같은 다양한 액티비티를 직접 예약할 수 있고 스노클링도 장비만 빌려 바로 앞 해변에서 쉽게 즐길 수 있다. 정원을 가로지르는 수영장은 그늘이 있어 책 읽기 좋으며 수영장 옆 가제보에서 파도 소리를 들으며 스파를 받을 수 있다. 여유로운 아침을 위한 모닝 티가 객실까지 서비스된다.

위치 부누딴 마을 해안가에 위치. 전망대에서 약 400m 정도 떨어져 있다.
요금 가든뷰 방갈로 USD100~, 오션뷰 방갈로 USD115~
주소 Bunutan, Amed, Karangasem
전화 0363-23487
홈피 www.santaibali.com

Stay : 4성급

4

더 그리야 빌라 The Griya Villas & Spa

고급 숙소보다는 다이버들을 위한 합리적인 숙소가 많은 아멧에 프라이빗한 풀빌라가 등장했다. 산타이 호텔의 오너가 심혈을 기울인 작품. 하이 클래스를 뜻하는 이름 그대로 14채의 고급 빌라와 스타일리시한 레스토랑과 바, 스파를 갖추고 있다. 무엇보다 바다와 숲을 동시에 내려다볼 수 있는 언덕 위에 지어져 최고의 전망을 자랑한다. 모든 빌라가 바다를 향해 있으며 빌라에서 보는 일출 노을은 가히 황홀하다. 1~3베드룸이 있으며 침실과 주방, 거실, 수영장을 갖추고 있는데 침실과 주방이 별채 형식으로 분리되어 있다.

위치 아멧 초입에서 차로 8분 소요
요금 1베드룸 풀 빌라 USD220~, 2베드룸 풀 빌라 USD350~
주소 Bunutan, Amed, Karangasem
전화 0363-23571
홈피 www.thegriya.com

Stay : 2성급

❺

블루 문 빌라 Blue Moon Villas

아멧의 여느 숙소처럼 이곳 또한 바다가 보이는 언덕 위에 자리 잡고 있다. 4개의 오션뷰 수영장과 17개의 객실, 1베드룸부터 4베드룸까지 커플부터 가족이나 그룹 손님의 입맛까지 맞췄다. 객실은 층수, 크기, 발코니 유무, 전망 등에 따라 다양한 타입으로 나뉘며 화이트 톤의 객실로 깔끔하게 관리되고 있다. 건물들이 가까이 붙어 있어 사생활 보장 면에서는 조금 아쉬움이 남는다.

위치 아멧 초입에서 8km 떨어져 있으며 아쿠아테라스 옆에 위치해 있다.
요금 펜트하우스 €75~, 디럭스 오션뷰 €95~
주소 Selang Beach, Amed, Karangasem
전화 0363-21428
홈피 www.bluemoonvillas.com

Stay : 3성급

❻

코럴 뷰 빌라 Coral View Villas

코럴 뷰 빌라는 주쿵이 빽빽하게 정박된 리파Lipah 비치에 있다. 총 17개의 방갈로를 갖추고 있으며 디럭스와 패밀리 두 가지 객실로 나뉜다. 패밀리는 2층 구조로 1층과 2층에 침실이 있고 욕실은 하나다. 대신 2층 발코니에서 해변 전망을 감상하기 좋다. 잘 가꾼 정원에는 라군 수영장이 있으며, 장비만 빌려 해변에서 5m 떨어진 바다로 나가 스노클링을 즐길 수 있다. 유로 다이브와 히든 파라다이스 코티지도 함께 운영하고 있다.

위치 리파 비치의 유로 다이브 옆에 위치
요금 디럭스 USD81~
주소 Lipah, Amed, Karangasem
전화 0363-23493 홈피 www.coralviewvillas.com

Stay : 2성급

❼

와와 웨웨 II Wawa Wewe II

아멧에서는 다이버들을 위한 저가 숙소를 쉽게 찾을 수 있다. 그중 와와 웨웨 II는 시설과 가격, 전망 면에서 합리적인 숙소로 늘 인기가 많다. 특히 바다를 마주하고 있는 인피니티 수영장은 작지만 훌륭하다. 객실은 복층 구조로, 8개의 가든뷰 방갈로와 2개의 오션뷰 객실이 있다. 2층 다락에는 2개의 싱글 침대가 더 들어가고, 모든 방에 에어컨 또는 팬 시설을 갖추었다.

위치 안다 아멧에서 오른쪽으로 250m 떨어져 있으며 오른쪽에 입구가 있다.
요금 가든뷰 USD38~, 오션뷰 USD45~
주소 Lipah, Amed, Karangasem
전화 0363-23522

Stay : 3성급

8

뿌리 위라타 Puri Wirata Dive Resort & Spa

다이빙 숍을 함께 운영하는 숙소로 다이빙 여행을 계획하는 여행자라면 관심을 가져볼 만하다. 숙박 일수와 다이빙 종류, 횟수에 따라 다양한 패키지 상품을 내놓고 있는데 따로 예약할 때보다 훨씬 저렴하다. 또 믿음이 가는 다이빙 업체라는 점을 생각하면 나쁠 게 없다. 스파와 식당, 2개의 인피니티 풀로 부대시설도 충분. 바다 전망을 갖춘 30개의 객실엔 전용 발코니가 딸려 있다.

위치 아멧 초입에에서 차로 7분 소요
요금 디럭스 750K~
주소 Jl. Raya Bunutan, Amed, Karangasem
전화 0813-3840-5335
홈피 www.puriwirata.com

Stay : 1성급

9

왜니스 선셋 뷰 호텔 Waeni's Sunset View Hotel

언덕 위 방갈로에서 바다가 한눈에 내려다보인다. 해안가에 정박된 주쿵의 정겨운 풍경부터 탁 트인 망망대해까지 전망 하나는 특급이다. 냉수 혹은 온수 샤워, 선풍기 혹은 에어컨의 옵션에 따라 방 가격이 달라지며 멋진 바다 전망에 비하면 객실 분위기는 저렴하다.

위치 부누딴에 위치, 아멧 초입에서 차로 10분 소요
요금 더블룸 USD34~
주소 Bunutan, Abang, Karangasem
전화 0363-23515
홈피 www.waenis.com

Stay : 2성급

10

빌라 이다 Villa Ida

아멧 초입에서 10km를 더 들어가야 하는 외진 곳에 있지만 다른 곳보다 한가로운 시간을 보낼 수 있다. 객실 3개와 테라스, 거실, 수영장, 주방으로 구성된 단출한 빌라는 오히려 주택에 가까운 느낌이다. 객실 하나만 쓸 수도 있지만 빌라 전체를 통으로 빌릴 수도 있어 그룹 여행객이나 가족 여행자에게 가장 잘 어울린다. 아멧에서도 더 후미진 이곳은 텔레비전도, 인터넷도 없다.

위치 아멧 초입에서 차로 약 15분 소요
요금 슈피리어 USD60~, 빌라 전체 USD170~
주소 Br. Aas, Desa Bunutan, Amed
전화 0828-353-1721
홈피 www.villaidabali.com

돌고래를 찾아서

Lovina

로비나

발리 섬 북쪽, 작은 바닷가 마을 로비나까지 먼 길을 떠나는 이유는 단연 '돌고래' 때문이다. 이른 새벽 바다로 나가 돌고래를 보려면 하루쯤 부지런 떨어야 한다. 로비나의 하이라이트인 돌고래를 봤다면, 이제 믄장안 섬으로 다이빙이나 스노클링 투어를 떠나보자. 로비나 시내에 고만고만한 여행사들이 모여 있어 적당히 흥정을 해볼 수 있다. 고급 숙소보다는 다이버를 위한 중저가 숙소가 대부분이니 머무는 것도 부담이 적다. 여행 일정이 여유롭지 않다면 발리 남부에서 이른 새벽에 출발하는 당일치기 투어를 생각해보자.

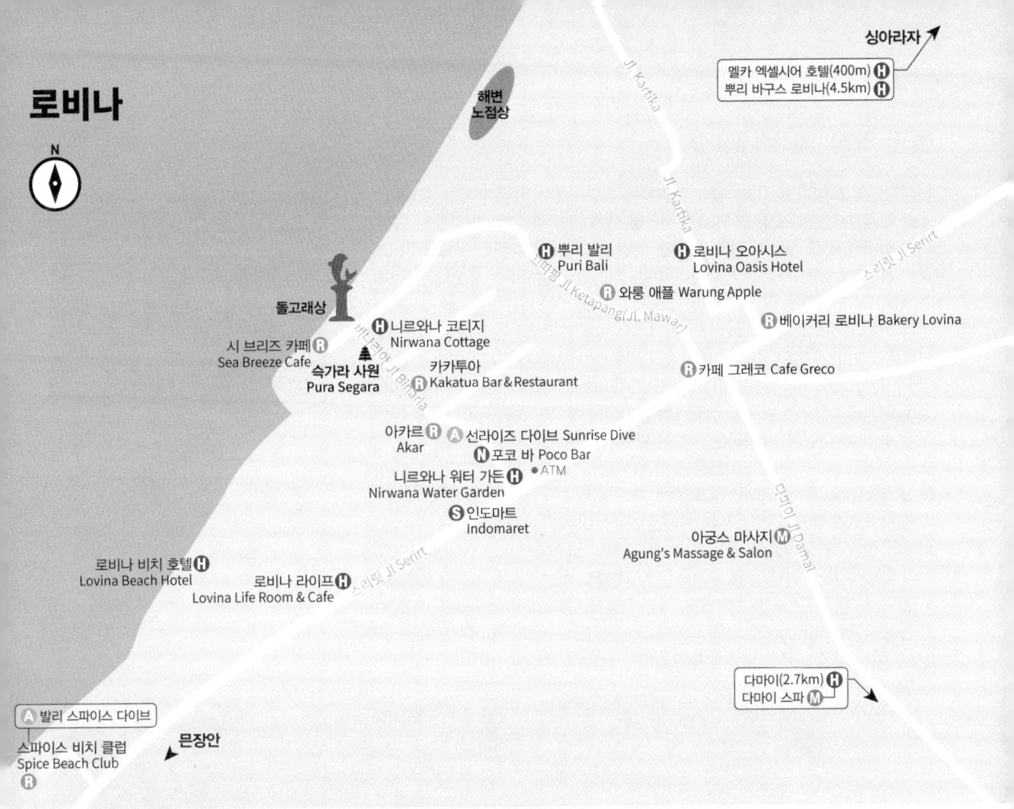

✚ 로비나 Lovina

로비나로 이동하기

택시

공항에서 로비나까지 800K 선이며 3~4시간 소요.

쁘라마 버스

꾸따, 사누르, 우붓 등지에서 로비나로 하루 1회 운행하며 요금은 125K이다.

사설 미니버스

꾸따에서 하루 4번 정도 스케줄이 있으며 요금은 150K이다.

가이드 차량

가이드 차량(1일 8시간, USD50 선)을 이용해 발리의 주요 관광지를 둘러보고, 마지막 목적지로 로비나로 향하는 것도 좋은 방법이다. 로비나는 발리 중심에서 꽤 떨어져 있어 통상적으로 USD10~20 정도 추가 요금을 지불한다.

로비나로 바로 이동하고 싶다면 기사가 포함된 차량을 예약하자. 공항에서 로비나까지 요금은 600K~, 지나는 길에 명소가 있다면 잠시 차를 세우고 둘러보고 갈 수도 있다.

Activity

1

돌핀 와칭 Dolphin Watching

관광객들이 로비나를 찾는 가장 큰 이유는 돌고래를 보기 위해서다. 로비나 시내를 조금만 서성여도 돌핀 와칭 호객꾼을 쉽게 만날 수 있을 만큼 돌핀 와칭은 이제 하나의 관광 상품이 되었다. 일출 무렵 돌고래들은 따뜻한 곳을 찾아 이동하는데, 이때 돌핀 와칭이 시작된다. 이른 시간에 출발하므로 돌고래뿐만 아니라 배를 타고 바다로 나가는 길에 일출도 함께 볼 수 있다. 보통 새벽 6시쯤 로비나 비치에서 보트를 타고 25분 정도 나가면 세기도 힘들 만큼 많은 돌핀 와칭 보트들과 만나게 된다. 수많은 배가 돌고래를 찾아 이리저리 서성이다가 돌고래가 나타나면 일제히 모터를 돌려 한곳으로 몰려든다. 돌고래와의 기나긴 숨바꼭질 끝에 드디어 수면 위로 솟아오르는 돌고래를 본다면 새벽 일찍 일어난 보람을 맛보게 될 것이다. 돌아오는 시간은 보트의 돌핀 와칭 성과에 따라 다르지만 보통 8시쯤엔 다시 로비나 비치로 돌아온다. 돌핀 와칭을 통해 돌고래를 볼 확률은 90퍼센트로, 가이드의 능력과 운에 따라 얼마나 가까이서 보는 행운을 잡느냐 잡지 못하느냐가 갈린다. 투어 요금은 1인당 100K이며 숙소 픽업과 보트가 포함되어 있다. 숙소 리셉션이나 로비나 현지 투어 업소에서 바로 예약할 수 있다. 발리 남부(꾸따, 스미냑, 우붓 등)에서 새벽에 출발하는 당일치기 돌핀 와칭 투어도 있다. 새벽 3시경 로비나로 출발, 돌핀 와칭을 하고, 인근 폭포와 땀블링안 호수, 울룬 다누 브라딴 사원 등 발리 북부의 관광 명소도 함께 둘러본다. 보통 오후 5시경 다시 발리 남부로 돌아오며 요금은 1인 USD60~이다.

Tip 돌핀 와칭 투어

헤르만 로비나 투어 Herman Lovina Tour
lovinatours.com

발리 로비나 투어 Bali Lovina Tours
balilovinatours.com

발리 골든 투어 Bali Golden Tour
www.baligoldentour.com

Stay : 4성급

❶

다마이 The Damai

로비나를 가치 있게 만드는 일등 공신이 돌핀 와칭이라면 두 번째는 로비나에서만 만날 수 있는 아름다운 숙소 다마이를 꼽을 수 있다. 중심가에서 조금 외진 곳에 있지만 로비나 지역 내로 무료 픽업 서비스를 제공하고 있어 오히려 다른 숙소보다 편리하다.

다마이는 고급 프라이빗 부티크 콘셉트로, 사주가 수집한 예술품까지 더해져 멋스럽다. 객실은 모두 빌라 타입인데 가든 빌라, 시뷰 빌라, 풀 스튜디오, 풀 빌라 등이 있다. 일반 빌라는 인도네시아 전통 분위기를 살렸고, 풀 빌라는 보다 진중하고 현대적이다. 로비에서 언덕을 따라 빌라가 하나씩 자리하고 있으며, 언덕에는 허브와 과일을 기르는 텃밭이 펼쳐져 있다. 바다가 내려다보이는 수영장과 정자는 시원한 바다 전망을 자랑한다.

역시 고급 빌라다운 서비스도 기대할 수 있겠다. 친절함과 서비스 의식을 갖춘 직원들이 상주하고, 직접 만든 꿀과 잼, 빵 등으로 차려지는 유기농 조식이 인상적이다.

위치 로비나 중심 로드에서 차로 10분 거리
요금 빌라 USD187~
주소 Jl. Damai, Kayu Putih, Lovina
전화 0813-3843-7703
홈피 www.thedamai.com

Stay : 3성급

❷

뿌리 바구스 로비나 Puri Bagus Lovina

바구스 디스커버리 그룹의 로비나 빌라. 발리니스 분위기의 객실이 고급스러우며 해변을 끼고 있는 푸른 정원이 여유롭다. 총 40채의 빌라가 슈피리어, 디럭스, 스위트 객실로 나뉘는데 슈피리어와 디럭스는 전망 차이만 있을 뿐 객실 조건은 동일하다. 수영장을 사이에 두고 연결된 스위트는 두 채로 나뉘어 있어 각자의 사생활을 지킬 수 있다는 장점이 있다. 바다와 하나가 된 듯한 수영장 또한 빼놓을 수 없는 자랑거리다.

위치 로비나 중심가에서 싱아라자 시내 방향으로 차로 7분 정도 소요, 오른쪽에 위치
요금 슈피리어 USD132~ 주소 Jl. Serirt, Lovina
전화 0362-21430
홈피 www.puribaguslovina.com

Stay : 3성급

❸

멜카 엑셀시어 호텔 Melka Excelsior Hotel

돌고래와 많은 시간을 보낼 수 있는 숙소로, 3개의 돌고래 풀이 있어 매일 돌고래 쇼가 열리며, 돌고래와 함께 수영할 수 있는 돌고래 스위밍과 돌고래 테라피 등 다양한 액티비티를 운영하고 있다. 키즈 클럽도 있어서 아이를 동반한 돌고래를 좋아하는 가족 여행객에게 안성맞춤이다. 총 62개의 객실은 슈피리어, 디럭스, 스위트, 패밀리, 프레지던트 스위트의 5가지 타입으로 전체적으로 객실은 낡은 편이다.

위치 로비나 중심가에서 싱아라자 시내 방향으로 차로 5분 정도 소요, 오른쪽에 위치
요금 디럭스 1,000K~ 주소 Jl. Serirt, Lovina
전화 0362-41552, 0362-41562
홈피 www.melkahotelbali.com

다이빙 여행을 떠나요~

Menjangan

믄장안

발리 북서쪽에 자리한 발리 서부 국립공원에는 200여 종의 식물과 300여 종의 조류, 원숭이, 사슴, 이구아나 등 야생 동물들이 살고 있다. 믄장안은 이 국립공원에 속한 섬으로 발리 최고의 다이빙 장소로 손꼽힌다. 다양한 열대 어종과 산호 군락, 운이 좋다면 바다 거북이도 볼 수 있다. 물이 워낙 맑아 스노클링만으로도 감동적인 바닷속 탐험을 즐길 수 있으니 기대해봐도 좋다. 섬의 이름인 믄장안(Menjangan)은 인도네시아어로 '사슴'. 이 사슴이 무인도의 주인이다. 야생 사슴들은 물을 마시기 위해 해안가로 내려오는데, 사슴과의 조용한 조우는 가슴 떨리는 순간이 된다.

YAMAHA

믄장안

✚ 믄장안 Menjangan

믄장안으로 이동하기

택시
공항에서 로비나까지 1,200K 선이며 4~5시간 정도 소요된다.

가이드 차량
하루 8시간 기준으로 운행하는 가이드 차량을 이용해 이동할 수 있지만 워낙 거리가 멀어 가이드에 따라 USD20 안팎의 추가 요금을 요구하는 경우가 대부분이다. 기사가 있는 차량은 750K 선이며, 가는 길에 명소가 있다면 잠시 차를 멈추고 둘러볼 수 있다.

투어 픽업 차량
믄장안에서 오랜 시간 머물 필요가 없는 경우 대부분 로비나에 거점을 마련하고 믄장안 투어를 이용해 왕복하거나 발리 남부에서 당일치기 투어로 오갈 수 있다.

페리
자바 섬 끄따팡Ketapang 항구에서 길리마눅Gilimanuk으로 페리를 타고 이동할 수 있다(수시 운항).

Tip. 머물기
발리 중남부에서 당일치기로 다녀올 수도 있지만, 믄장안 섬 주변의 반유워당Banyuwedang이나 쁘무트란Pemutran 또는 로비나Lovina에 숙소를 마련하고, 믄장안 섬과 로비나를 함께 여행해보자. 쁘무트란은 발리 북서부 지역의 오아시스로 많은 여행자들이 이곳을 베이스캠프로 삼는다. 식당과 숙소, 다이빙 숍이 제법 모여 있고, 로비나까지는 차로 약 1시간, 믄장안 섬으로 가는 선착장까지는 차로 약 15분 거리이다. 국립공원의 자연을 몸소 느껴보고 싶다면 반유워당이나 국립공원 안에 있는 숙소를 눈여겨보자.

Tip. 현금인출기 & 환전소
현금인출기는 쁘무트란에서 어렵지 않게 찾을 수 있으나 제대로 된 환전소가 없으니 이동 전에 미리 환전해두는 것이 좋다.

Activity 추천

1

스노클링 & 다이빙 Snorkeling & Diving

발리 북서쪽에 위치한 믄장안 섬은 발리 최고의 다이빙 장소로 손꼽힌다. 투명한 바닷물 속에서 다양한 어종과 산호, 절벽 등을 볼 수 있으며 스노클링만으로도 감동적이다. 발리 서부 국립공원에 속한 섬으로(10:00~14:00 개방) 본섬에서 30분 정도 보트를 타고 이동해 믄장안 섬 주위를 돌며 다이빙을 하는데, 시간만 충분하다면 여러 곳의 다이빙 포인트들을 경험할 수 있다. 믄장안 다이브는 크게 2가지 코스로 나뉘며 그중 하나가 믄장안 섬 동쪽의 템플 포인트에서 시작해 섬 남쪽으로 이동하며 포스 2와 동굴 포인트를 차례로 도는 코스다. 무엇보다 초보 다이버들도 가이드와 함께 충분히 즐길 수 있다.

인근 쁘무트란에서도 다이빙과 스노클링을 즐길 수 있으나 다소 아쉽게 느껴진다. 과도한 어업과 이상 기후로 산호 군락이 많이 파괴돼 현재 인공 암초를 설치해 산호와 물고기들의 안식처를 재건하고 있다. 믄장안 섬을 비롯한 발리 북서부 지역은 일 년 내내 다이빙이 가능하며 8월에는 파도가 살짝 거칠 수 있다.

Tip 스노클링 & 다이빙 업소

선라이즈 다이브Sunrise Dive(로비나)
요금 다이빙(2회) 490K, 스노클링(2회) 790K
전화 0362-41182
홈피 sunrisedivebali.com

리프 신 다이버스 리조트 Reef Seen Divers' Resort(쁘무트란)
요금 다이빙(2회) 1,300K
전화 0812-389-4051
홈피 reefseenbali.com

헤르만 로비나 투어Herman Lovina Tour(로비나)
요금 스노클링 450K, 750K(꾸따, 사누르, 우붓 픽업) 다이빙 700K~
전화 0819-1566-5544
홈피 lovinatours.com

요금에는 국립공원 입장료(주중 200K, 주말 300K)와 점심, 장비, 보트, 차량이 포함되며, 로비나나 발리 남부 지역에서 당일치기도 가능하다.

Sightseeing ★

1

뿔라키 사원 Pulaki Temple(Pura Pulaki)

로비나와 믄장안을 오갈 때 들를 수 있는 뿔라키 힌두교 사원은 해안도로에 인접해 있다. 원숭이가 많아 원숭이 사원으로 불리기도 하는데, 숲에 사는 원숭이들이 먹이를 찾아 사원과 해안가로 내려온 것이다. 실제 사원 안에서는 사람의 시선을 개의치 않는 태평스러운 원숭이를 볼 수 있는데 이 외에는 크게 볼거리가 없는 편이다. 사원 안으로 들어가기 위해서는 사롱이 필요하며 입구에서 사롱을 빌려준다. 입장료는 없지만 기부금을 받고 있다.

위치 로비나에서 믄장안 방향으로 차로 약 1시간 소요. 해안로 왼편에 위치
요금 입장료는 따로 없지만 기부금을 받는다.
주소 Jl. Singaraja, Banyupoh, Gerokgak, Kabupaten Buleleng

Stay : 4성급

❶

더 믄장안 The Menjangan

더 믄장안은 발리 서부 국립공원 안에 자리하고 있어 국립공원을 몸소 느껴볼 수 있는 최적의 리조트이다. 원숭이, 사슴, 조류 등 크고 작은 동물들이 자주 출몰하고(위험하지 않음), 버드 와칭(조류 관찰), 트레킹, 승마, 카약, 스노클링, 다이빙 등 국립공원의 자연을 보다 가까이서 교감할 수 있는 다양한 액티비티가 준비돼 있다. 객실과 부대시설들은 국립공원 안에 흩어져 있는데 크게 세 부분으로 나뉜다. 발리 타워(로비, 레스토랑, 전망대), 몬순 롯지(디럭스, 스위트, 수영장, 마구간), 해변(비치 클럽, 빌라, 레스토랑, 스파, 워터 액티비티 클럽)으로 리조트 전용 차량을 이용해 언제든 오갈 수 있다. 몬순 롯지에는 수영장과 함께 디럭스와 스위트가 있고 맹그로브 해변 앞에 빌라가 있다. 전반적으로 객실 컨디션이 좋고 서비스가 안정적이다. 외부와 단절된 곳이라 식사 대부분을 리조트 안에서 해결해야 하는데 식당 2곳 모두 무난하다. 방문 최적기는 5~6월로 강수 확률은 낮고 녹음이 짙어지는 시기이다. 숙박비와 별개로 국립공원 입장료 200K(1인)가 추가된다.

위치 공항에서 차로 약 4~5시간 소요
요금 몬순 디럭스 USD147~,
몬순 스위트 USD210~,
비치 빌라 USD330~
주소 Jl. Raya Gilimanuk, Singaraja Km. 17 Desa Pejarakan, Buleleng
전화 0362-94700
홈피 www.themenjangan.com

Stay : 4성급

❷

밈피 믄장안 Mimpi Resort Menjangan

믄상안 내에서 고급 숙소로 손꼽히는 곳으로, 뚤람벤점도 있다. 이곳의 가장 큰 매력은 독특한 수영장과 방대하게 잘 꾸며진 정원과 맹그로브 숲. 끝없이 펼쳐진 잔디밭인데, 마치 큰 공원을 산책하는 느낌을 준다. 객실은 파티오룸과 자쿠지와 야외 정원이 딸린 코트야드 빌라로 나뉘며 코트야드 빌라도 수영장 유무와 객실 크기에 따라 차등을 두었다. 객실 컨디션은 거의 비슷한데 공용 풀이 워낙 잘 되어 있어 가장 낮은 카테고리를 선택하는 것도 좋은 방법이다.
부대시설도 잘 갖추고 있는데 새롭게 단장한 밈피 스프링 스파는 객실과는 180도 다른 모던한 스타일로 인기가 많다. 3개의 수영장도 바다와 정원을 전망으로 확 트여 있어 매력적이다. 특히 바다 바로 앞에 자리한 수영장에서는 맹그로브 숲과 바다가 한눈에 들어온다. 단, 리조트 앞의 바다는 맹그로브 숲으로 이루어져서 스노클링이나 수영을 하기에 적절치 않아 아쉽다.

위치 믄장안 동쪽, 믄장안 섬에서 배로 약 40분 거리
요금 파티오 USD120~, 코트야드 빌라 USD200~
주소 Jl. Banyuwedang Northwest
전화 0362-94497
홈피 www.mimpi.com/menjangan

Stay : 3성급

❸

누사베이 믄장안 NusaBay Menjangan by WHM

와카 계열의 숙소로, 믄장안의 인기 리조트이다. 객실은 라나이룸과 빌라로 구분되는데 라나이룸은 언덕배기에 자리하고 있어 전망이 좋은 편이다. 빌라는 바다 바로 앞에 있어 바다로 이동하기 쉽고 공간이 상당히 넓다. 빌라 내부는 마스터 베드룸, 서브 베드룸, 리빙룸 형식으로 3개의 공간으로 나뉘어 있다. 이곳의 가장 큰 매력은 코앞에 펼쳐진 에메랄드빛의 바다. 누구라도 무료로 스노클링, 카약 등을 즐길 수 있어 액티비티를 목적으로 믄장안을 찾는다면 최고의 선택이 될 것이다.

위치 국립공원 안에 위치
요금 라나이 USD115~, 빌라 USD190~
주소 Bali Barat National Park, Singaraja
전화 0361-484-085
홈피 www.wakahotelsandresorts.com

쁘무트란(Pemuteran) 지역의 숙소들

마타하리 비치 리조트
Matahari Beach Resort & Spa 5성급
요금 가든뷰 USD300~
주소 Jl. Raya Seririt, Gilimanuk, Ds. Pemuteran,Kec. Gerokgak, Kab. Buleleng
전화 0362-92312
홈피 www.matahari-beach-resort.com

아메르따 빌라
Amertha Bali Villas 3성급
요금 가든뷰 스위트 USD108~
주소 Dusun Pemuteran, Kecamatan Gerokgak, Kabupaten Buleleng
전화 0362-94831
홈피 www.amerthabalivillas.com

따만 사리 발리 Taman Sari Bali 3성급
요금 스튜디오 USD105~
주소 Dusun Loka Segara, Desa Pemuteran, Kecamatan Gerokgak, Buleleng
전화 0362-94755
홈피 www.tamansaribali.com

푸른 바다, 푸른 숲

Lombok

롬복

발리에서 비행기로 30분이면 닿는 롬복 섬은 전체 인구의 90%가 이슬람교도로 힌두교가 일반적인 발리와는 전혀 다른 문화색을 가지고 있다. 동시에 아름다운 바다와 울창한 야자수로 제2의 발리로 불릴 만큼 꾸준히 사랑받고 있다. 특히 서부 중심의 승기기 지역에는 리조트와 호텔이 모여 있으며 편의시설이 잘 갖춰져 여행자가 많이 찾는다. 롬복 북서쪽으로 조금 떨어져 있는 길리는 에메랄드빛 바다색으로 스노클링과 다이빙을 즐기기 좋으며 특히 그중에서도 트라왕안 섬이 가장 인기 있다.

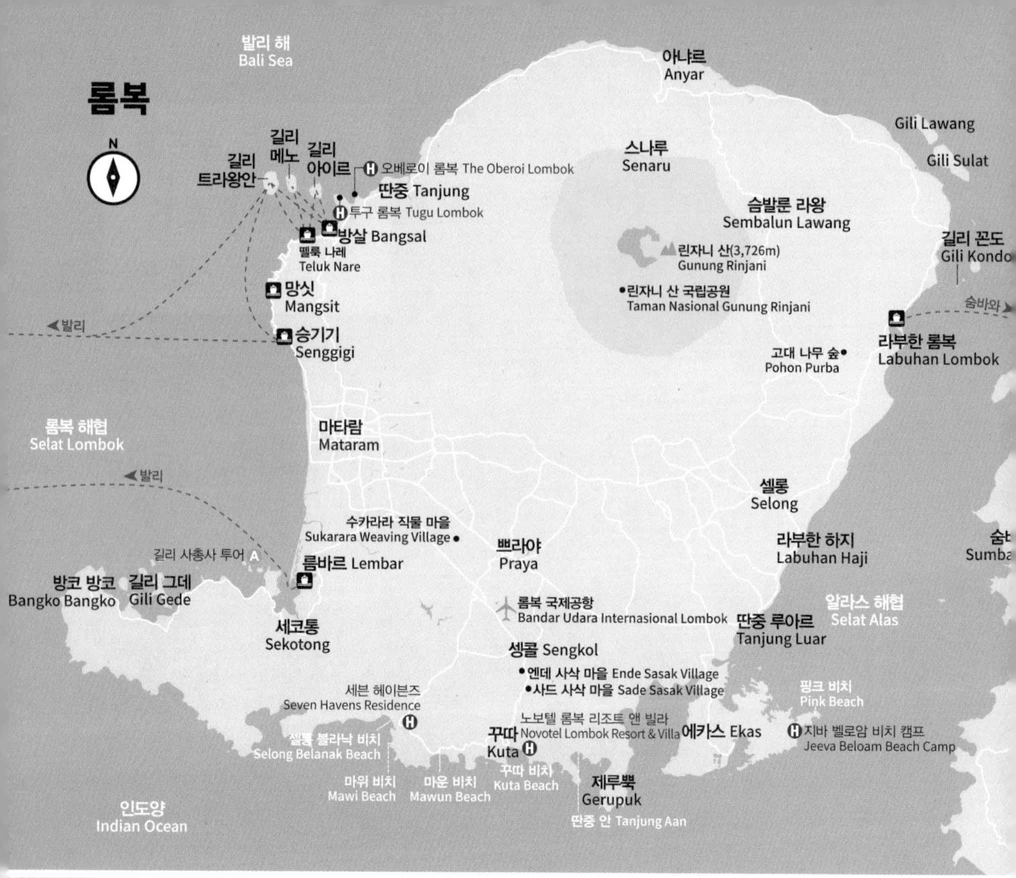
롬복
발리 해
Bali Sea
아냐르
Anyar
Gili Lawang
Gili Sulat
길리 트라왕안
길리 메노
길리 아이르
오베로이 롬복 The Oberoi Lombok
딴중 Tanjung
투구 롬복 Tugu Lombok
방살 Bangsal
뗄룩 나레
Teluk Nare
망싯
Mangsit
발리
승기기
Senggigi
스나루
Senaru
슴발룬 라왕
Sembalun Lawang
린자니 산(3,726m)
Gunung Rinjani
린자니 산 국립공원
Taman Nasional Gunung Rinjani
길리 꼰도
Gili Kondo
숨바와
라부한 롬복
Labuhan Lombok
고대 나무 숲
Pohon Purba
롬복 해협
Selat Lombok
마타람
Mataram
발리
셀롱
Selong
수카라라 직물 마을
Sukarara Weaving Village
쁘라야
Praya
라부한 하지
Labuhan Haji
숨바
Sumba
길리 사총사 투어
렘바르 Lembar
방코 방코
Bangko Bangko
길리 그데
Gili Gede
롬복 국제공항
Bandar Udara Internasional Lombok
알라스 해협
Selat Alas
세코통
Sekotong
셍콜 Sengkol
딴중 루아르
Tanjung Luar
엔데 사삭 마을 Ende Sasak Village
사드 사삭 마을 Sade Sasak Village
세븐 헤이븐즈
Seven Havens Residence
핑크 비치
Pink Beach
노보텔 롬복 리조트 앤 빌라
Novotel Lombok Resort & Villa
꾸따
Kuta
에카스 Ekas
지바 벨로암 비치 캠프
Jeeva Beloam Beach Camp
셀롱 블라낙 비치
Selong Belanak Beach
마위 비치
Mawi Beach
마운 비치
Mawun Beach
꾸따 비치
Kuta Beach
제루뿍
Gerupuk
딴중 안 Tanjung Aan
인도양
Indian Ocean

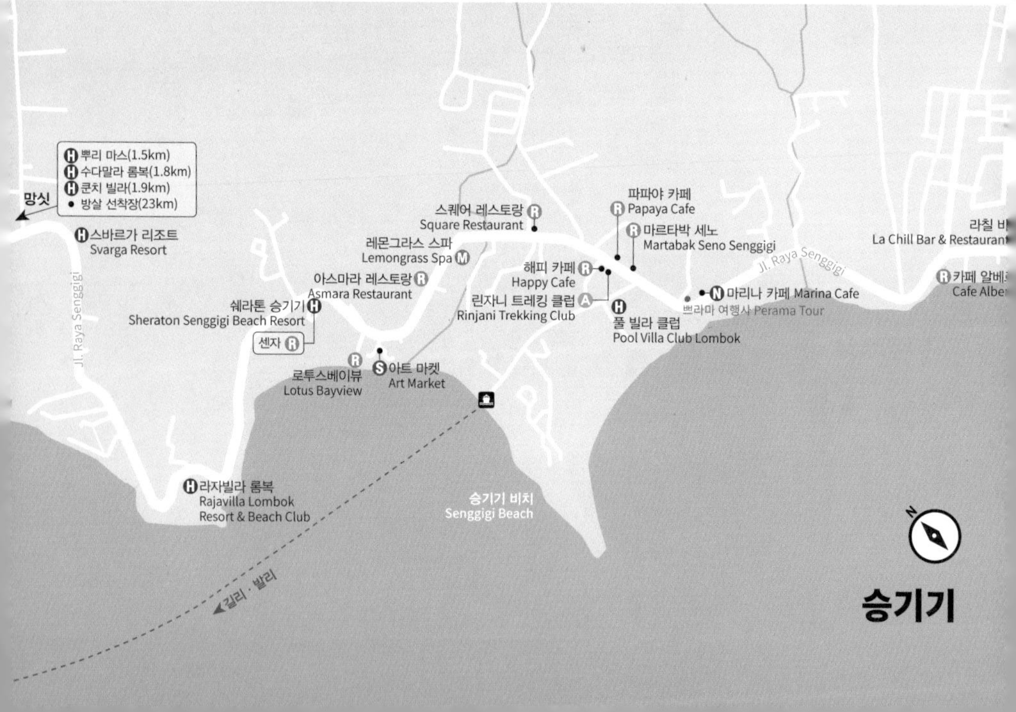
뿌리 마스(1.5km)
수다말라 롬복(1.8km)
쿤치 빌라(1.9km)
방살 선착장(23km)
망싯
스바르가 리조트
Svarga Resort
Jl. Raya Senggigi
스퀘어 레스토랑
Square Restaurant
파파야 카페
Papaya Cafe
마르타박 세노
Martabak Seno Senggigi
라칠 바
La Chill Bar & Restaurant
레몬그라스 스파
Lemongrass Spa
해피 카페
Happy Cafe
Jl. Raya Senggigi
아스마라 레스토랑
Asmara Restaurant
린자니 트레킹 클럽
Rinjani Trekking Club
마리나 카페 Marina Cafe
카페 알베
Cafe Alber
쉐라톤 승기기
Sheraton Senggigi Beach Resort
풀 빌라 클럽
Pool Villa Club Lombok
쁘라마 여행사 Perama Tour
센자
로투스베이뷰
Lotus Bayview
아트 마켓
Art Market
라자빌라 롬복
Rajavilla Lombok
Resort & Beach Club
승기기 비치
Senggigi Beach
길리 · 발리
승기기

✚ 롬복 Lombok

1. 롬복으로 이동하기

항공

현재 한국에서 롬복까지 운항하는 직항 항공편은 없으며 말레이시아, 싱가포르, 인도네시아의 자카르타나 발리를 경유해야 한다. 국내선의 경우 자카르타에서 2시간, 발리에서 30~50분 정도 소요되며 저가 항공도 많이 있다.

국제선

에어아시아 AiaAir www.airasia.com/kr/ko

싱가포르항공 Singapore Airlines www.singaporeair.com

가루다 Garuda Indonesia (국내선도 있음) www.garuda-indonesia.com/kr/ko

국내선

티켓닷컴(en.tiket.com)에서 항공사 및 스케줄, 요금을 비교해볼 수 있다.

바틱에어 Batik Air www.batikair.com

시티링크 Citilink www.citilink.co.id

라이언에어 Lion Air www.lionair.co.id

선박

발리 빠당바이PadangBai(공항에서 55km, 차로 약 1시간 30분 소요)에서 출발하는 노선이 가장 활발하며, 스랑안Serangan, 사누르, 렘봉안 섬, 아멧에서도 출발한다. 대부분 길리 트라왕안을 거쳐 롬복 섬에 도착하는데, 업체에 따라 길리 메노와 길리 아이르까지 경유하기도 한다. 도착하는 롬복의 선착장도 업체마다 다르며 방살Bangsal, 뗄룩 꼬데Teluk Kode, 승기기Senggigi, 름바르Lembar, 길리 그데Gili Gede 등이 있다. 발리 빠당바이에서 길리 트랑왕안까지 약 1시간 15분~1시간 30분, 롬복(방살, 뗄룩 꼬데)까지는 1시간 40분 이상 소요된다. 요금은 편도 450~790K, 왕복 900~1,500K 정도이며, 선착장까지 이동하는 픽업 차량이 포함되어 있다(돌아올 때 역시 드롭 서비스 제공). 대체로 선박이 크지 않고, 날씨에 따라 파도가 높을 수 있으니 뱃멀미에 약한 사람이라면 멀미약을 챙기도록 하자.

2. 롬복 안에서 이동하기

롬복 공항에서 이동할 때는 택시나 예약한 픽업 차량을(승기기까지 USD35 선)를 이용하는 것이 가장 편리하다. 택시로 승기기까지 약 1시간 소요, 220K 정도이며 꾸따까지는 약 30분 소요, 100K 선이다. 가장 저렴한 교통수단은 DAMRI 버스(공항 안에 매표소가 있다)로 마타람, 승기기, 셀롱Selong 지역을 운행, 요금은 30~40K이다.

리조트가 많은 승기기에서는 베모와 일반 택시를 이용할 수 있다. 특히 베모는 승기기 시내에서 아주 편리하게 탈 수 있으며 내릴 때, 벨을 누르거나 천장을 손으로 치면 된다. 단점은 별다른 노선 표시가 없고 영어가 통하지 않아 알아서 세우고 내려야 한다는 점. 주로 직선 거리를 짧게 이동할 때 이용한다. 요금은 5K를 넘지 않는다. 사설 셔틀버스도 있는데 방살 50K, 꾸따(롬복 남부) 150K 선이다.

롬복 남부 지역은 콜택시나 가이드 차량, 숙소 내 차량 서비스를 이용하거나 오토바이를 대여해 이동할 수 있다. 기사가 딸린 차량은 1일 600K 선, 오토바이 렌털은 35~60K 정도이다.

Writer's Tip :)

롬복에서 꼭 해야 할 일 체크!

- ☐ 승기기 거리 둘러보기
- ☐ 길리 투어하기
- ☐ 린자니 산 트레킹에 도전하기
- ☐ 롬복 남부의 한적한 해변에서 망중한 즐기기

Activity : 추천

❶

린자니 산 Gunung Rinjani

롬복 섬 북쪽에 자리한 린자니 산은 해발 3,726m로 인도네시아에서 두 번째로 높은 화산이다. 장엄한 화산 지형은 신비로움을 자아내며 등산가들에게는 한 번쯤 오르고 싶은 산으로 꼽힌다. 분화구에는 거대한 초승달 모양의 칼데라호인 스가라 아낙Segara Anak(아이 바다라는 뜻)이 있는데, 그 칼데라호 중앙에는 구눙 바루Gunung Baru(새로운 산이라는 뜻)라는 기생 화산이 활동 중이다. 린자니 산은 반드시 현지 트레킹 가이드와 함께 팀을 이뤄야만 오를 수 있다. 특별한 등산 기술이 필요한 것은 아니지만 자갈과 화산재로 등산로가 고르지 못하고 가파른 곳이 많아 무엇보다 체력과 인내가 요구된다. 짧게는 1박 2일 코스(칼데라호만 보고 돌아오는 코스)부터 길게는 일주일 코스까지 등반이 가능하다. 가장 대중적인 코스는 2박 3일 일정과 3박 4일(스가락 아낙에서의 야영이 추가됨) 일정으로 린자니 산의 하이라이트인 스가락 아낙, 온천, 린자니 산 정상을 모두 밟아볼 수 있다. 등산 최적기는 6~8월이며 등반 중에는 날씨가 수시로 바뀌고 밤에는 5~10도까지 기온이 내려가므로 외투를 꼭 챙기자.

위치 롬복 섬 북쪽에 위치. 승기기에서 슴발룬 국립공원 안내소까지 차로 약 3시간 소요
운영 4~10월 (우기인 11~3월은 등산 불가)
요금 국립공원 입장료 1일 150K
전화 0370-660-8874
홈피 rinjaninationalpark.com

Tip 1 등산 필수 준비물

등산화(방수 기능 추천), 긴 바지, 여벌 옷과 양말, 보온을 위한 바람막이 외투나 경량 점퍼, 모자, 우비, 수영복(온천욕 시), 등산 스틱 2개, 헤드랜턴, 물통, 선크림, 선글라스, 간식, 비상약, 물티슈나 여행용 티슈, 국립공원 입장료, 포터 팁

Tip 2 린자니 산 트레킹 예약과 추천 업체

트레킹 기간과 등반에 추가되는 요소와 수준에 따라서 요금이 달라진다. 보통 요금은 2,000~3,000K 선이며 가이드, 포터, 식사, 장비, 왕복 차량, 국립공원 입장료(업체에 따라 입장료 포함 여부가 다름)가 포함되어 있다.

사삭 투어 Sasak Tour
070-4413-6444 sasaktour.co.kr

린자니 트레킹 클럽 Rinjani Trekking Club
www.info2lombok.com

롬복 어메이징 파노라마
Lombok Amazing Panorama
www.lombokpanorama.com

Activity 추천

2

길리 사총사 투어

롬복에서 본격 스노클링을 즐기고 싶다면 길리 사총사 투어를 추천한다. 비교적 산호와 열대어가 잘 보존되어 있는 길리 낭구, 길리 땅콩, 길리 수닥, 길리 끄디스를 돌아보며 스노클링을 즐기는 투어이다. 다른 팀의 조인 없이 한 팀으로만 진행되는 투어로 투어비에는 보트, 입장료, 중식, 스노클링 장비, 물고기 먹이 등이 포함된다. 총 6~8시간 정도 소요되며 섬 내에는 별다른 탈의실이 없으므로 수영복을 착용하고 타월 등 개인물품을 준비해야 한다. USD20을 추가하면 수중촬영 서비스도 이용이 가능하다.

요금 2인 출발 시 1인 USD80, 3인 출발 시 1인 USD70, 4인 출발 시 1인 USD60

홈피 투어 문의처 sasaktour.co.kr (카카오톡 ID sasaktourday)

Activity 추천

3

길리 꼰도 투어

가슴이 설렐 정도로 아름다운 섬을 보고 싶다면 길리 꼰도 투어를 해보자. 투어는 숙소에서 선착장으로 이동 후, 바다 위의 맹그로브 숲이 장관을 이루는 길리 쁘다간을 둘러보고 길리 비다라에서 스노클링과 낚시 등을 즐긴다. 이후 세상에서 가장 신기한 섬 길리 까빨을 둘러본 후, 길리 꼰도로 이동해 직접 피운 숯불에 구워낸 신선한 해산물로 푸짐한 식사를 하게 된다. 길리 꼰도에서는 스노클링과 섬 주변을 돌아보며 시간을 보낸다. 돌아올 때 근처의 고대나무 숲도 들를 수 있다. 총 10~11시간 정도 소요되며 섬 내에는 별다른 탈의실이 없으므로 수영복을 착용하고 타월 등 개인물품을 준비해야 한다.

요금 2인 출발 시 1인 USD110, 3인 출발 시 1인 USD100, 4인 출발 시 1인 USD90

홈피 투어 문의처 sasaktour.co.kr(카카오톡 ID sasaktourday)

Sightseeing ★★☆

❶

셀롱 블라낙 비치 Selong Belanak Beach

푸른 언덕과 바다가 어우러져 너른 백사장이 더욱 아름답다. 파도가 적당하고 수심이 깊지 않은 데다가 바닥도 모래라서 초보 서핑 강습이 주로 이뤄진다. 해변 왼쪽엔 대나무로 지은 작은 식당과 서핑 스쿨, 서핑 숍이 줄지어 있다. 수영을 즐기기에는 파도가 조금 높은 편이라 대신 서핑 보드를 빌려 파도를 즐겨봐도 좋겠다[서핑 보드 50K(2시간), 서핑 레슨 250K(2시간)] 해가 지면 노을을 감상할 수 있고 랍스터 어장들의 등불도 아름답게 빛난다. 해변가 식당 중에 라웃 비루 Laut Biru Bar & Restaurant는 음식과 분위기 모두 추천할 만하다.

위치 롬복 섬 남서쪽에 위치

Sightseeing ★★☆

❷

마위 비치 Pantai Mawi (Mawi Beach)

서퍼들의 해변! 롬복 섬 남쪽의 해변 가운데 서핑으로 손꼽히는 곳이다. 경험이 있는 중급 이상의 서퍼에게 알맞으며 작은 섬과 언덕으로 둘러진 주변 경치도 아름답다(간이식당과 보드 대여소가 있음). 메인 로드에서 비포장도로를 따라 3km 정도 더 들어가야 하니 찾아가는 길이 녹록치 않다. 또 인가가 드물게 있을 정도로 외져 숙소는 셀롱 블라낙이나 꾸따에 잡아야 한다.

위치 롬복 섬 남서쪽에 위치

요금 입장료 20K

Sightseeing ★☆☆

❸

마운 비치 Mawun Beach

반달 모양의 고운 백사장과 푸른 바다가 빛나는 아름다운 해변으로 한가롭게 일광욕을 즐기기 좋다. 작은 식당과 선베드가 해변을 따라 있는데 해변 오른쪽에는 큰 나무가 있어 커다란 그늘에서 햇볕을 피할 수도 있다. 주변에 숙소가 거의 없으니 꾸따나 셀롱 블라낙 지역에서 머물 것.

위치 롬복 섬 남서쪽에 위치

요금 입장료 10K

Sightseeing ★☆☆

❹

꾸따 비치(롬복) Kuta Beach

꾸따 비치가 발리에만 있는 것은 아니다. 발리의 꾸따 비치만큼은 아니지만 롬복 섬에도 붐비는 꾸따 비치가 있다. 꾸따 지역은 여행자를 위한 숙소, 식당, 서프 숍, 상점들이 모여 있어 롬복 남부에서 가장 번화하다. 만달리카 리조트 단지 사업으로 꾸따 비치부터 딴중 안 비치까지 대형 리조트와 골프장, 해양 스포츠 단지 등이 들어설 예정이며, 꾸따 비치 쪽은 일부 말끔한 모습으로 바뀌었다. 해안선이 길고 해변 폭도 넓으며 동글동글한 알갱이 입자의 모래가 인상적이다.

위치 롬복 섬 남쪽에 위치. 공항에서 차로 약 30분 소요

Sightseeing ★★

5

딴중 안 Tanjung Aan

거대한 편자 모양의 해안선이 장관이다. 해변 오른쪽에 있는 언덕Bukit Merese을 오르면 둥근 해안선과 함께 투명하고 푸른 딴중 안의 모습을 가장 멋지게 볼 수 있다. 해변이 넓고 길며 파도도 잔잔해 일광욕과 해수욕을 즐기기 좋다. 메인 로드와 이어진 비포장도로가 썩 훌륭하지는 않다.

위치 롬복 섬 남쪽에 위치

요금 입장료 20K

Sightseeing ★

6

핑크 비치 Pink Beach(Pantai Tangsi)

모래에 산호가루가 섞여 주변 해변의 모래보다는 살짝 붉은 기가 도는 느낌이다. 큰 기대를 하고 간다면 실망할 수도 있는, 그다지 핑크하지 않은 핑크 비치. 지바 벨로암에 머문다면 모래가 곱고 해변이 예쁜 편이라 한번 들러볼 만하다. 작은 해변 끝으로 전망대처럼 오를 수 있는 언덕이 있는데 오르기 어렵지 않고 핑크 비치가 한눈에 들어오니 한번 둘러봐도 좋겠다.

위치 롬복 섬 동쪽에 위치

주소 Sekaroh, Jerowaru, East Lombok

Sightseeing ★

7

사삭 마을 Sasak Village

공항에서 꾸따 지역으로 가는 길에 사삭족의 마을을 둘러볼 수 있다. 사드Sade와 엔데Ende 마을은 관광 상품화된 분위기가 진하게 풍기지만 실제 주민들이 거주하는 전통 사삭 가옥들을 둘러볼 수 있다. 사삭 사람들이 거주하는 집은 발레 타니Bale Tani라고 부르는데, 대나무를 엮어 벽을 세우고, 마른 풀로 만든 알랑 알랑 지붕을 올리며 바닥은 소똥과 흙을 버무려 바른다. 여성과 어린아이들은 방 안에서 지내고 남자들은 실외에서 지내는 점이 특이하다. 모자를 꾹 눌러쓴 것 같은 룸붕Lumbung은 지면에서 높게 지어 곡식 곳간으로 사용한다. 운이 좋다면 롬복 전통 무술인 페레산Peresean 공연도 볼 수 있다.

위치 공항에서 남쪽으로 11km 떨어져 있으며 차로 약 20분 소요

요금 기부금

Sightseeing ★☆☆

8

수카라라 직물 마을
Sukarara Weaving Village

수카라라는 전통방식으로 직물을 짜는 마을로 유명하다. 이들이 만드는 이캇Ikat이라는 천은 염색한 실을 가지고 직조하는 방식인데 베틀을 이용한다. 화려한 색감에 기하학적인 무늬가 인상적이다. 이 일대에는 직물을 짜는 모습을 시연하고 직물 상품을 파는 상점들이 모여 있다.

위치 공항에서 북쪽으로 약 13km 떨어짐. 차로 20분 정도 소요
운영 보통 08:00~18:00

Sightseeing ★☆☆

9

고대나무 숲 Pohon Purba

고대나무 또는 거인나무Phon Raksasa라고 불리는 350여 년을 산 거대한 나무들이 모여 있다. 규모가 엄청 크진 않지만 그 자체로 마치 영화 〈아바타〉 속에 들어온 듯한 느낌으로 사진 촬영 장소로도 인기가 많다.

위치 롬복 섬 동쪽에 위치

Sightseeing ★☆☆

10

전망대 Viewpoint

사실 롬복에서는 따로 전망대를 찾을 필요가 없다. 승기기에서 해안도로를 따라 조금만 달리면 어느 곳에 차를 세워도 멋진 전망을 즐길 수 있기 때문이다. 그를 증명이라도 하듯 해안도로를 따라 길가에는 벤치가 놓여 있거나 노점상이 모여 있다. 특히나 인기 있는 곳은 말라이카Malaika. 이곳에서는 날이 맑으면 멀리 길리 트라왕안, 길리 아이르, 길리 메노가 나란히 내다보여 더욱 인기가 좋다. 말라이카에 가기 전 부킷 말림부Bukit Malimbu는 말림부 언덕이라는 뜻으로 세 섬이 모두 보이지는 않지만 또 다른 느낌의 경치를 즐길 수 있으며 일대에 신선한 해산물을 취급하는 로컬 레스토랑이 모여 있다.

위치 승기기 시내에서 차로 약 5~10분

Food

❶

센자 Senja Lounge & Dine

센자Senja는 인도네시아어로 해가 질 무렵의 빛을 뜻하는 '띵거미(황혼)'로, 그 이름처럼 저녁 무렵에 방문하면 가장 아름답다. 노을 질 무렵 해변을 앞에 두고서 이브닝 칵테일이나 저녁 식사를 즐겨보자. 특히 매주 목요일과 토요일에는 뷔페와 함께 어쿠스틱 공연이 열리니 참고할 것(목요일 인도 & 아랍 뷔페, 토요일 시푸드 바비큐 뷔페). 메뉴 콘셉트가 특별하지는 않지만 인도네시안을 포함한 아시안과 웨스턴 음식들로 선택의 폭이 넓다. 호텔 부속 식당에 걸맞은 수준으로 음식 맛도 담백하며 풍성하다. 비치 프런트 실외석과 함께 뒤쪽에 실내석이 마련되어 있다. 해변에서 즐기는 로맨틱 디너(예약 필수)도 가능하다.

위치 쉐라톤 승기기 내에 위치
운영 11:00~23:00
요금 뷔페 메뉴 1인 249~289K (Tax & SC 21%)
주소 Jl. Raya Senggigi, Senggigi, Lombok
전화 0370-693-333
홈피 www.sheratonsenggigi.com/senja

Food : 추천

2

카페 알베르토 Cafe Alberto

롬복의 레스토랑 중 단 한 군데만을 골라야 한다면 주저 없이 카페 알베르토를 추천한다. 가족 여행자들뿐 아니라 특히 커플끼리 롬복을 찾았다면 더없이 로맨틱한 시간을 보낼 수 있는 곳이다. 승기기 중심에서 조금 떨어져 있지만 승기기 내에서는 디너 시간(오후 6시 이후)에 한해 무료 픽업 서비스를 제공하고 있다. 롬복에 두기엔 아까울 정도로 스타일리시하고 직원들도 서비스 교육을 제대로 받은 모습이다. 수영장을 중심으로 초가지붕 아래 나무 테이블이 여유롭게 놓여 있으며 해변에도 테이블과 선베드를 두었는데 밤이면 횃불과 조명이 들어와 더욱 환상적인 분위기를 자아낸다. 간단히 칵테일에 핑거 푸드를 즐기기에 좋다. 피자나 파스타 맛이 괜찮고 가격도 저렴한 편이다.

위치 승기기 남쪽 끝. 쉐라톤 승기기에서 차로 5분 거리
운영 07:30~00:00
요금 1인 80K~(Tax & SC 15%)
주소 Jl. Raya Senggigi, Lombok
전화 0370-693-039, 0370-693-313
홈피 www.cafealberto.com

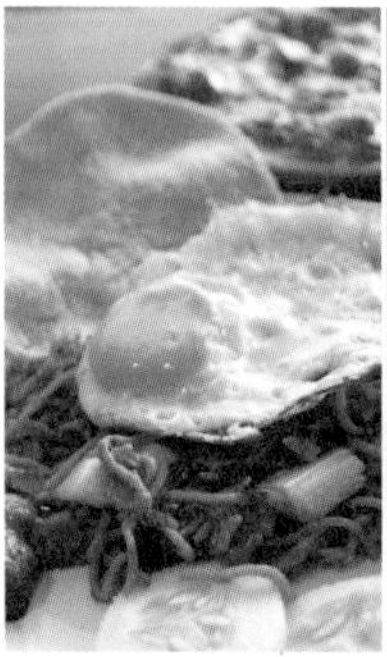

Food

3

아스마라 레스토랑 Asmara Restaurant

여유로운 공간과 아름다운 정원, 세련된 서비스로 오랜 세월 동안 사랑받은 레스토랑이다. 특히 빌리어드룸에는 아이들을 위한 놀이기구나 용품이 준비되어 있으며 베이비 밀 메뉴도 따로 마련되어 있어 아이를 동반한 가족 여행자들에게 인기가 많다. 롬복 스타일의 매운 닭 요리인 아얌 딸리왕을 비롯, 롬복 전통 요리들을 맛볼 수 있게 색다른 메뉴가 많은 편이다. 저녁 시간에는 무료로 픽업 서비스를 제공한다.

위치 쉐라톤에서 조금만 남쪽으로 도보 약 5분 내려가면 길 건너편에 보인다.
운영 11:00~23:00
요금 1인 100K~(Tax & SC 15%)
주소 Jl. Raya Senggigi, Lombok
전화 0370-693-619
홈피 www.asmara-group.com

Food

④

라칠 바 La Chill Bar & Restaurant

빈백에 앉아 선셋을 즐길 수 있는 비치 프런트 바이다. 고급스러운 비치 바는 아니지만 꽤 괜찮은 음식과 편안함을 갖춘 곳으로 음악을 함께 즐길 수 있다. 때때로 라이브 공연이 펼쳐져 보다 낭만적인 분위기가 연출된다.

위치	Joje 방갈로 골목에 있다.
운영	16:00~00:00
요금	80~150K
주소	Jalan Raya Senggigi, Batu Bolong KM8, Senggigi
전화	0878-9263-4182
홈피	www.lachillbar.com

Food

⑤

로투스 베이뷰 Lotus Bayview

이탈리안 음식과 현지 음식의 조화가 돋보이는 메뉴를 가진 식당이다. 주변의 비슷한 비치 바에 비해 가격대가 약간 높지만, 친절하고 밝은 스탭과 오너 덕분에 다시 찾는 관광객들이 꽤 있다. 시푸드가 들어간 메뉴를 추천한다.

위치	폴섹(경찰서)과 아트마켓 근처에 있다.
운영	08:00~23:00
요금	100~200K
주소	Beach Art Center complex, Senggigi
전화	0370-693-758

Food

⑥

마르타박 세노 Martabak Seno Senggigi

인도네시아식 팬케이크 마르타박은 인도네시아의 대표적인 길거리 음식이다. 마르타박 세노는 정식 점포 없이 오후 5시면 나타나는 노점이지만 딱 보기에도 깔끔한 편이라 길거리 음식에 대한 두려움이 있어도 도전해볼 만하다. 게다가 싸고 맛있다. 크게 과일을 이용한 디저트인 단 마르타박도 있고 우리나라 고기만두가 연상되는 짠 마르타박도 있다. 양도 엄청난 편이다.

위치	승기기 메인 로드, 파파야 카페와 와룽 부아나 사이에 있다.
운영	17:00~00:00
요금	1인 20K
주소	Jl. Raya Senggigi, Lombok
전화	0852-9306-6154

Food

7

해피 카페 Happy Cafe

딱히 손꼽히는 맛집이 떠오르지 않는 승기기에서 그래도 오랜 시간 가장 핫하고 좋은 평가를 받고 있는 곳이다. 특히 피자의 평가가 좋다. 저녁이면 라이브 연주도 즐길 수 있으니 흥겨운 분위기에서 피자에 맥주 한잔하는 것도 좋겠다.

위치	승기기 메인 로드 중간 즈음에 위치
운영	일~금 10:00~01:00, 토 13:00~01:00
요금	1인 70K~
주소	Jl. Raya Senggigi, Senggigi
전화	0370-693-984

Food

8

스퀘어 레스토랑 Square Restaurant

승기기 로드를 지나다 보면 자연스레 눈이 가는 스타일리시한 레스토랑이다. 2층 구조로 되어 있는데 2층은 디너 타임에만 오픈한다. 가격이 다소 비싸지만 음식 수준은 높은 편. 와인과 함께 식사를 즐기려는 이들에게는 신선한 루꼴라와 고기에 트러플 오일로 풍미를 더한 비프 카르파치오를 추천한다. 1회 방문 시 무료 픽업 서비스 쿠폰을 제공한다.

위치	승기기 스퀘어 바로 옆에 위치
운영	레스토랑 10:30~22:30, 바 10:30~23:30
요금	1인 200K~ (Tax & SC 15%)
주소	Jl. Raya Senggigi, Senggigi
전화	0370-693-688
홈피	www.squarelombok.com

Night Life

1

마리나 카페 Marina Cafe

롬복의 나이트 라이프를 즐길 수 있는 곳들 대부분은 편안하게 술 한잔할 수 있는 곳이지만 마리나 카페는 예외다. 비교적 차분한 분위기의 야외석과 달리 실내는 3층의 복층 구조로 되어 있어 라이브나 디제잉, 댄스 퍼포먼스 등 다양한 공연과 함께 열광적인 롬복의 밤을 즐길 수 있다. 공연은 매일 밤 10시경 시작되는데 분위기를 제대로 즐기려면 자정 즈음에 방문하는 것이 좋다.

위치	승기기 남쪽, 승기기 스퀘어에서 도보 약 5분 소요
운영	월~금 19:00~02:00 토 · 일 19:00~03:00
요금	칵테일 60~70K (Tax & SC 15%)
주소	Jl. Raya Senggigi, Senggigi
전화	0370-693-136

Shopping

1

아트 마켓 Art Market(Pasar Seni Senggigi)

승기기 메인 로드에 위치한 기념품 상점 단지이다. 롬복의 특산품과 수공예품을 비롯해 원피스나 셔츠, 모자 등을 파는 옷가게, 액세서리 가게, 여행사 등이 있다. 정찰제가 아니기 때문에 흥정은 필수! 마켓을 가로질러 나가면 해변으로 바로 나갈 수 있다.

위치	쉐라톤 승기기에서 우측으로 200m 떨어짐
운영	상점마다 다르며 보통 08:00~18:00
주소	Jl. Raya Senggigi, Senggigi

Stay : 5성급

❶

수다말라 롬복 Sudamala Suites & Villas Lombok

위치	승기기 북쪽, 망싯 해변
요금	가든뷰 스위트 USD170~
주소	Jl. Raya Mangsit, Senggigi
전화	0370-693-111
홈피	www.sudamalaresorts.com/Lombok

2013년 오픈한 수다말라 롬복은 28개의 스위트와 7개의 빌라를 갖춘 소규모의 숙소이다. 객실은 4가지 타입으로 나뉘는데 가장 작은 객실도 여유로운 사이즈를 자랑한다. 침실 안쪽으로 꽤 넓은 사이즈의 욕실이 자리하고 있으며 각 객실은 1층 혹은 2층에 있는데 테라스는 2층 객실이 살짝 넓다. 특히 나르마다 오션뷰 스위트Narmada Sunset View Suites는 해변과 가까워 발코니에 앉아 아름답게 해지는 광경을 감상할 수 있다.

해변을 향해 쭉 뻗어 있는 수영장은 수다말라 롬복의 자랑거리 중 하나. 리조트 자체 분위기가 워낙 조용하고 평화로운 편이라 수영장 선베드에 앉아 있기만 해도 힐링이 되는 느낌이다. 해변 쪽으로는 특이하게 바와 함께 라이브러리가 있으며 해 질 무렵이면 조명을 밝혀 더욱 분위기가 무르익는다.

리조트 내에는 망고 트리 스파도 운영하며 조식은 수영장 앞쪽의 올라 올라 레스토랑Olah Olah Restaurant에서 주문식으로 제공된다.

Stay : 5성급

❷

쉐라톤 승기기 Sheraton Senggigi Beach Resort

다양한 편의시설을 즐기며 바쁘게 지내고 싶은 여행자라면 쉐라톤 승기기가 적격이다. 총 154개의 객실을 보유하고 있고, 객실은 크게 슈피리어, 디럭스, 스위트로 구분된다. 슈피리어와 디럭스는 객실 사이즈와 인테리어가 대동소이하나 뷰에서 차이가 난다. 슈피리어와 디럭스도 각각 테라스가 있는 1~3층의 객실로 나뉘는데 1층이 USD10 정도 비싸다. 부대시설도 충실히 갖춘 편으로, 특히 수영장 중앙의 거대한 얼굴 모형 안에 미끄럼틀이 설치되어 있는데 입을 통해 내려오는 구조로 아이들이 특히 좋아한다. 총 4개의 레스토랑과 바를 운영하고 있는데 특히 해변가에 자리하고 있는 센자 라운지 앤 다인은 저녁 무렵이면 더욱 분위기가 좋아 선셋 칵테일이나 정찬을 즐기기에 좋다.

위치 승기기 북쪽에 위치
요금 슈피리어 USD125~
주소 Jl. Raya Senggigi, Senggigi
전화 0370-693-333
홈피 www.marriott.com

3

세븐 헤이븐즈 Seven Havens Residence

셀롱 블라낙 해변이 한눈에 내려다보이는 그림 같은 레지던스이다. 해변에서 800m 정도 떨어진 산 중턱에 지어져 일대 들과 산, 바다의 시원한 전망을 누릴 수 있다. 저녁이 되면 노을과 함께 랍스터 양식장의 불빛들이 장관을 이룬다. 총 두 채의 건물에는 객실 3개와 주방, 식당 그리고 수영장이 있다. 객실에 따라서 2~4명까지 머물 수 있는데 레지던스 전체를 빌릴 경우 최대 9명이 함께 지낼 수 있다. Serenity룸은 가장 작은 객실이지만 수영장이 바로 앞이고 바다 전망이 있다. 바로 뒤쪽에 위치한 Tranquility룸은 바다 전망은 없지만 첫 번째 객실보다는 조금 커서 3명까지 머물 수 있다. 가장 큰 Heavenly Haven룸은 스위트형 객실로 1층에 거실, 2층에 바다 전망을 가진 침실과 테라스가 있다. 소규모로 운영되는 레지던스인 만큼 고객 밀착형 서비스를 제공한다. 숙소 안에서 스낵과 식사 주문이 가능하며 무료 세탁 서비스도 있다. 셀롱 블라낙 일대의 식당이나 해변은 레지던스 오토바이 혹은 차량으로 이동할 수 있다.

위치 롬복 섬 남서쪽에 위치.
공항에서 17km 떨어져 있으며
차로 약 40분 정도 소요

요금 Serenity(2인) USD160~,
Tranquility(3인) USD160~,
Heavenly Haven(4인) USD230~

주소 Jl. Raya Selong Belanak,
Desa Selong Belanak

전화 0813-3738-8339

홈피 www.sevenhavens.com

Stay : 4성급

❹

노보텔 롬복 리조트 앤 빌라 Novotel Lombok Resort & Villa

25개의 빌라와 일반 객실로 구분되는데 일반 객실은 빌라와는 사뭇 다른 모던한 분위기로 꾸며져 있다. 빌라는 인도네시아 전통 가옥 형태의 사삭 스타일로 지어진 지붕과 직원들이 하나하나 손수 만든 나무 탁자와 온갖 집기들은 어느 것 하나 평범하지 않다. 특히 3개의 야외수영장도 갖추고 있고 조용한 프라이빗 비치는 모래사장이 상당히 넓어 아이들과 함께 뛰어놀기에 좋은 선택이 되겠다.

위치 롬복 남부, 꾸따 비치 서쪽 끝에 위치
요금 슈피리어 USD124~
주소 Jl. Mandalika Resort Pantai Putri Nyale, Pujut
전화 0370- 615-3333
홈피 www.novotellombok.com

Stay : 2성급

❺

지바 벨로암 비치 캠프 Jeeva Beloam Beach Camp

철저하게 자연과 하나되고 고요한 곳에서의 힐링을 원한다면 지바 벨로암이 딱이다. 독채로 된 오두막 형식의 방갈로로 되어 있으며 객실 사이즈는 크지 않지만 쾌적한 편이다. 특히 객실 앞 널찍한 테라스 데이베드에서 바닷바람을 맞으며 여유를 즐기기 더할 나위 없이 좋다. 투숙객 이외엔 찾지 않는 아름다운 해변이 바로 앞에 있고 별도로 다양한 액티비티 프로그램을 무료로 제공한다. 오후 한때 2~3시간 전기 사용이 제한되기도 하고 레스토랑 이외에 별다른 부대시설이 없다는 점을 유의하자.

위치 벨로암 비치
요금 오션뷰 방갈로 USD154~
주소 Jl. Pantai Beloam, Tanjung Ringgit, Sekaroh, Jerowaru, Kabupaten
전화 0370-693-035
홈피 www.jeevaresorts.com/beloam

Stay : 5성급

6

오베로이 롬복 The Oberoi Lombok

100% 완벽한 휴양을 목적으로 한다면 오베로이 롬복을 최우선으로 고려해보자. 24ha의 넓은 부지에 단 50채의 빌라만을 운영하고 있는 오베로이 롬복은 그야말로 파라다이스 그 자체이다. 사방으로 탁 트인 전망에 푸른 잔디밭과 눈부신 바다가 끝없이 펼쳐져 있는데 특히 연못, 수영장, 바다가 일직선 상에 있는 것처럼 보이는 로비에서의 일몰이 압권. 객실은 뷰와 전용 풀의 유무에 따라 다양한 카테고리로 나뉘지만 가장 하위 객실도 충분히 메리트가 있다. 직원들의 서비스도 상당한 수준이며 호텔 내에 있는 비치 클럽에서는 무료로 카약, 스노클링 등 해양 스포츠를 즐길 수 있다. 홀스 라이딩과 애프터눈 티 등 다양한 무료 혜택까지 모두 즐기려면 하루가 짧다. 주변에 편의시설은 없지만 숙소 자체만으로도 만족스럽다.

위치 롬복 북단 메다나 비치에 위치. 공항에서 차로 2시간 정도 걸린다.
요금 파빌리온 가든뷰 USD340~
주소 Jl. Medana Beach, Tanjung
전화 0370-613-8444
홈피 www.oberoihotels.com

그 밖의 숙소들

쿤치 빌라 Qunci Villas 4성급
요금 가든뷰 USD106~
주소 Jl. Raya Mangsit, Senggigi
전화 0370-693-800
홈피 www.quncivillas.com

투구 롬복 Tugu Lombok 4성급
요금 깜퐁 롬복 USD260~
주소 Jl. Pantai Sire, Sigar Penjalin, Tanjung
전화 0370-612-0111
홈피 www.tuguhotels.com

풀 빌라 클럽 Pool Villa Club Lombok 4성급
요금 풀 빌라 클럽 USD150~
주소 Jl. Pantai Senggigi, Senggigi
전화 0370-693-210
홈피 www.aerowisatahotels.com

뿌리 마스 Puri Mas Boutique Resort & Spa 4성급
요금 가든룸 USD85~
주소 Jl. Raya Mangsit, Senggigi
전화 0370-693-831
홈피 www.purimas-lombok.com

자유로운 여행자들의 섬

Gili

길리

길리는 작은 섬이라는 뜻으로,
보통 세 섬을 통칭해 '길리'라 부른다.
본섬 롬복보다 유명한데, 물감을 풀어놓은 듯
파란 바다와 자유분방한 여행자가 어우러져
전 세계 여행자를 이 작은 섬으로 불러 모은다.
여행 취향에 맞춰 섬 하나를 정해
머무르면서 언제든 보트를 타고
두 섬으로 호기심을 채우러 갈 수 있다.

길리 개념도

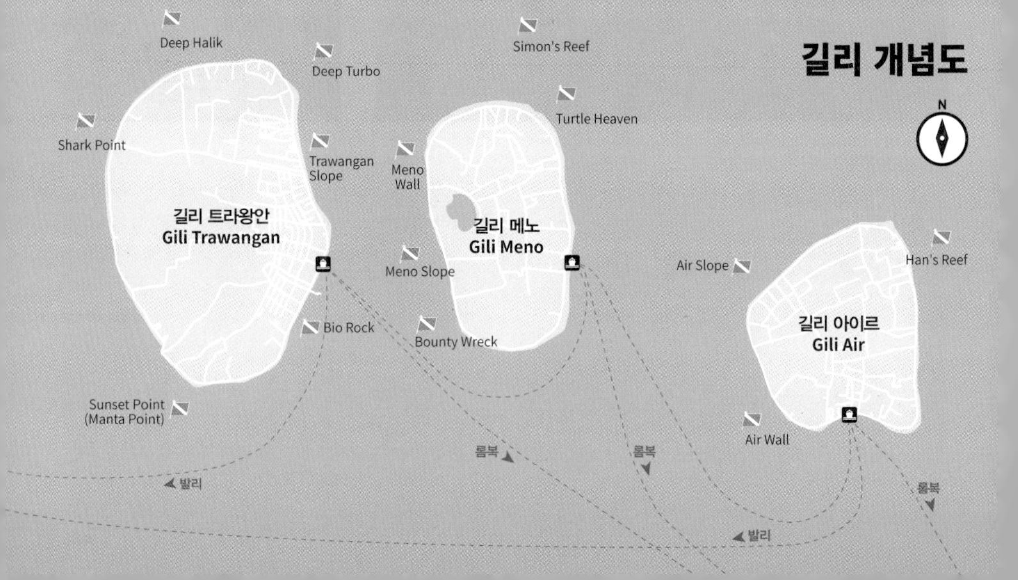

✚ 길리 Gili

1. 롬복에서 길리로 이동하기

롬복 서쪽의 선착장에서 보트를 타고 길리로 이동한다. 저렴하게 이동하고자 한다면 방살 선착장에서 퍼블릭 보트를 이용하고, 그렇지 않다면 숙소에서 가장 가까운 선착장에서 패스트 보트를 이용하자. 특히 3명 이상이라면 스피드 보트를 빌리는 것이 가격과 시간적인 면에서 합리적이다. 공항 픽업과 보트를 결합한 상품도 있으니 참고하자(www.lomboknetwork.net).

패스트 보트 & 스피드 보트

뗄룩 나레Teluk Nare 또는 Nara, 뗄룩 꼬데Teluk Kode 또는 Kodek, 방살Bangsal, 승기기Senggigi 선착장에서 이용할 수 있다. 뗄룩 나레는 주로 다이빙 업체와 호텔 보트가 오가는 꽤 큰 선착장으로, 일행이 여럿이라면 이곳에서 스피드 보트를 빌려 길리로 이동하자. 승기기 선착장은 승기기 해변에 위치, 패스트 보트가 편도 200K~ 정도이다. 방살에서는 퍼블릭 패스트 보트(85K)를 이용할 수 있다(하단의 퍼블릭 보트 내용 참고).

길리 게터웨이 Gili Getaway
www.giligetaway.com
(승기기 – 길리 아이르 – 길리 트라왕안)

스코트Scoot Fast Cruises
www.scootcruise.com
(승기기 – 길리 모두)

쁘라마Perama Tour www.peramatour.com
(승기기 – 길리 아이르 – 길리 트라왕안)

롬복 네트워크 Lombok Network
각종 차량과 스피드 보트를 예약할 수 있다. 일행이 여럿이라면 유용하다.
www.lomboknetwork.net

사삭 투어 Sasak Tour
스피드 보트 예약을 대행해준다.
www.sasaktour.co.kr

퍼블릭 보트

퍼블릭 보트는 방살 선착장에서만 이용할 수 있다. 수시로 운행되는 퍼블릭 보트는 운임이 저렴한 대신 승선 인원 40명 이상이 됐을 때 출발한다(편도 길리 아이르 12K, 길리 메노 14K, 길리 트라왕안 15K/세금 7.5K가 추가로 붙음/08:00~17:00 운항). 기다리는 것도, 위험해 보이는 퍼블릭 보트도 싫다면 퍼블릭 패스트 보트(85K)를 이용하자. 하루 8회 운행하며, 09:00, 10:20~16:20(매시 20분)에 출발한다. 일행이 여럿이라면 보트를 빌리는 것도 좋다(편도 길리 아이르 360K, 길리 메노 450K, 길리 트라왕안 500K).

매표소는 08:00경부터 16:30까지 운영하며, 선착장 주변의 보트 티켓 암표상은 믿지 말자. 방살까지는 승기기에서 택시로 100K 선, 35분 정도 소요되며 공항에서는 350K 선, 2시간 정도 걸린다. 선착장 입구 1km 앞까지는 택시가 들어갈 수 없고, 내려서 마차(치도모)를 이용하거나 걸어 들어가야 한다. 퍼블릭 보트는 해변에서 바로 배에 오르기 때문에 반바지 차림에 맨발 혹은 물에 젖어도 되는 신발을 착용하는 것이 좋다.

2. 발리에서 길리로 이동하기

비행기를 타고 롬복 공항에 도착해 선착장까지 이동한 다음, 길리로 가는 보트를 탈 수도 있지만 롬복을 여행할 게 아니라면 불편하다. 발리의 여러 항구에서 길리로 가는 패스트 보트를 운행하니 보트를 이용하는 게 낫다. 넉넉히 2시간이면 도착할 수 있다(p.391 참고).

3. 길리, 섬에서 섬으로 이동하기

헤엄쳐 갈 수 있을 것처럼 세 섬은 무척 가깝게 보이는데 이 발상은 꽤 위험하다. 사설 패스트 보트(100K)와 퍼블릭 패스트 보트(85K)가 각각 하루 8회 정도 다니니 보트를 이용하자. 보다 저렴한 퍼블릭 보트는 오전과 오후 2회만 운행하고 요금은 35~40K이다. 사설 패스트 보트는 메인 로드의 투어 업소에서 예약 가능하고, 퍼블릭 보트는 각 섬 선착장, 퍼블릭 보트 매표소에서 운행 시간을 확인하고 이용할 수 있다.

길리 트라왕안

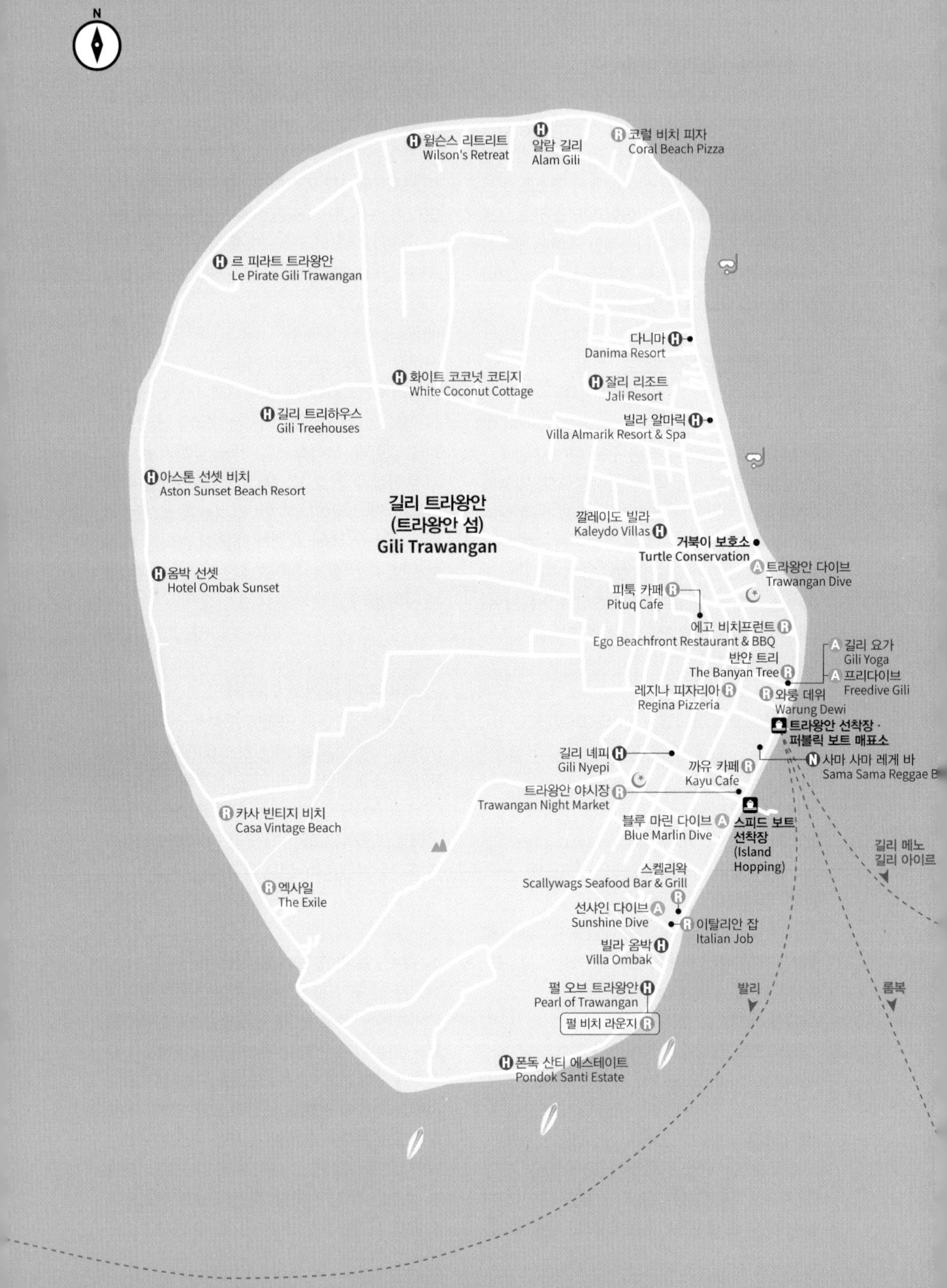
N
윌슨스 리트리트
Wilson's Retreat
알람 길리
Alam Gili
코럴 비치 피자
Coral Beach Pizza
르 피라트 트라왕안
Le Pirate Gili Trawangan
다니마
Danima Resort
화이트 코코넛 코티지
White Coconut Cottage
잘리 리조트
Jali Resort
길리 트리하우스
Gili Treehouses
빌라 알마릭
Villa Almarik Resort & Spa
아스톤 선셋 비치
Aston Sunset Beach Resort
길리 트라왕안
(트라왕안 섬)
Gili Trawangan
깔레이도 빌라
Kaleydo Villas
거북이 보호소
Turtle Conservation
트라왕안 다이브
Trawangan Dive
옴박 선셋
Hotel Ombak Sunset
피툭 카페
Pituq Cafe
에고 비치프런트
Ego Beachfront Restaurant & BBQ
길리 요가
Gili Yoga
반얀 트리
The Banyan Tree
프리다이브
Freedive Gili
레지나 피자리아
Regina Pizzeria
와룽 데위
Warung Dewi
트라왕안 선착장 · 퍼블릭 보트 매표소
길리 녜피
Gili Nyepi
까유 카페
Kayu Cafe
사마 사마 레게 바
Sama Sama Reggae B
트라왕안 야시장
Trawangan Night Market
카사 빈티지 비치
Casa Vintage Beach
블루 마린 다이브
Blue Marlin Dive
스피드 보트 선착장
(Island Hopping)
길리 메노
길리 아이르
스켈리왁
Scallywags Seafood Bar & Grill
엑사일
The Exile
선샤인 다이브
Sunshine Dive
이탈리안 잡
Italian Job
빌라 옴박
Villa Ombak
펄 오브 트라왕안
Pearl of Trawangan
발리
롬복
펄 비치 라운지
폰독 산티 에스테이트
Pondok Santi Estate

✚ 길리 트라왕안 Gili Trawangan

나란히 자리한 길리 삼총사 중 가장 크고 가장 발달한 길리 트라왕안. 배를 타고 길리 트라왕안으로 들어가면 섬 동쪽에 위치한 선착장에 도착하게 되는데 여행자를 위한 모든 편의시설이 선착장을 중심으로 섬 동쪽에 90퍼센트 이상 몰려 있다. 선착장을 기준으로 위쪽으로 가면 터틀 포인트 등 스노클링을 하기 좋은 해변이 나오고 남쪽으로 내려갈수록 가격대가 높은 리조트들과 조용한 분위기의 해변을 만날 수 있다.

길리 트라왕안 엿보기

교통

섬의 교통수단은 말로 끄는 마차인 치도모와 자전거이다. 치도모는 거리에 따라 요금이 다르지만 대략 50~150K 선, 자전거는 보통 1일 50K에 빌릴 수 있다. 섬 한 바퀴를 도는 데 걸어서 2시간~2시간 30분 정도 걸린다.

섬 동쪽 해변 중간 즈음, 메인 선착장에 퍼블릭 보트 매표소가 있고 여기서 롬복, 발리를 오가는 보트를 탈 수 있다. 그보다 남쪽에 있는 선착장(Island Hopping)은 스피드 보트가 많이 정박되어 있는데, 메노 섬과 아이르 섬, 롬복을 오가는 스피드 보트와 사설 패스트 보트를 탈 수 있다.

액티비티 & 관광

다이빙과 스노클링을 맘껏 즐길 수 있는 섬이다. 다이브 센터와 다이빙 포인트가 다양해 다이빙 코스(자격증)에 도전하기에도 좋다. 섬 동쪽 해변에서는 일광욕을 즐기거나 패들 보드를 빌려 타 보고, 섬 서쪽에선 저녁노을을 바라보자. 메인 로드 중간 즈음에 거북이 보호소가 있다.

식당

대부분 섬 동쪽 메인 로드와 그 주변 골목에 식당이 모여 있다. 특히 시푸드 그릴 레스토랑은 동쪽 해변가에 많은데, 더운 한낮보다는 저녁에 즐기면 좋다.

숙소

중저가 숙소가 주를 이루며 고급 빌라나 리조트도 있다. 섬 자체가 크지 않아 어느 곳에 숙소를 잡아도 여행하기 크게 불편하지 않지만, 섬 동쪽에 머문다면 여행자 편의시설을 쉽게 이용할 수 있다. 조용히 지내고 싶다면 섬 동쪽을 피하거나 섬 안쪽에 머물자. 전반적으로 발리에 비해 숙소 만족도는 떨어지는 편이다.

APPROVED Writer`s Tip APPROVED

Writer's Tip :)

길리 트라왕안에서 꼭 해야 할 일 체크!

- ☐ 바닷속으로 풍덩! 거북이 보기!
- ☐ 다이빙 코스(자격증) 도전하기
- ☐ 푸른 바다가 펼쳐진 해변에서 일광욕 즐기기
- ☐ 자전거로 섬 일주하기
- ☐ 섬 서쪽, 저녁노을을 놓치지 않기
- ☐ 파티가 있다면 밤새 놀기

Activity : 추천

1

스노클링 & 다이빙 Snorkeling & Diving

섬 북동쪽 해변가에 거북이 포인트가 있다. 운이 따라준다면 거북이를 볼 수 있다. 바닷속 산호 환경은 기대에 못 미치지만 열대어가 다양한 편. 스노클링 장비는 보통 1일 50K 선에서 대여 가능하며, 메인 로드에 간이 숍이 많다. 트라왕안 섬만으로 성에 차지 않는다면 보트를 이용해 길리 세 섬을 한 번에 스노클링할 수 있는 스노클링 트립Snorkeling Trip을 떠나자. 트라왕안 섬 동쪽 번화가에 투어 데스크가 많으며 예약도 쉽게 할 수 있다(10:30~15:30, 13:00~17:00/100~150K 선/장비 포함). 참가 인원에 비해 가이드 수가 적어 안전 관리가 아쉽게 느껴지니 꼭 짝을 지어 안전하게 스노클링할 것!

길리는 초보자부터 전문 다이버까지 즐길 수 있는 다양한 수심과 풍성한 다이빙 포인트를 자랑한다. 세 섬 주변에는 20개가 넘는 포인트가 포진해 있으며 주요 포인트로는 샤크 포인트Shark Point, 터틀 헤븐Turtle Heaven, 딥 할리크Deep Halik, 난파선 포인트Bounty Wreck, 선셋 포인트Sunset(Manta) Point가 있다. 거북이와 상어를 볼 수 있는 포인트가 대표적이며 산호 군락지나 마이크로 해양 생물들을 관찰할 수 있는 포인트들도 있다. 역시 세 섬 중 트라왕안 섬에 다이빙 숍이 가장 많은데 다이빙 코스(자격증)를 수료하는 다이빙 스쿨이 활발하고 펀 다이빙 스케줄도 다양하다. 대부분 숙소를 함께 운영하며 보통 가격대는 체험 다이빙 900K, 펀 다이빙 490K, 오픈 워터 코스 5,500K 선이다.

Tip 다이빙 추천 업소

선샤인 다이브 Sunshine Dive
길리 유일의 한국인 다이빙 강사가 운영한다. sunshinedive.com

블루 마린 다이브 Blue Marlin Dive
길리 트라왕안, 메노, 아이르를 비롯 롬복 섬에 다이빙 숍이 있다.
www.bluemarlindive.com

트라왕안 다이브 Trawangan Dive
트라왕안 섬의 터줏대감 다이빙 숍! 최근 리모델링으로 시설도 좋아졌다.
trawangandive.com

1

펄 비치 라운지 Pearl Beach Lounge

펄 오브 트라왕안의 부속 레스토랑으로 대나무로 얼기설기 엮어진 외관은 눈길을 사로잡는다. 아침 시간에는 투숙객들의 조식당으로 이용되고 있다. 해 질 무렵이면 이곳이 더욱 빛나기 시작하는데 조명을 밝힌 펄 비치 라운지의 건물 모습은 그 자체만으로도 사진을 찍게 만든다. 특히 해변 쪽에 놓인 테이블은 로맨틱한 저녁을 즐기려는 사람들로 항상 붐벼 좋은 자리를 선점하려면 예약하는 것이 좋다.
음식 가격도 합리적인 편이며 맛 또한 수준급이다. 특히 새우, 연어 등 다양한 해산물 그릴을 맛볼 수 있는 시푸드 플래터를 추천할 만하며 태국식 그린 커리는 이곳의 머스트 잇 아이템. 풍미 가득한 코코넛 커리 베이스도 훌륭하여 밥과 함께 먹기 좋다. 커리는 베지터블, 치킨, 새우 중 하나를 주재료로 선택할 수 있는데 통통하고 신선한 새우가 담뿍 들어간 새우 커리를 추천한다. 선셋 타임 전에 도착하여 선셋 칵테일 한잔으로 시작해 여유롭게 디너 타임을 즐겨보는 것도 좋겠다.

위치	펄 오브 트라왕안 리조트 입구에 있다. 길리 트라왕안 선착장에서 도보 약 7분
운영	07:00~22:30
요금	1인 150K~(Tax & SC 21%)
전화	0813-3715-6999

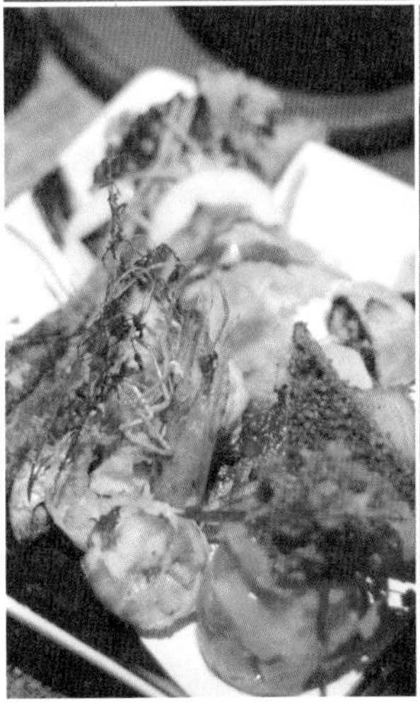

Food
2
트라왕안 야시장 Trawangan Night Market

야시장만큼 사람을 들뜨게 하고 여행 온 기분이 제대로 나는 곳이 있을까? 트라왕안 야시장은 딱히 식사를 하지 않더라도 둘러볼 만한 곳이다. 선착장 근처에 있어 찾아가기 쉽고, 없는 것 빼고 다 있는 다양한 점포들의 생생한 모습은 보는 것만으로 어쩐지 신나는 느낌이다. 인도네시아의 전통 음식 나시 짬뿌르가 가장 눈에 띄는데 말이 통하지 않아도 그저 진열되어 있는 음식 중 먹고 싶은 것을 손으로 가리키고 계산하면 그만이다. 나시 짬뿌르와 사테 이외에 해산물을 직접 골라 요리를 해주는 해산물 노점도 있는데 흥정은 필수다. 사실 가격대는 일반 식당과 비교해 아주 싼 편은 아니지만 분위기를 즐기며 늦은 시간까지 음식을 앞에 두고 맥주잔을 기울이는 여행객들로 언제나 붐비는 편이다.

위치	선착장(Island Hopping) 앞 쪽 공터
운영	17:30~01:00

Food
3
레지나 피자리아 Regina Pizzeria

길리 트라왕안의 손꼽히는 피자 맛집. 입구로 들어서면 광장 같은 느낌의 내부에 빼곡히 테이블이 배치되어 있고 한쪽에는 화덕에서 끊임없이 피자가 구워져 나온다. 오후 5시에 문을 여는데 7시 전에 대부분 자리가 차는 편. 신용카드는 사용할 수 없으며 지역에 따라 배달료 10~50K를 지불하면 배달해주기도 한다.

위치	퍼블릭 보트 티켓 오피스 맞은편 쪽 뒷골목
운영	17:00~23:00
요금	1인 70K~
전화	0877-6506-6255

Food

4

까유 카페 Kayu Cafe

2층으로 되어 있는 깜찍한 분위기의 카페로 샐러드, 샌드위치 등의 간단한 식사류와 커피 디저트를 즐길 수 있다. 선착장에서 가까워 배 시간이 다가오면 엄청 붐벼 정신이 없을 정도. 길리 물가에 비해 가격대는 살짝 높은 편이다. 길 건너 해변 쪽에 야외 비치 카페도 함께 운영하며 테이크아웃용 일회용 종이컵은 2K를 추가로 받는다.

위치 메인 로드에 위치.
선착장에서 150m 떨어져 있다.
운영 07:00~21:00
요금 1인 100K~(Tax & SC 15%)
전화 0819-1749-6698
홈피 www.facebook.com/kayucafe

Food

5

반얀 트리 The Banyan Tree

2층 구조로 되어 있는 카페 겸 식당으로 역시나 보트 시간에 붐비는 곳 중 하나. 홈메이드 디저트와 샐러드 메뉴들이 인기가 많다. 카운터에 진열되어 있는 나시 짬뿌르는 재료가 신선하고 깔끔한 맛으로 관광객도 많이 찾는다.

위치 메인 로드에 위치.
에까자야나 블루워터 오피스에서
북쪽으로 조금만 더 가면 있다.
운영 07:00~22:00
요금 1인 60K
전화 0878-6239-1308

Food
6
피툭 카페 Pituq Cafe

사삭어로 숫자 7을 뜻하는 피툭은 섬 제일의 채식 카페로 꼽힌다. 아침, 브런치, 식사가 가능하며 가벼운 스낵부터 디저트, 메인 메뉴들까지 채식 메뉴가 꽤 다양한 편이다. 정원에 작은 대나무 가제보들이 놓여 있고 주방 옆쪽으로 길게 좌식 자리들이 오순도순 마련돼 있는데 마치 여행자들의 아지트 같은 분위기다.

위치 선착장에서 골목 안쪽으로 도보 5분 소요
운영 09:00~22:00(목요일 15:00~22:00)
요금 1인 90K~
전화 0812-3677-5161
홈피 pituq.com

Food
7
스켈리왁 Scallywags Seafood Bar & Grill

화이트 톤의 인테리어가 가장 먼저 눈에 띄는 스켈리왁 레스토랑은 스켈리왁 리조트에서 운영하는 식당으로 리조트의 리셉션 역할도 하고 있다. 이미 여행자에게는 시푸드 그릴 메뉴로 유명하지만 피시 버거 또한 푸짐하면서 담백해 인기가 많다.

위치 메인 비치 로드에 위치. 선착장에서 빌라 옴박 가는 길에 있다.
운영 07:00~23:00 요금 1인 150K~
전화 0819-1743-2086 홈피 www.scallywagsresort.com

Food
8
와룽 데위 Warung Dewi

시장 안쪽의 작은 로컬 식당으로 현지인과 여행자가 모두 찾는다. 가게 내부도 깨끗한 편이고 음식 맛도 괜찮다. 단품 메뉴를 따로 주문할 수도 있는데 유리 진열장의 음식들을 골라 담아 먹는 나시 짬뿌르가 이 집의 대표 메뉴다.

위치 시장 안쪽에 위치
운영 07:00~21:00
요금 나시 짬뿌르 30K~

Food

9

에고 비치프런트 Ego Beachfront Restaurant & BBQ

퍼블릭 보트 선착장에서 메인 비치 로드 북쪽으로 올라가면 좀 더 평평하고 폭이 넓은 해변이 시작된다. 해변을 따라 비치 레스토랑이 몰려 있는데, 그중 에고 비치프런트는 오랜 시간 같은 자리를 지켜오고 있다. 자유로운 분위기로 누워서 책을 읽거나 해변에서 시간을 보내다 간단한 식사나 음료를 즐기러 온다. 밤이 되면 해산물 굽는 연기로 자욱해지고, 낮과는 사뭇 다른 흥겨운 파티 분위기가 난다.

위치 퍼블릭 보트 선착장에서 메인 비치 로드를 따라 북쪽으로 올라간다.
운영 07:30~00:00
요금 시푸드 플래터 350K(1~2인용) (Tax & SC 15%)
전화 0878-6577-6429
홈피 egoisterestaurant.wixsite.com/menu

Night Life

1

사마 사마 레게 바 Sama Sama Reggae Bar

섬 동쪽 번화가에서 가장 인기 좋은 라이브 바이다. 저녁 무렵부터 시작되는 레게 공연이 매일매일 있다. 레게 음악이 주이긴 하지만 록이나 팝 같은 다른 장르도 무대에 올라 늦은 시간까지 손님들을 잡아둔다.

위치 트라왕안 메인 로드에 위치, 선착장과 야시장 사이에 있다.
운영 07:00~01:00(토요일 07:00~03:00)
요금 빈땅 맥주 40K
전화 0878-8078-8732

Stay : 4성급

❶

펄 오브 트라와안 Pearl of Trawangan

길리 트라왕안 선창작에서 도보 10분 정도 떨어진 곳에 위치하고 있다. 정신없는 길리 트라왕안에서도 비교적 조용하고 깨끗한 해변 상태를 자랑한다.

객실은 무려 10가지의 타입으로 구분되어 있어 여행의 목적과 구성원, 취향에 따라 다양한 선택이 가능하다. 가장 스탠더드한 수아르 슈피리어룸Suar Superior Room, 킹 사이즈 베드와 더블베드가 놓여 있어 가족끼리 묵기 좋은 수아르 패밀리룸Suar Family Room, 객실 사이즈가 작으나 독특한 분위기로 오두막 분위기가 나는 티크 코티지Teak Cottages, 해변에서 가까이 있고 다락방이 매력적인 룸붕 비치 코티지Lumbung Beach Cotages, 창 바로 앞에 바다가 한 품에 안겨 가장 인기가 좋은 오션뷰룸과 풀 빌라 등이 그것이다.

미니 폭포가 설치되어 있는 아기자기한 수영장이 있으며 레스토랑 또한 인기가 좋은 편. 그옆에는 증축과 공사가 한창이다.

위치 길리 트라왕안 선착장에서 도보 10분

요금 USD100~

전화 0813-3715-6999

홈피 www.pearloftrawangan.com

Stay : 4성급

❷

빌라 옴박 Villa Ombak

길리 트라왕안에서 손꼽히는 규모를 갖춘 리조트로 전용 선착장이 있어 더욱 인기가 많다. 객실은 복층 구조로 된 슈피리어 룸붕 테라스, 그보다 좀 더 모던한 느낌의 단층 객실 디럭스, 패밀리 방갈로, 풀 빌라까지 다양한 형태로 구분되어 있다. 2개의 수영장과 스파도 갖추어져 있다.

위치 숙소 바로 앞에 전용 선착장이 있다. 펄 오브 트라왕안 옆

요금 슈피리어 USD100~

전화 0370-614-2336

홈피 vilaombak.com

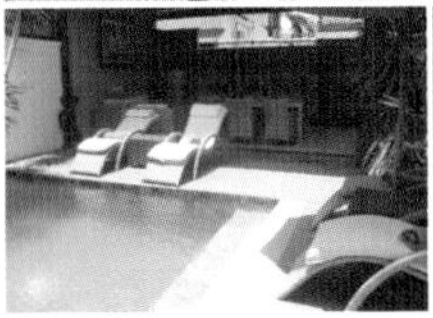

Stay : 1성급

❸

길리 녜피 Gili Nyepi

숙소 선택의 기준이 청결과 위치라면 후회 없는 숙소가 될 것이다. 섬 남동쪽에 위치, 선착장에서 도보 5분, 야시장도 도보 2분 거리이다. 발리니스 스타일의 객실(더블 또는 트윈)은 깨끗하고, 정원을 마주한 여유로운 객실 테라스에서 간단한 조식을 먹을 수 있다. 친근한 주인장 데니스와 직원들의 손님맞이도 이 숙소의 장점. 다만 찬물 샤워는 각오하자.

위치 야시장을 왼편에 끼고 골목으로 직진, 도보 2분

요금 더블 500~650K

전화 0853-3749-1996

홈피 gilinyepi.com

Stay : 3성급

❹

잘리 리조트 Jali Resort

객실, 수영장, 식당, 딱 갖출 것만 갖춘 간소한 리조트이다. 30m의 긴 수영장과 말끔한 객실은 만족도가 높은데 객실이 모두 16개뿐이라 늘 예약이 꽉 찬다. 객실은 천장이 높고 욕실은 반야외이다. 리조트와 해변과는 약 300m 정도 떨어져 있으며 무료로 자전거를 빌려준다.

위치 섬 북동쪽에 위치, 선착장에서 1.2km 정도 떨어짐

요금 더블 USD57~

전화 0817-0005-254

홈피 www.jaliresortgilitrawangan.com

Stay : 4성급

❺

길리 트리하우스 Gili Treehouses

아름다운 섬 한가운데 팜트리로 둘러싸인 나무집! 반야외인 1층에는 주방과 거실, 작은 수영장이 있고 2층은 침실과 욕실, 테라스로 꾸며져 있다. 선착장, 동쪽의 번화가와 거리는 좀 있지만 서쪽 해변과 가까워 선셋을 즐기기에는 부족함이 없다. 무료로 자전거와 스노클링 장비를 이용할 수 있다.

위치 섬 북서쪽에 위치, 선착장에서 2km 정도 떨어짐

요금 1베드룸 2,500K~

전화 0819-0703-0213

홈피 www.gili treehouses.com

길리 메노

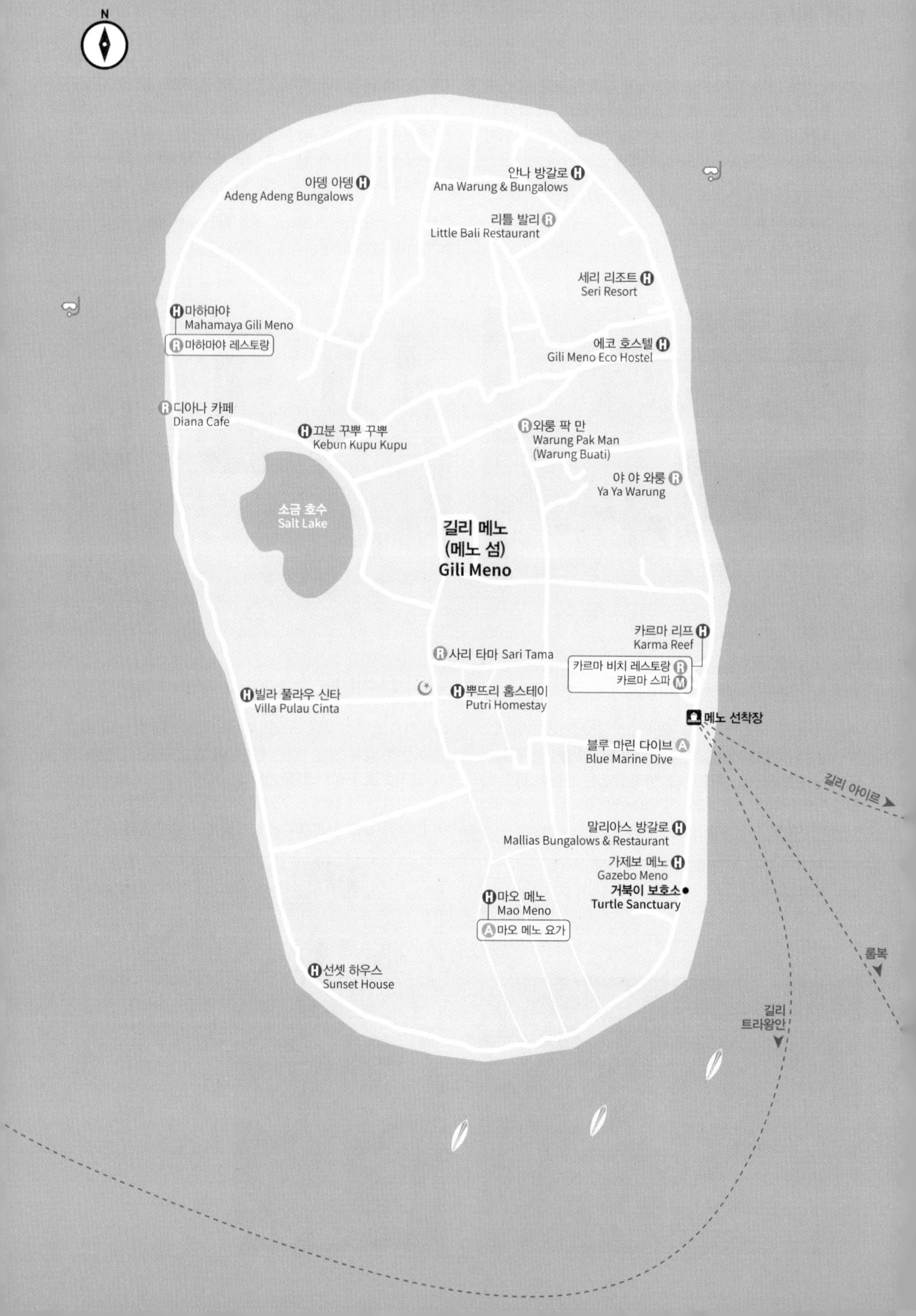

N
아뎅 아뎅
Adeng Adeng Bungalows
안나 방갈로
Ana Warung & Bungalows
리틀 발리
Little Bali Restaurant
세리 리조트
Seri Resort
마하마야
Mahamaya Gili Meno
마하마야 레스토랑
에코 호스텔
Gili Meno Eco Hostel
디아나 카페
Diana Cafe
끄분 꾸뿌 꾸뿌
Kebun Kupu Kupu
와룽 팍 만
Warung Pak Man
(Warung Buati)
야 야 와룽
Ya Ya Warung
소금 호수
Salt Lake
길리 메노
(메노 섬)
Gili Meno
카르마 리프
Karma Reef
사리 타마 Sari Tama
카르마 비치 레스토랑
카르마 스파
빌라 풀라우 신타
Villa Pulau Cinta
뿌뜨리 홈스테이
Putri Homestay
메노 선착장
블루 마린 다이브
Blue Marine Dive
길리 아이르
말리아스 방갈로
Mallias Bungalows & Restaurant
가제보 메노
Gazebo Meno
거북이 보호소
Turtle Sanctuary
마오 메노
Mao Meno
마오 메노 요가
롬복
선셋 하우스
Sunset House
길리
트라왕안

✚ 길리 메노 Gili Meno

길리 트라왕안과 길리 아이르 두 섬 사이에 자리한 가장 작고, 한적한 섬이다. 야자수와 고운 백사장, 거북이와 헤엄치는 푸른 바다…. 조용한 섬에서 하는 일 없이 평화로운 휴가를 기대해보자. 숙소나 식당 같은 여행 기반 시설은 두 섬에 비해 떨어져 여행자들의 발길이 적은 편. 그만큼 섬사람들의 삶도 가까이 볼 수 있고 바닷속도 더욱 투명해 거북이와도 자주 마주칠 수 있는 천혜의 섬이다.

길리 메노 엿보기

교통

발리를 오가는 페리 중에 메노 섬을 경유하는 회사는 에까자야 Ekajaya Fast Boat 와 스코트 Scoot Fast Cruises 이다. 이웃 섬인 길리 트라왕안, 아이르, 롬복의 방살 선착장을 오가려면 퍼블릭 보트나 패스트 보트를 이용하면 된다. 메노 섬의 주요 교통수단 역시 치도모와 자전거! 섬 내륙은 자전거로 다니기에 무리가 없지만 해안의 비포장도로는 모래로 가득한 곳도 있어 자전거가 때론 짐이 되기도 한다. 해안을 따라 섬을 한 바퀴 걸으면 1시간 정도 걸린다. 가로등 시설이 미비하니 밤에는 랜턴이나 스마트폰 손전등이 반드시 필요하다.

액티비티 & 관광

스노클링이나 다이빙 같은 바닷속 탐험이나 해변에서 휴식을 취하는 것 외에는 특별한 액티비티가 없다. 섬 북동쪽 일대에 거북이 포인트가 있고, 섬 서쪽에 Meno Slope와 Meno Wall 포인트가 있다. 섬 남쪽은 파도가 세고 선착장 북쪽은 조수간만의 차가 크며 산호와 바위가 있다. 해수욕을 즐기려면 선착장 우측의 섬 동쪽 해변이 백사장도 넓고 파도도 높지 않아 좋다. 섬 서쪽에 있는 소금 호수에서는 맹그로브 숲을 산책하거나 새들을 관찰할 수 있다.

식당

마하마야 레스토랑 Mahamaya Restaurant 은 마하마야 리조트의 부속 레스토랑으로 섬에서 가장 수준 있는 음식을 맛볼 수 있는 곳이다. 서쪽 해변가에 자리하고 있어 저녁이 되면 로맨틱한 시간을 보내려는 사람들로 가득 찬다. **사리 타마** Sari Tama 는 섬 안쪽에 위치한 박소(미트볼이 들어간 국수)집으로 슈퍼마켓도 함께 겸하는데 오후 4시부터 밤 12시까지 영업한다. **팍 만** Pak Man 은 저렴하게 로컬 음식을 먹을 수 있는 곳, 맛은 무난하다.

숙소

섬은 작아도 호스텔, 홈스테이, 방갈로, 리조트, 빌라 등 저가 숙소부터 고급 빌라까지 다 있다. 선착장에서 섬 중심 쪽으로 중저가 숙소들이 모여 있고 해변가에도 숙소가 드문드문 있다. **뿌뜨리 홈스테이** Putri Homestay 는 섬 한가운데 위치한 저렴한 숙소지만 냉장고와 에어컨 컨디션이 월등하다. 보통 수준의 청결도, 조식 포함 등 전반적으로 가격 대비 합리적이다. 사원과 가까워 기도 소리에 잠을 뒤척일 수 있고 미완성의 천장도 아쉽다. **마하마야** Mahamaya Gili Meno (전화 0370-637-616, 홈피 www.mahamaya.co)는 섬 북서쪽 해변가에 위치한 꽤 안정적인 리조트이다. 전체적으로 규모는 크지 않지만 수준 있는 레스토랑과 깨끗하고 편안한 객실을 갖추고 있다. 해변이 잘 관리되고 있으며 바로 앞에 스노클링 포인트도 있다. 무료로 스노클링 장비와 자전거를 대여해주기도 한다. 수영장은 다소 작은 편. **빌라 풀라우 신타** Villa Pulau Cinta (전화 0821-4547-7200, 홈피 www.villapulaucinta.com)는 섬 서쪽 해변가에 위치한 고급 빌라로 허니문이나 가족 여행으로 탁월하다. 총 3채의 빌라(2베드룸)는 프라이빗하고 무엇보다 객실 인테리어가 고급스러우며 편안하다. 수영장이 넓으며 식당과 바, 미니 극장 등 부대시설도 훌륭하다.

in Gili Meno

길리 아이르

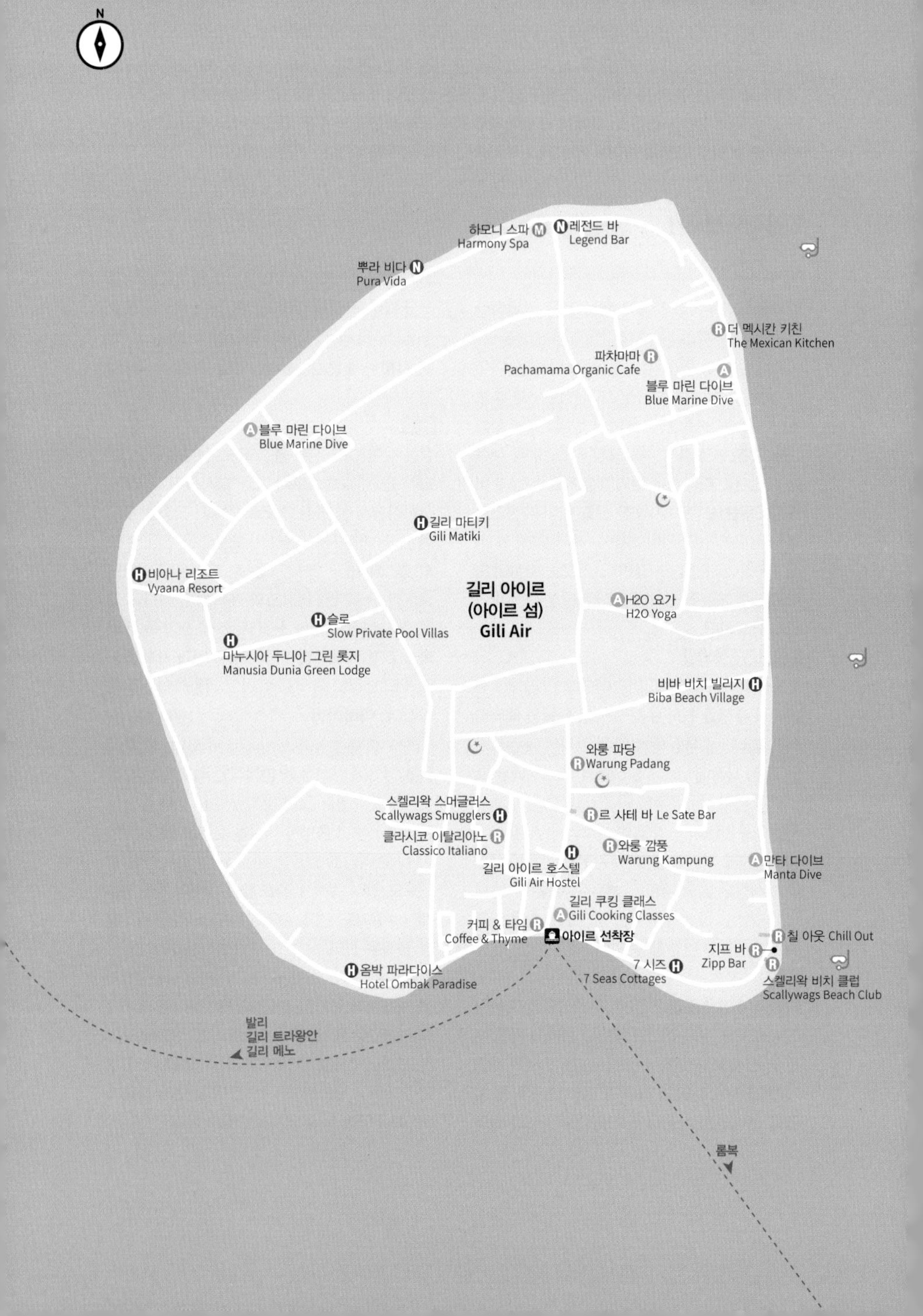
N
하모니 스파 Harmony Spa
레전드 바 Legend Bar
뿌라 비다 Pura Vida
더 멕시칸 키친 The Mexican Kitchen
파차마마 Pachamama Organic Cafe
블루 마린 다이브 Blue Marine Dive
블루 마린 다이브 Blue Marine Dive
길리 마티키 Gili Matiki
비아나 리조트 Vyaana Resort
길리 아이르 (아이르 섬) Gili Air
H2O 요가 H2O Yoga
슬로 Slow Private Pool Villas
마누시아 두니아 그린 롯지 Manusia Dunia Green Lodge
비바 비치 빌리지 Biba Beach Village
와룽 파당 Warung Padang
스켈리왁 스머글러스 Scallywags Smugglers
르 사테 바 Le Sate Bar
클라시코 이탈리아노 Classico Italiano
와룽 깜풍 Warung Kampung
만타 다이브 Manta Dive
길리 아이르 호스텔 Gili Air Hostel
길리 쿠킹 클래스 Gili Cooking Classes
커피 & 타임 Coffee & Thyme
아이르 선착장
칠 아웃 Chill Out
지프 바 Zipp Bar
7 시즈 7 Seas Cottages
스켈리왁 비치 클럽 Scallywags Beach Club
옴박 파라다이스 Hotel Ombak Paradise
발리
길리 트라왕안
길리 메노
롬복

✚ 길리 아이르 Gili Air

지리적으로 길리 삼총사 중 롬복 섬과 가장 가까우며 크기는 두 번째로 크다. 가장 핫한 트라왕안 섬과 가장 한가로운 메노 섬을 반반 섞어 놓은 듯 적당히 분주하고 적당히 여유로운 것이 특징이다. 어디서든 키 큰 야자수를 볼 수 있으며 섬 전체에 숙소와 식당이 고루고루 퍼져 있고, 해변가의 바와 식당들은 적당한 간격을 두고 있다.

길리 아이르 엿보기

교통

해안을 따라 섬을 한 바퀴 걸으면 1시간 30분~2시간 정도 소요된다. 아이르 섬 역시 치도모와 자전거가 유일한 교통수단이며 선착장 주변에서 쉽게 치도모를 이용할 수 있다. 섬 전반적으로 노면이 고르지 않은데 특히 서쪽 해안의 비포장도로는 사정이 더 좋지 않으니 자전거를 탄다면 염두에 두자. 가로등 시설도 미비해 밤에는 랜턴이나 스마트폰 손전등이 필요하다.

액티비티 & 관광

산호를 볼 수 있는 아이르 월Air Wall이 대표적인 다이빙 포인트이며 섬 동쪽에서 거북이를 볼 수 있다. 아이르 섬 주변 역시 에메랄드빛 바다지만 썰물 때면 산호와 바위가 드러나는 곳이 많고, 생각보다 고운 백사장이 펼쳐진 곳은 드물다. 그나마 섬 남동쪽의 스켈리왁 비치 클럽Scallywags Beach Club, 지프 바Zipp Bar 주변의 해변이 일광욕이나 해수욕을 하기에 가장 좋다.

식당

트라왕안 섬만큼 화려한 분위기는 아니지만 나이트 라이프를 즐길 스폿들과 다양한 식당들이 제법 있다. **파차마마**Pachamama Organic Cafe는 평범한 작은 입구와 달리 내부는 신세계처럼 멋진 공간으로 펼쳐진다. 이 섬 제일의 오가닉 카페이며 비건, 베지테리안은 물론 고기를 먹는 일반 손님도 아우른다. **커피 & 타임**Coffee & Thyme은 선착장 앞에 있어 보트나 페리를 기다릴 때 시간 때우기 좋다. 분위기도 유쾌하고 커피 맛도 좋다. **더 멕시칸 키친**The Mexican Kitchen은 섬 북동쪽 해변가에 위치, 비치 테이블이 있어 로맨틱하고 여유롭다. **레전드 바**Legend Bar는 레게 음악이 울려 퍼지는 곳, 수요일마다 비치 파티가 열린다.

숙소

호스텔부터 고급 빌라까지 다양하다. 선착장 주변으로 숙소와 식당들이 가장 밀도 있게 모여 있지만 섬 내륙과 해변까지 골고루 자리해 있다. 섬 자체가 크지 않아 어디에 숙소를 잡든 크게 불편하지 않을 것이다. **길리 마티키**Gili Matiki(전화 0819-1708-6929)는 섬 북쪽 내륙에 위치해 있으며 해변까지는 500~900m 정도 떨어져 있다. 합리적인 가격에 깔끔한 객실과 수영장을 갖춘 방갈로이다. **비아나 리조트**Vyaana Resort(전화 0877-6538-8515, 홈피 www.vyaanagiliair.com)는 섬 서쪽 해변가에 위치, 야자수로 둘러싸인 평화로운 숙소이다. 방갈로 타입이지만 깨끗하고 고급스러운 분위기의 객실로 인기가 높다. 길 건너 해변에서 아름다운 석양을 감상할 수 있다. **옴박 파라다이스 리조트**Hotel Ombak Paradise(전화 0370-7508-666, 홈피 www.ombakparadise.com)에서는 해변가에서 매일 밤마다 영화 상영을 한다.

❶ 마누시아 두니아 그린 롯지 Manusia Dunia Green Lodge

프랑스인 자매가 꾸리는 아름답고 평화로운 숙소로 며칠 푹 쉬었다 가기 좋다. “떠나기 정말 아쉽네요.” “덕분에 잘 쉬었다 갑니다.” “기회가 된다면 다음에 또 머물고 싶어요.” 이곳 손님들이 한결같이 끝인사로 내뱉는 말들이다. 객실 6개와 푸른 잔디 정원, 아담한 수영장, 2층의 공용 라운지가 전부지만 부족함이 없다. 군더더기 없는 모든 객실은 침실, 욕실, 테라스로 구성되어 있는데, 무척 깨끗하게 관리되고 있고 테라스에는 편안하게 쉴 수 있는 소파나 해먹이 있다. 객실은 3가지 타입으로 가장 기본이 되는 Kamar Seke가 있고 이보다 큰 Rumah Tiang은 단독 건물이면서 테라스가 좀 더 넓다. 가장 큰 Rumah Kayu는 2층으로 된 별채로 1층에는 넓은 거실 소파로 꾸며져 있고 2층은 침실이다. 조식은 주문식으로 객실 테라스나 거실 또는 2층 공용 라운지에서 먹을 수 있다. 직원들의 응대는 친절하고 신속하며, 섬의 여행 정보와 지도를 꼼꼼하게 챙겨준다. 섬 서쪽에 자리하고 있고 해안과는 100m 정도 떨어져 있다.

위치	섬 서쪽에 위치, 선착장에서 약 1.4km 떨어져 있으며 도보로 15분 정도 걸린다.
요금	Kamar Seke 1,000K~, Rumah Tiang 1,400K~
전화	0878-6449-0282
홈피	www.manusiadunia.com

비아나 리조트(Vyaana Resort)

파차마마(Pachamama Organic Cafe)

03

Step to Bali

쉽고 빠르게 끝내는 여행 준비

발리 일반 정보

1 | 개요

인도네시아Indonesia(정식 명칭 인도네시아공화국)는 약 13,700개의 크고 작은 섬으로 이루어져 있다. 발리는 인도네시아에 속한 하나의 섬이며 33개의 지방자치단체 중 하나의 주(州)에 해당, 주도는 덴파사르Denpasar이다. 세계적인 휴양지로 알려져 있으며 특히 신혼부부와 서퍼들에게 큰 사랑을 받고 있는 곳이다.

2 | 지형

수도 자카르타가 있는 자바Java 섬과 롬복Lombok 섬 사이에 위치하며 면적은 5,700㎢로 제주도의 약 2.7배이다.

3 | 비행 시간 및 시차

우리나라에서 직항편으로 약 7시간 소요된다. 시차는 발리가 한국보다 1시간 느리며 수도인 자카르타는 2시간 느리다. 예를 들어 한국이 오전 9시면, 발리는 오전 8시, 자카르타는 오전 7시다.

4 | 여권, 비자

여권의 잔여 유효기간은 반드시 6개월 이상이어야 하고, 입출국 기록을 남길 수 있는 페이지도 남아 있어야 한다. 현재 발리로 입국 시 비자 취득이 필요하며, 최대 30일간 머물 수 있다. 만약 31~60일간 체류한다면 만료 전 온라인 또는 이민국사무소(Kantor Imigrasi)에서 비자 연장 신청을 할 수 있다. 60일 관광비자 취득이 필요하다면, 비자 발급 대행사나 온라인으로 가능하다.

5 | 예방 접종

인도네시아 입국을 위해 반드시 받아야 하는 별도의 예방 접종은 없다.

6 | 통화 및 환전

통화는 루피아(Rp 또는 IDR로 표기)를 사용, Rp10,000(10K)가 850원 정도이다(2024년 3월 기준). 환전 시에는 국내에서 미리 미국 달러로 준비한 후, 발리 현지에서 루피아로 재환전하자. USD100가 환전율이 가장 좋으며, 체인으로 운영되는 전문 환전소를 이용하는 것이 안전하다.

7 | ATM(현금 인출기)

발리 대부분 지역에서 손쉽게 이용 가능하다. 출금 전에 출금 단위와 출금 최대 금액을 확인한 후 이용할 수 있으며, 출금 시 별도의 수수료가 부과된다.

8 | 신용 카드

대부분 숙소와 번화가의 상점에서 신용 카드로 결제할 수 있다. 식당의 경우에는 고급 레스토랑이나 일부 식당에서만 카드 결제가 이뤄진다. 카드로 결제할 경우 3% 정도의 추가 수수료를 받는 곳도 많다.

9 | 팁

호텔 청소 팁이나 벨 보이 팁은 10~20K 정도가 무난하다. 대부분 식당에서는 봉사료(5~10%)를 결제 금액에 포함시키며 보통 메뉴판 하단에 세금 및 봉사료 포함 여부, 포함 정도(%)가 명시되어 있다.

10 | 영업시간

일반적으로 상점은 오전 10시부터 밤 8~9시까지, 식당이나 카페는 밤 10~11시까지 영업한다. 관공서는 대개 월~금 오전 8시부터 오후 4시까지 운영된다.

11 | 교통수단

택시가 가장 편리하다. 택시 요금도 한국에 비해 저렴하고 관광객이 이용하기에 현지 대중교통은 불편하다. 택시 회사 중에는 블루 버드Blue Bird 택시가 승차 거부나 미터기 사용 거부가 적은 편이다. 스마트폰 앱을 통한 우버Uber, 그랩Grab, 고 젝Go Jek 같은 차량 공유 서비스는 일반 택시보다 저렴하게 이용할 수 있다. 하지만 기존 택시 기사와 시비가 붙거나 이용을 금하는 지역과 일부 호텔도 있으니 유의하자.

12 | 전압

우리나라와 같은 220V. 주파수 차이가 있지만 일반적인 전자제품 사용에는 문제가 없다.

13 | Wi-Fi(와이파이), 유심, 전화

대부분의 식당, 카페, 숙소, 공항 등에서 무료 Wi-Fi(무선 인터넷)를 제공한다. 로밍 서비스를 통해 무선 데이터와 통화를 해외에서도 이용할 수 있으나 요금이 비싸다. 보다 저렴하게 이용하려면 국내 혹은 발리에서 휴대용 Wi-Fi 단말기를 대여하거나 현지에서 유심을 구매하는 방법이 있다. 휴대용 Wi-Fi 단말기(포켓와이파이)는 동시에 여러 대의 기기에서 무선 인터넷을 쓸 수 있다는 장점이 있지만 항상 휴대하고 충전해야 한다. 현지 유심을 구입할 경우, 현지 휴대 전화번호를 부여받게 되며 사용할 단말기에 유심을 끼우면 데이터와 통화를 쉽게 이용할 수 있다(여권을 지참하여 텔레콤Telkomsel 같은 현지 통신사 대리점을 방문, 구매한다).

◎ 발리에서 한국(서울)으로 전화를 걸 경우

일반전화 02-123-4567로 발신하려면

001(국제전화회사)-82(국가번호)-2(지역번호에서 맨 앞 '0'을 제외)-123-4567(나머지 해당 번호)

휴대전화 010-123-4567로 발신하려면

001(국제전화회사)-82(국가번호)-10(휴대전화번호 맨 앞 '0'을 제외)-123-4567(나머지 해당 번호)

◎ 한국에서 발리로 전화를 걸 경우

일반전화 0361-123-4567로 발신하려면

001(국제전화회사)-62(국가번호)-361(지역번호에서 맨 앞 '0'을 제외)-123-4567(나머지 해당 번호)

휴대전화 081-123-4567로 발신하려면

001(국제전화회사)-62(국가번호)-81(휴대전화번호 맨 앞 '0'을 제외)-123-4567(나머지 해당 번호)

14 | 식수
발리의 수돗물은 식수로 부적합하다. 반드시 숙소에서 제공하는 물이나 시중에 판매되는 생수를 마시도록 하자.

15 | 마약
마약을 소지하거나 복용 및 판매 시에는 벌금과 중형이 선고된다. 외국인도 엄격하게 처벌하니 절대! 마약엔 손도 대지 말 것.

16 | 범죄 및 치안
치안 상태는 전반적으로 안전하다. 환전 사기나 오토바이를 이용한 날치기를 조심하자.

17 | 응급 신고 번호
경찰 110, 화재 113, 의료 응급 119

18 | 대사관
인도네시아 주재 한국 대사관은 수도인 자카르타에 있다.
주소 Jl. Jendral Gatot Subroto Kav. 57, Jakarta 12950
대표 연락처 021-2967-2555
영사과 연락처 021-2967-2580
긴급 연락처 0811-852-446
홈피 overseas.mofa.go.kr/id-ko/index.do

◎ **발리 분관** *Korean Consulate in Bali*
주소 Jl. Prof. Moh. Yamin No.8, Sumerta Kelod, Kec. Denpasar Tim., Kota Denpasar, Bali 80239
영업시간 09:00~11:30, 13:00~16:30
대표 연락처 0361-4455037

19 | 달력과 명절
발리에는 세 종류의 달력이 있다. 태음력에 해당하는 사카 달력과 고유 발리 달력인 우쿠 달력, 그리고 우리가 일반적으로 사용하는 표준 달력이다. 이 세 달력 모두에 발리의 명절이 속해 있는데 복잡하면서도 흥미로운 점이 많다. 발리의 대표적인 명절로는 1월 1~2일의 새해 연휴, 3월의 녜삐Nyepi, 11월의 갈룽안Galungan을 들 수 있다.
새해 연휴에는 전국적으로 행사가 벌어지며 전야제가 열린다. 3월의 녜삐는 사카 달력의 신년으로, 매년 우기가 끝나는 3~4월 초하루 다음 날에 해당한다. **녜삐**는 제물을 바쳐 악령을 퇴치하고자 하는 것인데, 녜삐 전날에는 소란스러운 행진으로 악령을 내쫓는 의례가 진행되고 녜삐 당일에는 악령이 지나가는 것을 기다리며 침묵의 날을 보낸다. 이날은 모든 업무가 중단되고 현지인과 여행자 모두 바깥출입을 할 수 없다. 사카력의 최대 축제인 만큼 인도네시아의 국경일로 지정돼 있다.
발리 고유 달력인 우쿠 달력은 제례일을 정하기 위해 사용되는데, 큰 제례 중 하나가 **갈룽안**이다. 우리의 추석과 의미가 비슷하며 조상신의 영(靈)을 맞이하는 제례로 10일간 이루어진다. 축제 기간에는 뻰졸Penjol이라는 대나무 장식을 문앞에 세워 조상신을 인도한다. 갈룽안제가 끝나는 10일 후에는 **꾸닝안**Kuningan이 돌아오는데, 조상의 영을 다시 하늘로 보내는 날이다. 발리 대부분의 마을에서 성대하게 치러지며 사누르의 써링안 섬과 우붓 일대에서 가장 화려한 모습을 볼 수 있다.

발리 들어가기 & 나오기

1. 인천국제공항에서 출국하기

항공사 카운터 확인 ⇒ 탑승 수속 ⇒ 보안 검색 ⇒ 출국 수속 ⇒ 탑승

1 | 항공사 카운터 확인

공항으로 출발하기 전에 공항터미널(T1, T2)을 잘 확인하고 이동하자. 해당 공항터미널에 도착하면 가장 먼저 출발층에 있는 운항 정보 안내 모니터에서 탑승할 항공사를 확인한다. 각 항공사 탑승 수속 카운터는 알파벳으로 구분되며 A~M이 있다. 상황에 따라 카운터가 변동될 수 있기 때문에 꼭 운항 정보 안내 모니터를 확인하는 것이 좋다. 모니터를 보는 것이 익숙하지 않다면 공항 안내 센터에 문의하면 안내를 받을 수 있다. 탑승 항공사 카운터를 확인했다면 해당 카운터로 이동해 탑승 수속을 밟는다.

2 | 탑승 수속

항공사 탑승 수속은 보통 출발 2시간 30분 전부터 시작된다. 해당 카운터에 예약 항공권(또는 전자 항공권E-Ticket)과 여권을 제시한 후, 탑승권(보딩 패스Boarding Pass)을 받고 짐을 부친다. 탑승권에는 탑승 시간, 탑승 게이트, 좌석 등의 정보가 적혀 있으며 창가나 복도 쪽으로 원하는 자리를 요청할 수도 있다. 항공 마일리지 카드가 있다면 마일리지도 함께 적립하자. 수하물은 보통 1인당 20kg까지 무게가 허용되는데 초과 시 추가 요금을 지불해야 한다. 짐을 부치면 수하물 보관표(배기지 클레임 태그Baggage Claim Tag)를 주는데 도착 후 짐을 찾을 때까지 잘 보관해야 한다. 현지에서 수하물 분실 시 유일한 단서가 되기도 하며 디자인이 같은 타인의 수하물과 뒤바뀌지 않게 도와준다.

3 | 보안 검색

항공사 탑승 수속을 마치면 출국장으로 이동, 보안 요원에게 여권과 탑승권을 보여준 후 출국장 안쪽으로 들어간다. 출국장 안, 보안 검색대를 통과할 때는 직원의 안내에 따라 비치된 바구니에 주머니의 소지품을 모두 꺼내고 노트북, 카메라도 따로 꺼내 담는다. 휴대 물품 바구니를 차례대로 엑스레이 검색대 벨트 위에 올려놓고 통과시킨다. **액체류, 젤류, 칼, 가위 등 규정 외의 물품은 압수당할 수 있으니 미리 수하물로** 부쳐야 한다. 문형 탐지기를 통과한 후 검색 요원이 한 번 더 검색을 한다. 목적지에 따라서 추가 검색이 있을 수 있다(출국 신고서는 작성하지 않는다).

4 | 출국 수속

보안 검색대를 통과하면 바로 출국 심사대가 나온다. 대기선 앞에서 차례를 기다렸다가 여권과 탑승권을 제시하고 출국 심사를 받은 후 통과한다. 출국 심사를 받을 때는 모자, 선글라스 등을 벗도록 한다.

5 | 탑승

탑승구Gate에 늦어도 출발 30분 전까지는 도착해야 한다. 보통 항공기 출발 30분 전부터 탑승을 시작하며 10분 전에는 탑승을 마감한다. 공항이 넓고 외국 항공사를 이용하는 경우 모노레일을 타고 별도의 청사로 이동해야 하기 때문에 늦지 않도록 주의하자. 모노레일은 5분 간격으로 있으며, 별도의 청사에서도 면세점 이용이 가능하다. 오히려 이용객이 적어 여유로운 편이다. 상황에 따라 탑승구가 변경되는 경우도 있으니 운항 정보를 꼭 확인하자.

인천국제공항 1577-2600, www.airport.kr

Tip | 수하물 부치기

① 100ml 이상의 액체류와 젤류(면세점 구입 제품 제외)는 기내에 반입이 안 되므로 수하물에 넣어 보낸다. 그 이하의 용량은 투명한 지퍼 팩에 넣어야 한다.
② 파손되기 쉬운 물건이나 고가의 귀중품은 직접 휴대한다.
③ 짐 분실에 대비해 이름, 주소, 목적지를 영문으로 작성해 가방에 붙여 두는 것이 좋다.
④ 타인의 수하물 운송 부탁은 사고 위험이 있으니 반드시 거절한다.
⑤ 수하물 보관표(배기지 클레임 태그)는 도착 후 짐을 찾을 때까지 잘 보관한다.

◎ 도심공항터미널에서 탑승 수속하기

공항에 도착하기 전에 도심공항터미널에서 미리 탑승 수속과 수하물 위탁, 출국 심사를 마칠 수 있다. 현재 서울역과 삼성동, 광명역 세 곳에 도심공항터미널이 있으며 일부 항공사가 입주해 탑승 수속을 서비스하고 있다. 무거운 짐을 미리 부치고 편리하게 공항까지 이동할 수 있으며 무엇보다 공항에서 빠른 출국 수속을 받을 수 있다는 장점이 있다.

1 | 서울역 도심공항터미널 탑승 수속

서울역 도심공항터미널 도착 ⇒ 직통열차 승차권 구입 ⇒ 탑승 수속(수하물 위탁) ⇒ 출국 심사 ⇒ 직통열차 승차 ⇒ 인천국제공항역 도착

탑승 수속 이용 가능 항공사 대한항공, 아시아나항공, 제주항공 등(항공사마다 공동 운항편의 수속 여부 다름)
탑승 수속 이용 시간 05:20~19:00
탑승 수속 마감 시간 항공기 출발 3시간 전까지 완료해야 하며 대한항공의 경우 3시간 20분 전에 마감한다.
직통열차 운행 시간 06:00~21:30
(평균 35분 간격으로 운행. 인천공항1터미널까지 무정차로 43분 소요되며, 인천공항2터미널까지는 51분 소요된다. 열차 운임 어른 11,000원, 어린이 8,000원)
KARST 코레일 공항철도(서울역 터미널) 1599-7788, www.arex.or.kr

2 | 삼성동 도심공항터미널 탑승 수속

삼성동 도심공항터미널 도착 ⇒ 탑승 수속(수하물 위탁) ⇒ 출국 심사 ⇒ 리무진 티켓 구입 ⇒ 리무진 탑승 ⇒ 인천국제공항 도착

탑승 수속 이용 가능 항공사 대한항공, 아시아나항공, 타이항공, 싱가포르항공, 중국동방항공, 상해항공, 중국남방항공 등(항공사마다 공동 운항편의 수속 가능 여부가 다르다)
탑승 수속 이용 시간 국적 항공사 05:20~18:30, 외국 항공사 05:10~18:30
탑승 수속 마감 시간 항공기 출발 3시간 20분 전까지 완료해야 함
리무진 운행 시간 04:15~21:30(10~20분 간격 운행)
CALT 한국도심공항(삼성동) 02-551-0077~8, www.calt.co.kr

3 | 도심공항터미널 탑승 수속 후 인천국제공항에서 출국하기

인천국제공항 도착 ⇒ 출국장 측면 전용 통로 이용 ⇒ 보안 검색 ⇒ 도심승객 전용 출국 심사 ⇒ 탑승구 이동 ⇒ 탑승

도심공항터미널에서 탑승 수속 후 인천국제공항에 도착하면, 출국장 측면의 전용 통로를 통해 보안 검색 후 바로 출국 심사대를 통과한다.

Tip

면세점
면세 쇼핑은 평소 살 엄두가 나지 않던 물건들을 비교적 저렴하게 구입할 수 있는 절호의 기회다. 출국 심사 후 공항 내 면세점에서 쇼핑을 할 수 있는데, 인천국제공항 면세점은 그 규모와 입점 브랜드 면에서 세계적이다. 인터넷 면세점과 시내 면세점은 더욱 다양한 혜택을 누릴 수 있다는 장점이 있고, 공항 면세점에서는 구입한 물건을 바로 수령할 수 있다는 장점이 있다. 보통 6월 중순~7월, 11~12월에는 비정기적으로 시즌 오프 세일을 한다. 단, 면세점이라고 다 저렴한 것은 아니니 가격을 꼼꼼하게 비교해보고 구입하는 것이 좋다. 인터넷 면세점과 시내 면세점에서 구입한 물건은 해당 면세점 인도장에서 여권과 항공권, 영수증을 제시하면 찾을 수 있다.

기내에서
비행기 탑승구에 있는 신문은 무료로 가져갈 수 있으며 기내로 들어오면 짐은 머리 위 선반이나 좌석 아래 빈 공간에 보관한다. 비행기 이륙과 착륙 시에는 전자 제품 사용을 금하므로 미리 전원을 끄는 것이 에티켓. 기내에서 발리 도착 전에 나눠 주는 세관신고서를 미리 작성해놓으면 좋다.

◎ 발리 비자 관련 사항 확인하기

이전에는 무비자 입국이 가능했으나 현재는 단순 관광객도 비자를 발급받아야 한다. 발리의 관광객 대상 비자 정책은 수시로 바뀌기에 여행을 계획하며 비자 관련 사항을 꼭 확인해야 한다.

1 발리 비자 발급

관광객 대상 비사 발급 방법은 크게 두 가지가 있다. 발리 공항에 도착해 비자를 구매할 수도 있고, 출국 전 인도네시아 이민국 사이트를 통해 인터넷으로 발급받을 수도 있다. 발리 응우라이 공항에서 구입하는 도착 비자의 경우, 최장 30일간 발리에 머물 수 있는 비자를 발급해주며, 전자 비자의 경우는 선택에 따라 30일 또는 60일 머물 수 있는 비자를 발급받을 수 있다. 두 비자 모두 연장이 가능하며, 도착 비자는 이민국에 방문해야 하고, 전자 비자의 경우 인터넷 사이트로 간편히 연장할 수 있다.

도착 비자 VOA

비자 발급이라는 표현을 사용하지만, 사실 공항에서 일정 금액을 지불하고 입국 허가를 받는 방식이다. 발리 공항에 도착하면 입국심사 전에 VOA(Visa On Arrival)라고 쓰여진 곳에서 입장권처럼 보이는 비자 티켓을 구매한 후, 입국심사 시에 보여주면 된다. 매우 간단하지만, 자칫 구매하는 것을 잊고 긴 줄을 기다렸다가 입국심사대에서 VOA를 구매해 오라는 일을 당할 수 있으니 반드시 VOA부터 먼저 구매하고 입국심사 대기줄에 서야 한다. VOA는 신용카드와 현금으로 결제할 수 있으나 미리 루피아를 준비해 현금 결제하는 편이 낫다.

전자 비자 E-VOA

도착 비자보다 훨씬 수월한 방법으로 비자를 발급받을 수 있다. 이민국 사이트에 들어가 여권 정보, 비행기 티켓 등 정보를 입력하고, 지시에 따라 신용카드로 비용을 지불하면 바로 발급받을 수 있다. 전자 비자에는 QR코드가 찍혀 있는데, 입국심사 시에는 프린트해서 보여줘도 되고 휴대폰에 저장된 비자를 보여줘도 된다.

전자 비자 발급 사이트

https://molina.imigrasi.go.id/
https://evisa.imigrasi.go.id/

2 전자 세관 신고서

입국심사 후 짐을 찾으면 마지막으로 세관신고를 해야 한다. 대부분의 관광객은 여행용품이 대부분이라 신고할 것이 없지만 세관신고서는 반드시 제출해야 한다. 발리에서 세관신고는 전자 세관만 가능하며, 웹사이트에서 세관신고서를 작성한 후 QR코드를 다운받아 보여주면 된다. 세관신고 작성 방법은 매우 간단하며, 가족 단위 여행자일 경우 가족당 1명만 작성하면 된다. 발리에 도착해서 우왕좌왕하지 않으려면, 출국 전에 미리 작성해서 QR코드를 다운받고 휴대폰에 저장해두는 것이 좋다.

발급 사이트 https://ecd.beacukai.go.id/

Tip | 인천공항 제1여객터미널과 제2여객터미널

2018년 1월, 인천국제공항에 제2여객터미널(이하 '2터미널')이 개장하였다. 대한항공, 델타항공, 에어프랑스, KLM네덜란드 항공의 경우 2터미널에서, 그 외의 모든 항공사는 제1여객터미널(이하 '1터미널')에서 비행기에 탑승할 수 있게 되었다. 여기서 주의할 점은 항공사 간 공동운항(코드쉐어)편의 경우, 실제로 탑승을 하는 항공사의 터미널에서 수속을 밟아야 한다는 것. 그러므로 티켓에 표시된 탑승 터미널을 미리 잘 살펴보는 것이 좋다.

공항 철도나 공항 리무진버스를 이용할 경우에는 1터미널에 먼저 정차한 뒤 2터미널로 향한다(단, KAL 리무진버스는 2터미널부터 하차). 터미널을 잘못 알았다 하더라도 당황할 이유는 없다. 1터미널과 2터미널을 연결하는 직통 순환 셔틀버스가 있기 때문이다.

승용차를 이용할 경우에는 1터미널과 2터미널의 진입로가 다르므로 공항 진입 전에 터미널의 입구를 미리 확인하자. 만약 1터미널 방면으로 잘못 진입했다면 공항 신도시 JC에서 우측 도로를 이용하여 2터미널로 가면 된다.

2. 발리로 입국하기

공항 도착 ⇒ 입국 심사 ⇒ 수하물 찾기 ⇒ 세관 ⇒ 검색대

1 | 공항 도착

안전벨트 사인에 불이 꺼지면 승무원의 안내에 따라 짐을 챙겨 내린다. 두고 내리는 물건이 없는지 확인하자.

2 | 입국 심사

입국 심사대로 이동해 여권을 제시한다(자카르타와 발리로 입국한다면 출입국신고서를 작성하지 않는다). 입국 목적과 체류 기간, 숙소 등 간단한 질문을 받을 수 있다.

3 | 수하물 찾기

입국심사대로 이동해 여권을 제시한다. 입국 목적과 체류기간, 숙소 등 간단한 질문을 받을 수 있다. 타고 온 비행기의 보딩패스를 보여달라는 경우도 있으니, 도착 직후 버리지 말고 준비해두는 것이 낫다.

4 | 세관

출발 전 작성하고 발급받은 QR코드를 보여주면 담당직원이 스캔해준다. 보통은 가볍게 통과시키지만, 간혹 수하물을 한번 더 스캔하는 경우가 있는데, 당황하지 말고 검색에 응하면 된다. 신고할 물건이 있는 경우, 줄 서는 라인이 따로 마련되어 있다.

5 | 검색대

예전에는 모든 짐을 검색대로 통과시켰는데 최근 무작위로 통과시키는 형식으로 바뀌었다. 세관신고서를 낸 후 보통은 양쪽으로 줄을 서게 되는데 한쪽 줄은 검색대를 통과해야 하고 다른 줄은 별다른 검사 없이 통과시킨다.

3. 공항에서 나가기

1 공항 택시

공항에 사무소를 두고 합법적으로 운영하는 택시이다. 시내 택시에 비하면 비싼 편이지만 기본요금과 추가요금에 대한 명확한 기준이 마련되어 있어 요금 시비가 없다. 공항 택시는 자정 무렵에 문을 닫으며 이후에는 사설 택시와 협상해야 하고 바가지를 씌우는 경우도 많으니 밤늦게 도착하는 경우 숙소에 미리 픽업을 요청해놓을 것을 추천한다. 기존에는 지역별로 요금이 정해져 있었으나 최근 공항 택시요금도 미터제로 변경되었다. 기본요금, 최소요금, 대기요금 등의 명확한 가이드라인이 정해져 있어 숙소로 이동하기 전 다른 장소에 들렀다 가는 것도 가능하다.

기본요금 7K **대기요금** 45K(시간당) **거리요금** 6.5K(km당)
최소요금 45K **예약수수료** 10K
※ 덴파사르, 바둥 지역 이외의 목적지는 요금의 25% 추가요금이 발생한다.

2 숙소의 픽업 차량

숙소를 예약했다면 공항까지 픽업 서비스를 제공해주는지 확인해보자. 숙소에 따라 유료·무료 픽업 서비스를 제공하는데 편하고 안전하게 이동할 수 있다.

4. 발리 내에서 이동하기

1 미터 택시

꾸따, 스미냑, 누사두아, 사누르 등 발리 남부 지역에서 이용할 수 있는 택시다. 이동 거리만큼 요금이 책정되기 때문에 요금 시비를 덜 수 있다. 가끔 거스름돈을 주지 않는 기사도 있으니 잔돈을 준비하는 것이 좋다. 새 마크가 있는 블루 버드 택시Blue Bird Taxi와 발리 택시Bali Taxi가 가장 대중적이며 지역 번호 없이 701-111번으로 콜 택시를 이용할 수 있다(택시 기본료 7K/콜택시 미니멈 금액 30K). 꾸따 주변에는 일방통행이 많으므로 돌아가는 느낌이 들어도 오해하지 말자.

2 자가용 택시

개인 승용차로 영업하는 택시로, 스마트폰의 차량 공유 서비스 앱(우버, 그랩, 고젝)을 통해 이용할 수 있다. 미터 택시보다 훨씬 저렴하고 택시도 손쉽게 부를 수 있어 이용자가 상당하다. 출발지(픽업 장소)와 도착지를 설정하고 검색을 하면 출발지 근처의 기사와 연결된다. 성공적으로 기사와 연결되면 요금, 예상 픽업 시간, 이동 경로, 차량 번호, 기사 프로필 등을 확인할 수 있다(같은 방식으로 오토바이 택시 서비스도 제공). 발리 대부분 지역에서 사용 가능하지만 우붓 지역은 기존 자가용 택시 기사와 마찰이 일기도 해 조심스럽게 이용할 필요가 있고, 그 외 지역에도 일부 호텔에서 차량 공유 서비스 앱을 통한 개인 차량 이용을 금지하기도 한다.

자가용 택시

3 | 오토바이 택시

교통 체증이 심하고 일방통행과 좁은 골목이 많은 꾸따나 스미냑에서 유용하다. 짧은 거리를 이동하는 데는 편리하지만 오토바이인 만큼 안전에 신경을 써야 한다. 가격 흥정은 필수!

오토바이 택시

4 | 숙소 차량

숙소에서 객실 손님에게 제공하는 유료·무료 픽업 서비스. 숙소에 따라 이동 범위, 운행 시간, 금액 등 서비스 정도가 다르다. 유료일 경우는 택시 요금보다 비싼 편인데, 무엇보다 편안하고 안전하기 때문에 최상의 이동 수단이라고 할 수 있다. 특히 미터 택시가 없는 우붓이나 짠디다사, 로비나 지역이라면 숙소 차량 서비스를 문의해보자.

오토바이 렌털

5 | 가이드 차량

단순한 이동 서비스에만 그치지 않고 관광 안내도 함께 받을 수 있다. 발리 내에서 이동할 때 중간에 관광지를 경유해 가는 방식으로 이용하면 유용하다. 요금은 가이드에 따라 차이가 나지만 하루 10시간 이용에 USD60 정도이다. 로비나나 믄장안 같은 외곽 지역은 추가 요금을 지불하기도 한다. 한국어 실력이 수준급인 가이드가 많아 언어에 대한 두려움은 내려놔도 좋다. 가이드의 전문성, 한국어 실력, 성격, 성별 등을 고려해 선택해보자.

6 | 렌터카

꾸따의 르기안 거리에는 많은 렌터카 업체가 있다. 차종에 따라 비용은 천차만별이지만 하루 USD30~35 정도면 무난하게 이용할 수 있다. 기름값이 저렴하고 발리 지역을 자유롭게 이동할 수 있다는 점에서는 좋지만, 운전석 위치가 우리나라와 반대이고 도로 사정이 좋지 않아 초행자에게는 두렵게 느껴질 수 있다. 운전석 위치 적응과 안전 운전에 신경만 쓴다면 렌터카 운전도 고려해볼 만하다. 발리에서 직접 운전을 하려면 국제운전면허증은 필수다.

7 | 오토바이 렌털

오토바이는 발리 대부분의 지역에서 손쉽게 빌릴 수 있는 교통수단이다. 무엇보다 저렴한 비용으로 기동성 있게 움직일 수 있다. 하지만 안전성 문제에 있어서는 한 번 더 생각해봐야 한다. 차종에 따라 가격은 다르지만 보통 하루 50K면 오토바이 한 대를 빌릴 수 있다. 발리에서 오토바이를 타기 위해서는 덴파사르 경찰서(0361-427-351)에서 관광객 운전면허증Tourist Driver Licence을 발급받아야 한다. 여권과 수수료(300K 선)가 필요한데 절차가 번거로워 현지 면허증을 소지하지 않은 여행자가 대부분이다. 이를 빌미로 뇌물을 요구하는 경찰관들도 있으며, 간혹 헬멧 미착용으로 돈을 요구하는 경우도 많으니 꼭 쓰도록 하자.

8 | 베모 *Bemo*

밴 종류의 차량을 버스나 택시로 이용하는 것으로, 현지인들이 주요 고객이다. 사누르, 짠디다사, 롬복 등지에서 자주 볼 수 있으며 거리에 따라 요금은 달라지지만 5K 선이면 그 지역 내에서의 이동에는 무리가 없다.

베모

9 | 쁘라마 버스 *Perama Bus*

쁘라마 여행사에서 운영하는 시외버스로 발리 전 지역을 운행한다. 개인 차량에 비해 시간이 많이 소요되지만 가격이 저렴해 배낭여행자들이 주로 이용한다. 가격이 저렴한 만큼 쾌적한 시설을 기대하긴 어렵다. 브두굴, 낀따마니, 뚤람벤, 띠르따 강가, 아멧 등지까지 운행하며 버스와 보트를 연계해 렘봉안, 롬복, 길리로도 이동할 수 있다.

Web www.peramatour.com

10 | 사설 미니버스

개인 여행사가 운행하는 미니버스이다. 우붓, 낀따마니, 빠당바이, 아멧, 로비나, 브두굴 등 발리 전 지역을 하루 2~4회 정도 오간다. 쁘라마 버스만큼 체계적이지는 않지만 가격은 그보다 살짝 저렴하거나 비슷한 편이다. 꾸따에서 우붓까지 50K 선, 아멧이나 브두굴까지 125K 선이며 장거리 노선일 경우 요금 흥정도 가능하다. 타 여행사들과 노선을 함께 운행하고 중간 기착지에서 목적지에 맞게 승객들이 갈아타기도 한다. 여행사마다 다르지만 외곽 지역으로 가는 노선은 탑승 인원이 2인 이상일 때만 예약받는 경우도 있다. 꾸따 시내(특히 뽀삐스 거리), 우붓 시내에는 이런 사설 미니버스 사무실이 많으며 버스 상태는 복불복이다.

Tip | 발리 데이투어 가이드 차량 예약하기

발리 관련 커뮤니티나 포털 사이트에 검색을 해보면 개인적으로 운영하는 가이드들의 연락처를 쉽게 얻을 수 있다. 물론 대부분 오랜 시간 신뢰를 쌓아온 훌륭한 가이드일 수 있지만 약속 당일, 세리머니를 핑계로 일방적으로 약속을 취소하거나 이런저런 뒤탈이 있을 경우 처리가 난감한 경우도 발생할 수 있으니 이왕이면 믿을 수 있는 에이전시를 이용해 예약하는 것을 추천한다.

발리바다 www.balibada.net(카카오톡 ID balibada)
클룩 www.klook.com

11 | 사르바기따 버스 *Bus Trans SarBaGiTa*

2011년 8월부터 운행을 시작한 사르바기따 버스는 발리 정부에서 발리의 고질적인 교통 체증 문제를 해결하고 여행자들의 편의를 도모하기 위해 야심차게 론칭한 대중교통이다. 사누르, 꾸따, 누사두아 등 꽤 요긴한 지역을 잇는 노선이 많아 절약 모드의 장기 여행자라면 아주 반가운 버스가 아닐 수 없다. 쾌적하고 저렴하게 이동이 가능하지만 정류장에서 교통 체증을 뚫고 도착할 버스를 하염없이 기다려야 할 때도 있고, 노선을 신경 써서 봐야 하고, 목적지까지는 버스에서 내려 또 다시 걷거나 택시를 이용해야 하는 경우도 있으니 합리적으로 판단해 이용하자.

노선은 점차 확장 중이며 주요 노선은 아래와 같다. 요금은 1인 편도 3.5K. 버스 노선에 해당되는 도로 곳곳에 버스 정류장이 설치되어 있으며 요금은 기사에게 직접 계산하면 된다. 운행은 새벽부터 시작하여 밤 8~9시경이면 끝난다.

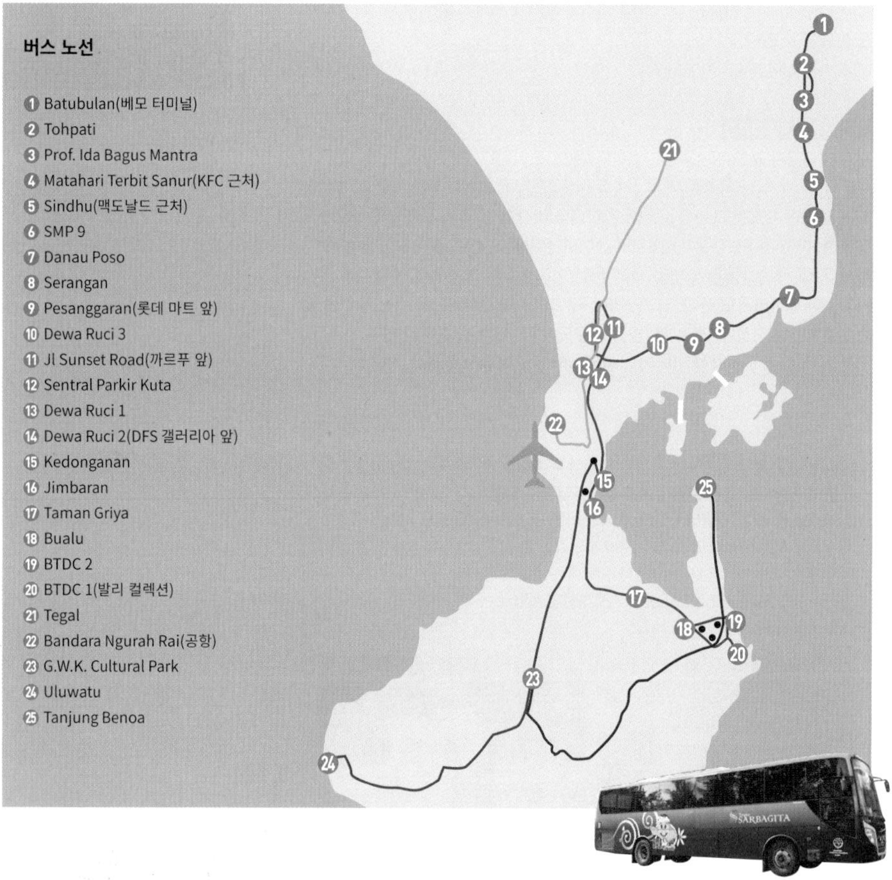

12 | 쿠라쿠라 버스 *Kura Kura Bus*

쿠라쿠라 버스는 발리의 유명 호텔과 리조트들을 잇는 공공 셔틀버스 서비스로, 매일 오전 8시 30분부터 밤 10시까지 운행된다(노선별 시간이 다를 수도 있다). 대부분 버스의 출발지는 꾸따에 위치한 DFS 갤러리아 뒤편 주차장에 있는 쿠라쿠라 버스 정류장이다.

노선은 크게 꾸따 라인, 사누르 라인, 우붓 라인이 있으며 홈페이지 및 티켓 부스에서 자세한 운행 스케줄과 요금표를 얻을 수 있다. 버스 내부에는 에어컨이 가동되며 무료로 무선 인터넷 사용도 가능하다. 홈페이지에서 공항-숙소 간 교통편 예약이나 각종 투어 예약도 이용할 수 있다.

쿠라쿠라 카드

충전식 선불카드이며 모든 노선에서 이용 가능하다. 100K 단위로 구입 가능하고, 한 장의 카드로 여러 명의 요금을 결제할 수 있다. 또, 10K의 밸류 카드 구매 시 5K 보너스 포인트를 받게 되어 사실상 지불액은 95K이 되므로 가격적으로도 유리하다. 보증금 20K는 따로 지불하여야 하며 환불이 가능하다. 카드 충전은 DFS 버스 베이와 쿠라쿠라 티켓 판매소에서 100K 단위로 한도 500K까지 충전할 수 있다.

데이 패스

횟수 제한 없이 정해진 기간 내에 이용할 수 있으며 모든 노선에서 이용 가능하고 여러 명의 요금을 동시에 결제할 수는 없다. 1데이는 24시간 기준으로 적용되며 단말기에 접촉한 시간을 기준으로 한다. 1, 3, 5, 7데이 패스 중 선택이 가능하다.

쿠라쿠라 코인

가장 일반적으로 사용하게 되는 코인으로 1~2회에 한해 편도로 사용하는 경우 간단히 구입하여 사용할 수 있다. 코인은 DFS 버스터미널, 쿠라쿠라 티켓 부스, 버스가 정차하는 호텔들에서 구입할 수 있으며 버스에 승차한 후 구입할 수도 있다.

Tip |

쿠라쿠라 버스 사무소

위치 몰 발리 갤러리아 뒤편 주차장 쪽에 위치
운영 09:30~21:30
전화 0361-370-0244
주소 GF, DFS Galleria Bali, Jl. Bypass Ngurah Rai, Kuta
홈피 www.kura2bus.com

쿠라쿠라 버스 노선 요금

꾸따 20K, 르기안 20K, 스미냑 20K, 짐바란 40K, 사누르 40K, 누사두아 50K, 남누사두아 50K, 우붓 80K

쿠라쿠라 코인 금액

꾸따 · 스미냑 · 르기안 20K 코인
사누르 · 짐바란 40K 코인
누사두아 · 남누사두아 50K 코인
우붓 80K 코인

5. 발리에서 출국하기

공항 건물 안으로 이동 ⇒ 보안 검색대 ⇒ 항공사 카운터 확인 ⇒ 탑승 수속 ⇒ 출국 심사 ⇒ 탑승

국제공항을 통해 출국할 경우, 늦어도 출발 2시간 전에는 도착해야 한다. 가장 먼저 짐을 보안 검색대에 통과시킨 후 항공사 카운터로 이동해 탑승 수속을 밟는다. 탑승 수속이 끝나면 출국 심사대로 가서 여권과 탑승권을 제시하고 출국 심사를 받는다. 출국 심사까지 끝나면 해당 탑승구로 이동해 탑승을 기다린다.

발리 여행 준비 A to Z

여행을 위한 D-60

발리 여행을 계획 중이지만 어떻게 준비해야 할지 막막한 초보 여행자들을 위해 여행 준비 과정을 하나하나 정리해보았다. 항공권은 언제 구매해야 하는지, 호텔은 어떻게 예약해야 하는지 등을 읽어 보고 천천히 준비 과정에 들어가보자.

D-60 | 여행 그리기

발리로 목적지를 정했다면 발리에서 어떤 여행을 할지 생각해보자. 무위도식 휴가를 보낼 건지, 친구와 함께 갈 건지, 며칠 동안 머무를지, 발리의 어느 지역을 여행할지, 자유 여행을 할지 아니면 패키지를 이용할지 등 예산을 고려해 여행을 구상하자.

D-50 | 여권 만들기

여권 만료 기간이 6개월 미만일 경우에는 반드시 여권을 새로 발급받아야 한다. 여권 만료 기간이 충분한지 한 번 더 확인하자.

D-40 | 항공권 예약하기

입출국 날짜가 확실하다면 항공권 예약을 서두르자. 스케줄과 가격이 좋은 항공권은 빨리 동나기도 한다.

D-30 | 숙소 예약하기

발리에는 리조트, 빌라, 방갈로, 게스트 하우스 등 다양한 종류, 콘셉트, 가격대의 숙소들이 있다. 자신의 일정과 취향, 예산에 맞춰 알맞은 숙소를 찾아보고, 예약을 서두르자.

D-20 | 여행 정보 모으기

항공권과 호텔 예약이 완료되었다면 큰 틀이 완성된 셈이다. 이제 그 틀을 채울 계획을 세울 차례. 발리에서 꼭 가봐야 할 레스토랑, 명소, 꼭 사야 할 아이템, 해봐야 할 것 등 다양한 여행 정보를 모아보자. 각종 웹 사이트와 카페, 개인 블로그 등의 리뷰는 여행을 준비하는 데 많은 도움이 된다.

D-7 | 면세점 쇼핑하기

해외여행의 즐거움 중 하나로 빼놓을 수 없는 것이 바로 면세점 쇼핑이다. 공항 면세점보다는 시중의 면세점이, 시중의 면세점보다는 인터넷 면세점이 가격적으로 유리하니 참고하자.

D-5 | 환전하기 & 여행자 보험 가입하기

출발이 코앞이다. 이제 현지에서 사용할 비용을 환전해둬야 할 때다. 발리는 인도네시아 통화인 루피아를 사용하는데, 일단은 달러로 환전한 후 발리 현지에서 루피아로 재환전하자. 현지 ATM기에서 바로 루피아로 돈을 인출할 수도 있으니 너무 많은 돈을 환전하는 것보다 예산에 맞춰 환전하는 것이 좋다. 그리고 혹시 모를 사고에 대비해 자신의 여행 기간과 체류지, 보상 내용 등을 따져보고 여행자 보험에 가입하자.

D-2 | 짐 꾸리기

우선 여행에서 필요한 물건 리스트를 작성해보자. 그리고 정말 필요한 물건인지, 아니면 짐이 될 물건인지 한 번 더 생각해보고 최종 리스트를 만들자. 리스트가 완성되면 물건들을 하나씩 하나씩 체크하며 짐을 꾸린다.

D-Day | 출발!

드디어 기다리고 기다리던 출발일! 마지막으로 빼놓은 것은 없는지 확인하자. 여권, 항공권, 바우처, 신용카드, 면세품 인도를 위한 영수증 등을 잊지 않도록 하자.

1. 여행 그리기

발리는 매력적인 여행지다. 바다와 산, 들이 골고루 펼쳐져 있으며 세계 최고의 숙소들이 모여 있고, 다양한 레스토랑과 스파 숍, 쇼핑 매장 등을 만날 수 있다. 꾸따, 스미냑, 우붓, 누사두아, 아멧, 로비나, 렘봉안 등 저마다 자기만의 색깔을 가지고 있어 매번 행선지를 고민하게 만든다. 만약 4박 5일 일정이라면 다른 두 지역의 숙소에 묵으며 두 지역을 경험해보는 것도 괜찮다. 발리는 자연이 주는 감동도 있지만 무엇보다 발리 사람들 특유의 여유와 친절함이 다시금 발리를 찾게 만들기도 한다. 그래서 발리 본연의 매력을 느껴보고 싶다면 과도한 일정보다는 충분한 휴식을 취하며 여유를 즐기는 일정을 짜보길 추천한다. 여행의 목적과 취향, 예산을 생각하며 여행 계획을 세워보자.

2. 여권 만들기

1 | 여권

여권은 여행 출발 시기를 기준으로 6개월 이상 유효기간이 남아 있어야 한다. 여권 발급은 서울의 경우 각 구청에서, 지방은 시청과 도청에서 발급받을 수 있다(www.0404.go.kr). 여권을 새로 만들어야 할 경우 수수료와 함께 필요한 서류를 구비하여 본인이 직접 지정된 발급 기관에 접수하고, 교부받아야 한다. 단, 만 18세 이하의 미성년자는 법정대리인인 부모가 대신 신청할 수 있다. 여권 발급에 소요되는 기간은 신규 발급 및 재발급이 10일 정도다.

여권 발급 시 필요한 서류

① **여권 발급 신청서**
발급 기관에 비치된 신청서를 이용한다.
외교통상부 홈페이지에서도 신청서를 내려받을 수 있다(www.0404.go.kr).

② **여권용 사진 1매**
최근 6개월 이내에 찍은 컬러 사진으로 귀가 노출되어야 하고 바탕은 흰색이어야 한다 (긴급사진부착식 여권 신청 시에는 2매 제출).

③ **주민등록증 또는 운전면허증 원본**

④ **병역 관련 서류(병역 의무자에 한함), 여권 발급 동의서(미성년자의 경우) 등**

여권 발급 절차

① 여권 신청 서류(여권 발급 신청서 및 사진 등) 준비 및 작성

② 여권 신청 서류 접수

③ 자동 시스템상 경찰청 신원 조사 등 여권 서류 심사

④ 심사를 마치고 여권 제작 후, 교부

여권을 분실했을 경우

여행 중 여권을 분실했을 때만큼 당황스러운 경우가 없다. 여권을 분실하게 되면 현지의 한국 대사관 혹은 영사관에 방문해 여행용 임시 증명서를 발급받아야 한다. 여행용 임시 증명서를 발급받기 위해서는 여권 번호와 여권용 사진 2매가 필요하다. 따라서 여행을 떠나기 전 여권 분실에 대비해 여권 복사본과 여권 사진 2매를 준비해두자.

Tip |

외교통상부 콜센터

무료 007(현지국제전화코드)-800-2100-0404
유료(국내외 겸용)
007(현지국제전화코드)-822-3210-0404

주 인도네시아 대한민국 대사관(자카르타)

주소 Jalan Jenderal Gatot Subroto Kav. 57 Jakarta Selatan 12950
전화 대사관 021-2967-2555 영사과 021-2967-2580
비상 연락처 0811-852-446
홈피 overseas.mofa.go.kr/id-ko/index.do

3. 항공권 예약

인천에서 발리로 가는 직항 노선은 대한항공(매일 운항)과 가루다항공(매일 운항)이 있으며, 비행시간은 약 7시간 소요된다. 그 밖에도 말레이시아항공, 에어아시아, 싱가포르항공, 캐세이패시픽 등 쿠알라 룸푸르나 싱가포르, 홍콩을 경유해 발리로 들어가는 편도 있다.
항공권은 직접 항공사의 홈페이지나 전화를 이용해 구매가 가능하고, 여행사 혹은 구매 대행 사이트를 이용해 구매하는 방법도 있다. 여행사나 대행사를 이용해 예매하는 경우 해당 항공사에서 구매하는 것보다 좀 더 저렴하게 구할 수는 있으나 여유 좌석 확보가 어려워 대기해야 할 수도 있다. 그리고 일정 변경이 불가능하거나 마일리지 적립이 되지 않는 등 불리한 조건이 붙는 경우가 있으니 반드시 꼼꼼하게 확인해야 한다.

항공권 예약 사이트
온라인투어
www.onlinetour.co.kr
와이페이모어
www.whypaymore.co.kr
웹투어
www.webtour.com
인터파크 투어
tour.interpark.com
클럽발리
www.clubbali.co.kr
탑항공
www.toptravel.co.kr
투어익스프레스
www.tourexpress.com
투어캐빈
www.tourcabin.com

Tip | 똑똑한 여행자의 필수품, 마일리지 적립 카드
항공사에서는 승객이 이용한 탑승 거리에 따라 마일리지를 적립해주는데 항공권 구입 이외에도 신용카드 사용, 호텔 숙박 등 다양한 방법으로 마일리지를 적립할 수 있다. 이렇게 적립한 마일리지는 무료 항공권, 무료 숙박 등 다양한 방법으로 사용할 수 있다. 마일리지 적립 카드는 해당 항공사 홈페이지에서 회원 가입 후 신청하면 된다. 단, 마일리지 카드를 만들기 전에 탑승한 항공권은 마일리지 적립이 되지 않는 경우가 대부분이므로 반드시 예약 전에 가입하자. 적립은 예약 및 발권, 탑승 수속 시 회원 번호를 직원에게 알려주면 여행 후 마일리지가 자동으로 적립된다. 카드가 발급되기까지 2주 정도가 걸린다(외국 항공사의 경우 발급 기간이 더 길다).

아시아 마일즈 www.asiamiles.com
대표적으로 캐세이패시픽, 중화항공, 드래곤에어 등의 항공사를 이용할 경우 마일리지를 적립할 수 있다.

스카이 패스 kr.koreanair.com
대한항공과 스카이팀 항공사를 이용할 경우 마일리지 적립이 가능하다. 누적된 마일리지에 따라 다양한 등급으로 나누어 서비스에 차등을 주기도 한다. 적립된 마일리지는 5년간 유효하다.

가루다 프리퀀트 플라이어(GFF) gff.garuda-indonesia.com
가루다항공과 제휴사 이용이 잦은 고객에게 마일리지 적립과 좌석 승급, 보너스 항공권 등의 혜택을 주는 고객 우대 제도이다.

4. 호텔 예약하기

발리에는 다양한 유형과 콘셉트, 가격대의 숙소가 많아 선택의 폭이 넓다는 장점이 있지만 오히려 더 많은 고민을 해야 한다는 단점도 있다. 일단은 가족, 커플, 허니문 여행 등 여행 목적에 따라 장단점을 생각해 알맞은 숙소를 선택하는 것이 현명하다. 대부분의 숙소는 예약 대행업체를 통해 예약하는 것이 가격적으로 유리하며 일부 빌라는 현지 숙소와 직접 협상하는 것이 더 저렴할 수도 있다. 저가 숙소의 경우 자체 홈페이지를 통해서만 예약을 받기도 한다.

호텔 예약 대행 사이트
부킹닷컴
www.booking.com
아고다
www.agoda.co.kr
아이발리
www.ibali.co.kr
웹발리
www.webbali.com
클럽발리
www.clubbali.com
트래블레시피
www.travelrecipe.co.kr
호텔패스
www.hotelpass.com
인도닷컴
www.indo.com
호텔스컴바인
www.hotelscombined.co.kr

5. 여행 정보 수집

아는 만큼 보인다는 말처럼 여행도 아는 만큼 더 많은 것을 느낄 수 있다. 시중에 나와 있는 가이드북을 통해 신뢰할 수 있는 정보를 얻을 수도 있지만 개인 블로그나 카페, 각종 여행 사이트 등 온라인에서는 가이드북에 없는 여행자의 따끈따끈한 현지 정보나 책에서 길게 담지 못한 세세한 정보가 있다. 대신 온라인의 개인 리뷰는 작성자의 느낌이나 의견이 강하게 들어갈 수도 있다는 점을 고려하자. 또한 지인들의 여행 경험담도 큰 도움이 될 수 있다. 여행지에 대한 사전 정보는 여행을 좀 더 알차게 만들어주니 부지런히 눈을 돌려보자.

아이 발리 www.ibali.co.kr
발리의 먹거리, 즐길 거리 등의 각종 여행정보는 물론, 자유여행 시 필요한 옵션 투어 정보제공과 판매도 하고 있는 곳으로 현지의 공연입장료나 마사지 이용료 등도 할인된 가격에 구입할 수 있다.

트립 어드바이저 www.tripadvisor.com
전 세계 여행자들이 가장 많이 이용하는 리뷰 사이트로, 인기 있는 호텔이나 레스토랑을 알고 싶을 때 도움이 된다. 우리와 다른 시각이 많은 점에 유의하자.

6. 면세점 쇼핑하기

여행을 앞두었을 때 또 하나의 즐거움이 바로 면세점 쇼핑이다. 면세점 쇼핑은 평소에는 좀처럼 살 엄두를 내지 못했던 다양한 상품을 저렴한 가격에 구입할 수 있는 기회다. 할인 혜택과 가격 비교를 통해 알뜰하게 면세 쇼핑에 도전해보자.

면세점 사이트
동화면세점
www.dwdfs.com
롯데면세점
www.lottedfs.com
신라면세점
www.shilladfs.com
신세계면세점
www.ssgdfs.com

1 | 면세점 직접 방문하기
서울 시내에는 면세점이 곳곳에 있다. 면세점을 방문해 구입하는 경우 직접 물건을 보고 살 수 있는 즐거움이 있는 반면 가격적인 혜택은 적다.

2 | 기내에서 구입하기
비행기 탑승 후에도 면세품을 구입할 수 있다. 보통 기내식 서비스가 이루어진 후 면세품 판매를 시작한다. 좌석 앞주머니에 주문할 수 있는 면세품들의 가격과 사진이 실려 있는 정보지를 둘러본 후 정보지 뒷장에 첨부된 주문서를 작성해 승무원에게 제출하면 된다. 현금과 신용카드 모두 사용 가능하다.

3 | 면세 한도
현재 해외로 출국하는 내국인이 구입할 수 있는 면세품의 총 한도액은 USD3,000이며(국내상품은 구입한도액에 포함 안 됨) 해외로부터 입국하는 여행자가 가져오는 물품에 대한 면세한도액은 USD600까지이다(수입품, 국내상품 포함). 한도 초과 시 반드시 세관에 신고해야 하며 신고 없이 적발되는 경우 면세품을 압수당할 수 있다.

7. 환전하기

발리에서는 인도네시아 통화인 루피아를 사용하므로, 한국에서 달러로 환전하고, 발리에 도착하면 루피아로 재환전한다. 100달러가 발리에서 가장 환전율이 좋기 때문에 USD100 단위로 환전하는 것이 유리하다. 그리고 발리 현지에서 달러로 계산할 수 있는 가이드 비용, 팁으로 줄 1달러짜리 지폐, 호텔 디포짓(보증금) 등은 금액에 맞는 달러 지폐로 환전해 가면 유용하게 사용할 수 있다. 디포짓은 보통 USD50~100 정도다.

1 | 환전 우대 쿠폰 챙기기

환전 수수료를 할인받을 수 있는 쿠폰을 해당 은행의 홈페이지나 여행사의 홈페이지 등에서 내려받아 출력해 이용할 수 있다.

2 | 인터넷 환전

주말이 끼어 있거나, 은행 업무 시간에 맞춰 은행을 방문하는 것이 어렵다면 인터넷 환전 서비스를 이용하자. 거래 은행의 인터넷 뱅킹을 통해 쉽게 환전을 신청할 수 있는데 반드시 통장에 잔고가 있어야 한다. 환전 내용이 적힌 수령증을 지참해 각 은행에서 지정한 지점이나 공항 내 지점 혹은 환전소에서 수령하면 된다.

3 | 국제 현금카드 & 국제 체크카드 만들기

국외에서 사용 가능한 현금카드와 체크카드를 준비하면 안전하고 편리하게 여행 경비를 관리할 수 있다. 현금카드는 말 그대로 현금만 뽑아 쓸 수 있고, 체크카드는 현금 인출과 함께 결제도 가능하다(결제가 가능한 카드사인지 확인하자!). 이용 시 수수료가 청구되므로 현금 인출 서비스를 이용할 때는 가급적 한 번에 많은 금액을 인출하는 것이 유리하다.

Tip | 현지 환전 사기 조심!

① **시세보다 높은 환율은 일단 의심해보자!**
되도록이면 보통 환율의 환전소에서 안전하게 거래하는 것이 현명하다.

② **돈은 한꺼번에 받아서 확인하자!**
환전을 받을 때는 돈이 완벽하게 제시될 때까지 돈에 손대지 않는다. 그리고 직원과 함께 숫자가 맞는지 확인한다.

4 | 현지에서 ATM기기 이용하기

막상 외국에 나가 낯선 언어가 적힌 기계 앞에 서면 당황하기 쉽다. 현지 ATM기기를 이용해 현금을 인출하는 방법을 간단히 살펴보자.

❶ 가장 먼저, ATM기에서 사용 가능한 카드인지 확인한다.
⇨ Visa, Master, Cirrus, Plus 등
❷ 인출되는 지폐의 단위도 체크한다.
⇨ Rp50,000(50K), Rp100,000(100K)
❸ 카드를 화살표 방향으로 밀어넣는다.
⇨ Please insert your card
❹ 언어를 선택한다.
⇨ Please select language
❺ 비밀번호(Pin 번호)를 입력한다.
⇨ Enter your pin number
❻ 카드의 계좌 종류를 선택,
예금계좌이면 Saving Account를 누른다.
⇨ Select type of account
❼ 현금 인출 버튼을 선택한다.
⇨ Withdrawal cash
❽ ATM 기기 한도에 맞게 원하는 금액을 숫자로 입력한다.
❾ 현금을 수령한 후, 영수증과 카드를 꼭 챙긴다.

8. 짐 꾸리기

이제 출국 전 마지막 단계인 짐 꾸리기 순서이다. 아래 체크리스트를 보고 빠진 것이 없는지 다시 한 번 확인하자.

종류	세부 항목	확인	비고
여권 & 여행 경비	여권 여권 복사본과 여권 사진 2매 항공권(E-Ticket) 여행 경비 신용카드 체크카드 항공 마일리지 적립 카드 바우처 여행자 보험		여권 분실에 대비해 여권 복사본과 여권 사진 2매를 반드시 준비하자.
의류	긴팔 티와 긴 바지 반팔 티와 반바지 카디건 원피스 속옷 취침 시 입을 옷 수영복 모자 선글라스 슬리퍼 아쿠아 슈즈 가방		아침저녁의 일교차나 과도한 냉방에 대비해 긴팔 티셔츠나 카디건을 하나 정도 준비해가자. 간편하면서도 쉽게 멋을 낼 수 있는 원피스는 좋은 아이템이다. 수영복은 바로 마르지 않을 수 있으니 2벌 이상 챙겨가서 번갈아가며 입으면 좋고, 아쿠아 슈즈는 해양 스포츠를 즐길 때 유용하다.
세면도구 & 화장품	치약과 칫솔 비누와 샤워 타월 샴푸와 린스 면도기 빗 기초 화장품 자외선 차단제		숙소의 등급에 따라 칫솔과 치약은 제공하지 않는 곳이 있을 수 있다. 또한 샴푸, 비누 등도 품질이 좋지 않은 곳이 있으니 챙겨가는 것도 좋겠다.
의약품	지사제 소화제 진통제 감기약 반창고 모기 퇴치 용품(로션, 스프레이, 스티커 등) 위생 용품		혹시 모를 경우에 대비해 간단한 의약품은 꼭 챙겨야 한다. 모기 퇴치 용품은 발리 현지에서도 쉽게 구입할 수 있다.
카메라	카메라 방수 팩 또는 방수 카메라 삼각대 충전기		메모리와 충전기도 빼먹지 않도록 하자. 방수 카메라는 다이빙이나 스노클링 같은 해양 스포츠를 할 때 유용하다.
기타	필기구 가이드북 책 계산기 시계 휴대전화 충전기 보조 가방 비닐, 지퍼 팩		젖은 빨래를 보관할 때 요긴하게 쓸 수 있는 지퍼 팩이나 비닐을 준비하자.

발리 여행의 필수, 서바이벌 영어

1. 공항 & 기내

창가 쪽/통로 쪽 좌석으로 주세요.	Window/Aisle seat, please.
환승해야 돼요.	I have to transfer.
탑승 시간이 몇 시죠?	What is the boarding time?
자리를 바꿔도 되나요?	Can I change my seat?
(화장실) 비었나요?	Is it vacant?

2. 환전소

가장 가까운 환전소가 어디에 있나요?	Where is the nearest money exchange?
달러를 루피아로 환전해주세요.	Can you exchange dollar to Rp. please?
잔돈으로 바꿔주실래요?	Can you break this, please?

3. 호텔

이정아 또는 케빈으로 3일 예약했어요.	I have a reservation for three nights under the name of Jeonga Lee or Kevin.
테라스가 있는 방으로 주세요.	I'd like a room with terrace.
조식이 포함되어 있나요?	Is breakfast included?
체크아웃은 몇 시죠?	When is check-out time?
신용카드로 낼게요.	I'll pay by credit card.
제 짐을 5시까지 맡아주시겠어요?	Could you keep my baggage until 5 o'clock?
맡긴 짐을 찾고 싶어요.	May I have my baggage?
택시를 불러주시겠어요?	Could you call a taxi for me?
에어컨이 안 돼요.	The air conditioner doesn't work.
뜨거운 물이 안 나와요.	There's no hot water.
수영장은 몇 시까지 쓸 수 있나요?	What time do you close swimming pool?

4. 택시

락스마나 로드로 가주세요.	Take me to Jalan Laksmana, please.
사롱 레스토랑까지 얼마나 걸리죠?	How long does it take to Sarong restaurant?
환전소에 잠시 들러주시겠어요?	Can you stop by the money exchange?
에어컨 좀 세게 틀어주세요/줄여주세요.	Turn up/down the air conditioner, please.

5. 레스토랑

6시에 3명 예약하고 싶어요.	I'd like to book a table for three at six.
추천 좀 해주시겠어요?	Can you recommend something?
이걸로 할게요. / 이것 좀 더 주세요.	I'll have this. / Can I get some more of this?
팍치(고수)는 빼주세요.	Please hold the coriander.
디저트 메뉴판 좀 가져다주시겠어요?	Can I see the desert menu?
계산서 주세요.	Bill, please.
남은 것 좀 싸주시겠어요?	Can I get a doggy bag?
아만다리에 묵는데 호텔 차를 불러주세요.	I'm stay in Amandari, Could you call the hotel car?

6. 쇼핑

그냥 구경하고 있어요.	I'm just looking.
저것 좀 보여주세요.	Could you show me that one?
좀 더 작은/큰 것은 없나요?	Do you have a smaller/bigger one?
입어봐도 돼요?	May I try these on?
얼마예요?	How much is it?
깎아주세요.	Can I get a discount?
신용카드 받나요?	Do you accept credit card?
죄송한데 환불해주세요.	I'm sorry but can I get a refund on this?
따로따로 포장해주세요.	Can I get them separately wrapped, please?

7. 스파

내일 10시로 2명 예약하고 싶어요.	I'd like to book the spa for two at ten o'clock.
픽업 서비스되나요?	Can you pick me up to your spa?
여자/남자 마사지사한테 받고 싶어요.	I'd like to get the massage by female/male massage therapist.
마사지는 몇 분 동안 받나요?	How long does it take to get the massage?
지금 생리 중이에요.	I'm on my period.
머리/얼굴/엉덩이/가슴은 만지지 마세요.	Please do not touch my head/face/hips/chest.
좀 더 세게 해주세요.	Please more stronger.
약하게 해주세요.	Please massage that part lightly.
헤어 드라이어/빗 좀 주시겠어요?	Can I use hair dryer/comb?

알아두면 쓸모 있는 인도네시아어

1. 인사

아침 인사(오전 11시까지)	Selamat pagi.	슬라맛 빠기
점심 인사(오전 11부터 오후 3시까지)	Selamat siang.	슬라맛 시앙
오후 인사(오후 3시부터 저녁 7시까지)	Selamat sore.	슬라맛 소레
저녁 인사(저녁 7시 이후부터)	Selamat malam.	슬라맛 말람
안녕히 주무세요.	Selamat tidur.	슬라맛 띠두르
안녕하세요?(잘 지내십니까?)	Apa kabar?	아빠 까바르?
좋아요(잘 지내요).	Baik saja.	바익 사자

2. 소개 & 대답

제 이름은 최은정입니다.	Nama saya Choi Eunjeong.	나마 사야 최은정
저는 한국에서 왔어요.	Saya dari Korea.	사야 다리 꼬레아
저는 한국 사람이에요.	Saya orang Korea.	사야 오랑 꼬레아
예. / 아니오.	Ya. / Tidak.(Tak.)	야 / 따닥(딱)

3. 감사 & 사과

고마워요. / 정말 고맙습니다.	Terima kasih. / Terima kasih banyak.	뜨리마 까시 /뜨리마 까시 바냑
천만에요.	Sama-sama.(Kembali.)	사마-사마(끔발리)
죄송해요. / 정말 죄송합니다.	Maaf. / Minta maaf.	마아프 / 민따 마아프
괜찮아요.	Tidak apa-apa.	띠닥 아빠 아빠

4. 쇼핑

이건 얼마예요?	Berapa harganya?	버라빠 하르간냐?
비싸요. / 싸요.	Mahal. / Murah.	마할 / 무라
싸게 해주세요.	Bisakah diturunkan harganya sedikit?	비사까 디뚜룬깐 하르간냐 스드낏
이거 주세요.	Saya mau ini.	사야 마우 이니

5. 식당

여기요.	Permisi. / Nona. / Bu.	뻐르미시 / 노나(미혼 여성을 부를 때) / 부(기혼 여성을 부를 때)
메뉴판 주세요.	Minta daftar masakan.	민따 다프따르 마사깐
주문할게요.	Saya mau pesan.	사야 마우 쁘산
물 한 잔 주세요.	Minta satu air putih.	민따 사뚜 아이르 뿌띠
고추를 빼주세요.	Tolong jangan tambakan cabe.	똘롱 장안 땀바깐 짜베
가져갈 거예요.	Saya mau dibungkus.	사야 마우 디붕꾸스
여기서 먹을 거예요.	Saya mau makan di sini.	사야 마우 마깐 디 시니
맛있어요.	Enak.	에낙
정말 맛있어요.	Benar-benar enak.	베나르 베나르 에낙
계산서 주세요.	Minta bon.	민따 본
전부 얼마예요?	Berapa jumlah harganya?	버라빠 줌라 하르가냐?

6. 단어

닭	ayam	아얌
소	sapi	사삐
돼지	babi	바비
생선	ikan	이깐
새우	udang	우당
게	kepiting	끄비띵
야채	sayur-sayuran	사유르 사유란
빵	roti	로띠
밥	nasi	나시
맥주	bir	비르
오렌지 주스	jus jeruk	주스 즈룩
커피	kopi	코피
차	teh	떼
설탕	gula	굴라
우유	susu	수수
프림	susu krim	수수 끄림
물	air putih	아이르 뿌띠
얼음물	air es	아이르 에스
냅킨	serbet	서르벳

숟가락	sendok	슨독
포크	garpu	가르뿌
접시	piring	삐링
이쑤시개	tusuk gigi	뚜숙 기기
재떨이	asbak	아스박
화장실	kamar kecil	까마르 끄찔
0	nol / kosong	놀 / 꼬송
1	satu	사뚜
2	dua	두아
3	tiga	띠가
4	empt	음빳
5	lima	리마
6	enam	으남
7	tujuh	뚜주
8	delapan	뜰라빤
9	sembilan	슴빌란
10	sepuluh	스쁠루
100	seratus	스라뚜스
1000	seribu	스리부

발리 인덱스